博弈论

最高级思维和生存策略

刘庆财 编著

北京联合出版公司
Beijing United Publishing Co.,Ltd.

图书在版编目（CIP）数据

博弈论：最高级思维和生存策略 / 刘庆财编著 .—北京：
北京联合出版公司，2015.8（2024.12 重印）
ISBN 978-7-5502-5227-1

Ⅰ . ① 博… Ⅱ . ① 刘… Ⅲ . ① 博弈论 Ⅳ . ① O225

中国版本图书馆 CIP 数据核字（2015）第 087080 号

博弈论：最高级思维和生存策略

编　　著：刘庆财
出 品 人：赵红仕
责任编辑：王　巍
封面设计：李艾红
图文制作：北京东方视点数据技术有限公司

北京联合出版公司出版
（北京市西城区德外大街 83 号楼 9 层　 100088）
河北松源印刷有限公司印刷　新华书店经销
字数 486 千字　　720 毫米 ×1020 毫米　1/16　28 印张
2015 年 8 月第 1 版　　2024 年 12 月第 11 次印刷
ISBN 978-7-5502-5227-1
定价：68.00 元

前　言

　　博弈论，又称对策论，是使用严谨的数学模型研究冲突对抗条件下最优决策问题的理论。作为一门正式学科，博弈论是在20世纪40年代形成并发展起来的。它原是数学运筹中的一个支系，用来处理博弈各方参与者最理想的决策和行为的均衡，或帮助具有理性的竞赛者找到他们应采用的最佳策略。在博弈中，每个参与者都在特定条件下争取其最大利益。博弈的结果，不仅取决于某个参与者的行动，还取决于其他参与者的行动。

　　当下社会，人际交往日趋频繁，人们越来越相互依赖又相互制约，彼此的关系日益博弈化了。不管懂不懂博弈论，你都处在这世事的弈局之中，都在不断地博弈着。我们日常的工作和生活就是不停的博弈决策过程。我们每天都必须面对各种各样的选择，在各种选择中进行适当的决策。在单位工作，关注领导、同事，据此自己采取适当的对策。平日生活里，结交哪些人当朋友，选择谁做伴侣，其实都在博弈之中。这样看来，仿佛人生很累，但事实就是如此，博弈就是无处不在的真实策略"游戏"。古语有云，世事如棋。生活中每个人如同棋手，其每一个行为如同在一张看不见的棋盘上布一个子，精明慎重的棋手们相互揣摩、相互牵制，人人争赢，下出诸多精彩纷呈、变化多端的棋局。在社会人生的博弈中，人与人之间的对立与斗争会淋漓尽致地呈现出来。博弈论的伟大之处正在于其通过规则、身份、信息、行动、效用、平衡等各种量化概念对人情世事进行了精妙的分析，清晰地揭示了当下社会中人们的各种互动行为、互动关系，为人们正确决策提供了指导。如果将博弈论与下围棋联系在一起，那么博弈论就是研究棋手们"出棋"时理性化、逻辑化的部分，并将其系统化为一门科学。

　　目前，博弈论在经济学中占据越来越重要的地位，在商战中被频繁地运用。此外，它在国际关系、政治学、军事战略和其他各个方面也都得到了广泛的应用。甚至人际关系的互动、夫妻关系的协调、职场关系的争夺、商场关系的出招、股市基金的投资，等等，都可以用博弈论的思维加以解决。总之，博弈无处不在，自古至今，从战场到商场、从政治到管理、从恋爱到婚姻、从生活到工作……几乎每一个人类行为都离不开博弈。在今天的现实生活中，如果你能够掌握博弈智慧，就会发现身边的每一件让你头痛的小事，从夫妻吵架到要求加薪都能够借用博弈智慧达到自己的目的。而一旦你能够在生活和工作的各个方面把博弈智慧运用得游刃有余，成功也就在不远处向你招手了。

著名经济学家保罗·萨缪尔森说："要想在现代社会做一个有文化的人，你必须对博弈论有一个大致了解。"真正全面学通悟透博弈论固然困难，但掌握博弈论的精髓，理解其深刻主旨，具备博弈的意识，无疑对人们适应当今社会的激烈竞争具有重要意义。在这个激烈竞争的社会中，在人与人的博弈中，应该意识到你的对手是聪明且有主见的主体，是关心自己利益的活生生的主体，而不是被动的和中立的角色。他们的目标往往会与你的目标发生冲突，但他们与你也包含着潜在的合作的因素。你作出抉择之时，应当考虑这些冲突的因素，更应当注意发挥合作因素的作用。在现代社会，一个人不懂得博弈论，就像夜晚走在陌生的道路上，永远不知道前方哪里有障碍、有沟壑，只能一路靠自己摸索下去，将成功、不跌倒、不受挫的希望寄托在幸运、猜测上。而懂得博弈论并能将这种理论娴熟运用的人，就仿佛同时获得了一盏明灯和一张地图，能够同时看清脚下和未来的路，必定畅行无阻。

博弈是智慧的较量，互为攻守却又相互制约。有人的地方就有竞争，有竞争的地方就有博弈。人生充满博弈，若想在现代社会做一个强者，就必须懂得博弈的运用。本书用轻松活泼的语言对博弈论的基本原理进行了深入浅出的探讨，详细介绍了囚徒困境、纳什均衡、智猪博弈、猎鹿博弈、枪手博弈、警察与小偷博弈、斗鸡博弈、协和博弈、海盗分金博弈、路径依赖博弈等博弈模型的内涵、适用范围、作用形式，将原本深奥的博弈论通俗化、简单化。同时对博弈论在政治、管理、营销、信息战及人们日常的工作和生活中的应用作了详尽而深入的剖析。通过本书，读者可以了解博弈论的来龙去脉，掌握博弈论的精义，开阔眼界，提高自己的博弈水平和决策能力，将博弈论的原理和规则运用到自己的人生实践中，面对问题作出理性选择，避免盲目行动，在人生博弈的大棋局中占据优势，获得事业的成功和人生的幸福。

目 录

第一章

博弈论入门

第1节 什么是博弈论：从"囚徒困境"说起

一天，警局接到报案，一位富翁被杀死在自己的别墅中，家中的财物也被洗劫一空。经过多方调查，警方最终将嫌疑人锁定在杰克和亚当身上，因为事发当晚有人看到他们两个神色慌张地从被害人的家中跑出来。警方到两人的家中进行搜查，结果发现了一部分被害人家中失窃的财物，于是将二人作为谋杀和盗窃嫌疑人拘留。

但是到了拘留所里面，两人都矢口否认自己杀过人，他们辩称自己只是路过那里，想进去偷点东西，结果进去的时候发现主人已经被人杀死了，于是他们便随便拿了点东西就走了。这样的解释不能让人信服，再说，谁都知道在判刑方面杀人要比盗窃严重得多。警察决定将两人隔离审讯。

隔离审讯的时候，警察告诉杰克："尽管你们不承认，但是我知道人就是你们两个杀的，事情早晚会水落石出的。现在我给你一个坦白的机会，如果你坦白了，亚当拒不承认，那你就是主动自首，同时协助警方破案，你将被立即释放，亚当则要坐 10 年牢；如果你们都坦白了，每人坐 8 年牢；都不坦白的话，可能以入室盗窃罪判你们每人 1 年，如何选择你自己想一想吧。"同样的话，警察也说给了亚当。

一般人可能认为杰克和亚当都会选择不坦白，这样他们只能以入室盗窃的罪名被判刑，每人只需坐 1 年牢。这对于两人来说是最好的一种结局。可结果会是这样的吗？答案是否定的，两人都选择了招供，结果每人各被判了 8 年。

事情为什么会这样呢？杰克和亚当为什么会做出这样"不理智"的选择呢？其实这种结果正是两人的理智造成的。我们先看一下两人坦白与否及其结局的矩阵图：

	亚当	
	坦白	不坦白
杰克 坦白	(8, 8)	(0, 10)
不坦白	(10, 0)	(1, 1)

当警察把坦白与否的后果告诉杰克的时候，杰克心中就会开始盘算坦白对自己有利，还是不坦白对自己有利。杰克会想，如果选择坦白，要么当即释放，要么同亚当一起坐 8 年牢；要是选择不坦白，虽然可能只坐 1 年牢，但也可能坐 10 年牢。虽然（1，1）对两人而言是最好的一种结局，但是由于是被分开审讯，信息不通，所以谁也没法保证对方是否会选择坦白。选择坦白的结局是 8 年或者 0 年，选择不坦白的结局是 10 年或者 1 年，在不知道对方选择的情况下，选择坦白对自己来说是一种优势策略。于是，杰克会选择坦白。同时，亚当也会这样想。最终的结局便是两个人都选择坦白，每人都要坐 8 年牢。

上面这个案例就是著名的"囚徒困境"模式，是博弈论中最出名的一个模式。为什么杰克和亚当每个人都选择了对自己最有利的策略，最后得到的却是最差的结果呢？这其中便蕴涵着博弈论的道理。

博弈论是指双方或者多方在竞争、合作、冲突等情况下，充分了解各方信息，并依此选择一种能为本方争取最大利益的最优决策的理论。

"囚徒困境"中杰克和亚当便是参与博弈的双方，也称为博弈参与者。两人之所以陷入困境，是因为他们没有选择对两人来说最优的决策，也就是同时不坦白。而根本原因则是两人被隔离审讯，无法掌握对方的信息。所以，看似每个人都做出了对自己最有利的策略，结果却是两败俱伤。

我们身边的很多事情和典故中也有博弈论的应用，我们就用大家比较熟悉的"田忌赛马"这个故事来解释一下什么是博弈论。

齐国大将田忌，平日里喜欢与贵族赛马赌钱。当时赛马的规矩是每一方出上等马、中等马、下等马各一匹，共赛三场，三局两胜制。由于田忌的马比贵族们的马略逊一筹，所以十赌九输。当时孙膑在田忌的府中做客，经常见田忌同贵族们赛马，对赛马的比赛规则和双方马的实力差距都比较了解。这天田忌赛马又输了，非常沮丧地回到府中。孙膑见状，便对田忌说："明天你尽管同那些贵族们下大赌注，我保证让你把以前输的全赢回来。"田忌相信了孙膑，第二天约贵族赛马，并下了千金赌注。

孙膑为什么敢打保证呢？因为他对这场赛马的博弈做了分析：双方都派上等、中等、下等马各一匹，田忌每一等级的马都比对方同一等级的马慢一点，因为没有规定出场顺序，所以比赛的对阵形式可能有6种，每一种对阵形式的结局是很容易猜测的：

第一种情况：上等马对上等马，中等马对中等马，下等马对下等马。结局：三局零胜。

第二种情况：上等马对上等马，下等马对中等马，中等马对下等马。结局：三局一胜。

第三种情况：中等马对上等马，上等马对中等马，下等马对下等马。结局：三局一胜。

第四种情况：中等马对上等马，下等马对中等马，上等马对下等马。结局：三局一胜。

第五种情况：下等马对上等马，上等马对中等马，中等马对下等马。结局：三局两胜。

第六种情况：下等马对上等马，中等马对中等马，上等马对下等马。结局：三局一胜。

六种对阵形式中，只有一种能使田忌取胜，孙膑采取的正是这一种。赛前孙膑对田忌说："你用自己的下等马去对阵他的上等马，然后用上等马去对阵他的中等马，最后用中等马去对阵他的下等马。"比赛结束之后，田忌三局两胜，赢得了比赛。田忌从此对孙膑刮目相看，并将他推荐给了齐威王。同样的马，只是调整了出场顺序，便取得截然相反的结果。这里边蕴涵着博弈论的道理。

在田忌赛马这个故事中，田忌同齐国的贵族便是博弈的双方，也称为博弈的参与者。孙膑充分了解了各方的信息，也就是比赛的规则与各匹马之间的实力差距，并在6种可以选择的策略中帮田忌选择了一个能争取最大利益的策略，也就是最优策略。所以说，这是一个很典型的博弈论在实际中应用的例子。

在这里还要区分一下博弈与博弈论的概念，以免搞混。它们既有共同点，又有很大的差别。

"博弈"的字面意思是指赌博和下围棋，用来比喻为了利益进行竞争。自从人类存在的那一天开始，博弈便存在，我们身边也无时无刻不在上演着一场场博弈。而博弈论则是一种系统的理论，属于应用数学的一个分支。可以说博弈中体现着博弈论的思想，是博弈论在现实中的体现。

博弈作为一种争取利益的竞争，始终伴随着人类的发展。但是博弈论作为一门科学理论，是 1928 年由美籍匈牙利数学家约翰·冯·诺依曼建立起来的。他同时也是计算机的发明者，计算机在发明最初不过是庞大、笨重的算数器，但是今天已经深深影响到了我们生活、工作的各个方面。博弈论也是如此，最初冯·诺依曼证明了博弈论基本原理的时候，它只不过是一个数学理论，对现实生活影响甚微，所以没有引起人们的注意。

直到 1944 年，冯·诺依曼与摩根斯坦合著的《博弈论与经济行为》发行出版。这本书的面世意义重大，先前冯·诺依曼的博弈理论主要研究二人博弈，这本书将研究范围推广到多人博弈；同时，还将博弈论从一种单纯的理论应用于经济领域。在经济领域的应用，奠定了博弈论发展为一门学科的基础和理论体系。

谈到博弈论的发展，就不能不提到约翰·福布斯·纳什。这是一位传奇的人物，他于 1950 年写出了论文《n 人博弈中的均衡点》，当时年仅 22 岁。第二年他又发表了另外一篇论文《非合作博弈》。这两篇论文将博弈论的研究范围和应用领域大大推广。论文中提出的"纳什均衡"已经成为博弈论中最重要和最基础的理论。他也因此成为一代大师，并于 1994 年获得诺贝尔经济学奖。后面我们还会详细介绍纳什其人与"纳什均衡"理论。

经济学史上有三次伟大的革命，它们是"边际分析革命"、"凯恩斯革命"和"博弈论革命"。博弈论为人们提供了一种解决问题的新方法。

博弈论发展到今天，已经成了一门比较完善的学科，应用范围也涉及各个领域。研究博弈论的经济学家获得诺贝尔经济学奖的比例是最高的，由此也可以看出博弈论的重要性和影响力。2005 年的诺贝尔经济学奖又一次颁发给了研究博弈论的经济学家，瑞典皇家科学院给出的授奖理由是"他们对博弈论的分析，加深了我们对合作和冲突的理解"。

那么博弈论对我们个人的生活有什么影响呢？这种影响可以说是无处不在的。

假设，你去酒店参加一个同学的生日聚会，当天晚上他的亲人、朋友、同学、同事去了很多人，大家都玩得很高兴。可就在这时，外面突然失火，并且火势很大，无法扑灭，只能逃生。酒店里面人很多，但是安全出口只有两个。一个安全出口距离较近，但是人特别多，大家都在拥挤；另外一个安全出口人很少，但是距离相对远。如果抛开道德因素来考虑，这时你该如何选择？

这便是一个博弈论的问题。我们知道，博弈论就是在一定情况下，充分了解各方面信息，并做出最优决策的一种理论。在这个例子里，你身处火灾之中，了解到的信息就是远近共有两个安全门，以及这两个门的拥挤程度。在这里，你需要做出最优决策，也就是最有可能逃生的选择。那应该如何选择呢？

你现在要做的事情是尽快从酒店的安全门出去，也就是说，走哪个门出去花费的时间最短，就应该走哪个门。这个时候，你要迅速地估算一下到两个门之间的距离，以及人流通过的速度，算出走哪个门逃生会用更短的时间。估算的这个结果便是你的最优策略。

这样的案例在我们身边有很多。2003 年 2 月 2 日，哈尔滨天潭酒店发生火灾，共造成 33 人死亡，10 人受伤。当时，偌大一个酒店就只有两个安全通道。2008 年 9 月 22 日，深圳一家舞厅发生火灾，当时舞厅里面有三四百人，大家都抢着从狭窄的出口逃生，最终导致踩踏事件的发生，事故中共死亡 43 人，受伤59 人。令人痛心的是，舞厅虽设有消防通道，但是只有几十个人选择从消防通道逃生。

不仅仅是火灾中，我们身边无时无刻不上演着一场场博弈，有博弈的地方就用得到博弈论。

第 2 节　博弈四要素

我们已经知道了博弈论的概念和发展过程，概念中显示了博弈论必须拥有的几个要素。我们结合下面的例子介绍一下这些要素。

今天是周末，难得的休息时间。晚饭过后，一对夫妻坐在沙发上看电视。丈夫早早地就把频道锁定在了体育频道，因为此时恰逢世界杯，今晚比赛的球队又有他喜欢的阿根廷队。他以前便是马拉多纳的铁杆球迷，现在又是梅西的球迷，这场比赛好几天之前他就开始关注了。但是这个时间另外一个频道马上要播出一部连续剧，妻子已经连续追了 20 多集，剧情跌宕起伏，已经发展到了高潮阶段，妻子自然不想错过。于是，一场关于电视选台的博弈便展开了。

丈夫认为自己平时工作忙，根本没有时间看球赛，电视都是妻子一个人独享，今晚好不容易有机会看一场球赛，妻子应该让给他一次。而且连续剧以后还会重播，到时候再补上就行了。但是妻子不这么认为，她觉得丈夫把体育频道锁定大半天了，现在应该让给她看。再说，想要知道比赛结局，直接看新闻就行了，想要看比赛过程，明天还会有重播。两个人各执一词，互不相让。比赛马上就要开始了，连续剧播出的时间也快到了，两个人应该做出怎样的选择呢？

我们根据博弈论的定义，以及具体的例子来介绍一下博弈的要素。一场博弈一般包含了 4 个基本要素。

（1）至少两个参与者。博弈论的参与者又被称为决策主体，也就是在博弈中制定决策的人。没有参与者也就不会有博弈，而且参与者至少为两人。在上面的例子中，如果只有丈夫一个人在家，或者只有妻子一个人在家，便不会发生关于看电视抢台的博弈。古龙在小说《无情剑客多情剑》中曾经描写了一场小李飞刀同嵩阳铁剑之间的对决，如果只有一个人在那里要刀要枪，不能称之为对决。博弈必须要有对象，好比是做生意，只有买方没有卖方，或者只有卖方没有买方，都做不成生意。

博弈论的奠基人冯·诺依曼在《博弈论与经济行为》中就曾经举例说过，他说，《鲁滨孙漂流记》中的鲁滨孙一个人在荒岛上，与世隔绝，形成了只有一个参与者的独立系统，没有博弈。但是，黑人仆人"礼拜五"一加入，系统中有了两个参与者，便有了博弈。

有两个参与者的博弈被称为两人博弈。象棋、围棋、拳击就属于两人博弈。有多个参与者的博弈被称为多人博弈，如打麻将、六方会谈、三英战吕布就属于多人博弈。

参与者在博弈中的表现便是制定决策与对方的决策抗衡，并为自己争取最大利益。参与者之间的关系是相互影响的，自己在制定策略的时候往往需要参照对方的策略。

（2）利益。从博弈论的定义中我们知道，双方或者多方进行博弈的最终目的都是为自己争取最大利益。因此，利益是博弈中必不可少的一个要素。一开始关于电视选台的例子中，丈夫的利益便是看体育频道，看自己喜欢的足球比赛，享受足球带来的那种狂热和喜悦；而对妻子来说，她的利益则是看电视剧频道，满足后面的剧情带来的好奇心，跟着剧中的主人公一起哭一起笑。正是因为双方有各自不同的利益，所以才会产生博弈。假设这对夫妻都是铁杆球迷的话，就不存在双方争频道的博弈了。

在商业中，买方和卖方之间博弈的目的便是一方想多挣钱，一方想少花钱。卖方的利益是怎样让同样的东西卖出更多的钱，而买方的利益便是怎样花更少的钱，或者怎样用同样的钱买更多的东西。

决策主体之所以投入到博弈中来，就是为了争取最大的利益。利益越大，对参与者的吸引力便越大，博弈的过程也就越激烈。

利益是一个抽象的概念，不单是指钱，可以是指在一定时间段内锁定哪个电视频道，可以是指战争的胜利、获得荣誉、赢得比赛。但是有一点，必须是决策主体在意的东西才能称之为利益。比如说，夫妻二人看电视，丈夫要看体育频道的球赛，而妻子看什么无所谓，她只想享受陪爱人一起看电视的过程。这样的话，就不存在利益之争，两人之间也就不存在博弈。

再比如，《红楼梦》曾经写到一群人陪同贾母打牌，其中有王熙凤，结果是凤姐输了钱，贾母赢了钱。在这场博弈中王熙凤是输家吗？如果把利益单纯看作是金钱的话，她确实是输了。但是，王熙凤陪贾母打牌不是为了赢钱，而是为了哄贾母高兴。贾母赢了钱，非常高兴，因此王熙凤便达到了自己的目的。所以这场博弈中，王熙凤不是输家。这同当今社会中一些人故意在牌桌上输钱给领导是一样的，输钱等于变相行贿，因此他们经常故意输钱。但他们在与领导和上级的博弈中其实是赢家。

（3）策略。在博弈中，决策主体根据获得的信息和自己的判断，制定出一个行动方案。这个行动方案便是策略。通俗地讲，策略就是指决策主体做出的，用来解决问题的手段、计谋、计策。

从博弈论的定义中我们也可以看出，博弈论的关键在于制定一个能帮助本方获取最大利益的策略，也就是最优策略。由此可见，策略是博弈论的核心，关系着最后的胜败得失。博弈也可以看作是各方策略之间的较量。因此，有人把博弈论称为"对策论"。因研究博弈论而获得 2005 年诺贝尔经济学奖的罗伯特·约翰·奥曼就曾经说过："博弈，不过就是双方或者多方之间的策略互动。"由此可见，无论是在赌博、下象棋中，还是在田忌赛马或者两军对垒的时候，决定输赢的关键是谁能做出一个更好的决策。

《三国演义》是一本充满智慧和谋略的小说，它给我们奉献了很多经典的故事。其中第五十回"诸葛亮智算华容关云长义释曹操"的故事大家都很熟悉。这个故事说的是赤壁大战中曹军溃败，曹操带着几个残兵败将落荒而逃。当时有大道、小道两条路可选，略懂计谋的人都会认为小道是安全的，但是曹操生性多疑，他会选择走大道，因为最危险的地方便是最安全的地方。曹操知道诸葛亮机智多谋，定会识破自己，所以最后还是选择了走小道。没想到，诸葛亮早就识破了曹操的策略，派关羽把守华容道，等待曹操送上门来。这场博弈中，曹操与诸葛亮根据对方的性格，制定出了各自的策略。最终诸葛亮技高一筹。

在接下来曹操与关羽的博弈中，曹操利用自己当年有恩于他，并抓住关羽为人仁义的性格，最终成功逃脱。曹操在策略上败给了诸葛亮，却赢了关羽。

这个故事充分体现了博弈中策略的互动，曹操不仅要自己制定策略，还要考虑诸葛亮是如何想的，如果诸葛亮知道自己是这样想的，自己就偏不这样做。这就跟下棋一样，你出棋的时候会考虑自己走完这一步之后，对方会走哪一步，他走那一步的话，自己再走哪一步。这样就形成了策略的互动。你的策略会影响对方的策略，对方的策略反过来又会影响你的策略。

此外，策略必须要有选择性，只有一种选择那就不是策略了。假如曹操面前只有一条路可走，并且诸葛亮已经派关羽把守，那就不存在曹操同诸葛亮之间的博弈了。只存在曹操同关羽之间的博弈。如果一个犯人被抓，但是他的同伙没有落网，这时他有"供出同伙"和"不供出同伙"两种选择，同时他也有两种策略：供出同伙可以少判几年，但是出狱后有被同伙报复的危险；不供出同伙的话，就得多坐几年牢。如果当时他是一个人作案，没有同伙，并且证据确凿，无论他招认还是不招认，都将被判刑。这时候他就没有选择，没有选择也就没有策略，只得乖乖接受判罚。

（4）信息。上面已经讲过，利益是博弈的目的，策略是获得利益的手段，而信息就是制定策略的依据。要想制定出战胜对方的策略，就得获得全面的信息，对对方有更多的了解。两千多年前的《孙子兵法》中就说"知彼知己，百战不殆"。比如前面提到的例子中，如果丈夫得知妻子最近对一个新款皮包很感兴趣，他可以提出为妻子买这样一款皮包来讨好妻子，既不伤感情，又能让妻子主动放弃跟自己争频道。在这里，知道妻子最近喜欢的一款包，便是博弈中的信息。

现在无论是商场还是战场，都可以说是在打一场信息战。商业中好多企业都有自己的商业机密，还有一大批专门从事窃取其他企业机密的商业间谍；战场上，作战之前双方都会派出侦察员，侦察敌方信息。现代化战争中，侦察卫星、侦察飞机，一系列高科技设备被用在侦察敌方情报上。这都可以看出信息对于博弈双方的重要性，只有掌握了准确、全面的信息，才能做出准确的判断。

信息在博弈中占有如此重要的地位，能左右博弈双方的输赢，因此，信息也成了一种作战手段。在中国家喻户晓的故事"空城计"中，诸葛亮便传递出了城中藏有大量埋伏的假信息，司马懿误以为真，被诸葛亮吓退。传递错误信息迷惑对方，声东击西，已经成了商战和两军作战经常用的一种战术。

既然信息有真假，甄别信息真假便显得格外重要。除了甄别真假，还应该学会从看似平常的事务中识别信息。有一个流传很广的故事，当年美国西部发现了金矿，很多人都蜂拥而至，进行淘金。一个小伙子发现，真正能淘到金子的人没有几个，但是卖水不失为一个好买卖。于是他便引水至此，做起了卖水的生意。很多人嘲笑他不去淘金，做这种只有蝇头小利的生意。实践证明他是对的，大多数人最终空手离开，他却很快赚到了人生的第一桶金。这其中的关键便是他识别出了一条信息：不一定每一个人都能淘到金子，但是每一个人肯定要喝水。关于信息的更多知识，我们在后面还会详细讲到。

以上便是博弈的 4 个要素，最后让我们回到开头的例子中。丈夫和妻子关于电视频道之争的博弈有什么结局呢？我们知道结局不外乎 3 种：

一是双方争执不下，关掉电视谁也不看了。

二是一方选择退出，丈夫可以选择去做别的事情，或者妻子选择去做别的事情。

三是一方说服了另一方，妻子陪丈夫看球赛，或者丈夫陪妻子看连续剧。

第一种选择的结局是两败俱伤，第二种选择的结局是只有一方获利，第三种选择中双方总会有一方要牺牲掉一部分利益，但是利益总和将大于前两种选择。很明显，第三种选择是最好的选择，也是这场博弈中的最优策略。

第 3 节 前提是理性

在博弈论中有一个假定前提，也是我们谈论博弈论最基本的前提，那就是博弈的所有参与者都是"理性人"。

"理性人"源自经济学术语"理性经济人"，这是西方经济学中的一个基本假设，是指参与者都是利己的，在几种策略中他们会选择能给自己带来最大利益的那一个。在博弈论中，参与者是理性人是指每个参与者的基本出发点是为自己争取最大利益，每个人在制定决策的时候，都会选择能给自己带来最大利益的那个决策。

因为每个参与者都是理性的，所以参与者在理性地制定决策的时候，会考虑到对方的决策，因为对方也是理性的。参与者做出的决策越是理性，这样的博弈案例就越是经典，越有代表性，经典的博弈案例往往能套用在更多现象中。

举例来说，前面提到的夫妻二人争夺电视频道的博弈中，正因为丈夫要看体育频道，妻子要看连续剧频道，双方都是利己的，才有博弈发生。如果妻子考虑丈夫平时工作太忙，难得有时间看一场球，那就把电视让给丈夫吧。这样的话就不存在博弈了，因为妻子作为博弈参与者，已经不再是理性人了，她已经放弃了为自己争取利益。理性人必须是利己的，这样双方或者多方之间才会有博弈产生，放弃了对最大利益的追求，就意味着不再会选择对自己最有利的策略，也就失去了博弈的基本特征。

用同样的分析方法，我们来分析一下前面提到的几个博弈案例，看一下为什么说理性人是博弈论必不可少的前提。

我们前面提过一个博弈案例，是参加同学生日聚会的时候酒店突然失火，并且酒店只有两个安全门，两个门与你之间的距离不同，两个门的拥挤程度也不同，你该选择从哪个门逃生。我们最后给出的最优策略是，估算从哪个门逃生会用更短的时间，就走哪个门，而不一定非走最近的那个门，因为那个门可能会非常拥挤。这场博弈中，你的博弈对手是其他需要逃生的人，如果他们拥挤在一个门口的时候，你的最优策略可能是走另一个门逃生。在讲述这场博弈的时候，我们做了一个假设，那就是假设在逃生的时候不考虑道德因素。这个假设是为了保证博弈的发生而设置的，因为现实中如果我们碰到这样的事情，出于人类基本的道德观，是不会一跑了之的。如果发现更好的逃生方案，应该组织大家一起逃生，并且照顾老幼。假如真是这样的话，你的利益就会与其他人一样，也就不存在利己和为自己争取最大利益的说法，你也就不属于博弈中的"理性人"。这样的话，前面提到的你为了争取最快逃生而与其他人之间发生的博弈就不存在了。所以，为了保证这是一个博弈案例，我们做了"不考虑道德因素"这样的假设，根本目的是保证你是一个"理性人"。

"空城计"很明显是一场博弈，由于博弈双方诸葛亮与司马懿都非常聪明，非常理性，所以这场博弈也特别具有代表性。诸葛亮是这场博弈中的胜者，他正是利用司马懿天性多疑的性格，制定出了最优策略，吓退司马懿的大军。在这场博弈中，诸葛亮与司马懿都是理性人。诸葛亮之所以敢使出空城计，正是因为他知道司马懿是理性的。司马懿的想法他早就想到了，如果攻入城内可能有两种结局，要么城内有伏兵，自己全军覆没；要么城内没有伏兵，自己大获全胜。如果不攻城，自己不会胜也不会败，但是能保全部队实力。以司马懿的性格，他肯定会选择保守的做法，那就是退兵。如果诸葛亮的对手不是司马懿，而是一员鲁莽、喜欢冒险、不理性的猛将，那么诸葛亮就可能无力回天了，这场博弈也就不存在了。

我们已经知道了理性人是博弈的前提，理性人的基本特征便是利己，这样的话理性人是不是就等同于自私自利呢？博弈的参与者是不是就没有道德呢？下面我们就讲一下博弈论中的"理性"与道德和自由有没有冲突。

首先，理性的选择是指能为自己获得最大利益的选择，这其中不考虑道德因素。就好比下围棋的博弈中，选择走哪一步棋，考虑的只是能不能最后为自己带来胜利，下棋的博弈中是不会考虑道德因素的。人们也不会因为你赢了一盘棋便说你没有道德。

但是在现实的博弈中，很多"理性"的选择是与道德相违背的。2008年汶川地震中的"范跑跑"便是一个很好的例子。

2008年5月12日，四川发生了特大地震，造成人员和财产的重大损失。5月22日，有人在论坛上发帖子，详细描述了自己经历地震时的情景。发帖人是一名私立学校的教师，他声称自己在意识到地震后第一个从教室冲到操场上。后来有学生问他为什么不顾学生就跑了。他解释道：自己虽然追求自由和公正，但不是那种勇于牺牲自我的人。在当时那种生死抉择的时刻，除了为了女儿之外，他不会牺牲自己，就是自己的母亲他也不会去救。因为他觉得在那样的情境下能逃出一个是一个，如果情况危险，他也无能为力；如果情况不危险，学生都是十七八岁的人了，完全有自己逃生的能力。自己不会有道德上的负疚感。

这个帖子一石激起千层浪，因为主人公姓范，所以被人戏称为"范跑跑"。这件事情在以后相当长的一段时间内，一直是人们议论的热点话题。现在我们从博弈论的角度来分析一下这件事情。

博弈论的前提是参与者为理性人，理性人的最大特点就是以追求最大利益为行动目的。在"范跑跑"遇到地震的时候，根据地震危险程度与他的选择，将会出现4种情况：

第一种情况：情况非常危险，选择留下，结局很可能是学生与他都陷入危险。

第二种情况：情况不是很危险，选择留下，结局很可能是他与学生都平安无恙。

第三种情况：情况非常危险，选择逃生，结局很可能是他逃生，而学生陷入危险。

第四种情况：情况不是很危险，选择逃生，结局也是他和学生都平安无恙。

由此来看，在遇到地震这种突发事件的时候，如果他选择逃生，无论情况危险与否，都会最大可能地保全性命；而选择留下的话，如果情况不危险还好说，如果情况危险则将陷入困境。所以说，在这场博弈中，保住性命的最优策略便是逃跑。

"范跑跑"是这场博弈中的理性人，他做出了为自己争取最大利益的选择。但是我们要明白，这场博弈的参与者是人，而且博弈的内容不是下围棋，而是关乎学生的生死。保护自己的学生是教师的义务和责任，是师德的一种体现。在这个时候，真正的理性不是自己逃跑，而是留下来组织学生逃生，或者指挥学生避难。

由此可见，有的博弈中理性人是与道德无关的，而有的博弈中理性人是与道德相违背的。违背道德的理性不是真正的理性，这种情况下追求自己的最大利益便是自私自利的表现。"范跑跑"就为我们做了很好的说明。

除了道德之外，理性与自由之间有时也存在悖论。这种悖论在家长与孩子围绕学习问题上的博弈中体现得最明显。

家长总是想让孩子更好地学习，如果孩子学习不认真，便会采取一些奖励手段或者惩罚措施。孩子呢，会针对家长的措施制定自己的策略，予以对付。这场博弈中，双方都有自己的策略，也会根据对方的策略改进自己的策略。比如说，某一门课考到 70 分会给予什么奖励，一旦孩子考到了 70 分，就会马上推出新策略，考到 80 分将会有更大的奖励。对于孩子来说，自由，便是摆脱枯燥的教育，痛痛快快地玩，学自己感兴趣的东西；而家长最希望的也是让孩子健康快乐地成长，而不是承受教育的重压。但是，他们在围绕着学习的博弈中作为策略的制定者是理性的，不过这种理性让双方都没有得到自己的自由。在这里，理性与自由是相违背的，只能说孩子和家长们都被中国式的教育绑架了。

第 4 节　博弈的分类

依据不同的基准，博弈有不同的分类方式。下面就结合实例，一一介绍一下这些分类。

根据博弈的参与者之间是否有一个具有约束力的协议，博弈分为合作博弈和非合作博弈。

合作博弈并不是指参与者之间有合作的意向，或者合作态度，而是参与者之间有具有约束力的协议、约定或者契约，参与者必须在这些协议的范围内进行博弈。非合作博弈是指参与者在博弈的时候，无法达成一个对各方都有约束力的协议。

合作博弈是研究合作中如何分配利益的问题，目的是使得协议框架内所有参与者都满意。而非合作博弈的目的是如何为自己争取最大化的利益，并不考虑其他参与者的利益。

说到合作博弈，最典型的例子莫过于欧佩克成员国之间的博弈。欧佩克（OPEC）是石油输出国组织的简称。1960 年 9 月，伊朗、沙特阿拉伯、科威特、伊拉克、委内瑞拉等主要产油国在巴格达举行会议，共同商讨如何对付西方的石油公司，如何为自己带来更多的石油收入，欧佩克就是在这样的背景下诞生的。后来亚洲、拉丁美洲、非洲的一些产油国家也纷纷加入进来，他们都想通过这一世界上最大的国际性石油组织为自己争取最大利益。欧佩克成员国遵循统一的石油政策，产油数量和石油价格都由欧佩克调度。有时候国际油价大幅增长，为保持出口量的稳定，欧佩克会调度成员国增加产量，将石油价格保持在一个合理的水平上；同样，当国际油价大幅下跌的时候，欧佩克会组织成员国减少石油产量，以阻止石油价格继续下跌。

如果没有欧佩克这样的石油组织，各产油国自己决定产油数量和出口价格，很容易造成产油国之间的恶性降价竞争，或者大肆增加产油量，导致价格下降。欧佩克组织解决了这些问题，统一调度，将产油量和出口价格稳定在一个能获取最大利益的水平上。合作博弈解决的是合作中如何分配利益的问题。欧佩克正是解决这些问题的组织。

一方面来讲，合作博弈让我们认识到了合作的力量和团队的效率。但是，从另一方面来看，正是一些行业的寡头之间进行合作博弈，签订协议，强强联合，达到了对一些行业垄断的目的。垄断之后他们便协议商定产量和价格，以获取最大利益。

非合作博弈强调的是对自己利益最大化地争取，不考虑其他参与者的利益，与其他参与者之间没有共同遵守的协议。非合作博弈远比合作博弈复杂，因此人们的主要研究方向还是在非合作博弈身上。非合作博弈是博弈的常态，生活中的博弈大多是非合作博弈，没有特别说明的情况下，一般人们说的博弈都是指非合作博弈。

我们前面提到的大多数例子是非合作博弈，比如"囚徒困境"博弈中，两个犯人之间没有任何协议，没有串供，每个人都在为自己争取最大利益；空城计的博弈中诸葛亮与司马懿之间更不可能是合作博弈；还有夫妻抢各自喜欢的电视频道的博弈中也是非合作博弈。

总之，合作博弈是关于合作中如何分配利益的博弈，使得参与各方之间的利益达到一种均衡；非合作博弈是为自己争取最大利益的博弈，不考虑他人的利益。

前面我们举了一个火场中逃生的例子：你在参加一个同学生日聚会的时候突然遇到了火灾，酒店只有两个安全出口。如果不考虑道德因素，你在估算两个出口离你的距离远近，以及每个出口的人流量之后，选择一个能最快逃生的出口，这便是一个非合作博弈。博弈的参与者是你与其他逃生的人，利益是最快时间逃出火灾。估算出通过哪个门逃生用时最短，并选择从这个门逃生，便是这场博弈的最优策略。

但是，如果你考虑了道德因素，没有自己逃走，而是组织大家逃生，并且让老人、孩子先走，自己最后才离开。这样的话，就不存在博弈，因为你没有考虑自己的利益，缺少博弈的要素。

如果你既没有自己逃走，也没有把机会让给别人，而是同其他逃生的人商定了一个策略，保证大家能同时逃生。这样的话，就成了一个如何在合作中分配利益的问题。这便是合作性博弈。

按照参与者选择策略、做出决定的先后顺序，博弈可以分为静态博弈与动态博弈。

如果参与者们同时选择策略，或者虽然有先后，但是后做出策略的参与者并不知道其他参与者的策略，那便是静态博弈。比如"剪子、包袱、锤"就属于静态博弈；如果参与者的行动有先后顺序，并且后者是在了解前者策略的前提下制定自己的策略，这种情况就是动态博弈，比如下象棋、打扑克。

下面我们举两个例子来说明一下静态博弈与动态博弈。

某地区要建一个大型污水处理厂，面向社会招标。几个大型的建筑公司都想承建这项工程，都向招标处发去了自己的投标意向书，其中包括各自公司对这项工程的设计和报价。竞标的截止日期是 10 月 1 号，有的公司 8 月就投标了，也有的 9 月下旬才投标。

在这场博弈中，每个投标公司之间拼的主要还是对工程的设计以及工程报价，这也是每个公司的策略。在这里，每个公司投标的时候不知道其他公司的策略，尽管有的 8 月份就投标了，也就是做出策略了，但是因为他的内容是对外保密的，并没有影响到后来者做出策略。尽管投标时间有先后，但是取得的效果与大家同时竞标是一样的。所以这是一场静态博弈。

说完了静态博弈，再说一下动态博弈。动态博弈的关键词是，行动有先后，后者的决策受前者的影响。下面例子中就包含着一个动态博弈：

一个年轻人在一家酒吧喝酒，中途他起身去厕所。刚进厕所，厕所的门就被一个尾随而入的女人关上了。这个女人对年轻人说："把钱和手机拿出来给我，不然的话我就大喊，说你非礼我。"

年轻人想，此时没有第三人在场，如果她喊非礼的话，自己肯定是说不清的。但是又不能让坏人得逞，这样她就会去敲诈更多的人。年轻人急中生智，指指自己的嘴巴，又指指自己的耳朵，嘴里还"呜呜哇哇"个不停，装作是聋哑人。

这个女人发现他是个聋哑人，便准备放弃，虽然敲诈不成也不会被抓住任何把柄。但是年轻人却不满足于把她摆脱，而是想抓住证据，让她以后再也不能作案。于是，他便掏出一支笔，在手掌中写道："你说什么?"这个女人不想放弃这次敲诈的机会，便在男人伸出的手上写道："把钱和手机给我，不然我就喊非礼。"

年轻人一看自己抓住了对方敲诈的证据，便一把抓住女子，大声喊道："我要送你去派出所!"女子这才发现自己上当了。

在这场博弈中，女子率先行动，使出策略，不拿出钱和手机来就喊非礼。年轻人根据当时的情形急中生智，选择了装聋作哑的策略，让对方放弃敲诈。女子见占不到便宜便选择了三十六计走为上，想要逃脱。年轻人为了抓住她的把柄，又使出策略，诱导女子留下证据。女子以为还有机会获利，便将威胁的话写到年轻人的手上，没想到中了年轻人的计。这场博弈最后的策略是年轻人使出来的，那就是掌握了证据之后，将该女子送到派出所。至此，这场博弈结束。

这其中，年轻人与女子之间使出的策略都是根据对方的策略做出的。这是一场典型的动态博弈。

信息是博弈的四大要素之一，是参与者做出准确判断的依据。但是在有的博弈中，我们能完全掌握对方的信息，还有很多时候我们并不知道，或者不完全了解对方的信息。比如在下象棋的博弈中，一方的排兵布阵都体现在对方面前，一目了然；但是打扑克的博弈中，你只知道自己手里的牌，不知道其他人手中的牌。基于对其他参与者的信息掌握程度，博弈可以分为完全信息博弈和不完全信息博弈。

完全信息博弈是指博弈中对其他参与者特征、利益、可能选择的策略等信息都有一个准确的了解。如果对其他参与者特征、利益、可能选择的策略等信息没有一个准确的了解，或者有多个参与者的情况下，只对个别参与者的信息了解，这两种情况的博弈便是不完全信息博弈。

博弈论模式中有一个"警察与小偷"模式，便是一个很经典的完全信息博弈。这个模式的大意是这样的：镇上有两处地方需要巡逻，A处有价值两万元的物品，B处有价值1万元的物品，但是镇上只有一个警察，只能选择一处巡逻。同时，镇上还有一个贼，他也只能选择去A处或者B处一处偷盗。如果警察在一处巡逻，小偷去另一处偷盗，小偷就能得逞；如果警察在一处巡逻，小偷去同一处作案，他就失败了。警察与小偷事先都不知道对方将会去哪里作案或者巡逻。试问，这种情况下，警察应该选择如何巡逻？

用我们前面介绍的博弈分类来看，这属于静态博弈，参与者双方事先都不知道对方的选择，自己策略的制定也与对方的策略无关。同时，这还是一个完全信息博弈。在这场博弈中，镇上有A、B两处地方有值钱的物品，警察只能选择一处巡逻，小偷只能选择一处下手作案，以及镇上的交通路况等等，都是双方的共同认知，这些信息对警察和小偷是公开的，因此这是一场完全信息博弈。

我们将上面这个模式改造一下，假设有一天警察想出了一个捉住小偷的好主意：传出虚假消息，声称自己晚上将去A处巡逻，但是暗中去B处蹲守。不过这一切小偷并不知道，他不知道这是警察设下的一个圈套，结果他去B处偷盗，最终被警察抓到。在这场博弈中，警察使用了声东击西的策略，但是小偷对此并不知情。此时，这场博弈便变成了不完全信息博弈。

一方获益，另一方损失，这只是博弈的一种结果。除此之外，博弈的结果还可能是两败俱伤，或者双方共赢。按照博弈的结果来分，博弈分为负和博弈、零和博弈与正和博弈。

负和博弈是指博弈的参与者最后得到的收获都小于付出，都没有占到便宜，是一种两败俱伤的博弈。

网络上流传着这样一个笑话，甲、乙两个经济学家走在路上，突然发现了路边有一坨狗屎，甲便对乙说："你要是把它吃了，我给你5000万元。"乙一想，尽管臭了点，不过5000万元也不是个小数目啊，犹豫了半天之后还是把它吃了。

二人继续往前走，心中都有些不平衡。甲想，5000万元也不是一笔小数目，我本想开开玩笑，现在倒好，白白花了 5000 万元，什么也没得到。乙想，虽然得了 5000 万元，可吃狗屎的滋味太难受了，说不定这件事情传出去还会被人耻笑。就在这时，两人又发现了一坨狗屎。乙便提议说，你要是把它吃了，我也给你 5000 万元。甲本来就有点心疼自己的钱，再说乙都吃了，自己为什么不能吃？于是他便吃了。按理说，两个人又找回了心理和金钱上的平衡，但是两个人怎么想都觉得不对，谁也没有得到什么，平白无故每人吃了一坨狗屎。他们把这件事告诉了自己的导师，导师听完之后大吃一惊，说道："你们知道自己做了什么吗？一转眼你们就创造了一个亿的 GDP 啊！"

虽然只是一个笑话，但是其中蕴涵着一场博弈，就结果来看是一场典型的负和博弈，也就是双方的收获都小于付出，两败俱伤。

零和博弈是指参与者中一方获益，另一方损失，并且参与者之间获得的利益与损失之和为零。赌博便是零和博弈最好的体现，只要有赢家就会有输家，赢家赢的钱与输家输的钱肯定是一样多。这与物理上的能量守恒定律是一个道理，不管能量怎样变动，总量是不变的。

我们用一个扑克牌游戏来解释一下零和博弈。甲、乙两个人玩猜扑克游戏，游戏规则是每个人随便抽一张牌，然后一起打开，若是颜色相同，甲给乙 1 元钱，若是颜色不同，乙给甲 1 元钱。为了保证没有歧义，先将牌中的"大王"和"小王"拿出来。我们假定赢了 1 元钱用 1 来表示，输了 1 元钱用 -1 来表示。我们知道，这个游戏可能出现的情形共有 4 种：

第一种情形：甲是红牌，乙是红牌，甲乙的得失为（-1，1）。

第二种情形：甲是红牌，乙是黑牌，甲乙的得失为（1，-1）。

第一种情形：甲是黑牌，乙是红牌，甲乙的得失为（1，-1）。

第一种情形：甲是黑牌，乙是黑牌，甲乙的得失为（-1，1）。

可以看出，无论是哪种情况，结局不外乎是一方赢 1 元钱，另一方输 1 元钱，两人之间的得失总和永远为零。这种博弈我们便称为"零和博弈"。

正和博弈又被称为双赢博弈、合作博弈，是指参与者都能获益，或者一方的收益增加并不影响其他参与者的利益，这种博弈被认为是结局最好的一种博弈，也就是双赢。

曾经有一个人想了解一下天堂和地狱到底有什么区别，他便去问传教士。传教士把他带到了一间两层楼的房子里面，一楼上有一张大餐桌，桌上摆放着各种美食，但是坐在桌子周边的人个个愁容满面。原来他们的手臂受到了诅咒，不能弯曲，每个人都无法把食物送进自己嘴里；他们又来到了二楼，二楼上同样有一张餐桌，桌上摆满了美食，桌边人的手臂同样不能弯曲，但是他们却是欢声笑语不断，吃得津津有味，原来他们既然靠自己的手吃不到自己嘴里，就与对面坐的人相互喂食。传教士便对这个人说："你不是想知道天堂和地狱的区别吗？刚才在一楼看到的就是地狱，二楼这里便是天堂。"

这是一个很典型的双赢的例子，二楼的人们相互合作，结果每个人都得到了自己想要的，是正和博弈；而一楼的人自私自利，最后谁也没有吃到东西，是负和博弈。

第5节 最坏的一种结果：两败俱伤

两败俱伤是博弈中最坏的一种结果，每一位参与者的收益都小于损失，都没有占到便宜。有人可能想，理智的人是不会做出这种事情的，如果预见会是两败俱伤，那他们将不会参加这场博弈。但是事实上呢？人们经常置自己和对手于两败俱伤的困境中。

战争是典型的负和博弈，无论是"一战"、"二战"，还是美军在阿富汗、伊拉克发起的战争，都是如此。

第二次世界大战是人类历史上规模最大的一场战争，前后长达6年，共有61个国家和地区被卷入了这场混战，涉及的人口有20亿人以上，给世界人民带来了沉重的灾难。虽然这场战争中英勇的反法西斯人民取得了最后的胜利，但是战后的一些统计数据让我们明白，这是一场负和博弈。

二战中，军民伤亡人数达1.9亿，其中死亡6000万左右，受伤1.3亿左右。其中死亡的平民有2730万之多。盟军中苏联军队伤亡最为惨重，死亡890万人，中国军队死亡148万人，英国与美国各死亡38万人。同样，法西斯国家也伤亡惨重，德国军队伤亡人数达1170万，其中军队死亡人数超过600万，日本军队的伤亡人数也超过了216万。

再看一下美军在阿富汗和伊拉克发起的战争，这也是距离我们较近的一场战争。据美国公布的军事报告显示，截止到2009年3月，美军在伊拉克死亡的军人已经达到4261人。而当地的伊拉克平民伤亡人数将近10万。在阿富汗死亡的美军人数为673人，当地伤亡的平民数量将近1万。

战争中看似有一方是获胜者，其实结果是两败俱伤。"二战"中各国的伤亡人数和财产损失便是很好的证明。美军看似是阿富汗战争和伊拉克战争的胜利者，其实不然。战后的阿富汗非常混乱，人们为了生计不得不种植鸦片，这里也成了世界上最大的毒品生产基地，提供了世界上90％以上的鸦片和海洛因。再看一下伊拉克，虽然推倒了萨达姆的政权，但是激增的军费开支和不断攀升的伤亡人数使得美国深陷战争泥潭，难以自拔。

战争是世界上的头号杀手，表面上看战争有胜利的一方，但它并不是获益的一方，它同战败国一样是损失的一方。因此我们要热爱和平，警惕战争。

负和博弈不仅仅体现在战争中，人际交往的时候处理不当，也会陷入负和博弈之中。

在印度流传着这样一个故事，北印度有一位木匠，技艺高超，绝活是雕刻各种人的模型。尤其是他雕刻的侍女，栩栩如生，不仅长得漂亮，还会行走。外人根本分不清真假。在南印度有一位画家，画技高超，最擅长的便是画人物。

有一天，北印度的木匠请南印度的画家来家中做客。吃饭的时候，木匠让自己制作的木人侍女出来侍奉画家，端菜端饭，斟茶倒酒，无微不至。画家不知道这是个木人，他见这位侍女相貌俊俏，侍奉周到，便想与她搭腔。木人不会说话，画家还以为她是在害羞。木匠看到了这一幕，便心生一计，想捉弄一下画家。

晚饭过后，木匠留画家在家过夜，并安排侍女夜里伺候画家。画家非常高兴，他等木匠走后便细细观察这位侍女。灯光下，侍女愈发好看，但是画家怎么与她说话她都不回声，最后画家着急了便伸手去拉她。这才发现，侍女原来是个木人，顿感羞愧万分，原来自己上了木匠的当。画家越想越生气，决定要报复木匠。于是，他在墙上画了一幅自己的全身像，画中的自己披头散发，脖子上还有一根通向房顶的绳子，看上去像是上吊的样子。画好之后，他便躲到了床底。

第二天，木匠见画家迟迟不起床，便去敲门。敲了一会儿也不见画家回应，便从门缝中往里看，隐隐约约看到画家上吊了。木匠吓坏了，赶紧撞开门去解画家脖子上的绳子，等他摸到绳子之后才发现是一幅画。画家这个时候从床底下钻出来，对着木匠哈哈大笑。木匠十分气愤，认为画家这个玩笑开得太大了。画家则责怪木匠昨晚羞辱自己。说着说着，两人便厮打起来。

这是一个典型的人际交往的负和博弈，原本两位应该惺惺相惜，把酒言欢，没想到最后的结局却是两败俱伤。虽然这只是一个故事，但还是能给我们很多有益的启示。冲突的起源在于木匠用木人侍女戏弄画家，画家发现后又选择了报复。戏弄对方和报复对方是造成这场负和博弈的主要原因。

人是群居的高等动物，只要生活在这个世界上，就免不了同其他人交往，这种交往关系就是人际关系。由于每个人都有自己的追求，都有自己的利益，可能是物质方面的，也可能是精神方面的，因此交际中就免不了要发生冲突。冲突的结局跟博弈的结局一样，也有三种，或两败俱伤，或一方受益，或共赢。两败俱伤是最糟糕的一种情况，有过这种经历的人一般会选择反目成仇，互不往来。

曾经发生过这样的案例，两个人合伙做生意，一个有资金但是不善交际，另一个没有资金但是能说会道。两个人凑到一起之后，互相赏识，很快便决定开一家公司，有资金的出资金，没有资金的负责联络客户。

在两个人的努力之下，公司很快运转起来，并越发展越好。看到公司开始赢利，能说会道的那个人便想独自霸占公司，他把当初出资人出的注册资金还给出资人，并表示公司不再欠他的了，从此以后也不再与他有关系。出资人当然不愿意，告到了法院。到了法院出资人才知道，当初那个能说会道的人注册公司的时候写的是他一个人的名字。打官司没占到便宜，出资人一气之下把公司一把火烧了个干净。到头来，两个人谁也没有占到便宜。

这场负和博弈告诉我们，处理人际关系的时候，要做到"己所不欲，勿施于人"，不能自私自利，更不能见利忘义。

第6节　为什么赌场上输多赢少？

零和博弈中一方有收益，另一方肯定有损失，并且各方的收益和损失之和永远为零。赌博是帮助人们理解零和博弈最通俗易懂的例子。

赌场上，有人赢钱就肯定有人输钱，而且赢的钱数和输的钱数相等。就跟质量守恒定律一样，每个赌徒手中的钱在不停地变，但是赌桌上总的钱数是不变的。负和博弈也是如此，博弈双方之间的利益有增有减，但是总的利益是不变的。

我们说的只是理论形式上的赌博，现实中有庄家坐庄的赌博并不是这样。庄家是要赢利的，他们不可能看着钱在赌徒之间流转，他们也要分一杯羹。拿赌球来说，庄家会在胜负赔率上动一点手脚。例如，周末英超上演豪门对决，曼联主场对阵切尔西，庄家开出的赔率是1.9，曼联让半球。也就是说，如果曼联取胜，你下100元赌注，便会赢取90元。但是如果结局是双方打平，或者曼联输给了切尔西，那么你将输掉 100 元。曼联赢球和不赢球的比率各占 50％，所以赌曼联赢的和赌曼联不赢的人各占一半。假设 100 个人投注，每人下注 100 元，50 个人赌曼联赢，50 个人赌曼联不赢。无论比赛最后结果如何，庄家都将付给赌赢的 50 个人每人 90 元，共计 4500 元；而赌输的 50 个人则将每人付给庄家 100 元，共计 5000 元，庄家赚 500 元。

由此可知，有庄家的赌博赢得少，输得多，所以有句话叫"赌场上十赌九输"。

其实零和博弈不仅体现在赌场上，期货交易、股票交易、各类智力游戏以及生活中无处不在。人际交往中的零和博弈，起因大都是一方想"吃掉"另一方，让我们来看下面这个例子。

一个大杂院中住着四五户人家，平时大家白天都上班，邻里间关系非常冷淡。原本人们习惯了这种平静的生活，没想到这种平静被一把小提琴给打破了。原来是其中一户人家有一个 10 岁的孩子，家长给他买了一把小提琴，他非常喜欢，没事的时候就会吱吱呀呀地拉上一段。由于他没有学过拉琴，所以拉出来的声音非常刺耳。邻居们刚开始只是一笑了之，以为他只有三天的热度。没想到这个小孩没打算要停止，每天晚上都要拉上一会儿。后来大家都受不了了，白天上了一天班，晚上回家还要忍受噪音的折磨。起初有人到这户人家中提意见，结果人家认为自己孩子拉琴又不犯法，为什么不能拉？依旧我行我素，晚上琴声依旧。最后有人出了个主意，那就是制造出更大的动静来压过琴声。这几户人家便买了一些锣鼓，等晚上琴声响起的时候，他们一起冲到这户人家门外敲锣打鼓。这户人家受不了这样闹腾，便不让孩子拉琴了。就这样，原本就冷淡的邻里关系一落千丈，邻里成了宿敌。

这场博弈中，每一方都想"吃掉"对方，拉琴的孩子一家人不顾他人休息，只为自己着想；其他人则用更极端的手段去报复对方，这都是不对的。对于拉琴的孩子家长来说，他们可以送孩子去兴趣班或者公园拉琴，也可以改变拉琴时间，在白天别人都去上班的时候拉琴；邻里们呢，可以心平气和地向这户人家提出建议，或者让居委会出面来说这件事情，而不是走极端，用报复式的手段去胁迫对方。这可以说是一场零和博弈，也可以说是一场负和博弈。表面上看大家一起阻止了孩子拉琴，获得了清净，但是从另一方面说，邻里间反目成仇也是一种损失。

零和博弈的特点在于参与者之间的利益是存在冲突的，那么我们就真的没有什么办法来改变这种结局吗？事实并不是这样，我们来看一下电影《美丽心灵》

中的一个情景。

一个炎热的下午，纳什教授到教室去给学生们上课。窗外楼下有工人正在施工，机器产生的噪音传到了教室中。不得已，纳什教授将教室的窗户都关上，以阻止这刺耳的噪音。但是关上窗户之后就面临着一个新的问题，那就是太热了。学生们开始抗议，要求打开窗户。纳什对这个要求断然拒绝，他认为教室的安静比天气热带来的不舒服重要得多。

让我们来看一下这场博弈，假设打开窗户，同学们得到清凉，解除炎热，他们得到的利益为1，但是开窗就不能保证教室安静，纳什得到的利益就是−1；如果关上窗户，学生们会感觉闷热、不舒服，得到的利益为−1，而纳什得到了自己想要的安静，得到的利益为1。总之，无论开窗还是不开窗，双方的利益之和均为0，说明这是一场零和博弈。

难道这个问题就没有解决方法吗？我们继续看剧情。

当大家准备忍受纳什的选择的时候，一个漂亮的女同学站了起来，她走到窗户边上打开了窗户。纳什显然对此不满，想打断她，这其实是博弈中参与者对自己利益的保护。但是这位女同学打开窗户后对在楼下施工的工人们说："嗨！不好意思，我们现在有点小问题，关上窗子屋里太热，打开窗子又太吵，你们能不能先到别的地方施工，一会儿再回来？大约45分钟。"楼下的工人说没问题，便选择了停止施工。问题解决了，纳什用赞许的眼光看着这位女同学。

让我们再来分析一下，此时外面的工人已经停止了施工，如果选择开窗，大家将既享受到清凉，又不会影响安静；如果选择关窗，大家只能得到安静，得不到清凉。这个时候纳什与学生们都会选择开窗，因为他们此时的利益不再冲突，而是相同，所以他们之间已经不存在博弈。这个故事告诉我们，解决负和博弈的关键在于消除双方之间关于利益的冲突。

第7节　最理想的结局：双赢

正和博弈就是参与各方本着相互合作、公平公正、互惠互利的原则来分配利益，让每一个参与者都满意的博弈。

有一种鸟被称为鳄鱼鸟，它们专门从鳄鱼口中觅食。鳄鱼凶残无比，却允许一只小鸟到自己的牙缝中找肉吃，这是为什么呢？因为它们之间是相互合作的关系，鳄鱼为鳄鱼鸟提供食物，鳄鱼鸟除了能用自己的鸣叫报告危险情况以外，还能清理鳄鱼牙缝间的残肉，避免滋生细菌。所以它们能够和谐相处，成为好搭档。

博弈中发生冲突的时候，充分了解对方，取长补短，各取所需，往往会使双方走出负和博弈或者零和博弈，实现合作共赢。

看这样一个例子，一对双胞胎姐妹要分两个煮熟的鸡蛋，妈妈分她们每人一个。姐姐只喜欢吃蛋清，所以她只吃掉了蛋清，扔掉了蛋黄；相反，妹妹只喜欢吃蛋黄，便把蛋清扔掉了。这一幕被她们的爸爸看在眼里。下次分鸡蛋的时候，爸爸分给姐姐两个蛋清，分给妹妹两个蛋黄，这样既没有浪费，每个人又多吃到了自己喜欢的东西。

再看一个例子，有一对老年夫妻，丈夫是个哑巴，不会说话，妻子下半身残疾，不能走路。由于丈夫不会说话，所以出去买东西，与人打交道都不方便；而妻子由于不能走路，整天待在家中，非常苦闷。为了解决两位老人的烦恼，他们的儿女为他们买了一辆三轮车。此后，丈夫出去的时候便带着妻子，买东西、与人交际的时候就让妻子说话；而妻子呢，也可以出去到处转转，不用老待在家中苦闷。一辆三轮车，解决了两个人的烦恼，同时又使两人取长补短。

合作共赢的模式在古代战争期间经常被小国家采用，他们自己无力抵抗强国，便联合其他与自己处境相似的国家，结成联盟。其中最典型的例子莫过于春秋战国时期的"合纵"策略。

春秋战国时期，各国之间连年征战，为了抵抗强大的秦国，苏秦凭借自己的三寸不烂之舌游说六国结盟，采取"合纵"策略。一荣俱荣，一损俱损。正是这个结盟使得强大的秦国不敢轻易出兵，换来了几十年的和平。在此之前，六国在面临强敌的时候，总是想尽一切手段自保，六国之间偶尔也会发生征战。这个时候，秦国往往坐山观虎斗，坐收渔翁之利。自从六国结盟之后，六国间不再争斗，而是团结一心，共同对抗秦国。

眼看六国团结如铁，无法完成统一大业，秦国的张仪便游说六国，说服他们单独同秦国交好，以瓦解他们的结盟。六国中齐国与楚国是实力最强大的两个国家，张仪便从这两个国家开始。他先是拆散了齐国与楚国之间的结盟，又游说楚国同秦国交好。之后，张仪又用同样的手段拆散了其他国家之间的结盟，为秦国统一六国做好了前期准备。等秦国相继消灭了韩国、赵国、魏国的时候，其他国家因为结盟已经被拆散，怕惹火上身，不敢贸然出兵。最终他们也没能逃脱被灭亡的命运。

六国间的结盟便是一场正和博弈，博弈的参与各方都得到了自己想要的东西，即不用担心秦国的入侵。可惜的是，这场正和博弈最后变成了负和博弈。他们放弃了合作，纷纷与秦国交好，失去了作为一个整体与秦国对话的优势，最后导致灭亡。

从古代回到现代，中国与美国是世界上两个大国，我们从两国的经济结构和两国之间的贸易关系来谈一下竞争与合作。

中国经济近些年一直保持着高速增长。但是同美国相比，中国的产业结构调整还有很长的路要走。美国经济中，第三产业的贡献达到 GDP 总量的 75.3%，而中国只有 40% 多一点。进出口方面，中国经济对进出口贸易的依赖比较大，进出口贸易额已经占到 GDP 总量的 66%。美国随着第三产业占经济总量的比重越来越大，进出口贸易对经济增长的影响逐渐减弱。美国是中国的第二大贸易伙伴，仅次于日本。由于中国现在的很多加工制造业都是劳动密集型产业，所以生产出的产品物美价廉，深受美国人民喜欢。这也是中国对美国贸易顺差不断增加的原因。

中国对进出口贸易过于依赖的缺点是需要看别人脸色，主动权不掌握在自己手中。2008 年掀起的全球金融风暴中，中国沿海的制造业便受到重创，很多以出口为主的加工制造企业纷纷倒闭。同时对美国贸易顺差不断增加并不一定是件好事，顺差越多，美国就会制定越多的贸易壁垒，以保护本国的产业。

由此可见，中国首先应该改善本国的产业结构，加大第三产业占经济总量的比重，减少对进出口贸易的依赖，将主动权掌握在自己的手中。同时，根据全球经济一体化的必然趋势，清除贸易壁垒，互惠互利，不能只追求一时的高顺差，要注意可持续发展。也就是竞争的同时不要忘了合作，双赢是当今世界的共同追求。

20 世纪可以说是人类史上最复杂的一个世纪，爆发了两次世界大战，战后经济、科技飞速发展，全球一体化程度日益加深。同时也面临一些共同的问题，比如环境污染。这一系列发展和问题让人们意识到，只有合作才是人类唯一的出路。双赢博弈也逐渐取代了零和博弈，通过合作实现共赢已经成为了当今社会的共识。无论是在人际交往方面，还是企业与企业之间，国与国之间都是如此。

然而，合作共赢有时候只是一个梦想和目标。我们为找到这样的目标欢呼的同时，不要忘了在很多领域中"零和博弈"是不能被"正和博弈"取代的，再加上人的贪心，往往让合作只停留在梦想阶段。比如在股市当中，原本股市投资是为了获取公司收益的分成，但是由于高回报的诱惑，现在被演化成了赚取买卖之间的差额。有人买就得有人卖，有人赚钱就会有人赔钱。

由此可见，有时候需要人们理性地对待合作，我们距离真正合作共赢的时代还有很长的路需要走。

第 8 节　比的就是策略

秦始皇是中国历史上非常伟大的一个帝王，他在两千多年前第一次统一了中国，并将中国建造成了当时世界上最庞大的帝国。在统一之前，秦国在国内进行了商鞅变法，无论是在经济、政治，还是军事方面，都实力大增。但是与其他六国的实力总和相比，还是有很大的差距。其余六国都已经感受到秦国崛起带来的威胁，怎样处理与秦国的关系，已经成了关乎国家存亡的大事。

在当时的局势下，六国可以采取的策略有两种。第一种是六国结成军事联盟，共同应对秦国崛起带来的威胁。如果秦国侵犯六国中任何一个国家，其他盟国必须要出兵相助，这种策略被称为"合纵"；第二种策略是"连横"，就是六个国家分别同秦国交好，签订互不侵犯、友好往来的协议。

当时六国中，齐国是与秦国实力最接近的一个国家，也是对秦国威胁最大的一个国家。无论是"合纵"，还是"连横"，都将是秦国的主要对手。

在当时的情形下，如果秦国默许六国结盟，那么也就无法完成统一大业。而且，齐国凭借自己的实力，定会成为同盟的核心，势力得以扩张。如果秦国采取"连横"策略，分别同六国签订互不侵犯条约，同时六国之间依旧结盟，那么秦国将同六国形成对峙局面，依然无法完成统一大业。最后一种策略是，秦国同六国"连横"，并设法将六国之间的结盟拆散。那样的话，秦国就有机会将六国一一消灭。最终的历史真相是，秦国与齐国"连横"，从齐国开始下手破坏六国之间的结盟关系。

公元前 230 年起，秦始皇从邻国开始下手，采取远交近攻、分化离间等手段，拆散六国结盟，并将六国逐个击破。至公元前 221 年，秦国吞并齐国，终于完成了统一大业，秦始皇得以名垂千古。齐国也承受了策略失败带来的亡国之痛。

首先，这是一场博弈。博弈的参与者是秦国和其余六个国家，秦国的利益是争取更多的领土，统一中国；而其余六国的利益是保卫国土不受侵犯。在这场博弈中，各方的信息都是对等的，胜负的关键在于策略的制定。秦国制定了最优的策略，同时齐国制定了一个失败的策略。最终秦国的策略为他们带来了成功。

既然我们身边充满着博弈，那么随时都需要对自己身处的博弈制定一个策略。同样的情况下，一个小策略可能就会给自己带来很大的收获。下面便是这样一个例子。

今天是情人节，晚上男朋友拉着小丽去逛商场，说是要她自己选择一样东西，作为送她的情人节礼物。不过事先已经说好了，这样东西的价格不能超过800元。

两个人高高兴兴地来到了商场，逛了一段时间之后，小丽看中了一款皮包，不过标价是1500元。小丽心想这个价位有点高，如果自己贸然提出来要买的话，男朋友肯定不乐意。于是她先将这个包放下，一边看其他东西，一边想怎样能让男朋友心甘情愿地主动给自己买这个包。

想了一会儿之后，她有了主意。

那天晚上，他们逛遍了整座商厦，一件东西也没看中。男朋友不停地帮她挑衣服挑鞋子，但是哪一件她也看不上；男朋友又带她去看化妆品，试了几种之后，她表示没兴趣；男朋友又带她去看首饰，试来试去，总也找不到自己满意的。不管是什么，她都不去主动看，反而是男朋友越挑越急，帮着她挑这挑那。无论是什么，她都只回复"不好看"、"不喜欢"或者是"不感兴趣"。

就这样，从晚上七点一直逛到九点多，眼看商场都要关门了。今天买不上的话，到了明天就过了情人节了。男朋友此时已经由着急变成了泄气，他细数了一下，衣服不喜欢，鞋子也不喜欢，化妆品也不喜欢，首饰也不喜欢。那买个包怎么样？

这正是小丽心中想要的，便说："好吧！"

男朋友看到终于找到了女朋友喜欢的礼物，再加上前面费了这么大的力气，已经筋疲力尽，也就不再讨价还价，很高兴地给小丽买了那个1500元的皮包。

这件事情的成功完全得益于她的策略。如果直接提出来买，男朋友可能会不答应，或者即使买了也是很勉强。现在她不断地对男朋友说"不"，对他挑选的礼品进行否决。一个人屡屡被否决之后就会泄气，这个时候，你的一个肯定带给他的满足感会让他不再去考虑那些细枝末节的小问题，从而变得兴奋。

良好的策略能让一个国家完成统一大业，也能让一个女孩子争取到自己想要的礼品，这都说明博弈无处不在。职场中也是如此。

职场是一个没有硝烟的战场，公司与职员之间、领导与下属之间、同事之间，无论是合作还是竞争，都是博弈，都需要策略。

孙阳是一家公司的老总，最近公司人事调动，一名部门经理退休，需要提拔一名新的部门经理。经过筛选，孙阳认为现在公司里符合标准的有两个人：小张和小王。两人都是原先部门经理手下的副经理。小张因为工作时间长一些，业务要比小王熟练，被视为最有可能接替经理职位的人。小王虽然业务熟练程度稍逊一筹，但是办事细心，为人真诚。

选谁呢？孙阳认为业务能力只是工作能力的一部分，只要给予机会和时间，大部分人都能熟练掌握。而对待工作的态度则更重要，这一点上，他更欣赏小王。在任命部门经理的方式上，他有两个选择，也可以说是两个策略：

一是直接宣布任命小王为部门经理，小张继续担任副经理。

二是发布一个虚假消息，假传公司要招聘经理，看看两人的反应，再做决定。

第一个策略是大家常见的方式，这样的方式导致的后果便是小张满腹牢骚，工作积极性下降，甚至与新上司采取不合作的态度。这样的结局对公司和员工个人来说都不利，是一种会导致两败俱伤的决策。

第二个策略可以将两个人对待工作、对待公司的态度展现出来，到时候再宣布任命人选，输的一方就会心服口服。

最终孙阳选择了第二个策略。在公司开会的时候，他故意透漏了公司准备对外招聘经理的信息。果然不出所料，小张得知自己这次升迁的机会泡汤之后，虽然不敢对高层抱怨，在私底下却是满腹牢骚，工作积极性大减，这一切都被公司高层看在眼里。反观小王，他一如既往地工作，办事认真，待人诚恳，丝毫没有受到这个消息的影响，这也更坚定了孙阳任命他为部门经理的决心。

半个月之后，公司宣布不再对外招聘经理，而是内部提升。这个时候，公司高层在对两位人选的综合评定中，考虑了近半个月内两人的表现，最终决定让小王担任部门经理一职。这个结果也在小张的意料之中，他输得心服口服。

同样一件事情，用不同的策略来解决，得到的结果便不同。这就是策略的作用，也是策略的魅力所在。难怪博弈论的核心是寻找解决问题的最优策略，本书中会针对不同类型的问题，分别给出相对应的最优策略。

第9节　追求最佳，避免最差

博弈中取胜的关键是有一个好的策略，而策略的制定又要考虑到对方的策略，好比在下象棋的博弈中，一方走一步棋之前往往要考虑对方接下来会走哪一步，而到时候我应该再走哪一步。比如，"囚徒博弈"中一方选择是否坦白的时候，需要考虑对方是否会坦白。

虽然制定策略需要考虑到对方，但是策略的选择依旧有一定的规律可循。策略的选择一般有两个行动准则：一是寻找并应用优势策略，二是寻找并避免劣势策略。下面我们将分别介绍这两个行动准则。

第一个行为准则，寻找并应用优势策略。

什么是优势策略？优势策略是指在所有策略中，无论对手选择什么策略，总会给你带来最大效益的那种策略。

如果你拥有一个优势策略，这将是最好的一种情况，你完全不必去考虑其他人如何选择，因为无论对方选择什么样的策略，你都会完胜他。下面举例说明。

假设一个市里有两家主要的日报，一份叫《天天日报》，一份叫《每日新闻》。其中《每日新闻》创办时间要早一点，读者群人数也比《天天日报》稍微多一点。决定每天报纸销量的除了固定的读者群以外，再就是哪家报纸刊登的封面头版新闻更能吸引人眼球。因此，封面大战经常在两家报社之间进行。这一天，市里面发生了两件重大新闻，一件是有人目睹了"UFO"（不明飞行物），并拍下了模糊的照片；另外一件新闻是市内发生了一件灭门惨案，一栋别墅内全家七口惨遭灭门。

现在，《每日新闻》和《天天日报》在封面报道问题上都有两种选择，那就是报道"UFO"，或者是灭门惨案。根据采访和调查，两家报纸都发现，50％的人更关注"UFO事件"，而40％的人则更关注灭门"惨案事件"，还有10％的人表示两件事情都很关注。这样，根据以往的销量情况，两家报纸都推算出了第二天的读者比例。比例如下：

若是《每日新闻》头版报道UFO，将会有60％的读者选择该报纸，同时《天天日报》头版刊登灭门惨案的话，将会有50％的读者选择购买，重叠的10％为买两份报纸的人。

若是《每日新闻》头版报道UFO，将会有60％的读者选择该报纸，同时《天天日报》头版也刊登UFO事件的话，将会有40％的读者选择购买，几乎没有人会买两份头版相同的报纸。

若是《每日新闻》头版报道灭门惨案，将会有50％的读者选择该报纸，同时《天天日报》头版刊UFO事件的话，将会有55％的读者选择购买，只重叠5％是因为《每日新闻》的固定读者群要多一点，而且即使没有放到头版，一份日报也不会放过对重大新闻的报道。

若是《每日新闻》头版报道灭门惨案，将会有 55％的读者选择该报纸，同时《天天日报》头版也刊登灭门惨案的话，将会有 45％的读者选择购买，道理同样是很少有人会买两份头版相同的报纸。

两份日报的封面选择以及计算出来的读者量可以表示在一个表中：

		《天天日报》	
		UFO	灭门惨案
《每日新闻》	UFO	(60％，40％)	(60％，50％)
	灭门惨案	(50％，55％)	(55％，45％)

从中可以看出，无论《天天日报》的封面选择什么，《每日新闻》都应该选择报道 UFO 事件。对于《每日新闻》来说，这便是它的优势策略。优势策略是指无论对方选择什么策略，总能给你带来最大利益的策略，在这里便是选择报道UFO 事件。

既然《每日新闻》选择了封面报道 UFO 事件，《天天日报》的最好选择便是报道灭门惨案。这也是这场博弈最好的结局。

第二个行为准则，寻找并避免劣势策略。

并不是所有的博弈都有一个绝对的优势策略，有的时候我们不知道其中哪个策略更占优势，可以选择出其中的劣势策略，并将其去除。前面夫妻两人看电视抢台的博弈中就是如此，如下所示：

		妻子	
		体育频道	连续剧频道
丈夫	体育频道	(10，5)	(0，0)
	连续剧频道	(0，0)	(5，10)

这场博弈中有两个最优策略：(10，5) 和 (5，10)。哪一个成为最后的选择都有可能，可能是丈夫照顾妻子，或者妻子体贴丈夫。这其中没有绝对的优势策略，但是有一个明显的劣势策略，那便是 (0，0)。也就是双方坚持要看自己想看的频道，僵持不下，最终结局只能是 (0，0)。在无法决定优势策略的时候，我们必须保证先排除劣势策略。很多人认为没有必要将其排除，因为在这张这么

清晰明了的利弊图表面前，没人会犯傻选择（0，0）。但是现实生活中，容易冲动和不理智的人还是有很多的。

这样，在有的博弈中就可以采用劣势策略消除法来制定自己的策略，先将最坏的策略消除，再将其次坏的策略消除，最后从剩下的几个策略中选择相对占优策略。比如上面封面大战的博弈中，《天天日报》如果先不考虑《每日新闻》的选择，单看自己每种选择的结果，便会排除其中（60%，40%）和（55%，45%）两种策略，因为他们一个是绝对的劣势策略，另外一个是其次的劣势策略。消除两个劣势策略之后，再从剩下的两个策略（50%，55%）、（60%，50%）中考虑，由于（60%，50%）是《每日新闻》的优势选择，无论《天天日报》如何选择，《每日新闻》都会选择这个策略，所以这时《天天日报》也只能选择这个策略。

寻找到博弈中的优势策略和劣势策略之后，博弈论的问题就会变得相对简单，没有其他办法能使其再简化。寻找并选择优势策略和寻找并排除劣势策略其实和我们日常生活中说的"追求最好，避免最差"有相通之处。

第 10 节 "六方会谈"中的博弈

博弈论至今已经发展成为一门比较成熟的学科，作为应用数学和运筹学的一个分支，它在现实中的应用非常广泛。1944 年，冯·诺依曼与摩根斯坦合著的《博弈论与经济行为》出版发行，将博弈论从一个单纯的理论应用到经济领域，之后随着博弈论的发展和逐渐完善，尤其是 1950 年以后"纳什均衡"理论的提出，博弈论被逐渐应用到各个领域，包括政治、经济、国际关系、生物、计算机、军事等。近些年，博弈论的应用范围又延伸到了会计学、统计学、社会心理学，甚至在认识论与伦理学等哲学学科中也有所应用。

谢林和奥曼是两位博弈论先驱，他们曾经利用博弈论的知识研究过商业谈判、种族隔离、有组织犯罪、雇员关系等问题，他们甚至认为博弈论可以用来研究核威慑和武器控制问题。现实生活中也不断上演着一出出博弈论应用的案例。

2009 年 4 月 14 日，朝鲜再次宣布退出六方会谈，并决定按原状恢复核设施。这已经不是朝鲜第一次退出六方会谈了，那这一次又是为了什么呢？它又是为什么会选择在这个时间退出呢？我们知道国际间的政治问题非常复杂，做出每一步决定之前都会经过仔细考虑。六方会谈本身就是六个国家之间的博弈，我们来分析一下各个国家在这场博弈中的处境和策略。

　　朝鲜于 1993 年宣布退出《不扩散核武器条约》，当时克林顿刚刚上任，再加上反恐没有被提升到今天这样的高度，所以美国对此采取了妥协的政策。我们可以说朝鲜做出这一决策选择的时机比较准。小布什在任期间美国发生了"9·11"事件，反恐被提升到了前所未有的高度。美国也借此对阿富汗和伊拉克出兵，并推翻了塔利班和萨达姆政权。之后，美国又在核问题上将矛头指向了朝鲜。2003 年 8 月，第一轮六方会谈在北京召开。六方会谈在 2007 年第五轮会谈中终于取得了实质性的进展，规定朝鲜有义务公布自己的核计划。2009 年 4 月 14 日，朝鲜决定再次退出六方会谈。这一次朝鲜选择退出的时机同 1993 年退出《不扩散核武器条约》时一样，都是正逢新总统上任不久。凡是新总统上任，必就外交策略做出调整。新上任的奥巴马决定改变小布什在任期间强硬的外交策略，再加上美国当时深陷经济危机之中，并且阿富汗和伊拉克战场部署着美军的主要兵力，不可能再开辟第三战场。正是抓住这些有利条件，朝鲜才敢大胆地无视美国，单方面退出六方会谈。

　　而美国正是由于以上几点，不得不对朝鲜进行妥协。但是美国还想显示其强硬，以树立自己的威信和对解决朝鲜核问题的决心。所以美国在事后发表声明，认为朝鲜单方面退出六方会谈并重新启用之前的核计划，是一种具有威胁性的挑衅，并决定对朝鲜进行经济制裁。而这一点也应该早在朝鲜的预料之中，因为朝鲜在经济方面对外界依赖较小，所以基本不受影响。

　　韩国作为朝鲜的邻国，是受朝鲜核威胁最大的国家。在得知朝鲜退出之后，韩国外交通商部发表声明，对此表示遗憾。原本朝韩关系在金大中担任韩国总统期间得到了极大改善。但是李明博上任以后，由于朝鲜放弃了之前半岛无核化的约定，所以李明博对朝鲜采取了强硬的外交政策，致使朝韩关系逐步恶化。不过，两国人民同根同族，又是近邻，所以关系不会完全破裂，这一点两国都认可。

　　日本本应该是六方会谈中分量最轻的国家，但是针对朝鲜退出六方会谈日本的反应却是异常强烈，并积极响应对朝鲜进行制裁。这是为什么呢？归根结底是想增加自己在东亚地区和国际社会上的影响力，不想在政治上被边缘化，抓住一切机会表现自己。还有一点，那就是当时的日本首相麻生因为国内金融危机而陷入了信任危机，民众支持率大减，政府正好可以借此转移民众视线，重新树立形象。另外，朝鲜问题也可以被用来当作增加军费的借口。

俄罗斯原本是个"有分量"的角色，但是从一开始就表现的不是太用心。第一轮会谈中俄罗斯就表示不看好这次会谈，结果证实了俄罗斯的猜测。朝鲜核计划对俄罗斯影响甚微，不会对其构成威胁，同时还可以构成对美国的牵制。虽然"冷战"早已经过去，但是大国间的博弈一直延续至今。没有切身利益关系决定了俄罗斯在这场博弈中不可能成为主角。

中国是六方会谈的组织者，一贯坚持用和平谈判的手段来解决问题，并积极推动六方会谈的顺利进行，为能够取得进展做出了自己的贡献。同时，将维护朝鲜半岛、东亚地区安全稳定作为谈判的目标。

从朝鲜退出六方会谈的时机选择，以及各方的反应，我们就可以看出这场博弈中各方的利益所在和策略的选择。朝鲜想借美国混乱之际，重新掌握谈判主动权；美国表面上是反对核扩散，实质上是怕朝鲜对自己在东北亚的军事优势造成威胁；韩国、日本作为美国的盟国希望美国出头，韩国想彻底解决掉家门口的安全隐患，而日本则想搭便车，在这场博弈中争取分到一杯羹；俄罗斯事不关己，高高挂起。归根结底，都是为自己国家争取最大利益。

美国是世界上的超级大国，他们最引以为豪的便是自己的民主，并极力向全世界推广自己的民主模式，有时不惜动用武力手段。其实美国的民主政治并没有他们自己鼓吹的那样完美，但是客观地说，经历了建国200多年的考验以后，我们还是可以发现美国政治体制中一些可取之处。1787年，55名代表参加了美国的制宪会议，用集体的智慧起草了美国历史上第一部比较完善的宪法，这部宪法至今仍然有效。虽然后来多处被修订，但是这部宪法从根本上消除了体制中的独裁和混乱。以前美国忍受了英国多年的专制统治，早就受够了这种体制，而混乱比独裁还要可怕，没有组织还不如有一个可怕的组织。独裁专制和无政府式的混乱是两个极端，1787年美国制定的宪法便试图寻找中间的平衡点，建立一个比较完善，能相互制约，但又不会导致混乱的体制。

当时55名代表都是社会上的精英，分别代表着各自集团的利益，他们在制定宪法时都想为各自代表的集体争取更多利益。最终，每一方都争取到了一部分利益，同时也都做出了一些让步。这就使得最后的宪法既是民主的，又能使各方相互制约。在今天看来，这正是支撑美国民主体制的两个基本点。

在这场多人博弈中，每个人都各取所需，同时做出让步，是一场正和博弈。每一个集团，每一个洲之间合作与竞争的关系，正是美国政府希望得到的。

第 11 节　经济离不开博弈论

博弈论最早的应用领域是经济学，"博弈论革命"被称为经济学史上除了"边际分析革命"、"凯恩斯革命"之外的第三次伟大革命，它为人们提供了一种解决经济问题的新方法。由于贡献突出，诺贝尔经济学奖分别于 1994 年、1996 年和 2005 年颁发给博弈论学者。这也都说明了博弈论已经成为经济学中思考和解决问题的一种有效手段。下面就让我们看一下，博弈论是如何在经济领域发挥作用的。

有市场就少不了竞争，而竞争面临最大的问题是双方都陷入"囚徒困境"，最简单的例子便是同行之间的恶性竞争——价格大战。当一方选择降价的时候，另一方只能选择降价，不降价将失去市场，而降价则会降低收益。这种困境便是"囚徒困境"。这个问题反映在社会中各个方面，不过最多的还是体现在商家之间的竞争中，导致的结果多为两败俱伤。

经过博弈论分析，这个问题的解决途径便是双方进行合作。这也是双方走出恶性竞争最有效的方式。当然，合作即意味着双方都选择让步。因此，合作既能带来收益，又面临着被对方背叛的危险。合作的达成需要考虑到很多方面的因素，个人道德是一方面，法律保障的合约是一方面，最重要的是要有共同利益。此外，合作还需要组织者，世界经济贸易组织（WTO）、石油合作组织（OPEC）等都是这类组织。

凡是事物都有两方面，既然陷入"囚徒困境"是痛苦的，那我们可以将这种痛苦施加到对手身上。假设你的工厂有两个主要供货商，你可以对一方承诺如果他降价，则将订单全部给他；这个时候另外一个供货商便会选择降价，以保住自己的订单。这样，两个对手便陷入了一场价格战中，受益一方则是你。

上面仅是博弈论中"囚徒困境"模式在经济方面的一些体现和应用。除了竞争与合作以外，如何合理分配也是一个非常重要的问题。博弈论中"智猪博弈"模式便会涉及这个问题。一头大猪和一头小猪在一起，大猪去碰按钮之后投下的食物两头猪会一起吃，而若是小猪去碰按钮，还没跑到食槽，投下的食物便被大猪都吃完了。因此，对于小猪来说，去主动碰按钮还不如老老实实等着"搭便车"。这个问题涉及经济中的分配问题，例如：一些员工工作不认真、不积极，靠着工作小组或者团队取得的成绩跟别人拿一样的奖金。这个时候，其他成员会觉得付出多回报少，便都会选择不出力，等着"搭便车"。这就需要企业建立一种公平的奖惩机制，多劳多得，不准吃"大锅饭"。

"智猪博弈"给我们的启示除了建立公平的奖惩机制以外，再就是"小猪如何跑赢大猪"，也就是弱者战胜强者。从这个角度来看，"搭便车"、"抱大腿"便成为了一种比较有效的方式。也就是利用别人的优势来为自己争取利益，中国古代的说法叫"借势"。比如，当你的公司研制出一款最新产品的时候，恰逢某一大型企业也研制了类似的产品。假设你的企业是小企业，这时候你就没有必要花钱去做广告。因为大企业肯定会花大钱做广告，开辟市场，而你只需要跟在他后面走就行。等市场打开了，你需要做的只是将你的同类型产品在商场中和大公司的品牌放到一起。这个时候别人有品牌优势，而你有价格优势。因为你没有付出广告费，价格里面没有广告成本，所以价格会相对便宜。这便是典型的"搭便车"。

此外，博弈论中还会讲到公平分配、讨价还价等问题，都与经济和市场有很大的关系。经济活动主要是以营利为目的的商业行为。这其中既包含着竞争，也包含着分配。以为自己争取最大利益为目标，不顾对方利益的博弈称为非合作性博弈，这种博弈以竞争为主体；而以分配和平衡利益为主的便是合作性博弈。合作性博弈中也包含着讨价还价，合作可以说是在一定前提和框架中的相互竞争。这个时候，讨价还价和学会谈判便显得尤为重要。关于讨价还价和谈判的知识，后面会有详细介绍。

商场如战场，商场上决定博弈胜负的是做出的决策，而制定决策的依据是信息。因此，收集和分析对方信息便显得格外重要。掌握信息越多越全面的人，往往能制定出制胜的决策。这就好比打牌一样，如果你知道了对方手中的牌，即使你手中的牌不如对方的牌好，你照样可以战胜他。商战中也是如此，注意收集对手的信息，注意掌握自己的信息，注意关注市场的信息，做到知彼知己，方可百战不殆。很多商家不惜派出商业间谍去收集情报，以期望能占领信息高地。收集的信息需要分析，并以此制定出策略。信息好比是火药，而策略便是子弹，火药越多，其杀伤力便越大。

信息还可以分为私有信息和公共信息，当你掌握的信息属于私有信息的时候你该做出什么样的决策？当你掌握的信息属于公共信息的时候，又该做出什么样的决策？这都是商战中经常会面临的问题。如果你有一个策略，无论对手选择什么样的策略，这个策略都会给你带来最大收益，那你就应该选择这一策略，不用去考虑对手的选择。这是一种优势策略。如果你的策略需要参照对方的策略来制定的话，你需要推测对方的选择，然后据此制定自己的策略。

上面列举的是博弈论在经济方面的一些体现和应用，这只是其中很少的一部分。可以说，经济领域涉及的任何问题都能在博弈论中找到相对应的模式和解答。博弈论的核心是参与者通过制定策略为自己争取最大利益。战争在今天已经不是主题，现在世界上也没有大规模的战争在进行。所以纵观政治、经济、文化等领域，当前博弈论应用最广泛的便是经济领域。经济领域中每个人都是在通过自己的努力和策略为自己争取到更多的利益，小到个人的薪水，大到国际间的货币、能源战争，其中的核心思想同博弈论是相通的。因此，掌握好博弈论对于解决经济问题非常有帮助。

·第二章·

纳什均衡

第 1 节　纳什：天才还是疯子？

《美丽心灵》是一部非常经典的影片，它再现了伟大的数学天才约翰·纳什的传奇经历，影片本身以及背后的人物原型都深深地打动了人们。这部影片上演后接连获得了第 59 届金球奖的 5 项大奖，以及 2002 年第 74 届奥斯卡奖的 4 项大奖。纳什是一位数学天才，他提出的"纳什均衡"是博弈论的理论支柱。同时，他还是诺贝尔经济学奖获得者。但这并不是他的全部，只是他传奇人生中辉煌的一面。我们在讲述"纳什均衡"之前，先来了解这位天才的传奇人生。

纳什于 1928 年出生在美国西弗吉尼亚州。他的家庭条件非常优越，父亲是工程师，母亲是教师。纳什小时候性格孤僻，不愿意和同龄孩子一起玩耍，喜欢一个人在书中寻找快乐。当时纳什的数学成绩并不好，但还是展现出了一些天赋。比如，老师用一黑板公式才能证明的定理，纳什只需要几步便可完成，这也时常会让老师感到尴尬。

1948 年，纳什同时被 4 所大学录取，其中便包括普林斯顿、哈佛这样的名校，最终纳什选择了普林斯顿。当时的普林斯顿学术风气非常自由，云集了爱因斯坦、冯·诺依曼等一批世界级的大师，并且在数学研究领域一直独占鳌头，是世界的数学中心。纳什在普林斯顿如鱼得水，进步非常大。

1950 年，纳什发表博士论文《非合作博弈》，他在对这个问题继续研究之后，同年又发表了一篇论文《n 人博弈中的均衡点》。这两篇论文不过是几十页纸，中间还掺杂着一些纳什画的图表。但就是这几十页纸，改变了博弈论的发展，甚至可以说改变了我们的生活。他将博弈论的研究范围从合作博弈扩展到非合作博弈，应用领域也从经济领域拓展到几乎各个领域。可以说"纳什均衡"之后的博弈论变成了一种在各行业各领域通用的工具。

发表博士论文的当年，纳什获得数学博士学位。1957 年他同自己的女学生阿丽莎结婚，第二年获得了麻省理工学院的终身学位。此时的纳什意气风发，不到30岁便成为了闻名遐迩的数学家。1958年，《财富》杂志做了一个评选，纳什被评选为当时数学家中最杰出的明星。

上帝喜欢与天才开玩笑，处于事业巅峰时期的纳什遭遇到了命运的无情打击，他得了一种叫作"妄想型精神分裂症"的疾病。这种精神分裂症伴随了他的一生，他常常看到一些虚幻的人物，并且开始衣着怪异，上课时会说一些毫无意义的话，常常在黑板上乱写乱画一些谁都不懂的内容。这使得他无法正常授课，只得辞去了麻省理工学院教授的职位。

辞职后的纳什病情更加严重，他开始给政治人物写一些奇怪的信，并总是幻觉自己身边有许多苏联间谍，而他被安排发掘出这些间谍的情报。精神和思维的分裂已经让这个曾经的天才变成了一个疯子。

他的妻子阿丽莎曾经深深被他的才华折服，但是现在面对着精神日益暴躁和分裂的丈夫，为了保护孩子不受伤害，她不得不选择同他离婚。不过，他们的感情并没有就此结束，她一直在帮他恢复。1970年，纳什的母亲去世，他的姐姐也无力抚养他，当纳什面临着露宿街头的困境时阿丽莎接收了他，他们又住到了一起。阿丽莎不但在生活中细致入微地照顾纳什，还特意把家迁到僻静的普林斯顿，远离大城市的喧嚣，她希望曾经见证纳什辉煌的普林斯顿大学能重新唤起纳什的才情。

妻子坚定的信念和不曾动摇过的爱深深地感动了纳什，他下定决心与病魔做斗争。最终在妻子的照顾和朋友的关怀下，20世纪80年代纳什的病情奇迹般地好转，并最终康复。至此，他不但可以与人沟通，还可以继续从事自己喜欢的数学研究。在这场与病魔的斗争中，他的妻子阿丽莎起了关键作用。

走出阴影后的纳什成为1985年诺贝尔经济学奖的候选人，依据是他在博弈论方面的研究对经济的影响。但是最终他并没有获奖，原因有几个方面，一方面当时博弈论的影响和贡献还没有被人们充分认识；另一方面瑞典皇家学院对刚刚病愈的纳什还不放心，毕竟他患精神分裂症已经将近30年了，诺贝尔奖获得者通常要在颁奖典礼上进行一次演说，人们担心纳什的心智没有完全康复。

等到了1994年，博弈论在各领域取得的成就有目共睹，机会又一次靠近了纳什。但是此时的纳什没有头衔，瑞典皇家学院无法将他提名。这时纳什的老同学、普林斯顿大学的数理经济学家库恩出马，他先是向诺贝尔奖评选委员会表明：纳什获得诺贝尔奖是当之无愧的，如果以身体健康为理由将他排除在诺贝尔奖之外的话，那将是非常糟糕的一个决定。同时库恩从普林斯顿大学数学系为纳什争取了一个"访问研究合作者"的身份。这些努力没有白费，最终纳什站在了诺贝尔经济学奖高高的领奖台上。

当年，同时获得诺贝尔经济学奖的还有美国经济学家约翰·海萨尼和德国波恩大学的莱茵哈德·泽尔腾教授。他们都是在博弈论领域做出过突出贡献的学者，这标志着博弈论得到了广泛的认可，已经成为经济学的一个重要组成部分。

经过几十年的发展，"纳什均衡"已经成为博弈论的核心，纳什甚至已经成了博弈论的代名词。看到今天博弈论蓬勃地发展，真的不敢想象没有约翰·纳什的博弈论世界会是什么样子。

第 2 节　解放博弈论

我们一直在说纳什在博弈论发展中所占的重要地位，但是感性的描述是没有力量的，下面我们将从博弈论的研究和应用范围具体谈一下纳什的贡献，看一下"纳什均衡"到底在博弈论中占有什么地位。

前面我们已经介绍过了，博弈论是由美籍匈牙利数学家冯·诺依曼创立的。创立之初博弈论的研究和应用范围非常狭窄，仅仅是一个理论。1944 年，随着《博弈论与经济行为》的发表，博弈论开始被应用到经济学领域，现代博弈论的系统理论开始逐步形成。

直到 1950 年纳什创立"纳什均衡"以前，博弈论的研究范围仅限于二人零和博弈。我们前面介绍过博弈论的分类，按照博弈参与人数的多少，可以分为两人博弈和多人博弈；按照博弈的结果可以分为正和博弈、零和博弈和负和博弈；按照博弈双方或者多方之间是否存在一个对各方都有约束力的协议，可以分为合作博弈和非合作博弈。

纳什之前博弈论的研究范围仅限于二人零和博弈，也就是参与者只有两方，并且两人之间有胜有负，总获利为零的那种博弈。例如，两个人打羽毛球，参与者只有两人，而且必须有胜负，胜者赢得分数恰好是另一方输的分数。

两人零和博弈是游戏和赌博中最常见的模式，博弈论最早便是研究赌博和游戏的理论。生活中的二人零和博弈没有游戏和体育比赛那么简单，虽然是一输一赢，但是这个输赢的范围还是可以计算和控制的。冯·诺依曼通过线性运算计算出每一方可以获取利益的最大值和最小值，也就是博弈中损失和赢利的范围。计算出的利益最大值便是博弈中我们最希望看到的结果，而最小值便是我们最不愿意看到的结果。这比较符合一些人做事的思想，那就是"抱最好的希望，做最坏的打算"。

二人零和博弈的研究虽然在当时非常先进和前卫，但是作为一个理论来说，它的覆盖面太小。这种博弈模式的局限性显而易见，它只能研究有两人参与的博弈，而现实中的博弈常常是多方参与，并且现实情况错综复杂，博弈的结局不止有一方获利另一方损失这一种，也会出现双方都赢利，或者双方都没有占到便宜的情况。这些情况都不在冯·诺依曼当时的研究范围内。

这一切随着"纳什均衡"的提出全被打破了。1950 年，纳什写出了论文《n人博弈中的均衡点》，其中便提到了"纳什均衡"的概念以及解法。当时纳什带着自己的观点去见博弈论的创始人冯·诺依曼，遭到了冷遇，之前他还遭受过爱因斯坦的冷遇。但是这并不能影响"纳什均衡"带给人们的轰动。

从纳什的论文题目《n人博弈中的均衡点》中可以看出，纳什主要研究的是多人参与，非零和的博弈问题。这些问题在他之前没人进行研究，或者说没人能找到对于各方来说都合适的均衡点。就像找出两条线的交汇点很容易，如果有的话，但是找出几条线的共同交汇点则非常困难。找到多方之间的均衡点是这个问题的关键，找不到这个均衡点，这个问题的研究便会变得没有意义，更谈不上对实践活动有什么指导作用。而纳什的伟大之处便是提出了解决这个难题的办法，这把钥匙便是"纳什均衡"，它将博弈论的研究范围从"小胡同"里引到了广阔天地中，为占博弈情况大多数的多人非零和博弈找到意义。

纳什的论文《n人博弈中的均衡点》就像惊雷一样震撼了人们，他将一种看似不可能的事情变成了现实，那就是证明了非合作多人博弈中也有均衡，并给出了这种均衡的解法。"纳什均衡"的提出，彻底改变了人们以往对竞争、市场，以及博弈论的看法，它让人们明白了市场竞争中的均衡同博弈均衡的关系。

"纳什均衡"的提出奠定了非合作博弈论发展的基础，此后博弈论的发展主要便是沿着这条线进行。此后很长一段时间内，博弈论领域的主要成就都是对"纳什均衡"的解读或者延伸。甚至有人开玩笑说，如果每个人引用"纳什均衡"一次需要付给纳什一美元的话，他早就成为最富有的人了。

不仅是在非合作博弈领域，在合作博弈领域纳什也有突出的贡献。合作型博弈是冯·诺依曼在《博弈论与经济模型》一书中建立起来的，非合作型博弈的关键是如何争取最大利益，而合作型博弈的关键是如何分配利益，其中分配利益过程中的相互协商是非常重要的，也就是双方之间你来我往的"讨价还价"。但是冯·诺依曼并没有给出这种"讨价还价"的解法，或者说没有找到这个问题的解法。纳什对这个问题进行了研究，并提出了"讨价还价"问题的解法，他还进一步扩大范围，将合作型博弈看作是某种意义上的非合作性博弈，因为利益分配中的讨价还价问题归根结底还是为自己争取最大利益。

除此之外，纳什还研究博弈论的行为实验，他就曾经提出，简单的"囚徒困境"是一个单步策略，若是让参与者反复进行实验，就会变成一个多步策略。单步策略中，囚徒双方不会串供，但是在多步策略模式中，就有可能发生串供。这种预见性后来得到了验证，重复博弈模型在政治和经济上都发挥了重要作用。

纳什在博弈论上做出的贡献对现实的影响得到越来越多的体现。20 世纪 90 年代，美国政府和新西兰政府几乎在同一时间各自举行了一场拍卖会。美国政府请经济学家和博弈论专家对这场拍卖会进行了分析和设计，参照因素就是让政府获得更多的利益，同时让商家获得最大的利用率和效益，在政府和商家之间找到一个平衡点。最终的结局是皆大欢喜，拍卖会十分成功，政府获得巨额收益，同时各商家也各取所需。而新西兰举行的那场拍卖会却是非常惨淡，关键原因是在机制设计上出现了问题，最终大家都去追捧热门商品，导致最后拍出的价格远远高于其本身的价值；而一些商品则无人问津，甚至有的商品只有一个人参与竞拍，以非常低的成交价就拍走了。

正是因为对现实影响的日益体现，所以 1994 年的诺贝尔经济学奖被授予了包括纳什在内的三位博弈论专家。

我们最后总结一下纳什在博弈论中的地位，中国有句话叫"天不生仲尼，万古长如夜"。意思是老天不把孔子派到人间，人们就像永远生活在黑夜里一样。我们如果这样说纳什同博弈论的关系的话，就会显得夸张。但是纳什对博弈论的开拓性发展是任何人都无可比拟的，在他之前的博弈论就像是一条逼仄的胡同，而纳什则推倒了胡同两边的墙，把人们的视野拓展到无边的天际。

第 3 节　该不该表白：博弈中的均衡

我们一直在提"均衡"，在讲"纳什均衡"之前，我们需要了解一下什么是均衡。均衡在英文中为 equilibrium，是来自经济学中的一个概念。均衡也就是平衡的意思，在经济学中是指相关因素处在一种稳定的关系中，相关因素的量都是稳定值。举例说，市场上有人买东西，有人卖东西，商家和顾客之间是买卖关系，经过一番讨价还价，最终将商品的价格定在了一个数值上。这个价格既是顾客满意的，也是商家可以接受的，这个时候我们就说商家和客户之间达成了一种均衡。均衡是经济学中一个非常重要的概念，可以说是所有经济行为追求的共同目的。

说完了经济学中的均衡，再来看一下博弈论中的均衡。博弈均衡是指参与者之间经过博弈，最终达成一个稳定的结果。均衡只是博弈的一种结果，但并不是唯一的结果，要不然的话，纳什寻找均衡的努力就没有意义了。博弈的均衡是稳定的，这种稳定点是可以通过计算找到的，就像同一平面内两条不平行的直线必定有一个交点一样，只要我们知道存在这个交点，就一定能把它找出来。

让我们看一下下面这个例子，共同分析一下博弈中的均衡。

男孩甲与女孩乙青梅竹马，对彼此都有好感，但是这份感情一直埋在各自心中，谁也没有跟对方表白过。这些年，不断有其他男孩跟女孩乙表白心意，但是都被女孩乙拒绝了，人家问她理由，她只是说自己心中已经有了人，他总有一天会向自己表白的。

同样，这些年男孩甲也碰到了不少向他表达爱意的女孩，他同样拒绝了她们，他说自己心里已经有了一个女孩，她会明白自己的心意的。

又过了几年，女孩乙迟迟不见男孩甲表白，有点心灰意冷，她决定试探一下他。这天她对男孩甲说："我决定到另外一个城市去工作。"

女孩乙希望男孩甲能挽留她，或者向她表白。但是没有，男孩甲心里只有失落，他想难道你不明白我的心意吗？最终他也没有说出口，只是祝对方幸福。女孩乙一气之下真的去了另外一个城市。

一年之后，女孩乙回来了，他见到男孩甲身边已经有了女朋友。原来男孩甲在经历了一段失落之后，又重新振作，找了一个女朋友。现在，男孩甲才明白当初女孩乙只是在试探自己，不过一切都已经晚了。

这是一个让人很失望的故事，原本应该在一起的两个人，最终却落得了这样的结局。我们来分析一下其中的原因，最直接的原因是两个人中没人愿意表白，怕被对方拒绝，都希望另一方先表白。我们假设，两人走到一块儿之后，每人得到的利益为10，假设什么也得不到利益为0，便可以得到以下矩阵图：

女孩乙

		表白	不表白
男孩甲	表白	(10, 10)	(X, X)
	不表白	(X, X)	(0, 0)

图表中，双方同时表白，可以得到皆大欢喜的结果（10，10），若是都不表白，双方只能是一无所获（0，0）。若是只有一方表白，由于男孩和女孩都怕被对方拒绝，不知道结果会如何，所以我们用（X，X）表示。

由此可见，这场博弈有两个均衡，要么同时表白，皆大欢喜，这几乎是不可能的；要么都不表白，各自忍受。这其中，双方同时表白几乎是不可能的，因为不知道表白之后会有什么样的结局，所以单方表白也不会被选择，最后只能选择沉默，双方都不表白。在这里，表白后可能会成功，也可能会失去；而不表白则至少不会失去什么，所以不表白相对来说是最好的选择。

上面是我们以主人公的身份进行的分析，现在我们作为第三人，知道双方心中都给对方留了位置，其实不需要双方同时表白，只需要一方表白，便会得到皆大欢喜的结局。这样的话，上面的矩阵图就要变一下了：

女孩乙

		表白	不表白
男孩甲	表白	(10, 10)	(10, 10)
	不表白	(10, 10)	(0, 0)

这样再来看的话，也是有两个均衡，不过此时要想皆大欢喜不再需要双方同时表白，只需一人表白即可。这时，最好的选择已经不是双方都保持沉默，而是任何一方大胆地说出自己的爱。

总之，这场博弈中存在着两个均衡，一个是皆大欢喜的均衡，一个是悲剧均衡，前者是我们追求的，而后者则是我们竭力避免的。此外，我们分析的只是一个理论模型，现实生活中的博弈会根据情况的复杂性和参与者是否够理智在进行着不断的变化，尤其是爱情方面。

有的博弈中只有一个均衡，有的博弈中有多个均衡，还有的博弈中的均衡之间是可以相互转换的。当双方之间连续博弈，也就是所谓的重复性博弈的时候，博弈之间的均衡便会发生转换。我们看一下下面这个例子：

一对夫妻正在屋子里休息，突然听到有人来敲门，原来是邻居想要借一下锤子用，丈夫非常不情愿地借给了他。原来，这个邻居隔三岔五地来借东西，借了往往不主动归还，当你去要回的时候，他便装出一副很抱歉的样子说自己把这件事忘了。这让这对夫妻非常厌恶这个邻居，但是他们又没有什么像样的理由来拒绝他。

第二天这个邻居又来借锯，丈夫一想，我得想个办法治一下他这个坏毛病。于是便说："真是太巧了，我们下午要用锯去修剪树枝，十分抱歉。"

"你们两个都要去吗？"这位邻居显得非常沮丧。

"是的，我们两个都要去。"丈夫又说。

"那太好了！"这位邻居脸上立刻多云转晴，并说道，"你们去修剪树枝，肯定就不打球了，那能不能把你们家的高尔夫球杆借我用一下？"

这个故事中的均衡在不断地转换，先是借锯，借锯不成之后均衡又转向了借高尔夫球杆。总之，双方的策略在变，得到的均衡也跟着变。最终，一方借走高尔夫球杆，一方借出高尔夫球杆成了这场博弈最后的均衡。

通过这两个例子我们已经明白了什么是均衡和博弈均衡，均衡就是一种稳定，而博弈均衡就是博弈参与者之间的一种博弈结果的稳定。关于均衡讲了这么多，下面就来讲本章的主题："纳什均衡"。

第4节 纳什均衡

诺贝尔经济学奖获得者萨缪尔森曾经说过：如果你想把一只鹦鹉训练成经济学家，只需要让它掌握两个词语：供给与需求。后来博弈论专家坎多瑞又补充为：想成为经济学家，只懂得的供给与需求还不够，你还需要多掌握一个词，那就是"纳什均衡"。

"纳什均衡"的概念来自纳什的两篇论文《n人博弈中的均衡点》和《非合作博弈》，纳什在论文中介绍了合作性博弈与非合作性博弈的区别，并给出了"纳什均衡"的定义。

"纳什均衡"，简单地说就是多人参加的博弈中，每个人根据他人的策略制定自己的最优策略。所有人的这些策略组成一个策略组合，在这个策略组合中，没有人会主动改变自己的策略，那样会降低他的收益。只要没有人做出策略调整，任何一个理性的参与者都不会主动改变自己的策略。这个时候，所有参与者的策略便达成了一种平衡，这种平衡便是"纳什均衡"。

博弈论是应用数学的分支，因此最严谨的"纳什均衡"表达方式需要用数学公式。用数学方式表达的"纳什均衡"的定义：在博弈 G＝ ｛ S1，…，Sn：u1，…，un ｝中，如果由各个博弈方的各个策略组成的某个策论组合（s1＊，…，sn＊）中，任一博弈方 i 的策论 si＊，都是对其余博弈方策略的组合（s1＊，…s＊i−1，s＊i+1，…，sn＊）的最佳对策，也即 ui（s1＊，…s＊i−1，si＊，s＊i+1，…，sn＊）≥ui（s1＊，…s＊i−1，sij＊，s＊i+1，…，sn＊）对任意 sij∈Si 都成立，则称（s1＊，…，sn＊）为 G 的一个"纳什均衡"。

如果你的数学不够好，这串数学表达式让你阅读起来有难度的话，请不要担心，本书中主要的表达方式是语言描述加上通俗易懂的表格，此处引用数学表达式，只为严谨。

"纳什均衡"主要用来研究非合作博弈中的均衡，因此也被称为非合作博弈均衡。"纳什均衡"的一个特别之处在于通俗易懂，有人把"纳什均衡"比喻成锅里的乒乓球。如果你把几个乒乓球放到锅里，它们便会向锅底滚去，并在锅底相互碰撞，最后停住不动的时候便达成了一种平衡，这个时候如果动了其中的一个，其他乒乓球便会受影响，如果想要保持住这种平衡，就不能动其中任何一个乒乓球，一直保持下去。这个比喻中，乒乓球代表各参与者的策略，乒乓球最后停留在锅底形成的平衡便是"纳什均衡"。

"囚徒博弈"这个案例前面我们已经介绍过了，它是"纳什均衡"最有名的案例，我们再简单回想一下。甲乙两位盗贼犯罪后被警察抓住，警察对他们进行单独审讯，并分别告诉他们：如果一方坦白招供，另一方抵赖、拒不认罪，那么招供一方可以当即释放，抵赖的一方则要判刑 10 年；如果双方都认罪，每人判 8 年；如果双方都拒不认罪，那么警方会因为证据不足，只能判处他们私闯民宅，不能判处他们入室盗窃，每人只判 1 年。用矩阵图表示如下：

		罪犯乙	
		坦白	不坦白
罪犯甲	坦白	(8, 8)	(0, 10)
	不坦白	(10, 0)	(1, 1)

"纳什均衡"中，一方会根据对方的策略制定自己的最优策略。通过上面图表可以看出"囚徒困境"中包含着两个"纳什均衡"：（8，8）和（1，1）。如果

罪犯甲选择坦白，罪犯乙的最优策略也是选择坦白；如果罪犯甲选择不坦白，罪犯乙的最优策略也是选择不坦白。其中，两名罪犯都选择不坦白得到的"纳什均衡"是一种好均衡，双方都选择坦白得到的均衡是一种坏均衡。

这个案例中，由于两人被隔离审讯，不能串供，因此都不知道对方的策略。这个时候，受到自保的本能和心理的影响，他们会选择坦白。原因很简单，若是坦白最多坐 8 年牢，若是不坦白最多坐 10 年牢。再说了，要是侥幸同伙不坦白而自己坦白的话，就可以当即释放了。这样来看，坦白是最好的选择。其实，他的同伙也是这样想的，也选择坦白，最终两人每人被判 8 年，警察收到了自己满意的结果。由于信息的不沟通，两人为了自己最大利益的追求放弃了好的均衡，选择了坏的均衡。

根据"纳什均衡"的定义我们可以知道，一场博弈中并不一定只有一个"纳什均衡"，但是均衡之间有好坏之分。比如"囚徒困境"中，两名囚犯同时选择不坦白，得到的均衡便是好的均衡。同时选择坦白，得到的均衡便是坏的均衡。好均衡的结果是双方受益，坏均衡的结果是双方亏损，或者受益没有好均衡那样多。"纳什均衡"中各方策略的制定都是对对方策略的最佳反应，以为自己争取最大利益为目的，好均衡与坏均衡都是如此。

好均衡与坏均衡之间有时候可以转换。古时候，楚国和魏国交界处有一个小县城，城中的居民都以种瓜为生。有一年，天气大旱。魏国一边的村民比较勤劳，白天挑水浇瓜，瓜苗长势喜人；而楚国一边的村民比较懒，所以瓜苗长得又枯又黄。楚国村民看着魏国一边的瓜苗绿油油一片，而自己这边又枯又黄，于是心生嫉妒，夜里组织人到魏国一边去搞破坏，将瓜苗拔出来扔到一边。

魏国的村民知道之后，非常气愤，决定以牙还牙，报复楚国的村民。但是，村长却反对这样做。他认为报复的结局是两败俱伤，最终两个村到了秋后谁也收获不了瓜。最后村长提出了一个想法，那就是以德报怨，晚上组织村民偷偷到楚国一边的村庄田地里，替他们给瓜苗浇水。

村民们按照村长说的去做，最后楚国的村民看到自己田里的瓜苗变绿了，并且知道是魏国的村民晚上来偷偷浇水，都感到非常羞愧。为了表示歉意，楚国村民晚上偷偷到魏国村庄的田地里去替他们重新种上了瓜苗。最终，双方平安无事，从此和谐相处。

我们看一下其中的均衡是如何转换的，我们将这个故事中双方的博弈制作成一个简单的博弈模型。假设选择去损毁对方瓜苗为 A 策略，而选择去以德报怨，相互帮助为 B 策略。瓜苗被损毁，所得利益为 0，没有被损毁所得利益为 10。这样我们就会得到一个简单的博弈矩阵图：

	魏国	
	A 策略	B 策略
楚国 A 策略	(0，0)	(10，0)
楚国 B 策略	(0，10)	(10，10)

这场博弈中存在两个"纳什均衡"：如果一方选择损毁对方瓜苗，另一方的最优对应策略是选择报复，再一个便是双方同时选择相互帮助。两个均衡的结果也截然相反，第一个均衡的结局是（0，0），两败俱伤，第二个均衡的结果是（10，10），实现双赢。可见双方相互报复的平衡是坏平衡，相互帮助的平衡是好平衡。

很明显，（A，A）的策略组合是一种坏的策略组合，因为它会导致（0，0）的最坏结局。不过，这仍是一种"纳什均衡"。因为对方选择 A 策略的时候，你的最优选择也是 A 策略，这个时候形成的策略组合便是"纳什均衡"。同样，（B，B）的策略组合也是"纳什均衡"，（10，10）的结果是双方都想得到的。（A，B）和（B，A）的策略组合不是"纳什均衡"。这也说明一场博弈中可以有多个"纳什均衡"，并且有优劣之分。

故事中楚国最先选择了 A 策略，按照博弈论的分析，选择 A 策略是魏国的最好的回应，也就是以牙还牙。这种想法非常符合我们日常的行为习惯，你不让我好过，我也不让你好过。这样选择的结果将会达成一种平衡，不过是坏的平衡。但是魏国人没有选择报复，而是用行动来感化对方，选择了 B 策略。最终楚国人被感化，也选择了 B 策略，双方达成了一种新的均衡。这时候的均衡是一种好的"纳什均衡"。

这里面存在一个问题，那就是博弈模型同现实情况之间的差异。理性的博弈分析中，选择报复是最优决策。而现实情况中则要考虑很多其他影响因素，比如以后低头不见抬头见之类的。以德报怨不是博弈分析中的最优决策，但是却可以解决现实问题。相互报复会陷入恶性循环，"冤冤相报何时了"，所以即使不能感化对方，也不应该采取报复。再说，魏国村民之所以会做出以德报怨的决策，肯定是对楚国村民的民风民俗很了解，知道他们会被感化。若是同水火不容的敌人之间，则不会有忍让。这些都是出于对现实情况的考虑。

第 5 节　挑战亚当·斯密

挑战权威在今天不算是什么大事情，甚至一些人为了炒作，特别喜欢挑战权威。但是在历史上，挑战权威是一件非常危险的事情，很多人甚至为此丢掉了性命。布鲁诺因为宣传"日心学"，被教会烧死在罗马的百花广场，这是教会对他挑战"地心说"权威的惩罚；同样是天文学家的哥白尼，直到临死之前才把自己关于"日心说"的著作发表，这样做是为了避免教会的迫害；当年达尔文发表"进化论"的时候，引起了轩然大波，这场争论延续至今。权威之所以难以挑战，是因为他们的理论早已植入人心，成为定论。纳什也挑战了一回权威，这个权威便是西方经济学之父亚当·斯密。

亚当·斯密是西方现代经济学的创立人，被称为"现代经济学之父"。他的传世经典《国富论》，更是西方经济学的根本，在西方经济学中，他的地位就像耶稣一样，不可动摇。但是纳什却指出了他的一个错误，从传统意义上来说，他动摇了亚当·斯密建立的西方经济学的基础，引发了经济学中的一次革命。

亚当·斯密认为每个人做出对自己有利选择的时候，对这个社会也最有利。他多次在自己的著作中提到这一点。

他在《国民财富的性质和原因的研究》中说："当每个人都在追求自己私利的时候，市场这只看不见的手会发挥出最佳的效果，社会将得到最大的收益。"

他在《国富论》中说道："我们餐桌上的牛肉、啤酒和面包并不是屠夫、啤酒酿造者和面包店老板发善心，白白送给我们的，推动他们这样做的是对利益的追求，若是每个人只追求自己的利益和安全，在这个追求过程中就会自然而然地给别人带来利益，由此带来的社会利益，比他们专门去提升社会利益还要来得有效。"

他认为追求自己利益最大化的同时会给社会带来收益，通俗一点说就是每个人把自己的事情做好了，社会便好了。这句话听上去似乎有道理，也被大家接受了很多年，但它是错误的，这个错误多年以后被纳什发现了。

我们来看一下亚当·斯密错在了哪里，纳什又是如何纠正这个问题的。在拔河比赛中，每一名队员都使出最大的力气，整支队伍便会发挥出最好的成绩。在这里，每个人为自己谋取最大的利益，便会得到最大的整体利益，正符合亚当·斯密的理论。但是现实社会中情况远比拔河复杂，拔河的时候同一支队伍中的人都是朝着一个方向努力，不存在博弈问题，而现实生活中的人们不是如此。他们虽然有着共同的目标，却是朝着不同方向用力。因此，并不是每个人的个体利益相加便会得到社会总体的整体利益。

"纳什均衡"需要考虑博弈中每一个参与者的决策，但是并不意味着每一个人都选择对自己最优的决策便能得到最好的结果。比如"囚徒博弈"中，每个人最希望得到的结果便是自己坦白，同伙不坦白，那样他们就可以被当即释放。但是两个人如果都这样想，便都会选择坦白，得到的结果是（8，8），每人坐牢8年。这并不是对于两人来说最好的结局，最好的结局是两人都不坦白，每人坐1年牢。

"纳什均衡"提出之前，没有人怀疑亚当·斯密，人们认为只要提供和保障一个良好的市场机制，保障参与其中的人们能公平竞争，社会利益自然会增大。当时社会经济的重点是建立和保障有一个公平的机制。但是"纳什均衡"告诉大家，每一个人都是理性的，得到的结果未必就是理性的。以纳什为原型拍摄的电影《美丽心灵》中有这样一个故事，可以很好地阐释个人理性与集体理性之间的关系。

纳什同3个朋友在一家酒吧里喝酒，此时进来了5位漂亮的姑娘，其中一位比其他4位要漂亮一点。纳什与3个朋友想邀请对方跳舞，这个时候他们有几个策略可以选择：

第一种，按照亚当·斯密的理论，也是我们常人最理性的方式，会先去邀请最漂亮的那位小姐跳舞，如果得不到最漂亮的，再退而求其次，邀请其他人。这是一种相对于个人而言最优的策略，也是一种理性的策略。但是每个人都这样做的话，得到的结果是否会与亚当·斯密所说的一样，是一种最大化的集体利益呢？

纳什否认了这种策略，他分析道：若是每个人追求自己最大化的利益，都去邀请那位最漂亮的小姐，结果只能是4个男人互相掐架，结果谁也邀请不到。等他们退而求其次再去找其他姑娘的时候，另外4位姑娘会觉得自己是别人的第二选择，是别人的替代品，因此拒绝他们的邀请，这样一来，4位男士最终将一无所获。

纳什找出了这其中的"纳什均衡"，提出了自己的策略：每个人都不去邀请那位最漂亮的姑娘，而是邀请另外4位姑娘，这样每个人都可以得到一个舞伴，彼此之间又不会起冲突。

在这场邀请舞伴的博弈中，若是每个人都是理性的，那他们将一无所获；而若是每个人都根据对手的策略制定好自己的策略，找到一个策略间的均衡时，那么大家就会各有所获。归根结底，亚当·斯密将社会总利益认为是所有个体利益之和，而纳什考虑了这些个体利益之间可能是矛盾的，他认为想得到最大化的社会利益，需要在所有个体利益之间找到一种均衡，当个体利益处于这样一种均衡状态时，得到的总体利益会是最大的。事实表明，纳什是对的。

　　"纳什均衡"给了我们这样一个启示：个体的最优决策不一定能带来最大化的社会利益，唯有找出这些决策之间的均衡才可以做到。

第6节　身边的"纳什均衡"

　　我们来看几个"纳什均衡"在现实中应用的实例。

　　商场之间的价格战近些年屡见不鲜，尤其是家电之间的价格大战，无论是冰箱、空调，还是彩电、微波炉，一波未息一波又起，这其中最高兴的就要数消费者了。我们仔细分析一下就可以发现，商场每一次价格战的模式都是一样的，其中都包含着"纳什均衡"。

　　我们假设某市有甲、乙两家商场，国庆假期将至，正是家电销售的旺季，甲商场决定采取降价手段促销。降价之前，两家的利益均等，假设是（10，10）。甲商场想，我若是降价，虽然单位利润会变小，但是销量肯定会增加，最终仍会增加效益，假设增加为14。而对方的一部分消费者被吸引到了我这边，利润会下降为6。若同时降价的话，两家的销量是不变的，但是单位利润的下降会导致总利润的下降，结果为（8，8）。两个商场降价与否的最终结局如表所示：

商场乙

		降价	不降价
	降价	（8，8）	（14，6）
商场甲	不降价	（6，14）	（10，10）

　　从表中可看出，两个商场在价格大战博弈中有两个"纳什均衡"：同时降价、同时不降价，也就是（8，8）和（10，10）。这其中，（10，10）的均衡是好均衡。按理说，其中任何一方没有理由在对方降价之前决定降价，那这里为什么会出现价格大战呢？我们来分析一下。

选择降价之后的甲商场有两种结果：（8，8）和（14，6）。后者是甲商场的优势策略，可以得到高于降价前的利润，即使得不到这种结果，最坏的结果也不过是前者，即（8，8），自己没占便宜，但是也没让对手占便宜。

而乙商场在甲商场做出降价策略之后，自己降价与否将会得到两种结果：（8，8）和（6，14），降价之后虽然利润比之前的10有所减少，但是比不降价的6要多，所以乙也只好选择降价。最终双方博弈的结果停留在（8，8）上。

其实最终博弈的结果是双方都能提前预料到的，那他们为什么还要进行价格战呢？这是因为多年价格大战恶性竞争的原因。往年都要进行价格大战，所以到了今年，他们知道自己不降价也得被对方逼得降价，总之早晚得降，所以晚降不如早降，不至于落于人后。

降价是消费者愿意看到的，但是从商场的角度来看则是一种损失，如果是特别恶性的价格战的话，甚至相互之间会出现连续几轮的降价，那样损失就更惨了。如果理性的话，双方都不降价，得到（10，10）的结果对双方来说是最好的。如果双方不但不降价，反而同时涨价的话，将会得到更大的利润。不过这样做属于垄断行为，是不被允许的。

看完了商场价格战中的"纳什均衡"之后，再来看一下污染博弈中的"纳什均衡"。

随着经济的发展，环境污染逐渐成为了一个大问题。一些污染企业为了降低生产成本，并没有安装污水处理设备。站在污染企业的角度来看，其他企业不增加污水处理设备，自己也不会增加。这个时候他们之间是一种均衡，我们假设某市有甲、乙两家造纸厂，没有安装污水处理设备时，利润均为10，污水处理设备的成本为2，这样我们就可以看一下双方在是否安装污水处理设备上的博弈结果：

| | | 乙 | |
		安装	不安装
甲	安装	（8，8）	（8，10）
	不安装	（10，8）	（10，10）

可以发现，如果站在企业的角度来看的话，最好的情况就是两方都不安装污水处理设备，但是站在保护环境的角度来看的话，这是最坏的一种情况。也就是说，（10，10）的结果对于企业利益来说是一种好的"纳什均衡"，对于环境保护来说是一种坏的"纳什均衡"；同样，双方都安装污水处理设备的结果（8，8）

对于企业利益来说，是一种坏的均衡，对于环境保护来说则是一种好的均衡。

如果没有政府监督机制的话，（8，8）的结果是很难达到的，（8，10）的结果也很难达到，最有可能的便是（10，10）的结果。这是"纳什均衡"给我们的一个选择，如果选择经济发展为重的话，（10，10）是最好的；如果选择环境第一的话，（8，8）是最好的。发达国家的发展初期往往是先污染后治理，便是先选择（10，10），后选择（8，8）。现在很多发展中国家也在走这条老路，中国便是其中之一。近些年，人们切实感受到了环境污染带来的后果，对环境保护的意识大大提高，所以政府加强了污染监督管理机制，用强制手段达到一种环境与利益之间的均衡。

我们时常会发现自己的电子邮箱中收到一些垃圾邮件，大部分人的做法是看也不看直接删除。或许你不知道，这些令人厌恶的垃圾邮件中也包含着一种"纳什均衡"。

垃圾邮件的成本极低，我们假设发 1 万条只需要 1 元钱，而公司的产品最低消费额为 100 元。这样算的话，发 100 万条垃圾邮件需要的成本是 100 元，而100 万个收到邮件的人中只要有一个人相信了邮件中的内容，并成为其客户，公司就不算亏本。如果有两个人订购了其产品，公司就会赢利。这是典型的人海战术。现实情况是，总有那么一小部分人会通过垃圾邮件的介绍，成为某公司的消费者。

很多人觉得垃圾邮件不会有人去看，也有商家觉得这是一种非常傻的销售手段，从几百万人中发觉几个或者十几个客户，简直不值得去做。但是，只要发掘出两个客户，公司就有赢利，再说这种销售手段非常简便，省时省力，几乎不用什么成本。所以，只要有一家企业借此赢利，其他没有发送垃圾邮件的企业便会后悔，立即加入垃圾邮件发送战中。我们来看一下其中的均衡。

乙企业

甲企业		发送	不发送
	发送	(1，1)	(1，0)
	不发送	(0，1)	(0，0)

通过这个图表，我们可以看出垃圾邮件是如何发展到今天这一步的。在最开始没有这种销售手段的时候，商家之间在这一方面是均衡的，即（0，0）。后来，有的商家率先启用垃圾邮件销售方式，此时采用邮件销售与不采用邮件销售的企

业之间的利益关系对比成了（1，0）。最后，没有采用的企业发现里面有利可图，于是跟进，便达成了现在的"纳什均衡"（1，1）。对于商家来说，这固然是一种好的均衡，但是，作为被动的收件人来说，这则是一种坏的均衡。因为几乎没有人会喜欢自己的电子邮箱里塞满了垃圾邮件。

第 7 节　为什么有肯德基的地方就有麦当劳？

有这样一个奇怪的现象，凡是有肯德基的地方，不出 100 米，基本上都能看到麦当劳的身影。在我们看来，肯德基和麦当劳应该是一对死对头，为什么它俩却偏偏喜欢和自己的对手做邻居呢？"纳什均衡"便可以帮助我们来解释这个问题。

为了分析这个问题，我们要建立一个简单的模型：

$$\underset{\text{A\quad B\quad C\quad D\quad E}}{\underline{\qquad\qquad\qquad\qquad\qquad}}$$

假设在 A 地和 E 地之间有一条笔直的公路，大小车辆川流不息，并且车流在这条公路上是均匀的。同时，A、B、C、D、E 5 个点将这段路均匀地分成 4 段。假设现在有甲、乙两家快餐店想在这条公路上开店，那么如何选址将会是最合理的呢？最终结局又会是怎样的呢？

上面的假设只是一种模型，但是又很有实际意义，当初肯德基和麦当劳便是靠公路快餐起家的。弄明白了这个问题，我们就会知道为什么肯德基和麦当劳喜欢做邻居。

在这个模型中我们还要假设两家快餐店的食物口味差不多，过往司机买快餐主要考虑的是哪一家离自己较近，既然食物口味差不多，就没有必要舍近求远。

根据上面的假设，两家快餐店最合理的布局便是一家设在 B 处，一家设在 D 处。这样它们就会各自拥有整条公路上 1/2 的客流量。从资源配置来看，这是最合理的一种布局，也是路上司机和行人们最喜欢的一种布局，人们总能最快地找到快餐店，节省时间。

不过，这只是理论上的最优，现实情况不一定会如此。要想当个好的生意人，不仅要学会理性，更要精明，在法律允许的范围内想尽一切手段去为自己争取最大利益。也就是说，同行的利益，路上行人和司机是否方便都不是快餐店选址的决定性因素，决定性因素是如何招来更多的顾客，让生意更红火，赚取更多的利益。

甲 —— → ← —— 乙

A　B　C　D　E

如果想要争取更多的客户的话，甲快餐店会想，如果我把店址往中间挪一点，便会从乙快餐店手中争取到一部分客户，左边的客户可能会因此多走一点路，但是他们不可能因此而去另一家快餐店，因为那样的话将走更多的路。

如果甲快餐店往中间移动了，乙快餐店也会往中间移动，原因是一样的。经过双方多轮的互相较量，最终都将店址定在了C处。肯德基和麦当劳之间的位置关系同上述例子中甲、乙两家快餐店的关系是一样的，如果甲、乙代表的不是两家快餐店，而是几十家快餐店，结果是相同的，它们依然会聚集到C点，因为只要有一方选择了C点，另外一方如果不选择C点，客流量便会比对方低。

这个时候，双方之间便达成了一种"纳什均衡"。"纳什均衡"的定义告诉我们，博弈中一方需要根据对方的策略制定自己的最优策略。这个例子中，甲往中间移动了，乙根据甲的决策，做出自己的最优策略，就是也往中间移动。如果有一家移动到了C点上，另外一家最优决策也是移动到C点。

这样的现象不仅出现在快餐行业，生活中我们随处可见这样的同行扎堆。比如说，一个城市中总有那么几个商业区，商业区里面商铺林立，各类商品琳琅满目。但是在有的地方却十分冷清，基本没什么商场。这些商场里面，还会再细分，比如：沃尔玛总喜欢跟家乐福在一起，阿迪达斯喜欢与耐克在一起，安利喜欢同雅芳在一起。除此之外，电视节目中的扎堆现象也是这个道理。晚饭的时候是电视收视率的黄金时期，各大电视台都将自己最强档的节目安排在这个时间段播出。

这些扎堆现象的本质同肯德基与麦当劳位置关系的本质是一样的，都是在位置博弈中寻求最合理的解，寻求最优的"纳什均衡"点。挤在一起对它们来说是最优的策略选择，会形成一种最优的"纳什均衡"。

当然，实际生活中并不是完全如此，也会有一些例外。导致这些例外的也多是一些其他因素。比如说，商业区的房租大都非常贵，如果搬到商业区之后增加的收入抵不上增加的房租的话，那就会不划算。再有就是同一家快餐店的两个店面也不会建在一起，如果是在上图中所示的位置选择的话，它们便会建在B处和D处。

"纳什均衡"将商家聚集到了一起，形成了商业区，这是"纳什均衡"对人们生活的一种有益的影响。首先，商家聚集到一起会给消费者更多的选择，不用跑东城买完鞋子之后，再跑西城去买袜子，这对商家和消费者来说都是一种资源共享。商家聚到一起还会激发出消费者的购物欲望，原本分散经营的两个商家如果月利润都是 20 万的话，聚到一起可能总利润就会达到 50 万。这就是典型的1＋1＞2。

除了给消费者增加选择机会，给商家增加利润以外，对手们做邻居还会使得消费者享受到更高质量的服务。同行聚到一起，就不可避免要进行竞争，竞争导致的结果便是商家要想更好地发展和获利就需要提供更好的服务，更低廉的商品。这样才能使他们维持住现在的消费群，以及吸引新的消费者。

我们从肯德基和麦当劳的选址谈到了"纳什均衡"在实际生活中的应用，以及对我们生活的影响。可能我们以前大体明白其中的道理，只是不知道它是一种什么样的理论，现在我们明白了有一套系统的理论在支撑着这些现象的发生。

第 8 节　位置博弈与两党之争

以上，我们用"纳什均衡"的概念分析了麦当劳和肯德基的位置博弈问题。这是一个应用广泛的模式，并不局限于日常生活中的应用，政党竞选中也会时常体现。下面我们就用位置博弈和"纳什均衡"的概念来解释一下政党竞争中体现出来的"纳什均衡"。

许多国家的政治都是两党政治，两个主要党派通过竞争轮流上台，比如美国的民主党和共和党，英国的保守党和工党。一般他们都有自己的支持人群，比如美国的民主党和英国的工党的主要支持人群是工人阶级，他们自己也标榜为工人阶级争取利益，而共和党和保守党则更倾向于代表企业主的利益。

每当这些国家举行大选的时候，也是党派之争最激烈的时候，他们不但要攻击对方的政治纲领，同时还要反击对方对自己的攻击。到了紧要关头，甚至不惜对对方进行人身攻击，可谓是热闹非凡。但是如果你关注过多年外国大选，便会发现两个奇怪的现象：

一、为什么国外大选多是两党之争，而不是多党之争？

二、为什么竞选越是到了最后，两个党派的政治纲领就越接近？以至于大选刚开始的时候，人们觉得无论哪个政党组建新政府都将会是一副新面貌，但是到了大选结束后，人们发现其实新政府并不"新"，换汤不换药。

下面我们用位置博弈和"纳什均衡"来分析一下为什么西方民主政治中两党轮流执政是最稳定的一种模式。

$$\text{M}$$

如上图所示，左边代表偏"左派"政党，右边代表偏"右派"政党，假设美国的民主党在左边 A 的位置，共和党位于右边 B 的位置。同样，如果这张图代表的是英国大选的话，左边就是工党，右边是保守党。

政党竞选无非就是争取更多的选民为自己投票，以保证自己获得多于对方的票数，取得执政党的地位。此时，选民的政治态度决定着大选的结果。选民会把票投给与自己政治态度最相近的政党，就像人们会去离自己最近的快餐店吃饭一样。哪个政党能拉拢到更多的选民，就会取得最后的胜利。在上面的图中，如果距离 A 处较近的选民相对更多，则 A 处的民主党将获胜；如果距离 B 处较近的选民相对更多，则 B 处共和党将获胜。

其实，同前面讲的位置博弈中的两家快餐店的情况一样，A 处以左的选民是民主党的忠实选民，B 处右边是共和党的忠实选民。民主党光靠左边的工薪族支持是没有把握获胜的，共和党也是如此，因此他们都要争取 AB 中间的中间派选民。为了争取中间派选民，民主党就会把自己的竞选政策纲领逐渐往"右"倾斜，这样就能争取到一些中产阶级和企业主的支持；同样，共和党会把自己的政策往"左"调，以争取更多的选民。这样下去，就出现了一种奇怪的现象，随着大选的推进，两党之间的竞争达到了白热化，但是两党的竞选纲领却越来越相似。

一边是不断升级的争斗和谩骂，一边却是越来越相似的执政纲领。到了最后，A、B 两点移至中间，并且重合，就达到了最稳定的"纳什均衡"。现在我们已经明白了为什么西方政党在竞选中竞争到最后，执政纲领会那么相似。

下面我们就分析一下为什么西方政治多是两党政治，而不是多党政治。假设上面的图表中不止有两点，而是有三点，分别代表三个政党。两个政党的时候，每个政党有自己的固定选民，而为了争取中间派选民向中间挤压；当存在三个政党的时候，则没有向中间挤压的动力，是一种不稳定的局面；此外，如果两个政党都占领了最中间的"纳什均衡"点，则谁偏离这一点，就会损失一部分选民，这个时候占住中间这一点对双方来说都是最优策略。但是当有三个政党都站在中间一点的时候正好相反，谁偏离中间一点谁就将会获胜。

$$O \longmapsto\!\!\!\!\!\!\underset{A}{\underset{}{|}}\!\!\!\!\!\!\!\!\underset{}{\overset{M}{\underset{}{|}}}\!\!\!\overset{D}{\underset{}{}}\!\!\!\!\!\!\underset{B}{\underset{}{|}}\!\!\!\!\!\!\longmapsto L$$

如图所示，中间点为 M 点，假设第三个政党从 M 点跳到了 D 点，则他的选民范围将包括 D 点右边的全部，加上 D 点与 M 点中间选民的一部分。这样的话，谁偏离中间一点，谁将会获胜，这就使得每一个政党都想跳出来，从而使得局面不稳定。

世界上没有绝对的民主，民主最重要的体现就在于投票，然后少数服从多数。如果三个政党竞争，假设 A 党获得 30％的支持率，B 党获得 30％的支持率，C 党获得 40％的支持率，看似 C 党获得了胜利，其实总体而言 40％仍然是一个少数。总而言之，三个政党的政治不会稳定。

下面我们用 2008 年美国大选的例子来验证一下我们上面的分析。

2008 年，美国大选正在如火如荼地进行，7 月出版的《经济学人》对最终的结果进行了预测，他们认为民主党候选人奥巴马获胜的可能性要大于他的对手共和党候选人麦凯恩。他们为什么会这样预测呢？原因都在《约翰·麦凯恩正转向右翼——这让巴拉克·奥巴马太过轻松》这篇文章中。文章中指出，美国大选一般分两个阶段：初选和普选，初选的时候，参选人喜欢提出一些比较吸引人目光的政策和口号，但是当到了全国普选的时候，则会回到大众路线以争取更多的选民。奥巴马的路线便是如此，但是麦凯恩却不是。奥巴马在稳定住自己的选民之后，不断地争取中间和偏"右"的选民，而麦凯恩则相反，他接连在包括税收、海上油井、移民法案等问题上向"右"走，这使得他不但在争取中间选民问题上处于不利地位，甚至连原本自己的选民也开始倒戈，投入到奥巴马的阵营。

最终事实证明《经济学人》的推测是对的，奥巴马获得了竞选的胜利，成为了美国的第 44 任总统。

第 9 节　自私的悖论

"纳什均衡"对亚当·斯密的"看不见的手"的经济原理提出了挑战，并推翻了亚当·斯密的"每个人都从利己的角度出发，将会给社会带来最大的利益"的理论。实践证明纳什是对的，但是这也使人们产生了一个疑问：自私到底是好的，还是坏的？

一位德国神甫在一座犹太人的纪念碑上留下了一段铭文："当他们追杀共产

党员的时候，我没有站出来说话，因为我不是共产党员；当他们追杀犹太人的时候，我没有站出来说话，因为我不是犹太人；当他们追杀工会成员的时候，我没有站出来说话，因为我不是工会成员；当他们追杀天主教徒的时候，我没有站出来说话，因为我是新教徒；最后他们来追杀我的时候，再也没有人站出来为我说话。"

这是一场人类的悲剧，每个人为了争取自己的最大利益，不肯站出来对邪恶势力说"不"，最终当厄运降临到自己头上的时候，已经没有人肯站出来为自己说话。这位神甫留下的话发人深省。

有一个关于猴子的故事，更直接地说明了自私自利与害人害己之间的关系。有人做了这样一个实验，将一群猴子关进一个笼子里，每天主人都来捉走一只，然后当着其他猴子的面将它杀掉。所以一看到主人来到笼子旁，猴子们便吓得瑟瑟发抖，依偎在一起，不敢乱动，生怕引起主人的注意被捉走。但是一旦发现其中一只猴子被主人盯上了，其他猴子便会迅速远离它，孤立它，甚至还斯打它，不让它加入猴群。当主人下手去抓这只猴子的时候，其他猴子就在一边看着，甚至还有些幸灾乐祸，觉得自己终于逃过了一难。这样的过程反复进行，猴子一天天减少，但是笼子里的猴子们从来没有想过要联合起来反抗。就这样，日复一日，最终笼子里的猴子被杀光了。不知道最后一只猴子在等着主人来杀自己的时候，会不会后悔自己以前的作为。

我们假设，在主人要抓走第一只猴子的时候，或者知道抓走后要被杀死的时候，这群猴子就开始反抗，无论哪只猴子被抓，它们都会上前撕咬主人，说不定主人控制不了它们，因此放过它们。但是每一只猴子不知道其他猴子是怎么想的，如果自己单独出来反抗，只会被抓走。如果不反抗，被抓走的概率就会和其他猴子一样大。所有猴子都这样想的话，它们便都会选择不反抗。这其实是一种"纳什均衡"，针对别人的决策制定自己的最优策略，别人都不反抗，自己最好的决策便是也不反抗，但这是一种坏的"纳什均衡"。好的"纳什均衡"是大家一起反抗。选择了不反抗的"纳什均衡"，结局便是一场集体的悲剧。

导致集体悲剧最主要的原因便是自私自利。我们身边就有很多这种例子，很多人为了私利，不顾良心开"黑砖窑"、强迫儿童和残疾人去乞讨，这是整个社会公德心的沦陷；还有一些企业为了追求利益，不顾环境污染，随意排放废物污染水源和大气。这种行为并没有如亚当·斯密所说的"给社会带来最大的利益"，相反，现实中他们的下场往往是得不偿失和损人不利己。

自私在人们眼中是一种缺点，我们在上面也列举了自私的种种弊端，那么是不是所有的自私自利的行为都是该被声讨的呢？凡事都有两面，世界上没有绝对的事情。通过下面的故事，我们来探讨一下，什么时候自私是可行的。

《麦琪的礼物》是世界著名短篇小说大师欧·亨利的代表作，其中便讲了一个自私大于无私的故事。

故事是这样的，吉姆和德拉是一对年轻的夫妻，他们虽然生活贫穷，但是彼此深深地相爱。圣诞节快要到了，他们都决定送对方一件圣诞节礼物。德拉有一头漂亮的金发，她特别希望有一套属于自己的发梳；而吉姆有一只金表，是祖传的，他非常珍惜，可惜没有表链。眼看圣诞节就要到来了，他们都想给对方一个惊喜。但是苦于手中没钱，最后，德拉把自己的一头金发剪下来卖掉了，用卖掉头发换来的20美元买了一条白金表链，她想吉姆一定会喜欢自己的这份礼物；与此同时，吉姆也在苦恼该给妻子买一份什么样的礼物。他看上了一套发梳，这也是德拉最需要和最喜欢的礼品，但是价钱有点贵。最终他卖掉了自己祖传的金表，买下了这套梳子，他想德拉肯定会喜欢的。

就这样，当他们交换礼物的时候才发现，原来德拉现在已经用不上这套发梳了，同时吉姆也不再需要表链。这个故事的结局深深地打动了人们，尽管两个人的礼物都阴差阳错地失去了作用，但是传递出的那种温情让人心头一暖。看似这两份圣诞礼物达到了最好的效果，但是如果我们从博弈学的角度上来分析这个故事的话，就会发现两人的所作所为都是非理性的。

我们假设原本双方之间的感情为 (1, 1)，卖掉自己心爱之物给对方买礼物会令自己对对方的感情升为2，而对方收到礼物之后非常感动，感情会升为3；如果出现这种情况——双方的心爱之物白白卖掉了，换回的礼物没有了用武之地，令人沮丧，双方的感情变为 (0, 0)。

根据这个故事的情节，我们可以知道吉姆和德拉之间的送礼有以下几种可能：

A. 吉姆不卖表；德拉不卖头发   (1, 1)

B. 吉姆卖表，买梳子；德拉不卖头发   (2, 3)

C. 吉姆不卖表；德拉卖头发，买表链   (3, 2)

D. 吉姆卖表，买梳子；德拉卖头发，买表链 (0, 0)

从上面的分析来看，吉姆或者德拉如果能"自私"一点，就不会令对方的礼物变成了没用的摆设，反而将会出现更大的收益。我们前面讲过年轻夫妻春节回谁家过年的问题，我们假设一方先假装回自己家，然后偷着买了去对方家的火车票，到时候给对方一个惊喜，这是一个不错的选择。但是，如果对方也是这样想的，那就弄巧成拙了，就会出现跟《麦琪的礼物》中同样的情形。

《麦琪的礼物》中正是通过这种阴差阳错发生的事情表现了男女主人公之间深深的爱。由此我们可以说，自私什么时候该用，什么时候不该用——在损人利己的时候不该用，在表达爱的时候不要吝啬。

第 10 节　如何面对要求加薪的员工？

"纳什均衡"适用的博弈类型和模式非常广泛，模式是生活中现象的抽象表达，因此"纳什均衡"会让我们更深刻地理解现实生活中政治、经济、社会等方面的现象。本书中将会多次提到博弈论对企业经营和管理的启示，这里就从"纳什均衡"的角度来分析一下企业员工酬薪方面的问题。

随着企业间竞争的激烈，人才成为了企业间相互争夺的重要资源。在一些劳动密集型产业聚集的地方，甚至连普通工人都是争夺的对象。其实，争取工人最重要的因素便是薪酬水平。薪酬太低，员工可能会跳槽到其他企业，薪酬太高，企业利润便会下降。我们下面就从博弈论中"纳什均衡"的角度来分析一下这个问题，找出其中的均衡。

假设，在 A 市有甲、乙两家同行业企业，两家企业的实力相当。同其他企业一样，这两家企业也是以赢利最大化为自己的目标，工人薪酬的支出都属于生产成本。近段时期内，甲企业的领导发现，自己手下的员工开始抱怨薪酬偏低，不但工作的积极性下降，甚至还有人放出话来要跳槽去乙企业，也有人说不去乙企业工作，而是离开 A 市，去其他地方工作。

这个问题的关键在于薪酬，面对这个问题，企业应该采取什么样的措施呢？这里有两种选择：一是加薪，二是维持现在的薪酬状况不变。

如果甲企业选择加薪，提高员工待遇，这样不但可以将准备跳槽的员工留住，甚至还可以吸引乙企业和外市的更多的人才，提高企业员工的整体素质。公司员工素质高，必然使得创新能力加强，生产能力增加，这样就会创造更多效益，企业也将会有一个更美好的明天。而乙企业可能因为人才流失，从而效益下降，将市场份额拱手让给甲企业。

如果甲企业选择不加薪，而乙企业选择加薪，那么甲企业的员工势必有一部分将流入到乙企业，这样的话，不但自己企业将陷入用人危机，同时还帮助了乙企业提高了员工素质，这样的话，甲、乙两家企业之间原本实力相当的局面就会被打破。

我们假设：提高薪酬之前甲、乙两家企业的利润之比为（10，10）；提高员工薪酬需要增加的成本为2；如果一方提高薪酬，另一方不提高的话，提高一方利润将达到15，不提高一方将下降为5。这样，我们就得到了双方提高薪酬与否导致结果的矩阵表示：

		乙企业	
		提高	不提高
甲企业	提高	（8，8）	（15，5）
	不提高	（5，15）	（10，10）

从这张图表中我们很容易看出，其中有两个"纳什均衡"，同时提高薪酬和维持原状，不提高薪酬。站在企业的角度上来看这个问题，（10，10）是一种优势均衡，而（8，8）是一种劣势均衡。如果站在员工角度来看的话，正好相反（8，8）是一种优势均衡，（10，10）是一种劣势均衡。

从这张表上，我们可以看出两个企业薪酬博弈的过程，最开始提高薪酬之前是（10，10），但是一方因为员工怨声太大，扬言要跳槽，不得不决定提高薪酬。这个时候，另一家企业为了避免（5，15）局面的出现，也决定提高工资薪酬，最后双方博弈的结局定格在（8，8）这个"纳什均衡"点上。

如果从企业利润最大化的目的出发，两家企业应该协商同时维持原有薪酬水平，这样才不会增加企业在薪酬方面的成本支出，同时也会遏制员工的跳槽，因为他们得知对方企业的薪酬也不会涨的话，便不会再跳槽。这样虽然符合企业的利润最大化要求，但是是一种损人利己和目光短浅的表现。损人利己是指为了自己的利益损害员工的利益；目光短浅只会取得短期效益，而工人会因此而消极工作，或者不在两家企业之间选择，辞职去其他城市工作，导致两家企业的员工人数同时向外输出，最终将会显现出其中的弊端，长远来看不是一种优势选择。

这种企业利益和员工薪酬之间的矛盾普遍存在，单纯靠提高或者维持薪酬的手段是不能解决这个问题的，最根本的是转变观念，从根本上消除这种矛盾。下面便是三点建议：

一、转变旧观念，不再把工人当作是企业的成本，而是一种投资，是企业未来发展的根本，要用长远发展的眼光来看待这个问题，做到可持续发展。

二、同行照样可以合作，可以与同一地区的同行企业合作，联合去外地招聘人才，不再相互挖墙脚。这个要求有点高，因为现在员工薪酬水平是同行企业间的商业秘密，很多员工都只知道自己的薪酬，不知道同事的薪酬，更不用说其他企业的薪酬水平了。

三、制定灵活的薪酬机制和合理的奖励机制，做到多劳多得，少劳少得，没有人搭便车，占别人便宜；也没有人被别人抢走劳动果实，积极调动员工的工作积极性。

经济领域是博弈论和"纳什均衡"应用的主要领域之一，本书中将会有大量的经济领域的案例和实例出现。企业管理者掌握博弈论和"纳什均衡"，对于制订企业发展计划，做出决策都有很大的帮助。我们说过，博弈论不能直接带给你财富，但是掌握了博弈论之后，你做出的决策会给你带来财富。

·第三章·

囚徒博弈

第1节　陷入两难的囚徒

"囚徒困境"模式在本书的一开始就提到过，我们再来简单复述一下。杰克和亚当被怀疑入室盗窃和谋杀，被警方拘留。两人都不承认自己杀人，只承认顺手偷了点东西。警察将两人隔离审讯，每人给出了两种选择：坦白和不坦白。这样，每人两种选择便会导致四种结果，如表所示：

		亚当	
		坦白	不坦白
杰克	坦白	(8，8)	(0，10)
	不坦白	(10，0)	(1，1)

表中的数字代表坐牢的年数，从表中可以看出同时选择不坦白对于两人来说是最优策略，同时选择坦白对两人来说是最差策略。但结果却恰恰是两人都选择了坦白。原因是每个人都不知道对方会不会供出自己，于是供出对方对自己来说便成了一种最优策略。此时两人都选择供出对方，结果便是每人坐8年牢。

这便是著名的"囚徒博弈"模式，它是数学家图克在1950年提出的。这个模式中的故事简单而且有意思，很快便被人们研究和传播。这个简单的故事中给我们的启示也被广为发掘。杰克和亚当每个人都选择了对自己最有利的策略，为什么最后得到的却是最差的结果呢？太过聪明有时候并不是一件好事情。以己度人，"己所不欲，勿施于人"。我们要学会从对方的立场来分析问题。为什么"人多力量大"这句话常常失效？对手之间也可以合作，等等。这些都是"囚徒困境"带给我们的启示，也是我们在这一章中要讨论的问题。

其实，我们在现实生活中经常与"囚徒困境"打交道，有时候是自己陷入了这种困境，有时候是想让对方陷入这种困境。

有这样一个笑话，斯大林时期的苏联政治氛围特别紧张，有一次一位演奏家坐火车到另一个地方准备参加一场演出。在车上百无聊赖，他便拿出需要演奏的乐谱，提前预习一下。但是火车上有两个便衣警察，他们看到这个人手中拿着一本书，上面还有一些横线和看不懂的"蝌蚪文"，便以为他是一位间谍，手中的乐谱是情报密码。两位便衣上前将这位演奏家逮捕了，说他有间谍嫌疑，手中的东西就是证据。演奏家非常无奈，一个劲地辩解那只是柴可夫斯基乐谱而已。

　　在牢房里待了一夜之后，两个警察来审讯这位演奏家，他们信心满满地对这位演奏家说："你还是快点招吧，你那位老朋友柴可夫斯基我们正在审讯呢，他要是先交待了，你就惨了，可能要被枪毙；你现在要是交待了，顶多判你 3 年。"演奏家哭笑不得："你们抓住了柴可夫斯基？这是不可能的，因为他已经死了好多年了。"

　　这是一个讽刺当局政府昏庸无知的笑话，但是其中警察运用的不正是"囚徒困境"吗？他们想把这位演奏家陷入一种困境：若是不坦白，可能会被枪毙，若是坦白，顶多坐 3 年牢。他们想用这种手段逼迫演奏家选择坦白，只可惜他们太无知。这些人不懂博弈论，但是他们都会不自觉地应用。

　　我们在前面讲过"纳什均衡"曾经推翻了亚当·斯密的一个理论，那便是：每个人追求自己利益最大化的时候，同时为社会带来最大的公共利益。"囚徒困境"便是一个很好的例子，其中的杰克和亚当每个人都为自己选择了最优策略，但是就两人最后的结局来看，他们两个人的最优策略相加，得到的却是一个最差的结果。如果两人都选择不坦白，则每人各判刑 1 年，两人加起来共两年。但是两人都选择坦白之后，每人各判刑 8 年，加起来共 16 年。

　　集体中每个人的选择都是理性的，但是得到的却可能不是理性的结果。这种"集体悲剧"也是"囚徒困境"反映出来的一个重要问题。

　　1971 年美国社会上掀起了一股禁烟运动，当时的国会迫于压力通过了一项法案，禁止烟草公司在电视上投放烟草类的广告。但是这一决定并没有给烟草业造成多大的影响，各大烟草企业表现得也相当平静，一点也没有以前财大气粗、颐指气使的架子。这让人们感到不解，因为在美国有钱有势的大企业向来是不惧怕国会法案的，利益才是他们行动的唯一目标。按照常人的想法，这些企业运用自己的经济手腕和庞大的人脉资源去阻止这项法案通过才是正常的，但结果却正好相反，他们似乎很欢迎这项法案的推出。究其原因，原来这项法案将深陷"囚徒博弈"中多年的这些烟草企业解放了出来。根据后来的统计，禁止在电视上投放广告之后，各大烟草企业的利润不降反升。

我们来看一下当时烟草行业的背景，20世纪60年代，美国烟草行业的竞争异常激烈，各大烟草企业绞尽脑汁为自己做宣传，这其中就包括在电视上投放大量广告。当时，对于每个烟草企业来说，广告费都是一笔巨额的开支，这些巨额的广告费会大大降低公司的利润。但是如果你不去做广告，而其他企业都在做广告，那么你的市场就会被其他企业侵占，利润将会受到更大的影响。这其中便隐含着一个"囚徒困境"：如果一家烟草企业放弃做广告，而其他企业继续做广告，那么放弃投放广告的企业利润将受损，所以只要有另外一家烟草公司在投放广告，那么投放广告就是这家企业的优势策略。每个企业都这样想，导致的结果便是每个企业都在大肆投放广告，即使广告费用非常高昂。这时候，我们假设每一家企业都放弃做广告将会出现什么样的结局呢？

如果每一家烟草企业都放弃做广告，则都省下了一笔巨额的广告费，这样利润便会大增。同时，都不做广告也就不会担心自己的市场被其他企业用宣传手段侵占。由此看来，大家都不做广告是这场博弈最好的结局。但是每个企业都有扩张市场的野心，要想使得他们之间达成一个停止投放广告的协议，简直是比登天还难。再说，商场如战场，兵不厌诈，即使你遵守了协议，也不能保证其他企业会遵守协议。

这个时候美国国会的介入是受烟草企业欢迎的，因为烟草企业一直想做而做不成的事情被政府用法律手段解决了。国会通过了禁止在电视上投放广告的法案，这为各大烟草企业节省了一大笔广告开支。同时因为法律具有强制效力，所以不必担心同行企业违规，因为有政府行使监督和惩罚。原先签订不了的协议被法律做到了，同时监督和惩罚的成本由政府承担，各大烟草企业都在暗中偷着乐。

有人会想：广告是一种开拓市场的手段，被禁止做广告对烟草公司来说难道不是一种损失吗？我们注意，美国国会通过的法案只是禁止在电视上做广告，并没有禁止其他载体的广告，同时不会限制在美国以外的国家做电视广告。香烟的市场主要靠的还是客户群，很多人几十年只抽一种或者几种品牌的香烟。广告的作用并不像在服装、化妆品身上那么有效。

这是一个走出"囚徒困境"的实例，但是深陷其中的烟草企业不是自己走出困境的，而是被政府解救出来的，这其中带有一些滑稽的成分。

亚当·斯密曾经认为个体利益最大化的结局是集体利益最大化，在这里，这个认识再次被推翻。每个烟草企业为了自己的利益最大化，不得不去投放大量广告，其他企业同样如此，但是导致的结局是每个企业都要承担巨额的成本开支，利润不升反降，并没有得到最大的集体化效益。

那么亚当·斯密真的错了吗？西方经济学之父为什么会犯这种基本错误呢？人们在看待这个问题的时候往往会将当时的背景忽略。

在资本主义早期，主要的经济模式是手工作坊和投资者建立的私人小工场，当时的工商业主要是以这种形式存在。亚当·斯密正是在这种环境下做出了上述结论，即每个个体都追求利益最大化，便会使集体得到最大化的利益。这种单纯的将个体利益相加得到集体利益的结论有一个前提，那就是个体利益之间没有交集，互不影响。这个前提也正是资本主义在当时阶段的真实状况。但是亚当·斯密没有想到的是，后来资本日益集中，使得企业脱离了最初的原始状态，一些企业甚至脱离了生产，比如贸易公司、咨询公司之类的。这个时候，企业之间不再是单纯的独立个体，而是形成了一种既有合作又有竞争的复杂关系。这个时候，亚当·斯密的结论便不成立了，因为此时个体之间的利益是相互影响的，集体利益也不再单纯地等于个体利益相加之和。此时，处理这种复杂的个体和集体之间的利益关系时，亚当·斯密的理论已经有些力不从心了。更强大、更合适的理论应运而生，那就是经济博弈论。博弈论在经济领域的应用主要是处理个体利益同集体利益之间的相互影响和相互作用。

由此我们可以得知，亚当·斯密关于个体利益和集体利益之间关系的结论没有错，只不过是过时了而已。因为时代在发展，资本主义的经济模式在变化。

"囚徒困境"是证明亚当·斯密的理论过时最好的证据。同时作为一种经济模型也揭示了个体利益同集体利益之间的矛盾：个体利益若是追求最大化往往不能得到最大化的集体利益，甚至有时候会得到最差的结局，比如囚徒博弈中两个罪犯的结局。

我们从中得到了这样的启示：一是，人际交往的博弈中，单纯的利己主义者并不是总会成功，有时候也会失败，并且重复博弈次数越多，失败的可能性就越大。二是，当今的社会环境下，遵循规则和合作比单纯的利己主义更能获得成功。

第 2 节　己所不欲，勿施于人

"囚徒困境"中的杰克和亚当在思考是否坦白的时候，都假设对方会出卖自己，那样自己就将陷入被动，因此抢在对方出卖自己之前先出卖对方。这样即使对方也出卖自己，大不了两人同时坐牢，谁也占不到谁的便宜。正是出于这种心理，两人最终共同坦白，每人被判刑 8 年。我们知道"囚徒困境"中最好的结局是两人同时不坦白，每人只需要坐 1 年牢，但是由于他们之间互相不信任，加上都想自保，便选择了出卖对方。每个人都不想被别人出卖，但是他们却抢着出卖别人，这是一种悖论。也就是我们所说的"己所不欲，勿施于人"。

如果两个犯人明白"己所不欲，勿施于人"的道理，他们则会想，我自己不想被出卖，同时别人肯定也不想被出卖。如果两个人都选择不出卖对方，便会得到每人坐 1 年牢的最优结局。

同样，我们上面说过的烟草公司之间做广告的博弈中，谁都不想承担巨额的广告费用开支，但是总担心停止投放广告之后自己的市场份额被侵占，或者总想着侵占别人的市场份额，这便是他们之间不能达成一个停止投放广告协议的原因。但是想让他们明白"己所不欲，勿施于人"是不可能的，有机可乘，扩大市场，这对于商家来说是最理智的选择。商场如战场，每个人都在为自己着想。

"己所不欲，勿施于人"是 2500 年前出自孔子口中的一句话，没想到与"囚徒困境"经典博弈模式给我们的启示暗合。这句话的意思是告诫我们要将心比心，推己及人。在做事情之前，要想一下自己能不能接受，如果别人这样对待自己，自己会有什么样的感受。如果自己接受不了别人这样对待自己，那么就不要这样去对待别人。

历史上有很多关于推己及人、将心比心的先贤和故事的记载，"大禹治水"便是其中的典型。当年大禹接受了治水的任务，每当听说又有人因为发水灾而淹死或者流离失所，他心里都感到非常悲伤，仿佛被淹死的就是自己的亲人。他毅然告别了新婚不久的妻子，带领 27 万人疏通洪水，期间三次路过家门而不入。经过 13 年的努力，他们疏通了九条大江，终于将洪水全部导入了大海，拯救百姓的同时，也使自己千古留名。

战国时期有个叫白圭的人跟孟子谈起了"大禹治水"，他自傲地说："我看大禹治水不过如此，如果让我来治理的话，用不了 27 万人，也用不了 13 年。"孟子问他有什么高明的办法，白圭说："大禹治水是将所有洪水全部导入大海里，所以特别麻烦。如果让我去治水，我只需要将这些洪水疏导到邻国去就行了。"孟子听完后引用孔子的话对他说："'己所不欲，勿施于人。'没有人喜欢洪水，就算是你将洪水导入到邻国，他们也会再疏导回来，来来回回更劳民伤财，这不是有德人的作为。"

大禹治水看似笨拙，却是做到了"己所不欲，勿施于人"。白圭所谈的治水方略急功近利，不顾及别人的感受，这种行为和想法是不可取的。那么人们为什么要顾及别人的感受呢？仅仅是出于友善和同情心吗？这只是其中一个方面，还有一个重要的原因：付出会有回报。

你的付出就像播种，你种下良好的生活习惯，就会收获健康的身体和清醒的头脑，健康的身体和清醒的头脑会改变你的命运。如果你种下一个善行，便会得到一个善果，便会使内心不再被别人的苦难纠缠；相反，如果你种下一个恶行，就会收到一个恶果，以至于最后会"自食其果"。

"己所不欲，勿施于人"的思想影响深远，得到了人们广泛的认可。据说在国际红十字会总部里就悬挂着"己所不欲，勿施于人"的语录，这其中包含着人们对和平和友好人际关系的向往。

这其中还有一个道理，那就是如果自己希望能在社会上站得住，站得稳，就需要别人来帮助；要想得到别人的帮助，就需要去帮助他人。这也是走出"囚徒困境"的途径之一：互相合作。这一点我们会在后面讲到。

"己所不欲，勿施于人"这是"囚徒困境"带给我们的一个启示，但是这个启示并不适用于任何情况。原因是，并不是所有"囚徒困境"都是有害的，有时候我们甚至需要将敌人置于"囚徒困境"之中，例如利用"囚徒困境"使罪犯招供，利用"囚徒困境"反垄断等等，这也是我们下面几节要讲到的问题。

第3节　将对手拖入困境

"囚徒困境"是一把双刃剑，如果陷入其中可能会非常被动。同样，我们如果能将对手陷入其中，便会让对手被动，我们掌握主动。在"囚徒困境"这个博弈模式中，这一点就得到了很好的体现，其中的警察设下了一个"困境"，将两名囚犯置身于其中，完全掌握了主动，最终得到了自己想要的结果，使两名罪犯全部招供。

"囚徒困境"毕竟只是一种博弈模型，博弈模型是现实生活的抽象和简化，模型能反映出一些现实问题，但现实问题要远比模型复杂。模型中每一个人有几种选择，每一种选择会有什么后果，这些我们都可以得知。但在现实中，这几乎是不可能的，因为现实中影响最后结果的干扰因素太多了。正因为现实中干扰因素太多，为人们创造了一种条件，可以设计出困住对手的"囚徒困境"，让对手陷入被动。

这种策略运用的故事从历史中可以找到，《战国策》中记载了一个关于伍子胥的故事，故事中伍子胥运用的恰好就是这一策略。

年轻时的伍子胥性格刚强，文武双全，已经显露出了后来成为军事家的天赋。伍子胥的祖父、父亲和兄长都是楚国的忠臣，但是不幸遭到陷害，被卷入到太子叛乱一案中。最终伍子胥的父亲伍奢和兄长伍尚被处死，伍子胥只身一人逃往吴国。

怎奈逃亡途中伍子胥被镇守边境的斥候捉住，斥候准备带他回去见楚王，邀功请赏。危急关头，伍子胥对斥候说："且慢，你可知道楚王为什么要抓我？"斥候说："因为你家辅佐太子叛乱，罪该当诛。"伍子胥哈哈大笑了几声，说道："看来你也是只知其一，不知其二，实话告诉你吧，楚王杀我全家是因为我们家有一颗祖传的宝珠，楚王要我们献给他，但是这颗宝珠早已丢失，楚王认为我们不想献上，便杀了我的父亲与兄长。他现在认为这颗宝珠在我手上，便派人捉拿我。我哪里有什么宝珠献给他？如果你把我押回去，献给楚王，我就说我的宝珠被你抢走了，你还将宝珠吞到了肚子里。这样的话，楚王为了拿到宝珠，会将你的肚子割破，然后将肠子一寸一寸地割断，即使找不到宝珠，我死之前也要拉你做垫背的。"

还没等伍子胥说完，斥候已经被吓得大汗淋漓，谁都不想被别人割破肚皮，把肠子一寸寸割断。于是，他赶紧将伍子胥放了。伍子胥趁机逃出了楚国。

在这个故事中，一开始伍子胥处于被动，但是他非常机智，编造了一个谎言，使出了一个策略将斥候置于一个困境中。这样，他化劣势为优势，化被动为主动，很快扭转了局面。我们来看一下伍子胥使出这个策略之后，双方将要面临的局面。下面是这场博弈中双方选择和结局的矩阵图：

		斥候	
		押送	释放
伍子胥	污蔑	（死，死）	（活，活）
	不污蔑	（死，活）	（活，活）

从这张图中我们可以很清楚地看出，斥候被伍子胥拖入了一个困境。这只是斥候眼中的情况分析，因为现实中根本不存在宝珠这一说，这都是伍子胥编造出来的。伍子胥有言在先，如果他被押送回去，将会污蔑斥候抢了他的宝珠。斥候

会想，到时候自己百口难辩，只有死路一条。要想活命，只有将伍子胥释放，这正中伍子胥下怀。

当人们面对危险的时候，大都抱着"宁可信其有，不可信其无"的态度。谁都不想让自己陷入麻烦，陷入困境。伍子胥正是抓住人的这一心理才敢大胆地编造谎言来骗斥候，使自己摆脱困境。

这是一个很典型的将自己的困境转化为对方的困境，将自己的劣势转化为优势，将自己的被动转化为主动的故事。这种情况类似于你陷入沼泽的时候紧紧抱住敌人的大腿，迫使他与你采取合作，帮助你成功逃脱困境。

上面这个故事中采用的策略是将别人拖下水，下面这个故事则是单纯地设计一种困境，让对方自己犯错误，从而达到自己想要的目的。

唐朝时期，有一位官员接到报案，是当地一个庙中的和尚们控告庙中的主事僧贪污了一块金子，这块金子是一位施主赠予寺庙用于修缮庙宇用的。这些和尚们振振有词，说这块金子在历任主事僧交接的时候都记在账上，但是现在却不见了，他们怀疑是现在的主事僧占为己有，要求官府彻查。后来经过审讯，这位主事僧承认了自己将金子占为己有，但是当问到这块金子的下落时，他却支支吾吾说不出来。

这位官员在审案过程中发现这位主事僧为人和善宽厚，怎么看都不像一个作奸犯科的人。这天夜里，他到大牢中去看望这位僧人，只见他在面壁念佛。他问起这件事情的时候，这位僧人说："这块金子我从未谋面，寺里面的僧人想把我排挤走，所以编造了一本假账来冤枉我，他们串通一气，我百口莫辩，只得认罪。"听完之后，这位官员说："这件事让我来处理，如果真的如你所说，你是被冤枉的，我一定还你一个清白。"

第二天，这位官员将这个寺庙中历任主事僧都召集到衙门中，然后告诉他们："既然你们都曾经见过这块金子，那么你们肯定知道它的形状，现在我每人发给你们一块黄泥，你们将金子的形状捏出来。"说完之后，这些主事僧被分别带进了不同的房间。事情的结果可想而知，原本就凭空编造出来的一块金子，谁知道它的形状？最后，当历任主事僧们拿着不同形状的黄泥出来的时候，这件案子立刻真相大白。

这个故事中的官员采用的策略是，有意地制造信息不平等，使得原本主事僧们之间的合作关系不存在，每个人都不知道别人是怎么想的。这样的做法很常见，其中有这样一个故事，可能在你我身边都发生过。

有两位非常好的朋友，同时他们也是大学同班同学。第二天是期末考试的最后一门，考完这一门便是漫长的寒假。想到这一点，他们俩都很兴奋，于是决定去参加一个聚会庆祝一下。谁想两人玩过了头，一觉睡到第二天中午。等两人醒来的时候，才发现考试已经开场了，这个时候去肯定来不及了，该怎么办呢？按照学校的考试规则，只有一个办法弥补，那就是有事请假，申请补考。他们决定采用这一招，便打通了这门课老师的电话请假，他们说自己乘坐的巴士在高速公路上爆胎了，现在正被困在其中，不得已只能打电话请假，申请补考。老师思考了一会，答应了他们的请求。两人非常高兴，觉得自己挽回了败局。

等到第二天两人坐在教室里参加补考的时候才发现，试卷上只有一道题：请问你们昨天乘坐的巴士爆的是哪只车胎？这时候，两个学生才知道自己掉进了老师设下的"困境"中。

第 4 节　如何争取到最低价格

现阶段的博弈论虽然被广泛应用，但主要还是体现在经济领域。当面对多个对手的时候，"囚徒困境"便是一个非常好的策略。"囚徒困境"会将对手置于一场博弈中，而你则可以坐收渔翁之利。本节主要通过一个"同几家供货商博弈争取最低进价"的案例，来说明一下"囚徒困境"在商战中的应用。

假设你是一家手机生产企业的负责人，产品所需要的大部分零配件需要购买，而不是自己生产。现在某一种零件主要由两家供货商供货，企业每周需要从他们那里各购进 1 万个零件，进价同为 10 元每个。这些零件的生产成本极低，在这个例子中我们将它们忽略不计。同时，你的企业是这两位供货商的主要客户，它们所产的零部件大部分供给你公司使用。

这样算来，两个供货商每人每周从你身上得到 10 万元的利润（我们假设生产这些零件的成本为 0）。你觉得这种零件的进价过高，希望对方能够降价。这时采用什么手段呢？谈判？因为你们之间的供需是平衡的，所以谈判基本上不会起效，没人愿意主动让利。这个时候你可以设计一种"囚徒困境"，让对方（两家企业）陷入其中，相互博弈，来一场价格战，最终就可能得到你想要的结果。

"囚徒困境"中要有一定的赏罚，就像两个犯人的故事中，为了鼓励他们坦白，会允诺若是一方坦白，对方没有坦白，就将当庭释放坦白一方。正是因为有赏罚，才会令双方博弈。在这里，也要设计一种赏罚机制，使得两位供货方开始厮杀。

　　每家企业每周从你身上获利 10 万元，你的奖励机制是如果哪家企业选择降价，便将所有订单都给这一家企业，使得这一家企业每周的利润高于先前的 10 万元。这样两家企业便会展开一场博弈。我们假设，你的企业经过预算之后，给出了每个零件 7 元的价格，如果一方选择降价，便将所有订单给降价一方，他每周的利润则会达到 14 万元，高于之前的 10 万元，但是不降价的一方利润将为 0，若是双方同时降价，两家的周利润则将都变为 7 万元。下面便是这场博弈情形的一张矩阵图：

乙供货商

		降价	不降价
甲供货商	降价	(7，7)	(14，0)
	不降价	(0，14)	(10，10)

　　从这张表中我们可以看出，如果选择降价，周利润可能会降到 7 万元，如果运气好的话还有可能升至 14 万元；但是如果选择不降价，周利润可能维持在原有的 10 万元水平上，也有可能利润为 0。没有人能保证对方不降价，即使双方达成了协议，也不能保证对方不会暗地里降价。因为商家之间达成的价格协议是违反反托拉斯法，不受法律保护的；再者，商人逐利，每一个人都想得到 14 万元的周利润。这也是"囚徒困境"中设立奖励机制的原因所在。经过分析来看，如果对方选择不降价，你就应该选择降价；如果对方选择降价，你更应该选择降价。对于每一家企业来说，选择降价都是一种优势策略。两家企业都选择这一策略的结果便是（7，7），每家企业的周利润降至 7 万元，你的采购成本一下子降低了 30%。

　　上面分析的模型是现实情况的一个抽象表达，只能说明基本道理，但是实际情况远比这里要复杂得多。在"囚徒困境"的模式中，每一位罪犯只有一次选择的机会，这也叫一次性博弈；但是在这里，采购企业和供货商之间并非一次性博弈，不可能只打一次交道，这种多次博弈被称为重复性博弈。重复性博弈是我们在后面要讲的一个类型的博弈，在这里我们可以稍做了解。重复性博弈的特点便是博弈参与者在博弈后期做出策略调整。就本案例来说，两家供货商第一次博弈的结局是（7，7），也就是每一家的周利润从 10 万元变为了 7 万元。如果时间一长，两家企业便可能会不满，他们重新审视降价与不降价可能产生的 4 种结果以后，肯定会要求涨价，以重新达到（10，10）的水平。因为每月供货数量没变，利润被凭空减少了30％，哪个企业都不会甘心接受。

如果这场博弈会无限重复下去的话，（7，7）将不会是这场博弈的结局，因为这样两家企业都不满意；（14，0）和（0，14）也基本不可能出现，如果两位供货商都是理性人的话；最终结局还将会定格在（10，10）上。好比"囚徒困境"中，如果警方给两个罪犯无数个选择的机会，最终他们肯定会选择同时坦白，如果出现每人各坐1年牢的结局，这样"囚徒困境"将会失效。

重复博弈中如果有时间限制，将无限重复变为有限重复，则"囚徒困境"依然有效。因为过期不候，假设采购方对两家供货方发出最后通告，若是一定时间内双方都不选择降价，公司将赴外地采购，不再采购这两家企业的零件。这个时候，"囚徒困境"将重新发挥效益，两家企业最终依然会选择降价。

声称不再采购两家企业的产品略微有点偏激，因为企业做决策要留出一定的弹性空间，也就是给自己留条后路，不能把话说绝，把路堵死。这样的话，除了定下最后期限这一招之外还有一招：在第一次博弈结束，得到了（7，7）的结局之后，迅速与双方签订长期供货协议，不给他们重新选择的机会。

此外，还可以用"囚徒困境"之外的其他方法来处理这个问题，虽然手段不一样，但是基本思路一样，就是让两家供货商相互博弈，然后"坐山观虎斗"，坐收渔人之利。

如果两家企业都选择不降价，坚持每个零件10元的价格，那么采购商可以选择将全部的订单都交到其中一家企业手中。这样一来，没有接到订单的一家企业心里就会怀疑，是不是对方暗地里降价了？就算是接到全部订单的企业再怎么解释，也不会打消同行的疑惑。这个时候，两家供货商之间便展开了博弈。没有接到订货单的一方无论对手降价与否，现在唯一的选择便是降价，因为降价或许会争取来一部分订单，不降价则什么也得不到。一旦一方降价，另一方的最优策略也是随之降价，不然市场份额就会被侵占。最终双方都选择降价，采购企业依然会得到自己想要的结果。

商家之间一般都有一定的了解，如果你不按套路出牌，就会让他们感到困惑。对手之间没有信任，也无所谓背叛，因为他们知道一旦自己有一个好机会，也会选择不顾对方利益。无论是自己订单减少，还是对方订单增加，或者市场上出现价格下降，每一个商家都会怀疑是对方采取了策略，他们的第一反应便是跟着降价。

反而言之，如果我们是供货商，如何防止竞争对手私下降价，从自己手中抢客户和市场份额呢？可以尝试一下同所有采购商签订一个最惠客户协议，保证自己对所有客户统一定价，统一折扣。这样一来，就不会为了抢别人客户私自降价，因为一旦降价就必须针对所有采购商降价，若是被人发现私自降价，将会受到惩罚。如果每一家供应商都签订了这种最惠客户协议，自己降价与否就会被放大关注；同样，若是其他供应商也签订最惠客户协议，你就会更容易地监督他人。这种协议表面上是对客户负责，提供统一价格，其实也是一种很有效的监督对手恶性降价的手段。

第5节 反垄断的法宝

我们在分析"囚徒困境"博弈模式的时候，发现了其中的最优策略，同时为两位囚徒没有选择这个策略有些许遗憾。但是真正在现实生活中我们不会感到遗憾，只会感到庆幸，因为逃脱惩罚的罪犯将会给社会带来危害。同样的道理，前面我们分析商场之间价格大战的时候，给商家出了不少招，其实我们作为消费者来说，是欢迎他们降价的。

我们先来回顾一下商场之间的价格大战是如何打起来的，同时分析一下其中的"囚徒困境"。

我们假设某市有甲、乙两家商场，国庆假期将至，正是家电销售的旺季，甲商场决定采取降价手段促销。降价之前，两家的利益均等，假设是（10，10）。甲商场想，我若是降价，虽然单位利润会变小，但是销量肯定会增加，最终仍会增加效益，假设增加为14，而对方的一部分消费者被吸引到了我这边，利润肯定会下降，假设为6。若同时降价的话，两家的销量是不变的，但是单位利润的下降会导致总利润的下降，结果为（8，8）。两个商场降价与否的最终结局如表所示：

商场乙

		降价	不降价
商场甲	降价	（8，8）	（14，6）
	不降价	（6，14）	（10，10）

从表中可以看出，两家商家面临的处境跟"囚徒博弈"中两名罪犯的处境是一样的。虽然都不降价是最好的策略，但是每年节假日都会举行降价活动，因此

谁也不能保证对方不降价，此时单方面选择降价是最好的选择，这样的话利润至少为 8，运气好的话可能为 14；如果选择不降价，虽然有可能保住 10 的利润，但是根据以往经验来看，利润最后更有可能为 6。因此，双方都会选择降价，得到（8，8）的结局。就跟"囚徒博弈"模式中两名囚犯都选择坦白一样。

阻止垄断的最有效手段便是鼓励竞争，只有通过竞争，商家才能提供更优质的服务和物美价廉的商品。在鼓励竞争中，"囚徒困境"发挥了很大的作用。商场之间价格大战就是很好的体现。

商场之间，或者同行之间，一方选择降价的时候，对方没有选择的余地，如果不跟着降价，市场份额就会被别人抢走。在价格大战中，商场陷入了一个"囚徒困境"。跟着对方降价是最好的策略，谁降得越多，谁就掌握主动权。你降我也降，如果形成了一个恶性循环，商家便会很"惨痛"。但是这都是站在商场的角度上考虑问题，如果作为消费者来讲，这样的竞争是很受欢迎的，商家的"惨痛"就是消费者的"快乐"。

同时，我们在前面分析商场之间价格大战的时候曾经提到过，若是商场之间不是降价大战，而是制定一个联合提价的协议，对双方将会更有益。但这几乎是不可能的，因为这样的协议就像是猫和老鼠之间制定的协议一样，没有任何效益，谁也不能保证对方会不会突然降价，抢占市场份额。这也是一个"囚徒困境"，没有人相信对方，因此共同提价的可能是不存在的，即使存在，也会很快被打破。前几年曾经有 9 家家电企业联合制定了价格协议，协定家电的最低价格，但是没有持续多久，便有人按捺不住，进行降价。从这一方面来说，"囚徒困境"是企业之间难以形成垄断至关重要的原因。

再者，任何价格协议都是违反反托拉斯法的，反托拉斯法明确规定公司联合哄抬物价属于违法，这也就使得私自制定物价协议的企业得不到权益保障。即使对方违反协议，你的权益也不会得到保障，因为你们之间的协议本身就是违法的，你不会因此得到任何补偿。

除此之外，在鼓励竞争方面政府的干预也是很重要的一项手段。当初 9 家家电企业私自制定价格协议的时候，国家计委就出台文件，认定该协议属于违法协议。国家强制限制垄断方面最经典的例子，要数 20 世纪 80 年代美国政府强行将电话通信行业的巨头公司分割成几个公司了。由于电话通信行业被垄断，不能为公众提供更好和更廉价的服务，所以美国在经过了多年的辩论和漫长的立法过程后，最终将这一巨头切割成了几个公司。效果非常明显，被切割之后的公司为了利益和市场份额不断竞争，没过多久电话费就下降了一半多。

　　这一点在我国也有体现，20世纪七八十年代在我国装一部电话需要三四千块钱，而且还要排队等上很长一段时间才能轮到自己。同时期的国外电讯公司则是另外一种情形，他们一接到客户要安装电话的消息，会立刻派人前去安装，并且不收取安装费用。这便是竞争带来的实惠。之后中国的电讯行业经过发展，也消除了一家独大的局面，几家电讯公司开始互相竞争，例如网通和电信，移动电话方面的移动和联通。在给人们多了一种服务选择的同时，服务质量和价格也越来越令人满意。

　　由此可见，"囚徒困境"的市场规律加上政府的干预是消除垄断的重要手段。对于消费者来说，垄断是被动的；但是对于企业来说，竞争是不可避免要伴随着"疼痛"的。改革初始，竞争肯定会使一些原本垄断性的企业有所不适，利润下降。但是只有鼓励竞争，才能使企业改善体制，努力研发新技术，提高竞争力。在经济全球化的今天，只有竞争力，才是生存下去的最有利的保证。

第6节　聪明不一定是件好事情

　　博弈论不仅是一门实用的学问，同时也是一种有趣的学问。原本人们希望通过博弈论来使自己变得更聪明、更理智，更有效地处理复杂的人际关系和事情，但就是这种能让人变聪明的学问却告诉大家：人有时候不能太聪明，否则往往会聪明反被聪明误。哈佛大学教授巴罗在研究"囚徒困境"模式的时候，提出了一个很有趣的模型，被称作"旅行者困境"，阐述的就是人是如何因为"聪明"而吃亏的。

　　这是一个非常接近我们现实生活的模式，假设有两位旅行者，我们分别叫她们海伦和莉莉。这两位旅行者之前互不相识，但巧的是她们去了同一个地方旅游，在当地买了同样的一个瓷器花瓶作为纪念，并且乘坐同一个航班返回。当飞机在机场降落之后，她们两人都发现自己的花瓶在运输途中被损坏了，便向航空公司提出索赔。由于花瓶不是在正规商场买的，所以没有发票，航空公司也就无法知道这两个花瓶的真实价格，但是估计不会超过1000元。航空公司怕两人漫天要价，最终有人想出了一个办法：将两个人分别带到不同的房间，让她们各自写下当初购买花瓶时花了多少钱，航空公司会按照其中最低的那个价格进行赔偿。同时，谁的价格低将会被认为是诚实的，额外给予200元的诚实奖励。

航空公司的想法很简单，既然两人是在同一个地方同时买了同样的东西，那么按理说两人购买的价格应该是相同的，如果有人说谎，那么写出来的价格低的一方应该是诚实的，或者说是相对诚实的，公司应该按照这个价格给予两人补偿。同时，价格低的一方将会得到200元的诚实奖励。这样算下来，会有4种情况：

第一种：双方都申报1000元，航空公司将支付2000元的赔偿金。

第二种：两人中有一人申报1000元，一人申报1000元以上，航空公司将支付2200元的补偿金。

第三种：两人中一人申报1000元，一人申报1000元以下，航空公司将支付小于2200元的补偿金。

第四种：两人都申报1000元以下，且相同，航空公司将支付小于2000元的补偿金。

总而言之，航空公司最多会支出2200元的补偿金。

但是对于两位旅行者来说，事情就没有这么简单了。海伦和莉莉两人都清楚航空公司知道这样的花瓶顶多值1000元，事实也确实是这样，并且谁申报的价格低，谁就将会获得200元的奖励。

海伦会想，航空公司不知道具体价格，但是莉莉知道，既然最高价格定在了1000元，那么莉莉肯定会认为多报多得，她的报价最有可能在900至1000元之间。如果我报900元以下，就可以拿到200元诚实奖，那我就报899吧，这样最后可以拿到1099元。

事情没有海伦想的那样简单，因为这时莉莉也想到了这些。她已经猜测出了海伦会这样想，谁也不想被别人利用和算计，所以决定将计就计，以牙还牙，申报889元，这样自己有可能拿到1089元。

海伦在申报之前，再三斟酌，想莉莉肯定已经猜出了我是怎样想的，她会申报一个更低的价格，干脆一不做二不休，来就来个狠的，直接申报879元。虽然这个价格已经低于自己当初买花瓶时花的888元，但是再加上200元的诚实奖，自己就有可能拿到1079元，还是赚不少。

事情接下来的发展就像下棋一样，自己在出招之前总会想对方是怎样想的，然后又想到对方如果想到了我知道她是怎样想的会怎么样，这样两个人都在比谁会想得更远。随着想得越远，笔下申报的价格也越来越低，自己有可能得到的额外补偿也越来越低，最终两人都将报价定在了689元，因为这个价格再加上200

元的奖励，就是889元，比自己当初花的钱还多1元。

两人都以为自己已经把事情做绝了，但是没想到对方也是如此。所以当航空公司的工作人员将两人申报的价格同时打开的时候，海伦和莉莉两人都有点懵了，唯有航空公司暗中偷着乐。

最终的结果是，航空公司只支出了1378元的补偿款，远远低于最初预计的2200元的最高额。而海伦和莉莉两人则每人损失了199元。原本两人可以共同申报最高限额1000元，这样两人就能各赚112元，但是两人却是互相算计对方，结果聪明反被聪明误。

聪明反被聪明误的例子比比皆是：一位有钱人家的狗丢了，被一个穷人捡到。穷人发现了有钱人贴在墙上的寻狗启事，声称谁若是发现了这条狗将给予1万元的奖励。这个穷人想第二天就带着这条狗去领钱。第二天早上，他从电视上得知，有钱人已经把奖金提高到了3万，寻求提供线索的人。他想了一下，准备下午带着狗去领钱，没想到到了中午电视中寻狗的奖金就升到了5万元。这下子这个穷人乐疯了，知道自己手里这条狗是"聚宝盆"，所以就一直守在电视前，眼看着有钱人给提供线索人的奖金从5万元升到了8万元，又升到了10万元。没过几天，这条狗的价值已经达到了20万元。这时候，这个穷人决定出手，带着狗去领钱。一回头才发现，这几天光顾着看电视，没有喂狗，狗已经饿死了。

还有这样一个故事，清朝人乔世荣曾经担任七品县令，一天他在路上碰到了一老一少在吵架，并且有不少人在围观，他便过去了解情况。原来是年轻人丢了一个钱袋，被老者捡到，老者还给年轻人的时候，年轻人说里面的钱少了，原本里面有五十两银子，现在只剩下十两，于是便怀疑被老者私藏了；而老者则不承认，认为自己捡到的时候里面就只有十两银子，是年轻人想敲诈他。围观的人中有人说老者私藏了别人的银子，也有人说年轻人恩将仇报。最后乔世荣上前询问老者："你捡到钱袋之后可曾离开原地？"老者说没有，一直在原地等待失主回来寻找。围观的人中不少站出来为老者作证。这时候乔世荣哈哈大笑起来，说道："这样事情就明白了，你捡的钱袋中有十两银子，而这位年轻人丢失的钱袋中有五十两银子，那说明这个钱袋并非年轻人丢失的那个。"说到这，他转头朝年轻人说，"年轻人，这个钱袋很明显不是你的，你还是去别处找找吧。"最终年轻人只能吃这个哑巴亏灰溜溜地走了；而这十两银子，被作为拾金不昧的奖励，奖给了捡钱的老者。这个故事告诉我们，有的人吃亏不是因为太傻，而是因为太精明。

无论是"旅行者困境"的故事，还是上面这两个"聪明反被聪明误"的故事，我们都可以从中得到两点启示：一是人在为自己谋求私利的时候不要太精明，因为精明不等于聪明，也不等于高明，太过精明反而往往会坏事。我们在下棋的时候，顶多能想到对方三五步之后怎么走，几乎没有人会想到对方十几步甚至几十步之后会如何走。像"旅行者困境"故事中，每个人都想来想去，最终把自己的获利额降到了1元钱，结果弄巧成拙，太精明了反而没占到便宜。

故事给我们的第二个启示就是运用"理性"的时候要适当。理性的假设和理性的推断都没有错，但是如果不适当，过于理性，就会出现上面故事中的情况。有句话说"天才和疯子只有一步之遥，过度地理性和犯傻也只有一步之遥"一点也没有错，因为过度的理性不符合现实，谁也不能计算出对手会在几十步之后走哪一个棋子，如果你根据自以为是的理性计算出对手下面的每一步棋会如何走，并倒推到现在自己该走哪一步棋，结局肯定是错误的。所以有时候我们要审视一下自己的"理性"究竟够不够理性。

第7节　招标中的"旅行者困境"

上面一节中我们提出了"旅行者困境"，这其实也是一种"囚徒困境"，故事中两个女孩子为了自己能得到更多的补偿，一步步地算计对方，最终得到了一个两败俱伤的结局。我们在上一节的分析中主要站在两个女孩子的角度，得出了"聪明不一定是件好事情"的结论。现在我们就站在航空公司的角度来看一下这个问题。

"旅行者困境"中最大的受益方是航空公司，这种设计一种机制为自己争取最大利益的模式非常具有启示意义，尤其是在与多方打交道的企业运营管理方面。下面我们就用投标招标的具体例子来说明一下这一模式的应用。

公开招标现在已经成为许多企业寻求合作伙伴的首选方式，尤其是一些工程项目。依照现在的形势来看，这种公开招标的合作方式将来肯定会被更多公司应用，得到更大范围的推广。

招标的方式中经常被采用的是"最底价中标"方式，也就是每一家投标公司都报上自己的方案和报价，然后谁报价最低，谁就将承建这个工程。这种方式看似简单，其实里面就包含着一个"旅行者困境"，它使得竞标的公司之间"互相残杀"。

在"旅行者困境"当中，最后两人要求的补偿金都是689元，因为她们算着自己这689元再加上200元的诚实奖金，最终到手的就是889元，比自己当初买的实际价格至少能多1块钱。这就说明，在这个故事中，博弈双方都是有价格底线的，底线就是不能使自己亏本。同样，竞标的企业也有自己的底线。

我们假设现在有一家企业要新建一个大型的生产基地，他们公开招标建筑公司来承建。A企业是投标企业中的一家，他们根据这个生产基地的规模预算出这个项目的成本为1000万元，但是其他一起竞标的企业预算出的项目成本为多少就不可而知了。在这里，1000万元就是A企业参加这场博弈的底线，低于1000万元就会亏本，正好是1000万元则白忙活一场。

尽管不知道其他企业的具体预算成本，但是根据市场行情和其他企业以往的承建记录，他们的预算成本可能在500万～1500万元。也就是说，最终这个工程的竞标价格在500万～1500万元，这之间的任何一个价位都可能成为最后竞标成功的价格。我们将500万～1500万元分成10个等级，每100万元是一个等级。因为每一个等级都有可能竞标成功，所以每一等级都有1/10的希望。

前面我们已经分析了，1000万元是A企业的底线，低于这个价格报价，即使最后拿到了工程也是没有意义的，因为理性的公司是不会做亏本生意的。再有，如果招标的企业发现你是在低于自己的预算成本招标，哪怕你出的价格再低他们也不会把工程交给你做。因为你低于自己的预算来建设这个项目的话，项目质量肯定会受到怀疑，怀疑你是否会偷工减料。

按照常理来说，A企业竞标的报价肯定要高于1000万元，我们假设为1200万元。根据上面说的10个等级来看，报价1200万元能成功的概率只有30%，但是可以获得200万元的利润，尽管报价1000万元能成功的概率为50%，但是报价1000万元的利润为0，赚不到一分钱。由此可见，报价1200万元是个优势策略，这个价位权衡了自己的赢利和拿下工程的概率。这样想的不只是A企业一家，哪一个企业都不会选择零利润，他们的报价肯定也都会高于预算成本。

"旅行者困境"中的航空公司会担心如果这两位乘客漫天要价，最后他们制定的措施是按照出价低的进行赔偿，并且对于出价低的进行奖励，这样做的目的是鼓励他们讲真话。同样，在这里招标企业应该选择一种策略，使竞标的企业报出接近成本价的低价。

就像"旅行者困境"中一样，想让对方讲实话最有效的措施是设立一种奖励制度。在这里，招标企业制定了这样一项奖励机制，谁出价最低，将会赢得这次竞标，拿下工程的承建权。不过公司支付的价格并不是出价最低者所出的价格，而是出价次低者所出的价格。假设几家竞标企业所报出的价格有 1000 万元、1200 万元、1300 万元和 1500 万元四种，那么出价 1000 万元的企业将胜出，拿下合同，但是招标公司将会支付 1200 万元作为最终成交价。

如果推出这样的奖励机制的话，竞标企业会如何来考虑呢？他们会像"旅行者困境"中的两个人一样疯狂压低自己的报价吗？答案是不会。因为如果大家都把价格压得很低，即使赢得了竞标，次低的价格也不能保证不亏本。这样做最终的结局就像"旅行者困境"中的两位旅客一样，得不偿失。那漫天要价呢？基本上就没有可能赢下竞标。最好的办法是报一个接近自己预算成本的价格，这样既能最大可能地拿下竞标，又能保证自己有利可图。因为次低的报价肯定比你的报价要高，比你的预算成本要高。分析可得，在这种招标的规则之下，选择最接近于自己预算成本的价格作为报价是最好的选择。

公司如果都这样想（其实基本上也都是这样做的），那么招标企业所设定的规则就会起到作用。参与竞标的企业都会报出自己真实的预算成本，因为这对于他们来说是一个最优策略。

不过，在招标进行的过程中保密工作非常重要，这同将两位旅行者分开，让他们各自报价是一个道理。如果一旦泄露他人的竞标报价，获得情报的企业就像知道了他人的底牌一样，可以制定出最优的策略。这对其他不知情的企业是一种损害，有失公平。要引导参与竞标的企业靠自己的实力、方案、对市场的掌握来博弈，而不是作弊。

设计这种机制的关键是：防止对方之间合作和设立奖励机制。防止合作才会让他们"互相残杀"，才能坐收渔翁之利；而奖惩机制则是他们相互竞争的驱动力。只要把握住了这两点，便可以将这种策略灵活地运用。

第 8 节　给领导的启示

这一节我们来谈一下"囚徒困境"对领导有什么样的启示。启示主要有两方面，一是设置一个"囚徒困境"，将员工置入其中，促进员工之间相互竞争，提高工作效率，最终为企业争取更大的效益；第二个启示是领导在用人方面注意"用人不疑，疑人不用"，怀疑是合作最大的障碍。

首先我们谈一下如何用"囚徒困境"提高企业的效益。老板可以设置一个

"囚徒困境"的局面，奖励表现好的员工，同时淘汰表现不好的员工，如果员工接受这场博弈，他们就会很自然地提高工作效率，公司效益也就随之增长。通过下面这个例子具体谈一下该如何在员工间设置"囚徒困境"。

某公司研发出了一种新产品，公司里面有 20 位推销员负责这种新产品的推销工作。现在公司领导面临着一个问题：如何考评每位推销员的业绩？由于这是一种新产品，没有以往的销售业绩做比较，推销出多少才算多呢？推销出多少才能说明这个员工非常勤奋、非常努力呢？

对于公司来说，最好的解决办法是在员工之间相互比较，相对业绩好的员工将被认为是勤奋努力的员工，对于这部分员工公司应该给予奖励；同时业绩相对不好的员工将会受到惩罚，或者淘汰。这时候，这种奖惩制度就会将员工置于一种"囚徒困境"之中。

我们假设张三和李四是公司的两名推销员，因为推销员主要在外面工作，而不是在办公室内，所以他们每周的工作时间都是由自己掌握，可以选择工作 5 天，也可以选择工作 4 天，但是效果是不一样的。我们假设一周工作 5 天能推销出 10 件产品，而一周工作 4 天只能推销出 8 件商品。这样我们就能得出两人一周工作情况的矩阵表：

		李四	
		工作四天	工作五天
张三	工作四天	(8，8)	(8，10)
	工作五天	(10，8)	(10，10)

我们假设公司不是根据业绩，而是根据工作时间来进行考评，并且没有设置奖惩机制。那么张三和李四肯定会选择集体偷懒，也就是都选择工作 4 天，因为只要工作时间差不多就会得到相同的评价，并且评价高的员工并没有什么奖励，谁也不会去选择工作 5 天。

公司如果根据业绩进行考评，并且业绩高的员工将会获得奖励，这样大家都会选择工作 5 天，（10，10）将会成为最有可能的结局。这个时候，就体现出"囚徒困境"的作用了，选择每周工作 5 天。即使拿不到奖励，也不至于会受到惩罚或者被淘汰，对于所有员工来说这都是最优策略。

我们再来看这样一种情况，假设到了月底公司领导发现每个推销员的业绩都是一样的，其中有人每周工作 4 天，有人每周工作 5 天。我们前面说过，公司最后是根据每个人的业绩来进行考评，而不是根据每个人的工作时间。公司制定的考评结果分优、中、差三种，那么面对相同的工作业绩该如何评定呢？是评定为优，中，还是差？三种似乎都说得过去，但是得到的结果是不同的。我们分别来看一下这三种情况：

第一种情况：评定为优，这样做的缺陷是工作时间短的人原本可以做得更好，但是他们认为自己每周只需要工作4天就能获得优的评价，因此就失去了上进心。

第二种情况：评定为差，这样做的缺陷是员工觉得每周工作5天和4天没什么区别，同样得到差的评价，这样便使得员工失去了工作的积极性。

第三种情况：评定为中，这个时候，每周工作4天的人会想，我如果每周工作5天的话，肯定会得到优，这样就能得到奖励；而每周工作5天的人也会想到这一点，就会付出更多的时间在工作上，以免被别人超越。

综上所述，第三种方案是最优策略。总之，公司针对员工应用"囚徒困境"的核心便是使员工之间相互竞争，提高工作效率。达到了这样的效果，公司效益也就随之而增。

"囚徒困境"给领导的第二个启示是"用人不疑，疑人不用"。在"囚徒困境"模式的四种结局之中，对于两名罪犯来说最优结局便是都选择不坦白，这样只需要每人坐一年牢。但是为什么他们没有选择这种方案呢？就是因为他们不信任对方，最后导致每个人心里都想在对方出卖自己之前先将对方出卖掉。

领导与下属之间是统领关系，也是一种合作关系，而合作最大的敌人便是不信任。合作能帮助两名罪犯冲出"囚徒困境"（当然这是我们不愿意看到的），也同样能使领导和员工团结一心，走出所面临的困境。

战国时期的大将乐羊品德高尚，才华横溢。当时魏文侯派他去征伐中山国，巧的是乐羊的儿子乐舒在中山国为官。中山国为了逼迫乐羊退军，便将乐舒关押起来进行要挟。乐羊为人善良，不想看到众多百姓饱受战争之苦，于是采取了围而不攻的战术，将敌人围在城中。

双方僵持了很长时间，这时后方的一些官员便开始质疑乐羊为了自己的儿子，迟迟不攻城，损害国家利益，要求撤掉乐羊的军职。此时的魏文侯并没有听取这些人的意见，而是坚定不移地相信乐羊。他还派人给前线送去了慰问品，并且派人将乐羊家的宅院修缮一新，以表示对乐羊的信任。

没过多久，中山国便坚持不下去了，他们杀掉了乐舒，并将其熬成肉汤送给乐羊。乐羊见此，只是说："虽然他是我儿子，但是他替昏君做事，死如粪土。"这个时候，攻城的时机已到，乐羊指挥将士杀入城中，中山国君看到大势已去，便选择了自杀。中山国至此被灭。

当乐羊回到魏国以后，魏文侯命人将两个大箱子抬到乐羊面前打开，里面全是大臣们要求将他革职的奏章。这时乐羊恍然大悟，对魏文侯说："我原本以为攻下中山国是我乐羊一个人的功劳，现在才明白，要不是大王力排众议，始终不渝地相信我，我乐羊绝不会攻下中山国。"

魏文侯同乐羊之间既是君臣关系，同时也可以看作是领导与员工之间的关系。要想让员工发挥自己的聪明才智，领导的信任是必不可少的。有了领导的信任做保障，员工才可以做到放手去搏。同时，员工对上级的信任也会有所感激，必将加倍努力，回报公司。

第 9 节　自然界中的博弈

如果你认为只有人类懂得博弈，那你就错了，近些年动物学家已经开始用"囚徒困境"的模式来分析动物们的一些行为。

美国生物学家曾经长时间观察一种吸血蝙蝠，这种蝙蝠生活在加勒比海地区沿岸的山洞中，它们是群居动物，通常 10 只左右聚集在一起。虽然是群居，但是它单独猎食。这种蝙蝠靠吸取其他动物的血液为生。尽管它们每天都出去觅食，但并不是每一次都有收获，经常有的蝙蝠觅食无果，吃不上东西。这种蝙蝠的生命力非常弱，3 天不吃东西就会饿死。但是，生物学家在长期观察中没有发现有蝙蝠饿死的情况。最后才得知，如果一个群体中有的蝙蝠连续寻找不到食物，其他运气好找到食物的蝙蝠就会将体内刚刚吸到的血液反刍出来，喂给那些没有找到食物的蝙蝠吃。这是一种互惠互利的关系，今天你救了它一命，明天救你一命的可能就是对方。

在这里，假设找到食物的蝙蝠获得的利益为 10，若是将其中一部分分给没有找到食物的蝙蝠，双方各得利益为 5。这样的话，是否选择救对方将出现两种情况：

第一种情况，选择救，则结果为（5，5），双方都将活下来。

第二种情况，选择不救，则结果为（10，0），没有食物吃的一方饿死。

两种选择中，第一种虽然看似吃亏，但是是一种可持续的；而第二种选择看似没有付出，占了便宜，其实是断了自己的后路。等哪天自己也连续找不到食物的时候，就只能活活饿死。因为可以救自己的同伴已经被自己给饿死了。

如果选择第二种策略，那么这些蝙蝠将陷入一种"囚徒困境"。看似每个人的利益为10，其实得到的是最差的结果，因为饿死了同伙便失去了自己以后的一个生存保障。前面大量关于人类的博弈中，大多数人都是深陷其中，被困境束缚，而这个案例中的蝙蝠却成功地避免了"囚徒困境"，使用的手段便是合作和互惠互利。

在第一章中我们讲过，博弈论的前提是理性人，即每个人选择策略的出发点是为自己争取最大的利益。这种理性也可以理解为自私，这样说的话，上面蝙蝠互助的过程中有没有自私的体现呢？动物学家通过观察发现，这些蝙蝠并不是谁都救，它们只会去救自己的亲人和曾经救助过自己的蝙蝠。再就是整天在一起非常熟悉的伙伴。由此看来，蝙蝠还是一种知恩图报的动物。

这些蝙蝠能记住曾经帮助过自己的蝙蝠的气味，对于恩人，蝙蝠会更及时地送上救济。通常它们救济对方都是在对方连续几天没有找到食物，眼看要饿死的时候。它们对于救助时机把握得非常准，这也令人感到惊讶。

有一个玩笑是这样说的，如果你的兄弟掉到河里，你会不会舍命相救？一位生物学家给出了这样的答案：如果能救出2个以上的亲兄弟，或者8个以上的堂兄弟的话，我才甘心付出我的生命。这个回答有点违背常理，因为现实中亲人遇到困难的时候我们总会鼎力相助的。那这位生物学家为什么会这样回答呢？因为他太过理性了，人的基因中有1/2同自己的亲兄弟相同，有1/8同自己的堂兄弟相同。按照等量计算的话，救2个以上的亲兄弟或者救8个以上的堂兄弟就能"够本"，才值得去救。虽然这只是一个玩笑话，但是反映了两个问题：一是人是自私的，"不够本"的事情不干；二是基因越亲近，合作的可能性越大。无论是人还是动物，这两点都适用。

动物之间的合作大多是依赖基因上的亲近，非亲非故的动物之间出现合作这种行为不多见。但是如果这些动物隶属于一个群体，他们之间的关系是互惠互利的，是稳定和能够保持长久的，那么即使没有基因关系，它们之间也会出现合作，比如上面提到的蝙蝠。

在动物进化的过程中，自私是非常重要的推动力，动物会选择最有利于自己的策略，也就是自私、抢食，这样既能使自己活下去，同时间接使整个群体非常有竞争力，更有利于进化和发展。我们假设，一个动物群体中每个个体都有两种选择：自私或者无私。我们将自私或者无私获得的食物进行量化，假设正常情况下自私的结果是 10，若是自私者遇到无私者，自私者得 10，无私者得 0；无私者遇到无私者，两人均得 5；自私者遇到自私者，两人均得 3。这样，我们就能得到一个矩阵图表：

乙

		自私	无私
甲	自私	(3，3)	(10，0)
	无私	(0，10)	(5，5)

通过图表可知，若是双方都选择无私，每人收益为 5，若是都选择自私，每人收益为 3，如果所有个体都选择无私，比都选择自私要带来更大的收益。这样是不是就能说无私的力量是大于自私的呢？答案是否定的。自私者在面对自私者的时候，谁也不想付出，结局是谁也占不到对方的便宜。但是，当自私者遇到无私者之后，情况就不会是这样了。无私者自己本身会付出，同时自私者还会想方设法从对方处占有。最终的结果便是只要有一个自私者混入无私者的群体中，就会打破无私者之间的平衡，最终导致大家都选择自私，这也是一场"囚徒困境"。

动物间自私与无私的博弈对我们现实生活也有启示，好人之间是互惠互利的，坏人之间是相互算计的，好人遇到坏人自己的优势便会变成劣势，只有好人遇到好人才会体现出自己的优势。

这种关系还体现在公司文化中。我们假设有两家公司，一家公司的员工之间感情非常淡漠，另一家公司员工之间非常热心。近朱者赤近墨者黑。如果一个刚刚毕业的大学生进入的是第一家公司，那么他基本上也会变得淡漠；但是如果他进入的是第二家公司，良好的氛围会将他变得非常热情。环境会影响到一个人，也会影响到工作效率，我们应该相信，良好的办公室环境、融洽的同事关系将更有利于提高企业的效益。

但是，事实证明，融洽的办公室氛围不如冷漠的办公室氛围稳定。如果都是好人的团队中进入了几个坏人，而这几个坏人并没有被好人同化，根据"囚徒困境"的原理，用不了多久，几个坏人就能将好人之间的关系瓦解，使大家都变坏；但是坏人之间的关系虽然淡漠，但是非常稳定，因为这已经是最坏的情况了。总而言之，就是好人能带来更大效益，但是好人的优势只有在对方也是好人的情况下才能体现出来。这一点对于公司的管理人员很有启示。

第 10 节　巴菲特的"囚徒困境"

在美国，政治选举的决定因素除了竞选人的实力以外，他所募集的竞选经费多少也是一个非常重要的因素，可以说竞选经费是竞选实力的一个重要方面。换一种说法就是，谁的钱多谁就更有可能获胜。

美国选举中的竞选经费大多来自个人和公司的募捐，其中后者所占的比例更大。这就说明选举的最终结果可能会受到一些财团的影响。为了保证选举的公正，每次大选之前都会有人提出改革竞选经费募集办法，以保证大选能够真实体现民意。一次大选之前，著名的投资人，被称为股神的沃伦·巴菲特在一个专栏中又一次提到了竞选经费的改革。他提议消除个人募捐形式以外所有形式的募捐，公司、工会以及其他任何形式的团体募捐要被禁止。尽管每次呼吁都能得到民众和媒体的拥护，但是结果却总是一次次的失败，这一次巴菲特的呼吁也不例外。

为什么会出现这种情况呢？接下来我们将用博弈论和"囚徒困境"来分析一下其中的原因。

募集竞选经费的改革难以通过实属正常，为什么这样说呢？因为改革经费募集办法需要立法，而立法者正是现有募集办法的受益者。因此，就像是与老虎商量从它嘴里分点肉吃一样，这几乎是不可能的。因为你动摇了对方的既得利益，没有人会通过一个会伤害到自己的议案。在专栏中，巴菲特还举了一个很有趣的例子，来说明金钱是如何影响到国会做出决定的。

假设有这样一个亿万富翁，他公开宣布：若是巴菲特提出的竞选经费募集办法改革方案得到了国会通过，那么他将捐出 10 亿美元给投赞成票的一个政党。这是非常高明的一招，足以保证这个改革方案能够通过，并且不需要花费一分钱。这其中并没有什么奥妙，亿万富翁的口头承诺是一个诱饵，是为国会中的民主党和共和党设下了一个"囚徒困境"。假设你是民主党的代表，你会做出何种决策？是赞成还是反对？如果你投反对票，而共和党投赞成票的话，对方将有可能得到 10 亿美元的捐款。10 亿美元可不是一个小数目，对方有了这 10 亿美元就会说话更有分量，在无时不在的两党争斗中占得先机。因此，没有人会让对手白白取得这 10 亿美元。如果共和党投反对票的话，你作为民主党的代表该如何表态呢？按照上面的分析，应该投赞成票去争取 10 亿美元的赞助。由此来看，无论共和党采取什么立场，民主党最好的策略便是投赞成票。不过，共和党肯定也是这样想的。这样，两党会非常踊跃地为这个提案投赞成票。而当初富翁的承诺是捐款给投赞成票的一个政党，但是现在两个政党都投赞成票，他便不用付出了。

我们可以用一个矩阵图来表示这个问题：

我们知道投反对票的话，将一无所获，量化为 0；若是一方投赞成票，另一方投反对票的话，赞成者将有可能得到 10 亿美元捐助，在这个模型中量化为 10；假设双方都投赞成票的话，富翁将不必付出，双方什么也得不到，量化为 0。这个博弈模型的矩阵图表示如下：

共和党

		赞成	反对
民主党	赞成	(0, 0)	(10, 0)
	反对	(0, 10)	(0, 0)

由图表中可以很清楚地看出，如果选择反对，无论对手如何选择自己将一无所获，还有可能白白让对方占便宜；但是如果选择赞成，还有可能得到 10 的结果。由此来看，赞成是这场博弈中的最优策略。如果选择赞成的话，即使得不到 10 亿美元赞助，也不会让对方得到。这场博弈的结局是双方都投赞成票，最终国会通过竞选经费募集办法的改革方案。

当然，上面这不过是巴菲特在专栏中杜撰的一个故事，不过他还是很好地说明了金钱对两党以及国会的影响，从而有力地证明了金钱对选举的影响。通过上面的分析我们会发现，博弈论在政治中的运用非常广泛。

当年美国同苏联在"冷战"时期的核竞争也符合"囚徒困境"的模式。当年的局势非常紧张，双方都拥有核武器，如果一方出手，相信另一方会立刻反击。然后，导弹和核武器就会被相继投放到对方的领地，后果不堪设想。

在当时，让人感到最坏的一种情况并不是在遭遇袭击后进行反抗，然后两个国家都变得支离破碎。如果两个国家都抱有"人不犯我，我不犯人"的想法，没有人率先出击，那么稳定便会一直持续下去。最让人担心的情况是其中某个国家采取先发制人的策略，因为在这场博弈中先发制人是一种优势策略。与其等着对方来袭击自己，自己被动还击，不如自己主动出击，掌握优势。

我们将这种情形制作成一个博弈模型，假设双方都采取"人不犯我，我不犯人"的后发制人策略，双方之间将保持和平状态；如果一方采取先发制人策略，那么这一方将掌握主动权，获胜的概率比较大；如果双方都采取先发制人策略，胜负不好判断，但是和平的局面将被打破是必然的。由此，我们得出下面的矩阵表：

		美国	
		先发制人	后发制人
苏联	先发制人	（战争，战争）	（胜利，失败）
	后发制人	（失败，胜利）	（和平，和平）

从图表中很明显可以看出，唯一有把握取得胜利的策略便是选择先发制人。在这个博弈模型中，先发制人是一种优势策略，但是现实中这个策略则会带来灾难性的后果。因此，"冷战"时期美国和苏联都在谨防对方先发制人。双方都将导弹和核武器分散布置，甚至藏在深海海底，这样做都是为了让对方明白，采取先发制人并不一定就会取得胜利。

庆幸的是，两国并没有失去理智而发动核战争，人们才得以享受和平的生存环境。

·第四章·

走出"囚徒困境"

第1节　最有效的手段是合作

在"囚徒困境"模式中有一个比较重要的前提，那便是双方要被隔离审讯。这样做是为了防止他们达成协议，也就是防止他们进行合作。如果没有这个前提，"囚徒困境"也就不复存在。由此可见，合作是走出"囚徒困境"最有效的手段。

常春藤盟校中的每一所学校几乎在全美国，甚至全世界都有名，他们培养出的知名人士和美国总统更是令其他学校望尘莫及。就是这样积聚着人类智慧的地方，曾经却为了他们之间的橄榄球联赛而颇感苦恼。20世纪50年代，常春藤盟校之间每年都会有橄榄球联赛。在美国，一所大学的体育代表队非常重要，不仅代表了自己学校的传统和精神，更是学校的一张名片。因此，每所大学都拿出相当长的时间和足够的精力来进行训练。这样付出的代价便是因为过于重视体育训练而学术水准下降，仿佛有点本末倒置。每个学校都认识到了这个问题，但是他们又不能减少训练时间，因为那样做，体育成绩就会被其他几个盟校甩下。因此，这些学校陷入了"囚徒困境"之中。

为了更形象地看这个问题，我们来建立一个简单的博弈模型。假设橄榄球联赛中的参赛队只有哈佛大学和耶鲁大学，原先训练时间所得利益为10，若是其中一个学校减少训练时间，则所得利益为5。这样我们就能得到一个矩阵图：

		耶鲁大学	
		减少时间	不减少时间
哈佛大学	减少时间	(10，10)	(5，10)
	不减少时间	(10，5)	(10，10)

首先解释一下，为什么两个学校同时减少训练时间得到的结果跟同时不减少时间时一样，都为（10，10）。因为大学生联赛虽然是联赛，但是无论如何训练，水准毕竟不如正式联赛。人们关注大学生联赛：一是为了关注各学校之间的名誉之争，二是大学生联赛更有激情。因为运动员都是血气方刚的大学生。因此，如果两所大学同时减少训练时间，只会令两支球队的技术水平有所降低，但是这并不会影响到比赛的激烈程度和受关注程度。所以，同时减少训练时间，对两个学校几乎没有什么影响。

最后，各大学都认识到了这个问题。也就是说各大学付出大量的训练时间，接受巨额的赞助得到的结果，与只付出少量训练时间得到的结果是一样的。于是他们便联合起来，制定了一个协议。协议规定了各大学橄榄球队训练时间的上限，每所大学都不准违规。尽管以后的联赛技术水平不如以前，但是依旧激烈，观众人数和媒体关注度也没有下降。同时，各大学能拿出更多的时间来做学术研究，做到了两者兼顾。

上面例子中，大学走出"囚徒困境"依靠的是合作，同时合作是人类文明的基础。人是具有社会属性的群居动物，这就意味着人与人之间要进行合作。从伟大的人类登月，到我们身边的衣食住行，其中都包含着合作关系。"囚徒困境"也是如此，若是给两位囚徒一次合作的机会，两人肯定会做出令双方满意的决策。

说到博弈中各方参与者之间的合作，就不能不提到欧佩克（OPEC），这是博弈中用合作的方式走出困境的一个典范。欧佩克是石油输出国组织的简称。1960年9月，伊朗、沙特阿拉伯、科威特、伊拉克、委内瑞拉等主要产油国在巴格达开会，共同商讨如何应对西方的石油公司，如何为自己带来更多的石油收入，欧佩克就是在这样的背景下诞生的。后来亚洲、拉丁美洲、非洲的一些产油国也纷纷加入进来，他们都想通过这一世界上最大的国际性石油组织为自己争取最大的利益。欧佩克成员国遵循统一的石油政策，产油数量和石油价格都由欧佩克调度。当国际油价大幅增长的时候，为保持出口量的稳定，欧佩克会调度成员国增加产量，将石油价格保持在一个合理的水平上；同样，当国际油价大幅下跌的时候，欧佩克会组织成员国减少石油产量，以阻止石油价格继续下跌。

我们假设没有欧佩克这样的石油组织将会出现什么样的情况。那样的话，产油国家将陷入"囚徒困境"，世界石油市场将陷入一种集体混乱状态。

首先，是价格上的"囚徒困境"。如果没有统一的组织来决定油价，而是由各产油国自己决定油价，那各国之间势必会掀起一场价格战，这一点类似于商场之间的价格战博弈。一方为了增加收入，选择降低石油价格；其余各方为了防止自己的市场不被侵占，选择跟着降价，最终的结果是两败俱伤。即便如此，也不能退出，不然的话，一点儿利益也得不到。"囚徒困境"将各方困入其中，动弹不得。

其次，产油量也会陷入"囚徒困境"。若是价格下降了，还想保持收益甚至增加收益的话，就势必要选择增加产量。无论其他国家如何选择，增加产量都是你的最优策略。如果对方不增加产量，你增加产量，你将占有价格升降的主动权；若是对方增加产量，你就更应该增加产量，不然你将处于被动的地位。

说到这里，我们就应该明白欧佩克的重要性了，欧佩克解决了各石油输出国之间的恶性降价竞争和恶性增加产油量的问题，带领各成员国走出了"囚徒困境"。欧佩克为什么能做到这一点？关键就在于合作。

合作将非合作性博弈转化为合作性博弈，这是博弈按照参与方之间是否存在一个对各方都有效的协议所进行的分类。非合作性博弈的性质是帮助你如何在博弈中争取更大的利益，而合作性博弈解决的主要是如何分配利益的问题。在"囚徒困境"模式中，两名罪犯被隔离审讯，他们每个人都在努力做出对自己最有利的策略，这种博弈是非合作性博弈；若是允许两人合作，两人便会商量如何分配利益，怎样选择会给双方带来最大的利益，这时的博弈便转化为合作性博弈。将非合作性博弈转化为合作性博弈，便消除了"囚徒困境"，这个过程中发挥重要作用的便是合作。

第2节 有利益才有合作

自私自利是人类的天性，也是博弈参与者为何陷入"囚徒困境"的原因，归根结底是利益在作祟。每个人都是利己主义者，首先关心的都是自己的利益。既然是这样，为什么人们之间会出现合作呢？因为合作就意味着让利于人。

我们来看一下下面几个例子：

案例一：

大学毕业之后，几个同学都选择了在同一个城市工作，每个月都会聚在一起吃饭、K歌。但是时间长了你会发现，同学张三从来没有掏过钱，每当到了结账的时候，他不是上卫生间就是打电话。去年你生日聚会的时候，他是唯一一个没有带礼物的人。那么，今年你过生日的时候还愿意请他来吗？

案例二：

你是一家公司的财务经理，深得老板的信任。公司的人事经理刚刚退休，公司决定在内部选举新的人事经理。这时，人事部的小王找到你，请求你推荐他，他知道你和老板的关系比较好。你觉得他工作还不错，非常有上进心，便向老板推荐了。小王最终当上了人事经理，皆大欢喜。过了一段时间，当你需要帮忙的时候，他却视而不见，甚至躲着你。现在他又有求于你，你还会不会帮他？

案例三：

你是一位报社记者，一天你收到一封举报信，举报人在信中披露了自己所在公司的领导贪污腐败的事情。你经过多方核实，包括接触举报人，最终证实这条新闻的真实性，并在报纸上披露了出来。又有一天你收到了一个匿名电话，电话另一端的人要求你提供举报人的身份，并答应给你一份丰厚的报酬。这时你该怎么做，你会替举报人保密身份吗？

上面这三个例子中都涉及合作，第一个例子中，张三是个小气的人，总想占别人便宜，不愿意付出，因此你应该不愿意再请他来参加你的生日聚会；你的同事小王是忘恩负义的人，他若是再有什么事情有求于你，你应该不会再帮助他了；第三个例子中，你应该不会出卖给自己提供线索的举报者，首先这不道德；再者，若是被别人知道你连自己的线索人都出卖，以后就没有人给你提供线索了。

很明显，合作的前提是互惠互利，拥有共同利益。

贸易壁垒是国家之间贸易往来的一大障碍，那国家为什么要设置贸易壁垒呢？一个原因是增加自己的贸易顺差，减少贸易逆差；另外一个原因是保护本国的民族产业。利害都是相互的，如果你对其他国家设置贸易壁垒，其他国家会以牙还牙，同样设置壁垒来回应你。这样，两国便陷入了"囚徒困境"之中。我们来建立一个简单的博弈模型，分析一下其中的"囚徒困境"和合作问题。

假设有甲、乙两个国家，若是他们彼此向对方设置贸易壁垒，则每个国家所得的利益为5；若是双方分别向对方开放市场，则双方所得利益各为10；若是一方设置贸易壁垒，另一方开放市场，则设置贸易壁垒的国家所得利益为10，开放市场的国家所得利益为5。我们可以将这些情况形象地表现在一张矩阵图表中：

	乙	
	贸易壁垒	开放市场
甲　贸易壁垒	（5，5）	（10，5）
开放市场	（5，10）	（10，10）

　　从图表中我们可以看出，作为国家甲会想：如果对方选择设置贸易壁垒，那么对于自己来说，最好的策略也是设置贸易壁垒，得到（5，5）的结果。如果对方选择开放市场，自己的最优策略依然是设置贸易壁垒，得到（10，5）的结果，由此可见，设置贸易壁垒是一个绝对优势策略。同样，国家乙也是这样想的，最终两个国家的博弈结果便是（5，5）。

　　从图表中我们可以看出，（10，10）的结果对于两国来说是最有益的，但同时也几乎是不可能的。因为当你选择开放市场的时候，并不能保证对方也对你开放市场，因此单方决定开放市场是一个比较冒险的举动。两个国家都能意识到，要想提高收益，必须同时向对方开放市场，也就是达成合作。共同利益是合作的前提，也是合作的动力。

　　2001年中国在经过漫长的谈判之后，终于成功加入世界贸易组织（WTO），消息传来，举国欢庆，这也成为当年最重要的事件之一。凡是加入世界贸易组织的国家，都必须开放自己的市场，逐步减少贸易壁垒；同时该组织内的其他国家也会向你开放市场，减少贸易壁垒，达到双赢。世界贸易组织就是组织各国进行合作的组织，就上述博弈中甲、乙两国而言，共同加入世贸组织是一种合作的好方法。那样就不怕自己开放市场后对方选择设置贸易壁垒，因为加入世贸组织后就必须遵循世贸组织的规定，否则将受到惩罚。

　　共同利益是合作的前提，这一点不仅仅体现在两国之间。"鹬蚌相争，渔翁得利"的故事大家应该都听说过。河边一只河蚌正张着壳晒太阳，这时候走来一只鹬鸟，想要去啄河蚌壳里的肉吃，河蚌反应及时，夹住了鹬鸟的嘴巴，二者形成了僵局。这个时候鹬鸟对河蚌说："你不松开我，早晚会被太阳晒死，到时候我照样吃你。"河蚌对鹬鸟说："那你就试试吧，我不放开你，你早晚得饿死。"河蚌和鹬鸟僵持不下，这一幕正好被一个渔夫看到。他不费吹灰之力，便得到了一只河蚌和一只鹬鸟，满意而归。

　　在这场博弈中河蚌和鹬鸟为什么没有选择合作？因为它们没有共同利益，每一方都想置对方于死地。但是它们没有预料到渔民的出现，若是早知道会出现渔民，它们便可能选择合作。因为渔民的出现使它们之间出现了共同利益，那便是不被捉走。由此可见，博弈双方是否选择合作取决于是否存在共同利益。

第 3 节　组织者很关键

我们前面讲过石油输出国组织欧佩克（OPEC）和世界贸易组织（WTO），讲了它们是如何将博弈参与者组织到一起，促使双方或多方达成合作。由此我们可以看出，在合作中往往需要一个领导者或者组织者。

伊克人原本是生活在非洲乌干达北方山谷里的一个民族，不过现在"伊克人"已经成为了西方的一个专用词汇，用来形容绝望和失去信心。伊克人是如何背上这个恶名的呢？这还要从这个民族的发展说起。

伊克人最早的时候是游牧民族，男人勤劳能干，女人善良贤惠，以狩猎和采摘野果为生。后来，乌干达决定在伊克人生活的土地上修建一处国家公园，因此这块土地上将不再允许狩猎。迫于无奈，伊克人从世代居住的地方搬迁到了一处丘陵地带。他们已经没有地方可以打猎和采摘野果，被迫选择耕种山上的那片贫瘠的土地，他们的身份也由猎人转化为农民。

从广袤的草原住进狭小的村庄，生活环境的转变让伊克人不能适应。他们几千年来的生活方式、道德规范都被打乱，他们也由一个勤劳善良的民族变为一个自私自利的民族。

伊克人变得非常自私，并且互不联系，偶尔说话的时候也是冷冰冰的语言或者大声呵斥，总之没有一点礼貌和温情。他们不再共享食物，即使亲戚也不行。他们将刚刚生下来的孩子扔到一边，像猪狗一样养着，孩子只要会自己行动了，父母便训练着让他们去偷去抢，甚至老年人和残疾人他们都抢；老年人没有劳动力了便被子女扔出家门，任其饿死。

所有你能想象到的人类的恶行，都能体现在此时的伊克人身上。于是，伊克人成了一个代名词，指代绝望、冷漠和失去信心。

人类最初的时候不正是如此吗？野蛮、自私，那是什么将人类驯服得如此文明？是合作。著名的哲学家托马斯·霍布斯给出的答案是：集权是合作必不可少的条件。集权便是组织、政府，就像是没有石油输出国组织（OPEC）之前，产油国之间的关系便像伊克人一样混乱；没有世界贸易组织（WTO）之前，国家之间相互设置贸易壁垒，征收高额关税，谁也不想让对方占自己便宜，谁也占不到对方的便宜，结果两败俱伤。这些都同人类当年的境遇以及伊克人的境遇是一样的。最终这种困境得以破除，依靠的便是 OPEC 和 WTO 这样的组织。

国家与国家之间同人与人之间一样，现今世界上国家之间没有一个统一的领导组织。联合国不过是一个协调性机构，关键时候不能发挥效力，例如，美国便多次绕开联合国展开军事行动。因此国家与国家之间想要在某一领域进行合作的时候，便会形成一些组织。我们熟知的组织有欧盟、北约、东盟等等。

需要领导者或组织者的合作往往体现在公共品的"囚徒困境"之中。

公共物品和私人物品的性质不同，公共物品谁都有权利享用，比如公园的椅子、路边的路灯，无论是谁出资建的，你都有权利享用；私人物品则不同，私人物品属于私人所有，别人没有权利要求共享。由此可见，设置公共物品是"亏本"的，因为公共物品的特性决定了即使是你设置的，你也不能阻止别人去享用。这样说的话，路边的路灯该由谁来管呢？公园的长椅该又谁来修建呢？

某地区地处偏僻，只住了张三、李四两户人家。由于道路状况不好，交通不方便，所以他们都想修一条路，通向外面。我们假设修一条路需要的成本为 4，这条路能给每一家带来的收益为 3。如果没有外力的介入，这两家会选择怎样的策略呢？

如果两家合作修路，每一家承担的成本为 2，收益为 3，净利为 1；如果两家选择不合作，只有一家修路，但是修好的路又不能不让另一家人走。这样的话，选择修路的人家付出的成本为 4，获得的收益为 3，净利为 −1；另外一家人这个时候可以搭便车，分享收获，他付出的成本为 0，收益为 3，净利为 3。我们将这场博弈的几种可能结果列入矩阵图中：

李四

		修路	不修路
	修路	(1，1)	(−1，3)
张三	不修路	(3，−1)	(0，0)

我们来分析一下这场博弈中两人的策略，张三会想：若是李四选择修路，我也选择修路则得到的净利为 1，若是我选择不修路则得到的净利为 3，因此选择不修路是最优策略；若是李四选择不修路，我选择修路则得到的净利为 −1，我也选择不修路得到的净利为 0。因此，无论李四选择修路还是不修路，张三的最优策略都是选择不修路。

同样，李四会同张三做同样的思考。这样，两个人都选择不修路，最终的结果便是（0，0），两家的生活不会发生任何改变。

上面说的只是按照人性的自私和博弈论的知识所做的理性分析，现实中的情况则复杂多变。按照常理来说，若是非常荒凉的地方只住了两户人家，他们的关系应该会非常和睦才对。因为对方是自己遇到困难时候唯一的依靠。如果这两家关系比较好，则自然会选择共同修路，大家都得到好处。

但是在上面我们把它当作一个博弈模型来分析，我们假设其中的参与者都是理性人，也就是说，各方做出决策的出发点都是为自己争取最大的利益。上面所说的无论是和睦友好，还是仇恨不和，都属于特殊情况，不在博弈论的讨论范围。其实现在城市中的邻里关系便是如此，楼上楼下很多都不认识，没有利益也没有仇恨，见面也是形同陌路。

那么在上面两家修路的问题里，如果两家陷入"囚徒困境"，那该由谁来修路呢？如果将两户换做是 20 户，200 户呢？这时问题就由两人"囚徒困境"转化为了多人的"囚徒困境"。大家走的路属于公共品，公共品的"囚徒困境"一定要有人出面协调和处理，这是政府的职能之一。在基础设施、文化、教育、医疗、卫生事业中，政府都将扮演着主导者的角色，责无旁贷。不过政府付出的钱主要来自纳税者，归根结底，政府不过是其中的一个策划者、组织者和实施者。

再回到这个具体例子中，政府应该出头组织村民修路。政府带头，组织张三和李四两家或者出钱，或者出力，修好这条路。"囚徒困境"还有一个缺陷就是只看到眼前利益，看不到长远利益。这个时候，就需要有一个高瞻远瞩，有长远眼光的组织者。

第 4 节　重复性博弈

有这样一种现象我们经常可以见到，那就是出去旅游的时候，旅游景点附近的餐馆做的菜都不怎么样。这样的餐馆大都有一些共性，菜难吃，而且要价高。这样的地方去吃一次，就绝不会有第二次了。既然这样，这些餐馆为何不想办法改善一下呢？仔细一想你就会明白，他们做的都是一次性买卖，不靠"回头客"来赢利，靠的是源源不断来旅游的人。

类似上面这样的事情我们身边还有很多，这些事情向我们说明了一个道理：一次性博弈中不可能产生合作，合作的前提是重复性博弈。一次性博弈对参与者来说只有眼前利益，背叛对方对自己来说是最优策略；而重复性博弈中，参与者会考虑到长远利益，合作便变得可能。

你只想和你的商业伙伴做一次生意吗？那样的话你就选择去背叛他好了。但现实情况往往不会是这样，我们都会培养自己的固定客户，因为老客户会和我们进行长久的合作，使我们持续获利。再比如，你开了一家餐馆，不是在旅游景点附近，也不是车站附近，而是在一家小区门口，来这吃饭的人大多是附近小区的住户。这个时候，你会选择像前面说的那样把菜做得又难吃而且要价又贵吗？应该不会，如果是那样的话，你的客户将越来越少，关门是早晚的事。很多历史悠久的品牌，比如"全聚德""同仁堂"等等，正是靠着优质的产品和周到的服务为自己争取了无数的"回头客"，这些品牌也已经成了产品质量的保证。

关于重复性博弈与合作的关系我们总结两点：

一、理性人不会选择只与别人做一次生意，"一锤子买卖"。因为这样做的结果只能是短期获利，从长远来看会吃亏。考虑到长远利益，理性人会选择与对方合作，进行重复性博弈。

二、合作的基础是长远性的交往，有共同的未来利益才会选择持续合作。没有未来利益就没有合作。

一般将一次性博弈转化为重复性博弈，结局便会完全不同。因为你若是在前一轮博弈中贪图便宜，损害对方利益，对方则会在下一轮博弈中向你进行报复。我们都知道黑手党是国外的一个黑社会团体，虽然从事的是肮脏的地下交易，但是他们内部组织严密。黑手党中有许多规矩，其中一条便是：若被警察抓住，不得供出其他成员，否则将受到严惩。这里的严惩多半是被处死。在这里我们套用一下"囚徒困境"的模式，假设被抓进去的两个罪犯都是黑手党成员，他们还会选择出卖对方吗？

结果应该是不会，我们假设这两个罪犯的名字依然为亚当和杰克。亚当会想，虽然供出对方对我来说是最优策略，但是这样出狱以后就会被处死。不要心存侥幸，觉得跑到天涯海角就能躲过一劫，黑手党是无处不在的；与其出去被打死，还不如坚持不坦白，在牢里安心待着。同样，杰克也会这样想，最终结局便是两人都选择不招供。为什么在前面几乎是不可能的合作，到了这里变得如此简单？因为前面的"囚徒困境"是一次性博弈，俩人不需要考虑出狱以后的事情；但是在这里不同，出狱以后两人还会进行一次博弈，并且根据当初在狱中是否出卖了对方，而得到相应的结局。这样，一次性博弈变为了重复性博弈，两人也由出卖对方转化为了合作。

我们建立一个简单的博弈模型，若是亚当出卖了杰克，出狱后会被黑手党组织打死，所得利益为 0；若是没有出卖杰克，出狱后平安无事，所得利益为 10。杰克同样如此。我们将这几种可能表现在一张矩阵图中：

		亚当	
		坦白	不坦白
杰克	坦白	(0，0)	(0，10)
	不坦白	(10，0)	(10，10)

图表中很明显地显示出，选择向警方坦白，出狱后死路一条；选择不坦白，虽然会多坐几年牢，甚至终身监禁，但是没有生命危险。很明显，两名罪犯都考虑到这一点肯定会选择不坦白。正是第二场博弈的结果影响到了第一次博弈的选择，体现了我们所讲的重复性博弈促成合作。

并不是只要博弈次数多于 1，就会产生合作，博弈论专家已经用数学方式证明，在无限次的重复博弈情况下，合作才是稳定的。也就是说，要想双方合作稳定，博弈必须永远进行下去，不能停止。我们来看一下其中的原因。原因有两点：

一是能带来长久利益，比如开餐馆时的回头客。二是能避免受到报复，你若是背叛对方，定会招致对方在下一次博弈中报复，比如黑手党囚犯宁愿选择坐牢也不供出同伙，就是怕出狱后被报复。其实这两个原因可以看作是一个原因，怕对手报复也属于考虑长久利益。

当我们知道某一次博弈是最后一次的时候，我们就不会再考虑长久利益，也不会有下一次博弈中对对手报复的担忧，这时背叛对方又成了博弈各方的最优策略。我们假设，你决定明天就将餐馆关闭，或者转让给他人，那么今天晚上你与顾客之间便是最后一次博弈。这个时候虽然餐馆老板基本上不会这样做，但是从博弈论的角度来说，做菜的时候偷工减料、提高菜价，对你来说是最好的一种策略；正如两名罪犯虽然是黑手党成员，但是如果他们知道自己的组织被一锅端了，出去之后没有人会威胁自己，这时候他们便会选择背叛对方。

美国著名博弈论教授罗伯特·埃克斯罗德教授曾经做过这样一个有名的试验：这个实验非常简单，选择一群人，让他们扮演"囚徒困境"中的其中一位囚犯的角色，将他们每一次的选择统计好之后再输入电脑里。

最开始是一次性博弈，只有一次选择机会，不出意料，参与者都选择背叛对方；后来博弈次数不断增多，直至双方的博弈次数增加到了 200 次。最后的统计结果告诉我们，无论是 2 次还是 200 次，只要是有限重复博弈而不是无限重复博弈，博弈参与者都会选择背叛对方。

我们先来分析一下二次重复博弈中的情况，第二次博弈同时是最后一次博弈，这时双方没有后顾之忧，不必为将来的利益或者报复操心，所以肯定会选择背叛对方。由此往上推，第一次博弈中，甲会想，无论我选择背叛对方还是与对方合作，他都会在第二次博弈中背叛我，与其那样，还不如在第一次博弈中我就背叛对方。同时，另外一位参与者也是这样想的。所以尽管是二次重复博弈，但是两人会在第一次博弈中就选择互相背叛。

3 次重复博弈、4 次重复博弈，直至 200 次重复博弈都是这个道理。只要重复博弈有次数限制，不是无限重复博弈，人们的选择都是相同的，都会选择背叛对方。这种结果是让人绝望的，人的寿命是有限的，博弈总有结束的那一天，也就是说世界上没有什么博弈是无限重复的。按照上面的说法，合作就变得永远不可能。

我们知道现实中的情况并非如此，如前面举的例子中，餐馆的"回头客"同餐馆之间的关系便是合作；黑手党成员在监狱中共同不招供出对方也是合作。没有人会在一个餐馆吃一辈子饭，黑手党组织也早晚有解散的那一天，如此说来，他们之间的博弈也应该属于有限重复博弈，那他们之间为什么会出现合作呢？这是因为没有人知道这些博弈会在哪一天结束，不知道何时结束的博弈，就相当于无限重复博弈，便会催生出合作。

第 5 节　"熟人社会"

"善有善报，恶有恶报"是中国人常常挂在嘴边的一句话，多用来教育人们除恶行善。乍一听，这句话说得像是一种宿命论，善报和恶报像是一种上天对你此前行径的报应。但是我们从博弈论的角度来看，便会发现其中的道理。

在重复博弈中，如果你每一次都选择背叛别人，当你身边的人全部都被你背叛之后，你在接下来的博弈中便会受到别人对你的报复；同理，若是你考虑到长远的利益和对方的报复，在博弈中总是选择与对方合作，收获的也将是对方合作，这样就能达成一种双赢的结果。这便是我们所说的"善有善报，恶有恶报"。

现实生活中，我们在教育别人要做一个善良的人的时候，当然不会说是为了将来不被别人报复。更多的是出于道德的考虑，为人向善是一种美德。中华民族的传统美德非常多，其中关于人与人之间如何融洽相处的就不少。但是随着人口流动和城市化进程加快，人与人之间的关系变得不再淳朴、融洽，而是越来越冷漠。尤其是城市中，人情越来越淡薄，关系越来越冷淡。对于这个问题的最好解释是社会学家费孝通提出的"熟人社会"概念。

在中国有句俗话叫"有熟人，好办事"，人的交际和关系网中离自己最近的首先是熟人，其次是熟人的熟人。由近及远，这些你认识的人便会形成一张关系网。每个人都会有一张自己的关系网，因为中国是一个讲究关系的社会，关系越多，行动越顺畅。但是，现在这种维持了几千年的模式被大规模的人口流动和高速的城市化进展弄得扭曲变形。我们会发现身边的陌生人越来越多，熟人越来越少，尤其是身在外地的人。这个时候原本由熟人带来的诚信和合作逐渐被规则和制度代替，用制度和惩罚来维持合作与诚信。

农村的民风要比城市邻里之间淳朴得多，因为一个村便是一个小集体，谁家里有事情，无论是孝敬父母这样的好事，还是赌博这样的坏事，不用多久就能传遍全村。再就是，中国人都特别要面子，不愿意被别人说三道四，这样民风就会不自觉地变得淳朴。

反观城市里，城市规模不断扩大，流动人口越来越多。很多坏人抢劫和偷窃之后立马消失在匆匆人流中，他们甚至不担心别人会报复他们；无论是居住的公寓，还是上班的办公室，人们都生活在一个个格子里，并且越来越注重自己的隐私，很多邻居住在一起多年却互不相识。现在年轻人之间更是兴起了一种"宅"文化，整日窝在家中，守在电脑前，更是缺少了人际间的交往。

"熟人社会"和"有熟人，好办事"其实包含着重复博弈，而城市中人际关系越来越冷漠的原因便是这种重复博弈在逐渐减少，更多的是与陌生人的一次性交往，也就是"一次性博弈"。在农村，每当有人家结婚或者有人去世的时候，村民都会去送上喜钱或者吊丧的钱。这并不是说村民之间多么和睦，而是今天你给别人钱，明天别人同样会回报你。结婚和亲人去世是每个家庭都要面对的，这种方式既表达了人们的祝福或者哀悼，同时又是一种积少成多的集资方式。这其中隐含着一个重复性博弈——你今天如何对待别人，别人明天便会如何对待你。并且，村民们大都会继续生活在一起，每个家庭不断有人出生，也不断有人去世，这不仅是一场重复性博弈，更是一场无限重复博弈。

这与城市中年轻人之间逐渐兴起的 AA 制正好相反。AA 制源自国外，是指消费后参与者平均摊销消费额。这种看似公平，谁也不欠谁的付款方式恰恰反映了一个问题，那就是人情味越来越淡。这一次谁也不欠你，下一次你也不欠别人，结果还是 AA 制。造成这种结果的原因是人口流动越来越快，人们之间交往越来越少。这一次一起吃晚饭，下一次还不知道是什么时候，或者根本就没有下一次了。每一次交往都是一次性博弈，没有人愿意让别人占自己的便宜，别人也不会让你占他们的便宜，AA 制是最好的选择。

重复性博弈促成了人与人之间的信任，这一点在当今社会中越来越难得。现代生活中，人们越来越多地运用签订协议和合同的方式来确定两人之间合作的关系。当然，一些合同的签订是为了保护双方当中弱势一方的权益，比如，最新的劳动法便规定，企业必须与雇佣的员工签订劳动合同。但是也有一些协议和合同签得令人深思，比如，夫妻之间签订的财产鉴定书。看上去是西式的、洋气的做法，但是也透露出当今社会人们之间缺乏信任的现象。

关于诚信的塑造，我们可以来看这样一则新闻：

某地一对夫妇因为工作繁忙，同时要带孩子，所以将自己的一个报摊办成了无人报摊。也就是没有人负责卖报，买报的人可以自己拿想要的报纸，然后根据标价将钱放在一边的箱子里。就这样，虽然每天来买报纸的人不少，却从来没有少过钱。有的人为了亲眼目睹这一"有便宜不赚"的怪现象还专门从老远来这里买报。

这个新闻不胫而走，很多媒体都做了报道。人们纷纷夸奖这一地区的人素质高，但是也有人不这样认为。采访的时候，一位在报摊对面修鞋的大爷对这件事评论道："根本不是什么素质的问题，这里附近就这一个报摊，如果人们不给钱就拿报纸，老板一生气不做了，这附近的人们就没报纸看了。再说，报摊就在路口上，整天人来人往的，谁给不给钱那么多双眼睛盯着，谁会为了这点小便宜丢人现眼。"

这位老大爷不一定懂博弈论，但是他的想法符合博弈论的原理。买报纸的人同报摊老板之间是一种重复性博弈关系，这样，人们为了长久利益，一方为了赚钱，一方为了有报纸看，便会选择合作；同时，也有一些过路人想买报纸，这时两者之间的博弈便不再是重复性博弈，而是一次性博弈，公众的监督打消了这一部分人占小便宜的想法。于是，一种诚信便建立了起来。

当今社会，一方面人们在强调"地球村"的概念，强调合作的重要性；而另一方面诚信却在不断缺失。上面这个例子给了我们一个启发，那就是开展长久合作和增加公众监督。

第 6 节　未来决定现在

未来的预期收益和预期风险是影响我们现在决策的重要因素。预期收益是指现在做出的决策在将来能给我们带来什么收益；预期风险则是指现在的决策在将来会带来什么样的问题，或者麻烦。这些未来的收益和风险，将影响着我们现在制定的策略。选择读书是为了增长知识，上一个好大学，将来有一份好工作，对社会和家人承担起一个公民应尽的责任，这便是预期收益；公司采取保守的发展战略，不急于扩大规模，考虑的可能是急功近利会影响产品和服务质量，这便是一种预期风险。

在人口流动性比较大的车站、旅游景点，提供的商品服务不但质量差，而且价格高，并且充斥着假冒伪劣产品。原因很明显，这里的顾客都是天南海北的人，来去匆匆，做的都是"一锤子"买卖，基本上不会有第二次合作。既没有预期收益，也没有预期风险，这就是服务质量差、商品价格高的根本原因。

公共汽车上经常见到两个熟人面对着一个座位互相谦让，但是也有人为了争一个座位大打出手。给熟人让座是考虑到了两人以后还要相处，考虑到了长久的利益，也就是预期收益；而陌生人之间没有预期利益，也没有预期风险，所以会大打出手。如果其中一方是身强力壮、留长发、文身的男子，而另一方是一位弱小的男人，这样一般也不会大打出手，因为弱小男子会考虑到未来风险，宁愿站着，也不会冒着被揍一顿的风险去抢一个座位。

当下屡见不鲜的"一夜情"现象也是如此。两人原本并不相识，一个偶然的机会相遇，然后到宾馆中共度一晚，第二天分道扬镳，就当昨晚的事情没有发生过。两人之间原本就是陌生人，所以没有预期收益，也没有预期风险，也就谈不上忠于对方。这种现象属于"一次性博弈"行为。我们假设两人相遇之后不是"一夜情"，而是"一见钟情"，发展成为了恋人，这个时候两人之间便会产生一种信任和忠诚。因为这个时候两人之间已经不再是一次性博弈的关系，而是重复性博弈。你的一个举动可能会让对方对你更加喜爱，也可能会犯下错误，让对方讨厌你。就是说，你的行动要考虑到预期收益和预期风险。真正的爱情与"一夜情"之间的区别取决于有没有预期收益和预期风险。

有人认为，对未来收益和风险的考虑促成了人类之间最原始的交易。有人假设，原始社会时期，人们手中可能会有剩余物资，你可能是有多余的兽皮做衣服避寒，我有多余的食物填饱肚子。如果有兽皮的人正好饿了，而有食物的人没有衣服避寒，那两人便都会想将对方的东西占为己有。这个时候，如果对方是陌生人，他们便会想着将东西抢过来；如果对方不是陌生人，而是熟人，他们便会进行交换。也就是说，最初的商业交易是发生在熟人之间的。如果双方并不认识，那抢劫之后便不会担心被报复，没有预期风险；如果是熟人，首先是考虑到预期收益，和他处理好关系对将来会有什么收益。其次是要考虑到预期风险，对方知道自己是谁，若是抢劫他定会遭到报复。于是，交易就这样产生了。

　　预期收益和预期风险对现在行为的影响不仅体现在人与人之间，国家之间也是如此。世界上有许多相邻国家之间的关系非常差，甚至相互视为仇敌。比如，以色列和巴勒斯坦，印度与巴基斯坦，包括以前的希腊与土耳其之间也是如此。造成这些仇恨的原因大都是历史争端问题，现在虽然局势已经相对稳定，最乱的时候看似已经过去，但是这些国家之间并没有建立起一种信任。举一个简单的例子，关系不稳定的国家在边境地区一般不会建立大型的项目。这是出于一种预期风险的考虑，一旦两国局势重新开始紧张，这些项目便会成为对方的打击目标，或者成为对方要挟自己的把柄。韩国与朝鲜之间的关系便是如此，为什么每一次朝韩关系紧张的时候，韩国总是表现得更为紧张，因为韩国的首都首尔距离两国边境相对较近，处于朝鲜的炮火射程之内。也就是说，若是朝韩发生冲突，韩国的预期风险更大。

　　改善国家之间的关系是一个漫长的过程，相互增强信任，增加合作对双方都有利。若能将预期风险转化为预期利益，则相互之间的敌对行动就能转化为合作行为。

　　现实中，人们对于那些眼光更长远，看问题更敏锐的人往往会更加佩服；而对那些急功近利、鼠目寸光的人则多鄙视。就像没有人会去选择相信吸毒的瘾君子，因为他们只在乎眼前的享乐，不去关心将来。这个吸毒人员的例子有点极端，因为毒品会让人上瘾，一般人不借助外力是很难克服的。但是香烟则不一样，很多人抽烟只是为了图一时之快，根本不在乎长久下去对自己身体的影响，更不用说自己抽烟对别人的影响。我们知道，重视眼前利益不重视长久利益正是"囚徒困境"的问题所在。在"囚徒困境"中，重视眼前利益的人是最容易背叛对方的人；而重视未来发展的人，才是值得信任的人。

那么，急功近利的人和眼光长远的人如何区别，并没有一个固定的标准，但是可以从他们的日常行为中推测一下。比如，抽烟特别多的人可能会目光短浅，而每天坚持锻炼身体的人则更值得信任。对待那些目光短浅的人，我们要与他们保持距离；而对于那些做事周到，目光长远的人，我们则应该多去接触。至于那种已经很明确会背叛自己的人，则要在他背叛自己之前去背叛他。

人们相信合作能带来更好的未来，但是为私利却都去选择背叛，导致合作难以产生。这便是"囚徒困境"反映出的问题。合作还是背叛的问题，也可以表述为在未来利益和眼前利益之间选择的问题。人们明明知道背叛别人和急功近利是不好的，合作和长远考虑对自己、对集体更有利，但却总是陷入这种困境之中。难道这是上天为人类设置的一个魔咒？人类注定无法摆脱吗？

答案当然不是。2005 年因研究博弈论获得诺贝尔经济学奖的罗伯特·奥曼曾经说过，人与人之间若是能够长期交往，那么他们之间的交往过程便是减少冲突、走向合作的过程。这个过程的前提是人与人之间长期交往，而不是擦身而过。

奥曼教授一直在寻找一条解决"囚徒困境"的途径，前后长达几十年。他想在理论上探索出一条道路，解决"囚徒困境"，这样便能增加人们的利益，减少冲突。取得最大利益的关键在于制定一个好的策略，而好的策略的标准是为双方的合作留出最大的空间。在制定这样策略的时候，很重要的一点便是考虑这个策略将会带来的未来收益和未来风险。也就是说，未来非常重要。奥曼研究的结果证实了我们上面所说的，人与人之间的长期交往是一种重复合作，重复合作即意味着"抬头不见低头见"，就是这种未来结果促成了人们之间走向合作。

第 7 节　不要让对手看到尽头

有这样一个笑话，一个年轻人去外地出差，这期间他觉得自己的头发有点长，便准备去理发。旅店老板告诉他，这附近只有一家理发店，刚开始理得还不错，但是因为只有他一家店，没有竞争，所以理发师理发越来越草率。人们也没办法，只得去他那里理发。年轻人想了想，笑道："没事，我有办法。"

年轻人来到这家理发店，果然同旅店老板说的一样，店里面到处是头发，洗头的池子上到处是水锈，镜子不知道有几年没擦了，脏乎乎的照不出人影。理发师在一旁的沙发上跷着二郎腿，叼着一支烟，正在看报纸。等了足足有 3 分钟，他才慢悠悠地放下报纸，喝了一口茶，然后问道："理发呀？坐那儿吧。"

年轻人笑着说，我今天只刮胡子，过两天再来理发。理发师胡乱地在年轻人脸上抹了两下肥皂沫，三下五除二就刮好了。年轻人一看，旅店老板说得一点儿都没错，理发师技术娴熟，但是非常草率，甚至连下巴底下的胡子都没刮到。不过他也没说什么，笑着问道："师傅，多少钱？"

"2元。"理发师没好气地回答说。

"那理发呢？"年轻人又问道。

"8元。"

年轻人从钱包里拿出10元钱递给理发师，说："不用找钱了。"

理发师没见过这样大方的客户，于是态度立刻来了一个一百八十度大转弯，笑盈盈地把他送到门外。临走时，年轻人说两天之后来理发。

两天过去了，等年轻人再来理发的时候，发现理发店里面被打扫得干干静静，水池中的水锈也不见了，镜子也被擦得一尘不染。理发师笑呵呵地把年轻人迎进了店内，并按照年轻人的要求给他理发，理得非常仔细、认真。

理完之后，理发师恭敬地站在一边。年轻人站在镜子面前前后看了看，对理发师的水平非常满意，然后拂了拂袖子就要出门。理发师赶忙凑上前来说还没给钱呢，年轻人装出一脸不解地说："钱不是前两天一起给你了吗？刮脸2元，理发8元，正好10元。"

理发师自知理亏，哑口无言，年轻人笑着推门而去。回到旅馆后，旅店老板和住宿的客人都夸年轻人聪明。

这个故事中聪明的年轻人知道，自己是外地人，与当地的理发馆之间做的是"一锤子"买卖，也就是一次性博弈，理发师八成会非常草率。于是，他便聪明地将一次性博弈转化为了重复性博弈。也就是原本一次性就可以完成的理发加刮脸，分成了两次。并且先刮脸，后理发，先小后大，先轻后重。

重复性博弈的特点就在于第一次制定策略时要考虑到预期收益或者预期风险。这个故事中理发师按理说不会考虑预期收益，因为这里只有他一家理发店，人们别无选择。但是年轻人考虑到了这一点，在第一次博弈，也就是刮脸的时候多给了不少钱，让对方感受到了预期收益。理发师会想，我给他刮脸刮得这样草率他居然给了我那么多钱，下次给他理发理得好一点，他肯定会给更多钱。这样想便中了年轻人的招，结果就是上面我们所说的。

我们总结一下年轻人成功的关键，首先是将一次性博弈转化为重复性博弈，因为重复性博弈是合作产生的保障；其次是让对方看到未来收益。这两点我们在买东西讨价还价的时候经常用到，讨价还价的时候我们经常会说"下次我们还来买你的东西"，或者"我们回去用得好的话，会让同学朋友都来买你的。"虽然这种话大都是随口说出来的，但是其中包含的道理是博弈论中重复性博弈和预期收益。

那年轻人赚了一次便宜之后还会不会继续去这家理发店理发呢？如果是一个理性人的话，他是不会这样做的。因为理发师在被戏弄之后，知道自己同年轻人打交道并没有预期收益，便会放弃提供更好的服务。我们假设这位年轻人是一个黑帮成员，身体强壮，扎着马尾辫，露出的胳膊上有五颜六色的文身。这个时候，理发师同样会提供良好的服务，因为这样做虽然没有预期收益（甚至连钱都不给），但是可以避免预期风险。

在有限重复博弈中，最后一次往往会产生不合作，这也是年轻人将一次性博弈转化为重复性博弈的原因。同样，我们在上一章中提到的一个关于利用"囚徒困境"争取低进价的例子中也涉及了这一点。

我们来简单复述一下这个例子，假设你是一家手机生产企业负责人，某一种零部件主要由甲乙两家供货商提供，并且这种零部件是甲乙两家企业的主要产品。如果你想降低从两家企业进货的价格，其中一种做法便是将两家企业导入"囚徒困境"之中，让他们进行价格战，然后你坐收渔翁之利。具体是这样的：

你宣布哪家企业将这种零件的零售价从 10 元降到 7 元，便将订单全部交给这家企业去做。这样的话，虽然降价会导致单位利润减少，但是订单数量的增加会让总的利润比以前有所增加。这个时候，如果甲企业选择不降价，乙企业便会选择降价，对于乙企业来说这是最优策略；如果甲企业选择降价，乙企业的最优策略依然是降价，如果不降价将什么也得不到。同样，甲企业也是这样想的。于是两家企业都选择降价，便陷入两人"囚徒困境"，结果正好是你想要的。

前面分析的时候我们也说过，模型是现实的抽象，现实情况远比模型要复杂。"囚徒困境"中每一位罪犯只有一次博弈机会，所以他们会选择背叛；但是两家供货商之间的博弈并非一次性博弈。可能在博弈最开始的时候，两家企业面对你的出招有点不适应，看着对方降价便跟着降价。但是，这样一段时间之后，他们作为重复性博弈的参与者，就会从背叛慢慢走向合作。因为他们会发现，自己这样做的结果是两败俱伤，没有人占到便宜。等到他们意识到问题，从背叛走向合作的时候，你的策略便失败了。若是双方达成了价格同盟，局势将对你不利。

在上面分析之后我们给出了两个建议，一是定下最后的期限，二是签订长期供货协议。定下最后期限，比如：月底之前必须做出降价与否的决定。这样就能把重复性博弈定性为有限重复博弈。因为我们已经知道，有限重复博弈中双方还是会选择互相背叛。然后趁双方背叛之际实施第二个策略，立刻签订长期供货协议，将"囚徒困境"得到的这个结果用合同形式固定下来。

上面的两个例子中，第一个是年轻人巧施妙计，将一次性博弈化为重复性博弈，从而有了后面的合作；而第二个例子中，企业将重复性博弈明确定为有限重复博弈，将对方置于相互背叛的境地，以破坏对方的合作。由此可见博弈论的魅力所在，无论你是什么身份，总能帮自己找到破解对方的策略。

讲了这么多的重复性博弈，最后要补充一点。生活中两人"囚徒困境"毕竟是少数，多数是多人"囚徒困境"。多人"囚徒困境"因为参与者太多，情况更为复杂，任何人的一个小小失误，或者发出一个错误的信号，就会导致有人做出背叛行为；然后形成连锁反应，选择背叛的人数会越来越多，最终整个集体所有人都会选择背叛。双方博弈中只要有一方主动提出合作，另外一方同意，合作便是达成了，而多人博弈中很难有人会主动选择合作。所以说多人博弈中，无论是有限次数博弈还是无限次数博弈，都很难得到一个稳定的合作。

在欧洲建立共同体，推进货币统一的过程中，曾经出现了 1992 年的英镑事件。当时在考虑建立一种统一货币制度的时候，每个国家虽然表面上同意合作，却暗地里都在维护个人利益，其中隐含着一个"囚徒困境"。无论是德国、英国，还是意大利，大家都在小心翼翼地维持着谈判和合作的继续进行。但正是因为一个非常小的信号导致了当时合作的失败，并且陷入了困境。

德国在这场谈判中的地位既重要又特殊，首先是维护欧洲区域的货币稳定，其次还要顾及自己国家的货币稳定。在如此压力之下，德国联邦银行总裁在某个场合暗示，德国不会牺牲国家利益。这句话看似没有问题，其实包含着很多信息。合作需要每一方都牺牲自己的一部分个人利益，如果德国不想牺牲个人利益，那么"囚徒困境"中的其他国家也不会选择牺牲个人利益。这种结局便是"囚徒困境"中的相互背叛。再加上德国联邦银行总裁是个举足轻重的人。这一条信息不但使谈判陷入僵局，同时被国际财团嗅到了利益，引来了国际财团的资金涌入，由此导致了 1992 年的英镑危机。

合作是人类拥有一个美好未来的保障，因此我们要相信希望。当年的谈判危机早已解决，欧元现在已经在欧洲使用多年，并且越来越稳定。

第8节　夫妻之间的合作

博弈无处不在，合作也就无处不在。我们举过很多夫妻间的博弈、家庭中的博弈这类的例子。夫妻和谐、家庭和睦是一个人能安心生活、踏实工作的前提，同时也是社会稳定、衡量社会幸福指数的基础。但是现实生活中夫妻之间吵架，甚至动手的事情并不罕见，那么怎样才能维持一个家庭的和睦呢？我们将从博弈论中合作的角度来看一下这个问题。

夫妻之间的交往也是一场博弈，按照我们上面分析的，博弈中参与者合作的前提是共同利益。在这里，共同利益便是家庭的和睦，以及和睦的家庭带来的安全感，各自兴趣的满足等。在这场博弈中，共同的兴趣爱好是双方合作的基础，也正是为此两人才走到一块，组建成一个家庭。可以说，夫妻之间合作有着得天独厚的基础。同样道理，一些恶习和不良嗜好则是两人合作的绊脚石，例如，抽烟、酗酒、赌博、沉迷网络游戏等等。如果是这样的话，应该尽快消除这些绊脚石，否则博弈中的背叛就会转化为现实，也就是婚姻的破裂。

第一章中我们举过这样的例子，难得的周末，夫妻二人坐在一起看电视，男方想看足球赛，但是女方想看连续剧，两人之间便展开了一场博弈。这种情况在现实生活中经常遇到，往往男人喜欢看一些枪战、警匪类的电影和连续剧，再就是一些体育比赛；而女方则喜欢看一些温情、伤感的连续剧，或者娱乐节目。当两者碰撞，发生矛盾的时候，两人该如何处理？情绪激动的人往往容易失去理智，非要看自己喜欢的频道，不顾别人的感受。理智的人则会选择两人可以接受的频道，找出一个折中方案。比如，男方最喜欢看的是体育频道，再就是电影频道，女方最喜欢的是连续剧频道，再就是电影频道。这样，两个人的最优策略便是进行合作，每个人做出一点让步和牺牲。男方放弃最爱的体育频道，选择次爱的电影频道；女方放弃最爱的连续剧频道，也选择次爱的电影频道。这样，合作就达成了。毕竟比赛和连续剧还会重播，相比之下，两个人坐到一起共同度过一段快乐的时光更重要。

如果确实没有共同喜欢的频道，那就要看谁更体贴对方，主动做出让步。不过，这种情况几乎不可能。我们上面说过，共同的爱好和兴趣是两个人走到一起的基础。因此，两人的喜好和兴趣即使不是相同，也应该差不多，不至于找不到一个能让两人都接受的频道。

夫妻之间的共同爱好和兴趣越多，两人之间的感情就越牢固，家庭也就越和睦。因此培养两人之间的共同兴趣便显得非常重要。两人之间可以将自己的兴趣爱好推荐给对方，每增加一份共同爱好，两人之间便增加了一份快乐；除了推荐也可以自己主动去学习，比如，丈夫喜欢打羽毛球，妻子也可以去学一下；妻子喜欢游泳，丈夫可以去陪着一起游。每增加一份共同兴趣，便增加了一份共同语言。

很多人认为两人在一起最重要的是理解，前些年喊得最响的口号便是：理解万岁。但是，人虽然是群居动物，具有社会性，但毕竟是个体，没有人能做到100％地理解别人。也就是说，两个人在一起对方身上肯定有你不喜欢的地方，"金无足赤，人无完人"说的就是这个道理。当遇到这种事情的时候，我们一定要做到相互尊重。有些时候，尊重比理解更重要。只要对方的兴趣爱好是正当的，即使你做不到喜欢，也应该尊重对方。很多人认为理解比尊重重要，只有做到了理解才能尊重。但是正如上面所说，人之间是不可能做到完全理解的。中国有一句话叫"爱屋及乌"，说的便是喜欢一个人就要接受和他有关的东西。尊重也是这个道理，夫妻之间可以不理解，必须要尊重。

夫妻之间的矛盾是一场博弈，同时是一场心理战。夫妻双方的性格对于这场博弈和心理战的胜负至关重要。人的性格有很多种，有人软弱，有人暴躁，但是到了这里无非就两种：要么强硬，要么软弱。夫妻之间的博弈也会因此出现好几种情况，我们下面简单分析一下这几种情况：

当然，双方之间都懂得谦让、相敬如宾，这种情况是最好的。也就是说丈夫和妻子都软弱时最有利于双方达成合作，也是最有利于家庭和睦的。这样的人不忍心看到别人伤心，更不会去主动伤害对方，因此这样的人在一起家庭稳定系数是最高的。

相反，若是夫妻二人都是那种比较强硬的人，则这种情况最不利于家庭稳定。一山不容二虎，二虎相争的结果多是两败俱伤。博弈中的两败俱伤即意味着现实中的感情破裂。这是谁都不愿意看到的结局。

现实中最多见的还是其中一方强势，另一方软弱的情况。我们经常见到这样的场景，夫妻吵架之后丈夫闷闷不语，坐在椅子上抽闷烟；或者妻子忍气吞声，实在气不过就回娘家待几天。这都是典型的一方性格强硬，另一方性格软弱所致。

我们会发现有这样一个怪现象，很多夫妻选择离婚的原因并不是遇到了什么大的困难，反而是无法忍受对方身上的一些小毛病。人在遇到大的困难，比如一场重病，或者对方失业的时候，往往会选择不离不弃；而面对对方身上的一些恶习和小毛病的时候，时间一长，便会忍受不了。比如，男方抽烟，女方三番五次劝阻，结果没有起效，女方便会以为男方不在乎她，事情由小变大，积少成多，最终发展到不可收拾的地步，女方提出离婚。

相互谦让，多发现对方身上的好处，爱屋及乌，在乎对方对自己的每一个建议，这些都是夫妻之间博弈中能够顺利合作的保证。看一下下面这个故事：

有夫妻二人，丈夫看似非常软弱，妻子则非常强势。每一次吵架之后，都是丈夫收拾"战场"，同时进行道歉。女人也习惯了这种生活，并认为自己的男人是个软柿子，非常瞧不起他。但是她不知道这是一种默默付出的爱。

后来女人结识了一位有钱人，并准备同丈夫离婚，然后嫁给有钱人。提出离婚的时候，丈夫很痛快地答应了她的要求，尽管眼里含着泪水，但是依旧沉默不语。女人后来才知道，原来那位富人是有家室的人，这才幡然悔悟，体会到了丈夫对自己的爱。她惴惴不安地回到家，却发现家里的东西什么都没动。丈夫对她说："我知道你会回来的，因为我是最爱你的。"妻子感动得流下了眼泪，哭着说："那你平时为什么不对我说？那你为什么不挽留我？"丈夫说："只要你转过身来，就会看见爱，这些年你一直往前走，不肯停下脚步转过身来看一眼。"

是啊，转过身来就能看见爱，请留意我们身边的那些幸福。

第9节　冤家也可以合作

我们前面讲过家电商场之间的价格战，在这场"囚徒困境"中，最终双方的结局是两败俱伤。那场博弈最后得出的结论是双方若是采取合作，选择都不降价，将会取得更大的效益。合作是我们得出的优势策略。

商场如战场，真真假假，情况非常复杂。聪明的商家如同数学家和军事家一样，有着敏锐的头脑，我们关于恶性降价竞争的博弈分析，其实也存在于他们的脑子中。这些精明的商人为了取得最大化的利益采取了很多措施，用尽了一切手段，其中就有价格方面的合作。尽管这些合作有的是主动的，有的是被动的。

我们下面讲几个关于商家之间价格大战的例子，看一下精明的商人是如何用价格来与同行达成合作的。

某市繁华的商业步行街上有两家杂货店，他们的店面分别在一条路的两边，正好斜对面，典型的冤家路窄。每个人都想把对手挤走，于是价格战便拉开了，这一打就是五六年，从来没消停过。

"床单甩货！跳楼价！赔本大甩卖！只需 20 元，纯正亚麻布！"这是其中一家刚刚贴出的广告，红底黑字非常显眼。战斗中一方对另一方的反应总是迅速的，不一会儿，另外一家也贴出了广告："我们不甩货！我们不赔本！我们更不跳楼！我们的亚麻布床单从来都是 18 元！"这样的广告词往往会让人忍俊不禁，也特别能吸引顾客。

今天是床单，明天是厨具，总之两家之间的价格战几乎天天打，有时候火药味还特别浓，甚至两个店的员工还要在大街上互相谩骂一顿。至于作战结果，有时候你赢，有时候我赢，基本上胜负各占一半。

价格战开始的时间也总是很准，往往是上午 10 点钟开始，一直斗到晚上人流高峰过去。步行街上人头攒动，这样的特价活动当然能吸引很多人，所以每一次无论谁赢了，他家今天降价的这类产品便会销售一空。两家都是如此，所以他们的产品更新特别快，虽然整天吵吵闹闹，但是生意还算红火。再有就是，两家之间的价格战拼得如此之凶，让很多原本也打算在这里开杂货店的人都望而生畏。于是多年以来，这条步行街上就只有这两家杂货店。

直到有一天，一家店的老板决定移民国外，所以要将这家杂货店转让；巧的是另外一家杂货店的老板也因为有事转让店面。后来这两个店面分别到了张三和李四的手中，两人看着这两家店生意风风火火，于是信心满满地开始了自己的老板生活。结果，几个月下来两人都发现不但没赚钱，反而亏了不少，非常苦闷。令他们想不通的是，同样的店面，同样的人群，同样的员工，甚至同样的价格大战，为什么换了主人之后就不赢利了呢？

直到一天一位员工告诉了张三真相，原来原先的两个老板并不是什么同行冤家，而是非常要好的朋友。到这条街上来做生意是他们共同商量好的，其中的日常经营更是包含着一堆的策略。两家店虽然每天都会进行价格大战，但是胜负均分，也就是说今天窗帘的价格大战你赢了，明天的桌布大战就肯定是他赢；胜负均分是为了保证利益均分。很多人都有冲动的购物心理，原本并不想买的东西，如果看到是在搞活动，特别便宜，便会去买回来。至于那些降价广告和两家店员工争吵，也是在演戏。

张三一下子明白了，原先两家店之间是合作关系，他们之间的价格战是设计好的一场戏。而现在两家店的价格战是真刀真枪，结果便是两家店都陷入"囚徒困境"，不赢利也算是理所当然的了。

上面这个例子是主动进行的价格合作，还有一种是被迫进行的价格合作，这种合作并不是建立在双方是熟人的基础上，而是完全依靠市场竞争和其中的博弈。下面便是这样一个例子：

北京某艺术区附近有一条音乐街，街道两边都是卖音像产品、乐器和音响的商店，虽然氛围很好，但是各家店之间的竞争非常厉害。音响的竞争主要是在两家之间，一家店是"小可音乐"，老板是小可；另外一家店叫"山火音乐"，老板为小山。

小可和小山两人并不熟悉，常年不打交道，两家店之间的关系也是如此。有一个很奇怪的现象，老板之间没有交情，两家店竞争非常激烈，但是他们的竞争手段只是增加产品种类，提供更好的售后服务之类的，两家店之间从来没有进行过价格大战。也可以说两家店在价格上保持了一种默契的合作。我们来看一下这种非熟人之间的价格合作是如何达成的。

小可的音响店自从开业那天起，便打出了自己的经营口号：我们保证自己的音响产品价格是全北京最低的。作为竞争对手的小山也打出了自己的牌，他提出了一个"低价协议"，内容是：所有在本店购买音响的顾客，如果有人在别处发现比我们更便宜的产品，我们将按照差价的两倍进行补偿。在外人眼中看来，这两家店是较上劲了，一场价格大战必将拉开。但是很长时间过去了，两家店价格一直没有降下来。这与双方制定的价格策略有关，尤其是小山的策略起了非常重要的作用，看似是将自己陷入不利地位的策略，却变成了稳定价格的一个保障。我们来分析一下其中的博弈。

假设某一种品牌的音响进价是 1500 元，两家店现在都卖 3000 元。小可承诺了自己的诺言，这个价格在北京确实是最低的，不过这并不是唯一的最低价；小山也将价格定在 3000 元，这完全是依据小可的定价而定的，这样他就不用为自己的"低价协议"付出额外的补偿。我们来分析一下两人的策略是如何在博弈中达成平衡的。

首先来看小可这边，如果小可想降价，比如将 3000 元降至 2800 元，这样会有什么后果呢？按理说降价会吸引来更多的顾客，但是在这里却不同。如果小可选择降价，则小山那边的价格就不再是最低价，按照小山给出的"如果不是最低价，双倍返还差额"策略，此时到小山店中去买音响将获得 400 元的补偿款，也就是相当于只花了 2600 元。于是出现了这样的情况，你降价，反而对手销量增加。尽管利润薄了很多，但是薄利多销，对手依旧是赢家。因此，降价对于小可来说不是一种好策略；升价更不是，那样就违背了自己的诺言，所以维持原价是最好的选择。

再来看看小山这边，如果定价比对手高就要付出差额的双倍补偿，这当然不是一种好的策略。如果定价比对手低，哪怕只低 1 块钱，对手为了承诺自己全市最低价的诺言，也会跟着你把价格调低，这样便进入到了一种恶性降价的"囚徒困境"，对双方都不利。因此，维持原价，保持同对方同样的价格是一种最好的策略。

就这样，虽然没有坐在一张桌子前协商，两家音像店还是在价格上面达成了默契的合作。这其中发挥作用的便是市场和其中的博弈。透过现象看本质，透过错综复杂的市场竞争去观察其中内在的决定因素，你就会体会到博弈论的精彩之处。

第 10 节　兔死狗烹

关于竞争对手之间的关系我们前面已经举了好多例子。例如，家电卖场之间的价格战，书店之间的价格战等等，这些都属于"囚徒困境"。我们还讲了为什么同行喜欢扎堆，为什么有肯德基的地方往往就会有麦当劳，为什么这里已经有家乐福了，沃尔玛还会选择在这里开店。这其中便隐含着一种对手之间微妙的合作关系。

先来看这样一个故事：有一只非常厉害的猎狗，特别擅长捕捉兔子，主人每次打猎都带着它。山里的兔子越来越少，猎人非常不满，常常责备猎狗不如以前敏捷。冬天来了，猎人的生活越来越糟糕，已经连续两天没有打到东西了。于是便气急败坏地把狗赶进了山里，要求它捉兔子回来。猎狗在山里找了好长时间，终于发现了一只兔子，并成功将它抓住。兔子对猎狗说："请你放了我吧，山里的兔子几乎已经没有了，如果明年春天山里没有兔子，你也就没有什么用了，你主人定会卸磨杀驴，放了我对咱俩都有好处。"猎狗不屑地说："我是不会放你的，我如此厉害，主人定不会抛弃我。"结果，一连几天猎狗将山里剩下的几只兔子全抓走了。

等到第二年春天，山里再也发现不了一只兔子了，主人气急败坏，觉得这只狗已经没有什么价值，还不如杀掉吃顿狗肉，得一张狗皮。明白了主人的意思之后，这只狗才记起去年冬天兔子对它说的话，但是为时已晚。

这个故事暗含中国的一个成语"兔死狗烹"。这个成语来源于："狡兔死，走狗烹。禽鸟尽，良弓藏。敌国灭，谋臣亡。"这句话的意思是：狡猾的兔子死了，用来打猎的狗也就没什么用处了，可以煮着吃了；天上的飞鸟没有了，精美的弓箭也就没有什么用处了，只能被束之高阁；敌国灭亡了，谋臣也就没什么用处了，相反，还会因功劳过高而被杀掉。

"兔死狗烹"这四个字是韩信的亲身体会，早年韩信在项羽手下当差，因为不受重视，便投靠到刘邦手下。刘邦任命韩信为元帅，负责领兵作战。韩信不负众望，连连获胜，最终逼得旧主项羽自刎而死，项羽手下的精兵良将也被他消灭殆尽。可谓是劳苦功高，战功赫赫。

韩信战时被封为齐王，等到汉军一统天下之后，却被降为楚王。但这并没有结束，后来韩信又被降职，降为淮阴侯，由王变侯。最终"敌国灭，谋臣亡"，韩信被刘邦的妻子吕后处死。死之前，韩信感慨于自己的经历，说出了上面的话："狡兔死，走狗烹。禽鸟尽，良弓藏。敌国灭，谋臣亡。"

这显示出了对手之间微妙的合作关系。"狡兔"与"走狗"，"禽鸟"与"良弓"，"敌国"与"谋臣"之间原本是对手的关系，但却因对方的灭亡自己也随着一起灭亡了。

开国之臣后来被杀的例子在中国历史上非常多，几乎每朝每代都有，以至于导致出现这样的怪事，那就是对敌人不再是赶尽杀绝，而是"养着"。其中最有名的例子便是明朝的徐达和唐朝的黄巢，两人的情况还有所不同，一个是"养贼"，另一个是"被养"。

徐达是一位战功赫赫的军事统领，他跟随朱元璋打天下的时候屡战屡胜，让敌人闻风丧胆。徐达当年率兵北上，在北京周边打了胜仗，敌人向北逃去。按理说他应该穷追猛打，统一蒙古才对。但是，他却没有这样做，因为他知道没有敌人自己也就没有了价值。后来正是从徐达手下死里逃生的元朝残军逐渐发展壮大，百年间不断从北面骚扰明朝政权。即使后面被派去的将领，采取的仍然是同当年徐达一样的策略，从不赶尽杀绝。最终，北方的入侵成为明朝灭亡的一个重要原因。

我们再追溯到唐朝末年黄巢率兵起义的时候，当时黄巢实力很弱，尽管唐朝政权到了摇摇欲坠的地步，但是消灭黄巢这股势力还是易如反掌。朝廷派下来镇压黄巢的是宋威。宋威也懂得"兔死狗烹"的道理，他告诉下属，敌军死了我们也得不到什么好处。于是下令与黄巢的军队保持一定的距离,不去进攻。就这样,黄巢的军队在对方的眼皮底下一天天壮大起来,并最终推翻了唐朝政权。

懂得了同对手之间的这种微妙的合作关系之后,我们再回过头来分析一下在本节一开始提出的两个问题。为什么同行喜欢扎堆?我们在前面分析过这个问题,现在我们从另外一个角度来看一下,假设他们不扎堆将会如何。可口可乐和百事可乐是饮料市场上的对手,两家企业在全球各国争夺市场,有可口可乐的地方就会找到百事可乐。如果我们是百事的员工,或者可口可乐的员工,肯定希望对手破产,就此消失,饮料市场上唯我独尊。但是事实并非如此,饮料市场的格局这么多年已经基本稳定下来了,那就是两家独大。如果现在只剩一家,其余品牌便会蜂拥而入来抢夺市场,容易出现价格大战,对各方都将不利。而现在两家独大的局面能保证市场稳定,如果有第三种品牌想异军突起的话,百事和可口可乐还会心照不宣地合作将其打压下去。这种对内竞争,对外合作的关系,使得碳酸饮料行业很难再有第三家大的品牌进入。

同行间的竞争会带来压力,压力又会转化为动力,促使企业生产出更高质量的产品,或者提供更优质的服务。与此同时,企业的实力得到了增强。如同跑步一样,有一个非常快的对手在你身边,你会不自觉地跑得更快。这个人既是你的对手,同时也是你的领跑者,这种相互间给予对手压力,迫使对方提高成绩,同时自己本身也提高成绩的行为也是一种合作。

·第五章·

智猪博弈

第1节　小猪跑赢大猪

山上的庙中生活着一个和尚，口渴了，他便拿起庙里的水桶和扁担到山下挑水喝。后来，又来了一个和尚。但是，两人谁都不愿自己一人下山挑水，让对方占便宜。最后，为了公平起见，两人一起到山下抬水喝。不久，庙里又来了第三个和尚。同样的问题再次出现了。如果一个人下山挑水，总有两个人是休息的。如果两个人抬水，依然会有一个人不用出力，坐享其成。每个人都不愿意自己受累吃亏，打算依赖对方。结果，三个和尚都没水喝，最终渴死了。

《三个和尚》是我们比较熟悉的一个故事。假如我们用博弈论的观点来看，会发现这个故事与博弈论中"智猪模式"的情况相吻合。

所谓"智猪模式"的基本情况是这样的：

在一个猪圈里，圈养了两只猪，一大一小，且在一个食槽内进食。根据猪圈的设计，猪必须到猪圈的另一端碰触按钮，才能让一定量的猪食落到食槽中。假设落入食槽中的食物是 10 份，且两头猪都具有智慧，那么当其中一只猪去碰按钮时，另一只猪便会趁机抢先去吃落到食槽中的食物。而且，由于从按钮到食槽有一定的距离，所以碰触按钮的猪所吃到的食物数量必然会减少。如此一来，会出现以下 3 种情况：

（1）如果大猪前去碰按钮，小猪就会等在食槽旁。由于需要往返于按钮和食槽之间，所以大猪只能在赶回食槽后，和小猪分吃剩下的食料。最终两只猪的进食比例是 5：5。

（2）如果小猪前去碰触按钮，大猪则会等在食槽旁边。那么，等到小猪返回食槽时，大猪刚好吃光所有的食物。最终的进食比例是 10：0。

（3）如果两只猪都不去碰触按钮，那么两只猪都不得进食，最终的比例是 0：0。

在这种情况下，无论是大猪还是小猪都只有两种选择：要么等在食槽旁边，要么前去碰触按钮。

从上面的分析中我们可以发现，小猪若是等在食槽旁边，等着大猪去按按钮，自己将会吃到落下食物的一半；而若是小猪自己亲自去碰按钮的话，结果却是一点儿也吃不到。对小猪来说，该如何选择已经很明了，等着不动能吃上一半，而自己去按按钮反而一无所获，所以小猪的优势策略就是等在食槽旁。来看大猪，它已经不能再指望小猪去按按钮了，而自己去按按钮的话，至少还能吃上一半，要不就都得饿肚子。于是，它只好来回奔波，小猪则搭便车，坐享其成。

很显然，"小猪搭便车，大猪辛苦奔波"是这种博弈模式最为理性也是最合理的解决方式。无论是大猪还是小猪，等着别人去碰按钮都是最好的选择，但是如果两者都这样做的话，也就只有一起挨饿的分儿了。所以，大猪不得不去奔波，被占便宜。两头猪之间的"智猪博弈"非常简单，容易理解，同时还与许多现实社会中的现象有着相同的原理，能够给人们许多启发。

在生活中，我们时常看到这样一种现象：实力雄厚的大品牌会对某类产品进行大规模的产品推广活动，投放大量的广告。不过，过一段时间后，当我们去选购这类产品时，却发现品牌繁多，还有其他不知名的品牌也在出产这种商品，让消费者有足够的挑选空间。那么，为什么看不到这些小品牌对自己生产的同类产品进行推广呢？这种情况就可以采用我们上面提到的智猪模式来解释。要想推出一种商品，产品的介绍和宣传是不可缺少的。不过由于开支过于庞大，小品牌大多无法独立承担。于是，小品牌"搭乘"大品牌的便车，在大品牌对产品进行宣传，并形成一定的消费市场后，再投放自己的产品，把它们与大品牌的同类产品摆放在一起同时销售，并以此获取利润。很显然，在这场博弈中，小品牌就是"小猪"，而资金和生产能力都具有某种规模的大品牌则是"大猪"。

随着经济的发展，越来越多的人投身到股票和证券市场中来。越来越多的人到证券交易所开办个人账户，加入到股票和证券交易之中。事实上，金融证券市场同样是一个充满博弈的地方。具体说来，其本身就是一种由多方参与的群体博弈。但是，由于影响其结果的因素中不仅包括参与交易者的个人情况以及策略，还有其他参与者的选择和决策。所以，导致股票和证券交易中的情况既复杂又多变。

不过，在这种交易中，大户与散户之间的博弈就是"智猪模式"的一种生动体现。比如，持有大量资金和股票的金融机构或是个体大户就等同于"大猪"。通常情况下，大户会花费大量的时间和金钱对相关信息进行收集，并对行情进行分析和研究，以确保自己在相对的低价位买进股票。正因为前期投入不少，所以，他们不会在所持股票价格达到预期值以前，就对其进行抛售回收资金。而且，他们会为了获得更高的利润，让自己所持股票增值而设法提高股票价格。

对于这些股市中的散户来说，他们既没有充足的资金投入前期的各项准备之中，也没有丰富有效的信息资源为自己的决策提供服务，更没有操作大盘对所持股票进行炒作的能力。所以，要想赢利的最好的办法便是跟着大户和机构走。就像赌博中要想赢钱就得想办法跟着庄家走。在这里，机构和大户便是大猪，而散户则是小猪。

同样，这种博弈模式也适用于国际政治方面。比如在北约组织中，由于美国强劲的经济和军事实力，因此承担了组织大部分的开支和防务，而其他成员国则只要尾随其后就可以享受到组织的保护。这种情况就是所谓的"小国对大国的剥削"。与此同时，也使得我们能够更好地理解"占有资源越多，承担义务越多"这句话的真正含义。

在欧佩克石油输出组织中也存在类似的情形。在该组织的成员国中，既有沙特阿拉伯、伊朗这样的产油大国，也有一些石油储量和产量相对较弱的小国。欧佩克组织为了维护自身的利益以及稳定石油的价格，采取了对其成员国限定石油产量，实行固定配额制的措施。但是，在经济利益的驱使下，某些小的成员国会超额生产，以期获得更多的利润。

此时，倘若伊朗或是沙特阿拉伯也随之增加自己的产量，那么就会引起国际石油市场价格的下跌，反而造成了经济上的损失。所以，大的成员国在这种情况下会与小成员国达成某种合作机制，依照组织所规定的产量进行生产，做出一定的牺牲和让步，来维护和确保整个组织的共同利益。当然，大成员国的这种牺牲并非是一种无私的奉献，自身的利益依然是他们一切行为的出发点。虽然看似那些大成员国向小成员国做出妥协，没有增加自己的产量，但是由于他们在组织中占据着很大的比例，因此他们依然会获得组织所带来的大部分经济利益。

此外，我们常说的以弱胜强、先发制人等策略的应用都可以从智猪模式的角度进行解读。

第2节　商战中的智猪博弈

现在，世界范围内的主流经济体系便是市场经济。市场经济又被称为自由企业经济，在这种经济体系下，同行业的众多企业会为了追求自己的经济利益而不择手段，进行激烈竞争。当然，有竞争就必定有博弈。这些参与竞争企业的规模有大有小，实力有强有弱。他们之间便会像那两只大猪和小猪一样，彼此之间展开博弈。所以，当一个具有规范管理和良好运作的小公司为了自我的生存和发展必须和同行业内的大公司进行竞争的时候，小公司应当采取怎样的措施呢？在兵法《三十六计》中，名叫"树上开花"的第二十九计是个不错的选择。

"借局布阵，力小势大。鸿渐于陆，其羽可用为仪也。"这句话出自《三十六计》。其中"借局布阵，力小势大"的意思是弱者可以通过某些手段造成对自己有利的阵势。"鸿渐于陆，其羽可用为仪"一句源自《易经》，是对一种吉祥卦象的解释，本义是指当大雁着陆后，可取其羽毛作为编制舞蹈器具的材料。这一计策的原理就是身处弱势时，可以凭借其他因素，像用大雁羽毛装饰那样充实壮大自己。

20世纪中期，美国专门生产黑人化妆品的公司并不多，佛雷化妆品公司算得上是个佼佼者。这家公司实力强劲，一家独大，几乎占据了同类产品的所有市场。该公司有一位名叫乔治·约翰逊的推销员，拥有丰富的销售经验。后来，约翰逊召集了两三个同事，创办了属于自己的约翰逊黑人化妆品公司。与强大的佛雷公司相比，约翰逊公司只有500美元和三四个员工，实力相差甚远。很多人都认为面对如此强悍的对手，约翰逊根本是自寻死路。不过，约翰逊根据实际情况和总结摸索出来的推销经验，采取了"借力策略"。他在宣传自己第一款产品的时候，打出了这样一则广告："假如用过佛雷化妆品后，再涂上一层约翰逊粉质化妆霜，您会收到意想不到的效果。"

当时，约翰逊的合作伙伴们对这则广告提出了质疑，认为广告的内容看起来不像是在宣传自家的产品，反倒像是吹捧佛雷公司的产品。约翰逊向合作伙伴们解释道："我的意图很简单，就是要借着佛雷公司的名气，为我们的产品打开市场。打个比方，知道我叫约翰逊的人很少，假如把我的名字和总统的名字联系在一起，那么知道我的人也就多了。所以说，佛雷产品的销路越好，对我们的产品就越有利。要知道，就现在的情况，只要我们能从强大的佛雷公司那里分得很小部分的利益，就算是成功了。"

后来，约翰逊公司正是依靠着这一策略，借助佛雷公司的力量，开辟了自己产品的销路，并逐渐发展壮大，最后竟占领了原属佛雷公司的市场，成为了该行业新的垄断者。

现在，让我们依照智猪博弈的模式来分析一下这个成功的营销案例。

在这场实力悬殊的竞争中，约翰逊公司就是那只聪明的小猪，佛雷公司便是那只大猪。对实力微弱的约翰逊公司来说，要想和佛雷公司竞争，有两种选择：

　　第一，直接面对面与之对抗；

　　第二，把对方雄厚的实力转化为自己的助力。

　　很显然，直接对抗是非常不现实、非理性的做法，无异于以卵击石。所以约翰逊做出的选择是先"借局布阵，力小势大"，借着对方强大的市场实力和品牌效应为自己造势，并最终获得了成功。

　　从另一个角度来说，当竞争对手是在实力上与自己存在很大差异的小公司时，大公司的选择同样有两种：

　　一、凭借着自己在本行业中所占据的市场份额，对小公司的产品进行全面压制，挤掉竞争对手。

　　二、接受同行业小公司的存在，允许它们占领市场很小的一部分，与自己共同分享同一块"蛋糕"。

　　不过，在我们上面讲述的案例中，约翰逊的聪明做法使得佛雷公司无法做出第一种选择来对付弱小的约翰逊公司。理由很简单，那就是约翰逊的广告。对于佛雷公司来说，这则广告非但没有诋毁自己的产品，而且起到了某种宣传的作用。更何况，在这种情况下全面压制对方的产品既费时又费力，还要投入更多的资金，既然有人免费帮忙宣传自己的产品，又可以给自己带来一定的利益，何乐而不为呢？

　　我们前面说过，"大猪"和"小猪"同时存在是智猪博弈模式存在的前提，即小猪虽然与大猪同时进食，却不曾对大猪所吃到食物份额造成严重的威胁。

　　具体到商业竞争中，当大公司允许小公司存在的时候。通常，小公司一旦进入市场并存活了下来，就会守住自己的市场份额，分享着由大公司经营策略所带来的机会和利润。不过，作为商业竞争的参与者，任何一个公司都不可能永远安于现状。所以，小公司必定会尽力发展自己，增强自身的实力。

　　对于大公司而言，一旦发现小公司的实力对自己造成威胁的时候，就应当采取相应的行动，对小公司进行打压，限制其发展。但是，在佛雷公司和约翰逊公司的商业博弈中，佛雷公司正是由于忽视了这一点，没有清楚地认识到约翰逊公司对自己造成的威胁，最终导致了自己被吞并的结局。

　　在美国，可口可乐和百事可乐公司长期以来都是饮料行业的两大龙头。在20世纪70年代末期，除去这两个公司旗下的产品外，该行业内还有一些其他商标的饮料产品。这类产品质量不高，属于该行业的低端产品。因为价格低廉让它们也能在市场中占有一定的份额。对于两大龙头公司来说，这类产品无论是在质量还是在产品的市场定位上，虽然具有一定的威胁性，却也十分有限。所以，可口可乐和百事可乐公司在最开始的时候，对这类产品采取了容忍的态度，允许它们与自己的产品同时出现，分得很少一部分市场份额，共享市场带来的利润。

在这类产品中，有一个主打牌子的生产商不满足于自己所占有的市场，开始尝试生产高质量的饮料产品，并以低价位向被两家龙头企业占据的市场发起冲击。随着这个具有地区性牌子的饮料的发展壮大，该产品生产商的实力得到了大幅度提升，其产品市场占有率后来竟然高达30％，大有与两家龙头公司分庭抗礼之势。

意识到这个品牌的威胁后，可口可乐和百事可乐两家公司同时采取措施，联手降低自己产品的价格，开始入侵原本不屑一顾的低价位市场。在此情况下，包括上述这家生产商在内的众多小公司都纷纷倒闭。最终，这类产品的市场被可口可乐公司和百事可乐公司瓜分。

在上述的这两个案例中，竞争对手相对单一。在经济快速发展的今天，跨区域、跨地界的合作越来越多，同一行业内不再是一家独大，经常会出现多个龙头企业存在的情况。其实，早在日本索尼公司创始人之一的盛田昭夫担任总裁的时候，他便提出了著名的"间隙理论"。这个理论的内容非常简单。他认为如果把每个企业所占有的市场用圆圈来表示的话，不同的圆圈中间必定存在一定的间隙，也就是说在各个企业瓜分市场份额时，总有剩余空间。比如说，在网络兴起后，很多中小企业很快发现了其中蕴涵的商机，建立了以网络购物为主的新型消费市场。以淘宝网为例，在2009年以前，有超过9800万人成为淘宝网的注册会员，交易金额高达999.6亿元，其在中国网络购物市场上所占的份额达到了80％。而且，通过这个亚太地区网络零售规模最大的平台，许多中小企业，甚至是个体商贩都从中获得了巨大的利润。所以，对于那些规模和实力都不太强的中小企业来说，市场的这种间隙就是它们要努力开拓的生存空间。而且如何在强手如林的夹缝中生存下来，就是这些中小企业经营策略的主导方向。通常情况下跳出原本的经营理念，依据自身的特点，去开创自身特有的市场。

总而言之，当"智猪模式"运用在商业竞争中的时候，同样需要遵循一定的前提条件。当竞争对手间存在较大差异的时候，实力弱小的竞争者要对实力强劲者先观察，了解对手产品在市场中的定位以及市场占有率。与此同时，要对自己情况和产品有清楚的认识，并制定出合理的经营理念，把自己产品的市场定位与对手错开，避免自己与强大对手的直接对抗，转而借助对手创造的市场为自己寻找机会。另一方面，自身实力雄厚的竞争者，如果确定竞争对手的实力与自己相差很多，那么就不必在竞争之初便耗费过多的资源和精力压制对方，只要时刻关注对方的发展，不对自己构成威胁即可。毕竟，"共荣发展、共享利益"才是智猪博弈模式最终达到的一种平衡。

第3节　股市中的"大猪"和"小猪"

股票和证券交易市场都是充满了博弈的场所。博弈环境和博弈过程非常复杂，可谓是一个多方参与的群体博弈。对于投资者来说，大的市场环境，所购买股票的具体情况，其他投资者的行动都是影响他们收益的主要因素。对于购买的股票的投资者来说，他们都是股市博弈的参与者，而整个股市博弈便是一场"智猪博弈"。

依据投资金额的多少，我们可以把投资者简单归为两类，一类是拥有大量资金的大户，一类是资金较少的散户。

股票投资中的大户因为投资的金额较大，所以，为了保证自己的收益，他们必定在投入资金前针对股市的整体情况以及未来的走势进行技术上的分析，还有可能雇佣专业的分析师或是分析公司做出准确的评估和预测，为自己制订投资的计划和具体策略。

一旦圈定了某些股票后，他们会收集该股票的相关信息，以确保自己能够以较低的价位吃进，在固定的金额内尽可能买进最多的份额。当然，这些针对信息的收集和分析都会消耗不少的时间和金钱。这些开支都被投资者计算在了投资成本中。

考虑到自己前期的投入，利益至上的大户一旦选定了某只股票，资金进入市场，就不会轻易赎回。对于大户来说，他们在计算股票收益时，必须扣除前期投入的成本，剩余的才算是自己真正的收益。所以，他们最希望看到的局面就是股价呈现出持续的上扬趋势，自己所持的股值不断地增加。

相对的，那些散户在把资金投入股市前的行为刚好与大户相反。在通常情况下，他们在选择投资股票的时候，往往会做出"随大溜"的举动。散户最常见的做法就是看哪只股票走势好，就投资哪只股票。因为，在这些散户看来，股票的走势好就意味着选择这只股票的人很多。事实证明，这并非一种明智的做法。因为在股票交易市场中，"投资这只股票的人多"并不是"这只股票一定挣钱"的必要条件。只能说存在出现这种结果的可能。

从另一方面来说，散户虽然资金不多，但在某种程度上也是一种优势。相较于大户资金投入后较稳定的情况，因为资金数额小，散户便可以在交易中实现自由进出，资金的灵活性很强。一般情况下，买入卖出会更灵活，船小好调头。

"涨了便抛售，落了就买进"是散户最常见的投资行为。对于那些具有一定资金实力的大户来说，他们投资就是为了能使利益得到最大化。所以，他们不会坐等整个股市的行情向自己有利的方向发展。在必要的时候，他们会选择主动出击，甚至会利用自己的资金优势，通过设局的方式，来操控某一只股票股价的升降。

对于散户来说，最好的情况就是能够清楚地了解大户的投资策略。大户投资哪只股票，自己就跟着投资哪只股票。这样，散户就可以像"小猪"那样坐享其成，从大户的投资行为中为自己获取利益。所以说，"寻找大户的投资对象，及时跟进"就是散户在股票证券交易中的最佳策略。

不过，"让大户们为自己服务"只是一种最理想化的情况。我们是基于"智猪模式"，推断出这一情况的。而且，在该模式中，"大猪"和"小猪"的行为都严格遵守着模式存在的前提。但是，对于股票和证券交易市场来说，由于存在各种不确定性，所以大户和散户之间博弈的现实情况往往会更为复杂。

这些大户不会像"大猪"那样，傻乎乎地来回奔波，他们会选择隐藏起自己真实的投资行动，让散户无处"搭便车"。甚至，他们会利用散户坐享其成的心理，设局诱使散户做出投资行动，为自己谋利。例如，一个大户可以选择一支极易拉升股价的股票，通过散布一些虚假消息，吸引散户对该股票进行投资，待这支股票价格呈现出一定程度的上涨后，悄无声息地突然赎回，以此让自己在短时间内获得巨额利润。

这种通过设局，诱导散户做出定向投资的大户就是我们常说的"股市大鳄"。他们以雄厚的资金作为投资基础，自然会引导股票的走势倾向于有利于自己的一面。当他们利用资金，针对某一只股票开始坐庄时，就相当于形成了一个"猪圈"。此时，如果散户足够精明，能够看穿大户的打算，就可以趁机迅速买进，进入"猪圈"。

在股市中，称王的永远是坐庄的大户。所以，作为股市中的散户，除了要学会耐心等待"猪圈"的形成，抓住"进圈"的时机外，还要切记不可贪婪。获利之后，要学会及时撤出。毕竟，大户所做的决策是以自己获得利益为前提。如果大户选择震仓或是清仓，绝不会提前预警，往往是突然袭击。在这种情况下，散户就有可能血本无归，成为股市的牺牲品。

第4节　总有人想占便宜

在现实生活中，也许很多人并不十分了解"智猪博弈"，却在无意识中应用这一博弈模式处理自己所遇到的问题。例如，在现今的职场中，充满着各种各样的人际冲突。同时也存在着不少像"智猪博弈"中的"大猪"和"小猪"类型的人。我们常常会碰到这样的情况：有些人工作勤勤恳恳、认真负责、任劳任怨，整日里忙得团团转。有些人的工作状态则刚好相反，工作应付了事，总是一副清闲自在的样子。大多时候，这两类人所收到的回报几乎等同，第一类人是"出力不讨好"，第二类人则是"不劳而获"。

很显然，职场中"不劳而获"的人指的就是"智猪模式"中的那只"小猪"。事实上，"小猪"在职场中的存在非常普遍。下面提到的这位李先生就是其中之一。

李先生遵循并奉行这样一种原则："绝不出风头，跟在强者后。"李先生这样解释自己的这一原则，跟着工作能力强的人，如果事情做得好，自己也会得到嘉奖，即使出现了纰漏，自己也不会是责任的承担者。在李先生看来，这条原则非常有效，让自己也获益匪浅。

大学期间，李先生在组织参加校内一些活动的时候，总喜欢跟着工作能力强的人，听从调遣。自己只做一些辅助性的工作。李先生以此获得了不少老师的赞赏，加上他不抢功，给自己换来了好人缘，建立了好的关系网。最终，李先生凭借着自己的好人缘，获得了一份不错的工作。

工作后，李先生仍然遵循着这一原则。相较于那些埋头苦干的人，他每天看起来非常清闲。他与上下级以及同事也相处得都非常融洽。一年下来，李先生的成绩不小，既升职又涨工资。李先生并不认为自己的做法有什么不合适。在他看来，在工作上偷点儿懒没什么不好，同时也为其他同事提供了表现自我的机会。自己只不过是借机沾点儿光罢了。虽然在工作上不是那么的卖力，但是自己也不是什么都没有付出。毕竟，良好的人际关系是需要费心费力去经营的。这个基础打好了，自己以后的工作才能更轻松，不需要那么辛苦地埋头苦干。

与工作清闲、轻松升职涨工资的李先生相比，下面讲到的王先生就是辛苦奔波的"大猪"。

王先生是一家公司某部门的经理助理。该部门的成员只有3个：经理、助理、普通员工。通常情况下，作为经理助理，工作应该不会太过于繁忙。但是王先生却总是大呼太累，抱怨自己的工作量太大。

王先生的抱怨并不是无中生有，而是真实的情况。王先生在部门里的位置比较尴尬，上有部门经理，下有普通员工。部门经理喜欢什么事都交给王先生去办，所以王先生除了自己的本职工作外，还要经常处理经理额外安排的工作。其实，有些工作王先生可以交代给那名普通员工去做，但是这名员工的工作能力一般，王先生把工作交给他，自己又不放心。无可奈何之下，王先生只能尽可能地处理手头的工作，往往是刚刚完成一个，另一个便接踵而至，似乎工作永远没有做完的时候，总是有一堆的工作等着他去做。于是，在上班的时间内，王先生总是忙碌的，一分钟也闲不下来。

由于该部门的事情总是由王先生忙前忙后，以至于出现了这样一种现象：只要是与该部门有关的事情，找王先生就可以了。于是，一个部门里的3个人，经理整日里优哉游哉，员工无所事事，只有王先生一个人忙个不停。

公司每年都会在年末的时候，对各部门的工作进行奖评。王先生所在的部门获得了5万元的奖励。经理分得奖金3万元，王先生和另一名员工平分剩余的2万元。这让王先生内心非常不平衡。自己整日里忙得像个陀螺，总是没有清闲的时候，才挣1万元的奖金。再看看另外两个人总是清闲度日，却能轻轻松松地拿到奖金。这算什么事儿呢？不过，王先生再转念一想，算了，自己虽然工作得辛苦些，好歹年终的时候还能拿得到奖金。如果自己也像另外两个人那样，这个部门不就没人干活了吗？真要是出现那种情况，能保住工作就已经不错了，哪里还有奖金可拿？于是，王先生出于责任和大局的考虑，只能继续任劳任怨地工作。

很显然，只要出现团队合作的工作，就会出现不同程度的"搭便车"现象，像王先生这样的"大猪"和类似李先生这样的"小猪"就必定存在，这是一个无法避免的问题。而且，对于曾经长时间合作的人来说，由于大家都熟悉各自的行事作风，这种情况就可能更为突出。于是，"大猪"出于对工作全局的考虑，必定会尽全力完成工作。"小猪"则搭乘顺风车，装作努力工作的样子，实则借机投机取巧，分享"大猪"的工作成果。

其实，我们心里都很清楚。"小猪"在职场中的这种做法不是长久之计。俗话说："路遥知马力，日久见人心。"大多时候，"小猪"得到的只是一时的风光。毕竟，"实力才是硬道理"。一旦出现了新的合作关系，或是工作性质发生变化，不再是团队合作，那么"小猪"在实力上的弱点必定会暴露无遗。

作为一个管理者来说，职场搭便车的现象不会给公司的发展带来任何的助力，只会起到不好的作用。要想趋利避害，尽量从根本上避免这类情况的出现，管理者必须在整体的管理上下功夫。比如说，应该制定合理化的制度，使员工的职责细化，让每一个员工都能明确自身所承担的责任，增强员工的工作责任感。与此同时，要时时关注自己的员工，对他们的实际能力和工作表现做出客观的评定。要让员工感到自己的付出能获得相应的回报。对那些的确有能力的员工提供施展自己的平台，增强员工的归属感。此外，通过赏罚分明的奖励机制，增强员工之间公平竞争的意识，提高员工的工作热情。在"优胜劣汰"的原则基础上，让那些习惯"搭便车"、坐享其成的"小猪"远离团队合作。

"小猪"的做法虽然有种种弊端，但是对于一个聪明的工作者来说，努力做一只具有实力、勤奋工作的"大猪"是必需的。不过，在合适的时候，偶尔做一次借力使力的"小猪"也未尝不可，只要把握好"度"和时机即可。

第 5 节　奖励机制拒绝搭便车

我们都知道，在实行改革开放的政策前，我国实行的是社会主义计划经济。这种经济体制虽然在改革开放初期对国民经济的发展起到了推动作用，使人们的生活水平得到了长足的提高。不过，到了后来这一体制明显束缚了我国经济的发展。是什么原因导致了这种情况的产生呢？除去外部的政治和国家大环境，最主要的因素就是在计划经济体制下实行的平均分配原则。无论干活多少，劳动所得都一样，这就严重挫伤了人们对工作的热情和积极性，让人们处在一种无所谓的状态，工作只是为了完成既定的任务，主动和创新精神更是无从提起了。

其实，早在春秋时期，纵横家的始祖——鬼谷先生王诩在《鬼谷子》一书中曾经说道："用赏贵信，用刑贵正。"即"赏信，则立功之士致命捐生；刑正，则受戮之人没齿无怨也"。也就是说，对于建立功绩的人，要给予赏赐，这会让他们更加勤奋，即便是丧失生命也在所不惜。对于那些做错事的人，即使用严厉的刑法进行惩戒，他们也不会怨恨。而且，民间也有"无利不起早"这样的俗语。

简单地说，奖励机制非常重要。

从现在众多的企业管理实践来看，很多企业在员工的管理与约束方面，并没有建立起完善合理的奖励机制。

例如，在某些企业中，不仅缺乏有效的培育人才、利用人才、吸引人才的机制，还缺乏合理的劳动用工制度、工资制度、福利制度和对员工有效的管理激励与约束措施。当企业发展顺利时，首先考虑的是资金投入、技术引进；当企业发展不顺利时，首先考虑的则是裁员和职工下岗，而不是想着如何开发市场以及激励职工去创新产品、改进质量与服务。

那究竟采用什么样的激励制度才能够有效驱动员工呢？

我们知道，"搭便车"是小猪的最优选择，这让小猪可以不费吹灰之力便获得食物。不过，这种情况源自于"智猪模式"的限定条件，而在实际中，这是一种不太合理的情况。仅从社会资源的角度来看，小猪搭便车的行为正是资源不合理配置的表现。试想一下，如果小猪这种"搭便车"的现象在现实社会生活中是一种绝对合理、的确无疑的做法的话，那么势必会造成一种结果，即大猪的数量逐渐减少，而小猪的数量则会越来越多。所以，我们可以说"智猪模式"对于资源的最优配置来说，是不可取的。

作为一个管理者，无论其管辖范围的大小，也许大到一个国家，或许小到一个家庭，资源得到最佳配置是每一个管理者希望看到的结果。而且，通过智猪博弈模式，我们能够体会到奖励制度对企业的重要性。好的制度可以提高企业员工的工作效率，为企业增加效益。反之，不好的制度规则必定会挫伤员工的工作积极性，给企业带来损失，甚至威胁到企业的存亡。

于是，怎样杜绝"搭便车"现象，如何才能让小猪参与到竞争中来，自然成为管理者们想要破解的难题，也是管理者们制定奖励制度要考虑的核心问题。

以智猪模式为例，每次落在食槽中的食物数量和按钮距离食槽的路程是影响大猪和小猪进食多少的关键所在。那么，就让我们对这两个具有关键性因素的数据进行一些变动，看看改进后会出现什么情况，小猪"搭便车"的情况是否还依然存在。

假设按钮与食槽距离保持原样不动，那么从食物的数量入手，改进的方式有以下两种：

（1）减少食物的数量。将食物的数量减至原来的一半，即由原来的 10 份食物变为 5 份。如此一来，便会产生这样的情况：

假如大猪去碰触按钮，小猪会在大猪返回食槽前就吃完所有的食物，两者进食比例是 0∶5；

假如小猪去碰触按钮，大猪会在小猪返回前吃完所有的食物，则两者的进食比例是 5∶0。

也就是说，无论谁跑去碰触按钮，结果都是无法吃到食物。谁去碰触按钮就等同于将食物拱手让给对方，为对方服务，自己饿肚子。这样一来，大猪和小猪肯定谁也不愿意动弹，结果便是双双挨饿。看来，这不是一种好的改进方案。

（2）增加食物的数量。将每次落入食槽中的食物总量比原来增加一倍，即变为 20 份食物。这种改进方法为小猪和大猪都提供了充足的食物，不过，也正是由于这一点，无论大猪还是小猪，只要碰触按钮就可以让自己吃饱，不利于提高大猪小猪碰触按钮的积极性。这种不利于竞争、没有效率的改进方案也不是最好的改进方案。

增加食物和减少食物的改进方案都不符合我们的要求，不能再从食物量上面想办法，可以考虑在按钮与食槽之间的距离上动动脑子。下面便是几种改进方案：

（1）移动食槽位置并减少食物投放量。食物只有原来的一半分量，但同时将食槽与按钮之间的距离缩短。这样，谁碰到按钮之后便会第一时间吃掉落下的食物，而且每次的食物刚好吃完，不会产生浪费。与此同时，随着碰触按钮的次数增加，便会吃到更多的食物，对食物的不懈追求会刺激小猪和大猪抢着碰触按钮的积极性。所以，这一方案既降低了成本，也提高了其工作的积极性。

（2）移动食槽位置但不改变食物投放量。食槽与按钮之间的距离缩短后，跑去按按钮的劳动量必然减少，而且，在这种情况下，落入食槽中的食物即使不发生变化，食物的数量相对而言还算充足。那么，无论是大猪还是小猪都会去碰按钮，吃到的食物相应也会增多。不过，在提高积极性方面不如第一种方案。

（3）移动食槽位置并增加食物投放量。按照这种方案，大猪小猪都会碰按钮，也都会得到更多食物。吃得多长得快，快速达到出售的标准，自然会增加效益。只是这种做法存在一个问题，即成本的增加。这就给每次落下食物的分量提出了很高的要求，如果把握不好有可能会造成浪费。所以，要想成功实施这种方案，存在一定的难度。

综合以上几种情况分析来看，显然移动食槽位置并减少食物投放量的方案既减少了成本，又刺激了大小猪的积极性，是最佳的改进方案。

现在，我们以一个具体的例子来进行一下分析。

一个软件公司的研发部门具有很高的水平，该部门的工作人员个个都是技术高手。公司打算设计开发一款应用软件，经过市场调研，认为一旦开发成功，公司将会赢利 5000 万元。当然，如果研发工作失败，后果不必多说，必定连前期的投入都打了水漂。

在没有其他因素干扰的情况下，这个项目的成败就集中在了该部门人员的工作态度上。如果，他们的工作积极性不高，只是为了应付工作而工作，那么这个项目成功的概率必定会下降，我们把这种状态下的成功概率假定为 50%。只要他们全身心投入工作，自然能够提升该项目的成功概率，我们将这种状态下的成功概率假定为 90%。

为了提高该部门员工的工作积极性，老板决定拿出一笔资金作为该部门人员的奖金。那么，这笔奖金的数额就是这次奖励是否能达到预期效果的关键。

从研发部门员工的角度来说，他们的心中对老板发放奖金的数额自然有所期待。假设研发部门的员工认为，他们所能接受的奖金最低数额是 400 万元，心中的期待值是 600 万元的话，那么老板的奖金数额必须高于 400 万元才行。简单来说，就是老板奖励 400 万元，软件的成功率是 50%；奖励 600 万元，软件的成功率是 90%。

不过，软件公司老板的这种奖励机制是存在问题的。对于公司的老板来说，奖金属于该软件的制作成本。假如在软件还没完成的时候，老板就发放了奖金，的确能够起到刺激员工认真工作的作用。但是，无论是奖励 400 万元，还是奖励 600 万元，软件的成功率都不是 100%。一旦失败，老板所付出的这些奖金也会付之东流。

如此一来，老板必定会向员工许诺，在软件成功后发放奖金。假设奖金是 400 万元，那么只能保证员工会好好工作。奖金的数额对员工的刺激有限。假设奖金是 600 万元，那么员工们肯定会努力工作，全力以赴。

即便如此，老板仍然无法保证该部门的员工将竭尽所能，尽心尽力地完成该项目。那么，到底该采用怎样的奖励机制才能最大限度地发挥员工的能力呢？

我们常说"有奖有罚"。如果公司的老板以此制定奖励机制将会怎么样呢？

老板可能会制定出这样的规定：如果软件研发成功，研发部门将获得 800 万元的奖金，如果软件研发失败，那么研发部门将承担 100 万元的处罚。

从理论上来说，800 万元大大高出了员工的期望值，必定会给员工的工作积极性带来很大的提升。如果研发失败，该部门的员工不仅拿不到额外的奖励，还要为自己的失败买单。这种奖励策略的确可以提高员工工作的热情和工作态度。不过，这就意味着，原本应由老板和公司本身承担的市场风险，其中的一部分以罚金的形式被转嫁到了员工的身上。这种做法不符合常理和实际情况，可行性只停留在理论层面上。

综上所述，该公司老板最合理的奖励方案是：技术部门的每一位员工分得公司股份的1%，可在年底享受公司分红。另外，该项目研发成功后，技术部门整体将获得600万元的奖金。

这样的奖励方案，不仅调动了员工工作的积极性，又通过让员工持有公司的股份，把公司的命运以及可能承担的风险与员工自身的利益结合在了一起。针对这个案例的具体情况，这个奖励方案是公司老板的最优选择。

由此，也让我们意识到，作为一个管理者在制定制度的时候，应当注意以下四点：

第一，奖励机制的奖励程度必须适当。如果奖励太多，就给员工们形成了一个太过于宽松的大环境，造成员工危机感的缺失。奖励太少，不仅起不到奖励的作用，甚至可能会让员工产生埋怨和不满的情绪，得不偿失。所以，奖励机制把握奖励的合理程度，"不及"和"过了头"都不好。

第二，针对不同的奖励对象，奖励机制也要有所不同。例如，一个公司内部的各个部门，分工不同，职责不同，工作的强度和难度不同。所以，奖励机制也应当根据各部门的实际情况略有变动。

第三，有赏有罚，赏罚分明。每个人都各有所长，工作能力有强有弱。作为公司的领导要及时发现自己下属员工的优缺点。对于员工的工作成绩要予以肯定和奖励，激发员工的工作热情。当然，对于那些工作不认真、不合格的员工也要及时发现，做出相应的处罚。

第四，奖励制度必须考虑成本。公司运营的目的就是营利。对于员工的奖励同样属于公司的运营成本，如果只是一味注重奖励的效果，制定出不符合实际情况的奖励制度，既造成了资金上的无谓浪费，也给公司增加了成本上的负担。这种奖励制度无疑将不利于公司未来的发展。

第6节　富人就应该多纳税

在前面的章节中，我们曾提到过"占有资源越多，承担的义务越多"这一观点。例如很多大公司经常会在公共事业方面进行一定的投资。如果稍加留意会发现，这些由大公司出资建设的公共设施有时刚好涉及这些公司的切身利益。

在美国，一些主要的航道上都建有不少为夜间航行提供照明的灯塔。要知道，这些灯塔的建造者不是美国政府，而是那些大型的航运公司。因为这些大型航运公司的业务繁多，有不少需要夜间出航的班次。为了夜间航行的便利，在航道上建造一些灯塔非常有必要。

事实上，要在这些主航道上夜航的船只中，不仅有那些大公司的船只，还有一些小的航运公司的船只。不过，与积极主动采取行动的大公司不同，这些小公司对建造灯塔的活动并不热衷。理由很简单，因为建造灯塔需要投入大量的资金。对于收益不高的小公司来说，这笔支出远远高于灯塔建造好后给自己带来的收益。

但是，对于该行业的大公司来说，则刚好相反。设置灯塔后，航运的安全得到了保障，提高了航行的速度，缩短了航行的时间，给公司带来的收益自然随之增加。所以，大公司认为这是极为划算的一笔投资，即使完全独自承担这笔费用，它们也是乐意为之。

于是，这项同行业都可以获得益处的公共设置就这样建造完成了。那些小公司搭乘大公司的便车，未出分文便享受到了灯塔给自己带来的收益。

也许会有人说，这种做法未免有失公平。不过，从获得利益多少的角度来看，我们会发现，只用"公平"两个字很难去界定这种情况。更何况"多劳"在很多时候是"多得者"心甘情愿的选择。

现在，在很多国家都推行的个人所得税上也体现着这一点。具体说来，就是对那些高收入的人群征收高额的税款，收入越高，税收的比率越高，然后将这些税款用于社会公共和福利事业。例如美国的个人所得税的最高税率在 20 世纪六七十年代高达 70%，在瑞典、芬兰这些北欧国家，最高税率甚至超过了 70%，被称为"高福利国家"。

但是，这种高额税率的个人所得税制度也存在着明显的弊端，因为它会严重影响人们的工作积极性，导致劳动者对努力工作产生抵触情绪。毕竟，在一个社会安定的国家，辛勤工作，努力争取更好生活的人群还是占大多数的，整日无所事事、游手好闲的人毕竟是少数。所以，在 20 世纪 90 年代的时候，这种个人所得税的最高税率得到了重新调整，并日趋合理。

另外，"占有资源多者，承担更多的义务"这种观点还体现在很多方面。再例如股份有限制、有限责任制等现代企业所采用的制度中，大股东和小股东的差异也是这种观点最为直观的体现。

依照股份制的要求，每一个股东都具有监督公司运营的义务。不过，这种监督需要投入大量的时间、精力和资金以获取相关的信息，并对公司的运营状况进行分析。这是一笔不小的开支。而且，我们也知道，在一个股份制的公司中，公司的赢利最终会按照占有股份的比例进行分配。大股东的收益多，小股东的收益少。因此，便造成这样一种局面：大股东和小股东在承担了这样一笔不小的监督开支后，在收益方面的差异会愈加明显。所以，小股东要么在承担监督费用后，获得较少的收益，要么不参与公司运营的监督，直接领取公司分配的收益。很明显，参与监督后，小股东的收益要减去监督的费用。不参与监督，便不存在因监督而产生的开支。两者比较之下，就导致小股东不会像大股东那样积极地参与对公司运营的监督。

事实上，大股东非常清楚小股东是在搭自己的便车。但是，如果自己也像小股东那样不参与公司运营的监督，那么公司便会处于无人监管的境地，不利于公司的发展，也会影响到股东们的最终收益。在这种情况下，大股东们没有更好的措施，只好像"智猪模式"中的那只大猪一样，放任小股东们的这种做法，为了自己的最终利益来回奔波，独自承担起监督费用，履行自己对公司的运营义务。

所以，我们看到在一个股份制的公司中，会存在一个负责监督公司运营的董事会。其中的成员都拥有该公司一定量的股份，并对公司的具体运营操作拥有发言权和投票权。而那些小股东自然就是搭乘顺风车的"小猪"，不再花费精力和财力监督公司的经营，对公司的发展也不再拥有主导权，只是坐享大股东所带来的利益。

我们可以通过具体的数字来理解这一情况。假如存在这样一个股份制公司，公司的运营情况的好坏和公司的最终赢利直接挂钩，并会按照拥有公司股份的比例进行分配。由公司聘来的经理们负责该公司具体运营工作。另外，针对这些经理们的监督工作，每年的费用是 10 万元。A 先生购买了该公司 1000 万份股票，成了该公司的大股东。B 先生购买 10 万份该公司的股票，成了该公司的小股东。

当公司发展运行正常的时候，A 先生作为大股东分得的利润是 100 万元，B 先生作为小股东分得的利润是 1 万元。那么，除去监督费用，A 先生最终获得 90 万元，而 B 先生则要另外再支付 9 万元。100：1 的收益比例，已经让两人的收益形成了强烈的对比，在扣除监督费用后，B 先生不仅没有从公司获得利益，反而还要从自己的口袋里拿出 9 万元，这就进一步拉大了两人收益的差异。

从 B 先生的角度出发，如果不用承担监督的支出，自己还能获得 1 万元的收益，一旦付出监督费用后，这项投资就变成了一桩赔钱的买卖。B先生自然不愿去开展监督公司运营的活动。另一方面，从A先生的角度来看，可以聘请一位优秀的经理来监督公司的运营状况，让公司运营得更好，获得更多的收益。这样一来，聘请经理和前期投入一定的资金是值得的。因为那会给他带来更多的利润，这种投资是非常值得的。

此外，如果公司的运营状况不佳，出现了亏损，作为大股东的A先生不仅拿不到更多的利润，还会因为占有公司大部分的股份而损失更多的金额，所以，A先生会更加积极主动地关注公司的运营情况，而B先生也乐得退出公司的监督管理层，在一旁等着分享由A先生带来的利益。鉴于自身利益的考虑，A先生对B先生的做法，也只得睁一只眼闭一只眼，不加干涉。

在这个股份制公司的股东中，A先生就是那只为了吃到食物不停奔波的"大猪"，而B先生则是在食槽旁等着落下食物的"小猪"。最终，两者都实现了各自的利益，达到了一种平衡，共同发展。

"不可能存在绝对的平等，但是，在某种程度上的不平等，不仅是应当存在的，而且是必须、不可缺少的存在。"正如20世纪著名的思想家哈耶克所说，在这个客观世界，无论在哪个方面，科技、知识、人们的生活水平，所有人都处在同一个水平或是境况中是不可能的，也是不现实的。就像改革开放时，邓小平曾说过要让一部人先富起来那样，总会有少数人走在多数人的前头，然后带动大部分人共同发展提高。

在经济学中，有一个叫作"边际效用"的概念，具体是说："在一定时间内消费者增加一个单位商品或服务所带来的新增效用，也就是总效用的增量。在经济学中，效用是指商品满足人的欲望的能力，或者说，效用是指消费者在消费商品时所感受到的满足程度。"其实，即便是在"智猪模式"中，大猪来回奔波也不能说不是一种心甘情愿的做法。毕竟，它吃到的食物总是要比小猪的多，而小猪等在食槽旁也只不过是为了吃到食物而已。这不也是一种符合"边际效用"的做法吗？在一定程度上形成了一种平衡的局面，又何尝不是一种"公平"呢？

第7节 学会"抱大腿"

智猪博弈模式中有一种非常奇怪的现象，那就是小猪如果等着大猪去碰按钮，还能抢得一半食物吃。而如果是自己去碰按钮，反而没有食物吃。也就是劳动反而不如不劳动，既然如此，小猪的优势策略就是趴在一边，等着分享大猪的劳动成果。也就是"抱大腿"、"搭便车"。

"抱大腿"在汉语中是一个带有贬义的词汇。在我们的伦理道德中，"抱大腿"是被人唾弃的一种行为。不过，商业竞争中存在这种行为就要具体情况具体分析了。

"抱大腿"在可以看作是"搭便车"的一种变形，这是一种非常符合经济学理论的行为。而且，在某种程度上来说，实力稍弱的一方可以利用他人的强势，为自己服务，甚至最终获得凌驾于对手之上的结果。所以，当置身于"智猪模式"的博弈环境中时，"抱大腿"就是极为明智的做法。像前文中提到的约翰逊公司就是通过抱住佛雷公司的"大腿"，获得了最终的成功。

事实上，这种行为在社会上并不少见。以现在的图书市场为例，我们通常会看到这样的现象，如果某本图书或是某种类型的图书比较畅销，在随后很短的时间内，市场上就会出现与该书内容相似或相近的图书。例如，《狼图腾》一书在图书市场出现销售火爆的情况后，《狼道》、《狼性法则》等相关内容的书籍便纷纷出炉，争相登场。这种情况的出现并不能表明制作这类书籍的书商存在什么道德问题，毕竟从商业利益的角度来看，这种做法能让他们以最小的成本获取最大收益。对于这些书商来说，这是他们的最佳选择。

其实，就以获取利益为目的的营销者来说，"抱大腿"、"搭便车"是类似于坐收渔翁之利的营销策略。例如，四川的泸州老窖是国内白酒产品中位列前十名的名牌产品。不过在20多年前，泸州老窖也只是在四川省省内小有名气，远没有今天这样的知名度。

1987年，在泰国曼谷召开了国际饮料食品展览会。泸州老窖系列产品中的特曲酒获得该届展览会的最高奖。3年后，这款特曲酒又在第十四届巴黎国际食品博览会上，荣获得了中国白酒产品中唯一的金奖。泸州老窖酒厂抓住时机，借助这两次国际展销会的声望和影响，邀请了当时的一些领导人以及各界有影响力的知名人士参加在人民大会堂召开的正式庆祝活动。同时，在当时的条件下，还借助各种形式的媒体，以获得的国际奖项为由，加大对自己产品的宣传力度。一时间，泸州老窖的名字传遍了大江南北，成为了全国的知名产品。

对泸州老窖来说，只要质量过硬，必定能把自己的产品打入全国市场，乃至国际市场，只是需要一定的时间罢了。但是，泸州老窖酒厂借助产品获得国际奖项的机会，不仅提早完成了扩展市场的目标，而且省时省力，在很短时间内就见到了成效。可谓是成功运用"抱大腿"、"搭便车"这一策略的范例。

通常情况下，"抱大腿"或是"搭便车"的行为多是实力稍弱者采用的策略。实力弱的小企业借助强势大企业的实力，经常可以通过很少的投入，获得较多的回报。有些时候，小企业不仅能和大企业收获相同的回报，甚至会在收益方面出现小企业高于大企业的情况。在这种情况下，便会产生大企业被众多小企业拖垮的可能。大企业为了避免被小企业赶超或是拖垮，必定会不断提高自身产品的质量，加快技术的革新，制造出领先一步的新产品，抢先占领新市场。所以说，商业竞争中的这种情况对于消费者来说是有利的。

在博弈中，"抱大腿"和"搭便车"的行为不仅限于实力存在差距的博弈者之间，即便是在博弈者实力相当的博弈中，这种策略也是可行的。例如，英特尔和 AMD 之间的博弈就是如此。

对于广大的普通消费者来说，人们更熟悉英特尔这个品牌。其实，那些真正从事电脑产业的人很清楚，AMD 和英特尔一样，也是 CPU 产业中的佼佼者。两者在技术方面都具有强劲的实力，甚至在某些时候，AMD 的技术实力更胜一筹。在 CPU 的更新换代上，两者之间的竞争从来都没有停止过。

我们总是从广告中，得知英特尔推出的新一代 CPU 产品的信息。这样的信息，很容易让人以为英特尔在 CPU 产品的更新升级方面始终处于领先地位。然而，事实恰恰相反，CPU 的每一次升级都是由 AMD 率先完成的。

最典型的就是 CPU 的规格从奔腾 III 升级为奔腾 IV。最先完成这一升级计划，推出奔腾 IV 处理器的并不是广大消费者熟知的英特尔，而是 AMD。AMD 在完成新一代处理器后，便立即投放市场，开始推销自己的最新产品。对于这种具有高科技的新产品来说，消费者不可能在产品刚刚上市的时候，就形成强劲的购买力。必须经过一段时间的了解，当消费者逐渐熟悉了新产品的功能和效用后，才可能在认知上认同新产品，从而形成购买欲望和热情。

所以，就在 AMD 的新处理器上市两个月后，市场上才刚刚形成了一定的购买力。此时，英特尔出招了。英特尔高调推出了自己的同类产品。消费者的购买目标就会转向英特尔的产品。由此，AMD 辛苦了几个月的宣传成果被英特尔"截取"了。

AMD 虽然在技术领域与英特尔不相上下，但是在市场占有量上远不如英特尔。这是因为英特尔凭借着自身强大的资金优势，在产品的宣传上耗费了大量的时间和资金，以此在消费者心中确立了自己是该领域龙头老大的地位。即便拥有资金和市场份额的优势，英特尔并没有时时冲在前面，而是选择了做"智猪博弈"中的小猪，采用"搭便车"的策略。英特尔放手，让 AMD 率先进入市场。当 AMD 费心费力地把市场预热后，英特尔再凭借着自身的优势选择合适的机会入场，既节省了时间，又节省了产品前期宣传的投入，可谓一举两得。

"搭便车"策略的应用并不只限于商业竞争。在我们的人际交往和人生奋斗的过程中，同样可以使用"搭便车"的策略。我们现在生活的时代，给每一个人都提供了自由宽松的大环境，每个人都可以通过个人奋斗来获取成功。

我们常常会听到这样的说辞：某某人之所以能够获得今天的成就，多亏当初有贵人相助。所谓的"贵人"就是在我们进行个人奋斗的过程中，会碰到这样一类人——他们有丰富的人生阅历，或是拥有充足的资金，或是拥有渊博的知识。当我们困惑的时候，他们给我们指明了前进的方向；当我们举步维艰的时候，他们伸出援手帮助我们摆脱困境。这种情况就是我们常说的得到了"贵人相助"。

在现实生活中，因为碰到"贵人"而改变自己人生轨迹的情况很多，古今中外都不乏其人。例如，清末重臣李鸿章在初次会试落榜后，曾一度消沉，正是因为后来拜在曾国藩的门下，得到了曾国藩的指点和提携，这才有了李鸿章后来的政治成就。再例如，好莱坞国宝级影星寇克·道格拉斯如果不是在火车上碰到了那位知名的女制片人，可能最终都不会走上大荧幕，成为家喻户晓的电影演员。同样，如果少年时代的克林顿，不曾在白宫的草坪上与肯尼迪总统相见，不曾得到肯尼迪总统的亲口鼓励，也许，美国历史上的第 42 任总统的名字就不是威廉·杰斐逊·克林顿了。

从某种角度上来说，得到"贵人相助"也是"搭便车"的一种形式。我们或是借助他人的力量，或是借助他人的名望，来缩短个人奋斗的历程。有一种比喻能够非常形象地表明这种关系："一个人的奋斗历程就像是在爬楼梯，一步一个脚印地向上攀登。然而，贵人的出现则像是乘上了电梯。"

综上所述，无论是商业中的"抱大腿"，还是人生奋斗历程中"搭便车"都是一种策略，是一次机会。只要我们以一种平实的心态，就能以这种更加快捷的方式获得成功。

第 8 节　名人效应

在社会中，由于名人们在一些领域所获得的成功，使得他们的一举一动都会受到人们的关注。这就使名人本身具有了某种程度的影响力，甚至是号召力。于是，名人的出现可能会起到"引人注意、强化事物、扩大影响"的作用，也非常容易引起人们对名人行为的盲目效仿。所以，从某种角度来说，名人以及名人所拥有的名望都可以被看作是一种资源。

事实上，古人在很早的时候就已经明白了这个道理。而且，有些还成为脍炙人口的故事流传下来。

东晋初年的名臣王导就深知运用"名人效应"之策。西晋末年，朝廷昏庸，各方势力蠢蠢欲动。王导意识到，国家在不久后必定会出现大规模的社会动荡。于是，他极力劝说琅琊王司马睿离开中原避祸，重新建立新的晋王朝政权。

司马睿听从了王导的主张，离开中原，南下来到当时的南京，开始建立自己的势力。但是，由于司马睿在西晋王族中既没有名望，也没有什么功绩，所以，当地的江南士族们对琅琊王的到来不理不睬，非常冷淡。

王导心里非常清楚，如果得不到这些江南士族的支持，司马睿就无法在这里站稳脚跟，更不要提建立政权的事了。当时，王导的兄长在南京附近的青州做刺史，已经在当地拥有了一定的势力。于是，王导找到王敦，希望他能帮助司马睿。

两人经过商讨决定在三月上巳节的时候，让司马睿在王敦、王导等北方士族名臣们的陪同下，盛装出游，以此来招揽当地一些有名望的人投靠，提高琅琊王在南方士族中的威望。

果不其然，琅琊王当天威仪尽显地出行，引来了江南名士纪瞻、顾荣等人的关注，他们纷纷停在路边参拜。后来，司马睿又在王导的建议下积极拉拢顾荣、纪瞻、贺循等当地的名士，并委以重任。渐渐地，越来越多的江南士族前来归附琅琊王。就这样，以南北士族为核心的东晋政权形成了。

由此可以看出，在东晋政权形成的过程中，王导的策略起到了关键性的作用。刚到南京的司马睿既无名也无功又无权，有的只是皇族的身份，而且还是皇族的支系。如果只靠自己打拼来积累名望的话，不知道要等到什么时候。而且，当时最迫切的问题就是如果得不到当地士族的支持，司马睿就有可能连安身之所都会失去。

王导的计策就妙在此处。他先是和其他追随在司马睿身边的北方名士一起，陪同司马睿出游，以此来提升司马睿在南方名士中的威望。这一招让南方的士族们意识到司马睿并非无名小辈。接下来，他又极力招揽当地的名士，让其归附司马睿。顾荣、纪瞻、贺循等人在当地非常有声望，对当地的士族和百姓也具有很强的号召力。这样一来，不仅提高了司马睿在整个江南一带的威望，还得到了当地人们的拥护。

王导成功应用名人效应的事件不是仅此一例。东晋建立后，又是王导再次应用该策略化解了东晋朝廷的经济危机。

刚刚建立东晋的时候，国库里根本没有银子，只有一些库存的白色绢布。这种白色绢布的市价非常便宜，一匹顶多卖几十个铜钱。这可急坏了朝廷的官员们。

后来，身为丞相的王导想出了一个解决方法。他用白色的绢布做了一件衣服，无论是上朝还是走亲访友，只要走出家门就把这件衣服穿在身上。而后，他要求朝廷的官员也像自己一样，身着白色绢布制成的衣服。人们看到朝廷官员的穿着，也纷纷效仿。一时间，这种质地的衣服风靡了整个东晋。

这种情况必然对布匹的销售价格产生影响。结果布匹的销售价格一涨再涨，比原来的价格翻了几番。加之这种布匹平时的销路不好，商家的库存并不多，很快市场就出现了供不应求的状况。王导抓住时机，把朝廷库存的白色绢布分批出手，换回的银两充盈了国库。

假设，王导直接把库存的绢布拿到市面上卖掉，或许可以换回一些银子，但根据布匹的市场价格，换回的银子也肯定是少得可怜。当然，他也可以采用强制的方法，要求民间的商家和老百姓购买这些绢布。"民不和官斗"，这些布匹肯定也能换回银子，只不过这种做法必定会招致老百姓的不满和怨恨。

他所采用的这种做法非常高明，这也是"名人效应"的应用。朝廷的官员既有身份又有地位，他们的言行举止都是老百姓关注的焦点。让他们出行时穿上白色绢布制成的衣服，在无形中提升了这种布料的价值以及老百姓对它的认同感。王导正是利用了官员对百姓们的影响力和号召力，让百姓们自己主动去购买白色绢布。在老百姓心甘情愿的情况下，轻松地解决了国库空虚的难题。

现在，利用名人为产品做宣传，运用名人效应是商业营销中最常用、也最管用的做法。名人就好比"大猪"，产品就好比搭乘顺风车的"小猪"。产品借助名人对民众的影响力，达到宣传自己、提高知名度、获得老百姓认可的目的。

以体育用品牌中的阿迪达斯来说，它的广告中以及各类产品的代言人都是当下最受欢迎的大牌体育明星。除此以外，阿迪达斯公司不仅为一些体育运动员免费提供自己的产品，有时候为了宣传自己的产品还会花高价邀请体育明星试穿，甚至在恰逢某些知名度非常高的体育赛事期间，为相应的体育明星订制具有个人特色的产品。可以说，这是阿迪达斯公司极具典型性的名人营销策略。

这一策略的首次实施是在 1936 年举办的柏林奥运会上。在那届奥运会上，最有希望在田径项目上夺取金牌的是一位名叫欧文斯的美国黑人选手。阿迪达斯公司向欧文斯免费提供自己当时的主打产品——短跑运动鞋。后来，欧文斯在柏林连夺 4 块金牌，风光无限。欧文斯的夺冠让阿迪达斯的运动鞋在短时间内名扬海外，从此打开了该品牌的国际市场。

后来，在 1982 年于西班牙举行的足球世界杯比赛中，阿迪达斯公司为 24 支参赛球队中的 13 支队伍提供了球衣，并赞助了其中 8 支球队的球鞋。此外，该公司还为裁判员提供体育用品，甚至争取到了在决赛中使用阿迪达斯品牌足球的权利。最夸张的是在决赛的时候，包括球员和裁判员在内的所有场上人员中，竟然有半数以上的人都在使用该品牌的产品。

在这次世界杯上，阿迪达斯公司所实行的营销策略不仅让自己的产品成为了畅销品，供不应求，也使得自己成为了体育用品市场的领军品牌。

随着公司的壮大，阿迪达斯公司还设有固定的资金，用于向明星和知名人士免费赠送产品的开支。每年这类开支就高达上千万美元。作为这一举动的回报，只要接受赠品的名人们使用了阿迪达斯公司的产品，就在无形中给该公司的产品做了宣传。再加上普通民众对明星的追捧和模仿，给该公司带来了更多的名气和消费者。

所以说，只要不损害他人的利益，"名人效应"这条策略就是一种双赢的选择。在让名人出尽风头的同时也让自己的产品出尽风头。当然，这其中的效益也是明显的。所以说，"名人效应"就是对智猪博弈模式中"小猪搭乘顺风车"策略的应用。

第 9 节 奥运会：从"烫手山芋"到"香饽饽"

四年一届的奥运会是人们最为关注的国际体育盛会。对于举办国来说，奥运会不仅能向世界展示本国的实力、提升自己的国际形象，门票、广告和电视转播还能带来一大笔财富。其中，1984 年洛杉矶奥运会赢利 2.5 亿美元；1988 年汉城奥运会赢利 3 亿美元；1992 年巴塞罗那奥运会赢利 4000 万美元；1996 年亚特兰大奥运会赢利 1000 万美元；2000 年悉尼奥运会所带来的收入高达 17.56 亿美元。

现在奥运会的巨大赢利让人很难想到，在几十年前举办一届奥运会却是一笔赔本的买卖。与现在申办者竞争激烈的情况不同，当时很多国家都不愿意承办奥运会，以至于在提交承办 1984 年奥运申请的时候，只有美国的洛杉矶一个申办者了。

这是怎么回事呢？原来，加拿大蒙特利尔在承办 1976 年第 21 届奥运会的时候，出现了巨大的亏损。举办一届奥运会需要针对各种体育项目，建造各种体育场馆。按照蒙特利尔市奥委会原本的预算，场馆的建设费用只需 28 亿美元就够了。不过，在场馆建设的过程中，由于需要建设大型的综合性体育馆，举办方只得不断增加预算。最后，场馆的最终预算高达 58 亿美元。而且，由于管理不善，直到奥运会开幕的时候，一些场馆仍然处于建设状态，没有派上真正的用场。

奥运结束后，经过核算发现奥运会期间的实际组织费用也超支了 1.3 亿美元。短短 15 天的奥运会，给蒙特利尔市市政府带来的是 24 亿美元的负债。为了偿还这些债务，蒙特利尔市的市民被迫缴纳了最少 20 年的特殊税款。后来，人们把这次奥运会戏称为"蒙特利尔陷阱"。

当时，不少准备申办的城市在看到蒙特利尔奥运会的情况后，便打消了承办奥运会的念头。这才导致了前文中出现的情况：只有洛杉矶一个城市要求承办 1984 年奥运会。

彼得·尤伯罗斯是 1984 年洛杉矶奥运会的奥委会主席，就是这届奥运会的主要承办人。正是这位北美第二大旅游公司的前任总裁，让奥运会从"烫手山芋"变成了"香饽饽"。

事实上，彼得·尤伯罗斯当时面临的情况也非常艰难。由于前两届奥运会的亏损状况，加利福尼亚州不允许在本州内发行奥运彩票；洛杉矶市政府拒绝向奥委会提供公共基金；不能积极争取公众捐赠，即使出现捐赠，也必须让美国奥委会和慈善机构优先接受。更让人瞠目结舌的情况是，洛杉矶奥委会竟然租不到合适的办公地点，因为房主担心他们不能付清房租而拒绝提供出租。

在这种举步维艰的境况下，彼得·尤伯罗斯不但没有退缩，反而向公众宣布：政府不需要为洛杉矶奥运会支出一分钱的经费。不但如此，彼得·尤伯罗斯还承诺，本届奥运会将至少获得 2 亿美元的纯利润。此言一出，引起了大众的一片哗然。众人都认为彼得·尤伯罗斯是疯了，都等着看他的笑话。

俗话说，"巧妇难为无米之炊"。那么，彼得·尤伯罗斯这位"巧妇"到哪里去找那么多的"米"呢？彼得·尤伯罗斯想到了奥运会的电视转播权。对于普通民众来说，奥运会的参赛国家越多，比赛的激烈程度就越高，比赛的观赏性就越强。于是，彼得·尤伯罗斯派出了很多专业人士，去游说各国的领导人，希望能够派体育代表团参加奥运会。

不过，由于当时的国际局势，苏联宣布拒绝参加该届奥运会。幸运的是，彼得·尤伯罗斯的请求得到中国政府的应允。中国首次派体育代表团参加奥运会，这成为那届奥运会的重要看点之一。最终，彼得·尤伯罗斯获得了总计2.4亿美元的电视转播权的转让费。仅是广告的转播权就为洛杉矶奥委会带来了2000万美元的收益。

同时，彼得·尤伯罗斯又在奥运会赞助商的这个问题上大做文章。其实，早在奥运会刚开始筹备的时候，尤伯罗斯的手头就已经收罗了一万多家能成为奥运会赞助商的企业。在此之前，往届的奥运会也存在赞助商，只不过每个赞助商所提供的赞助费都一样。尤伯罗斯觉得，如果按照以往的做法，从赞助商那里获得的资金非常有限。如何从这些赞助商的口袋里掏出最多的钱，是尤伯罗斯考虑的重点。

多年从商经验帮了他的大忙，尤伯罗斯很自然地想到了商业中的竞争机制。于是，洛杉矶奥委会对外宣布了针对赞助商的规定：第一，该届奥运会只有30个赞助商的资格。生产同类产品的商家，只能有一家成为赞助商。第二，每个赞助商所提供的赞助金不得低于400万美元。

这个消息一经公布，立即在商业领域掀起了轩然大波。"同类产品只选一家"的规定激起了那些实力强劲的商家一较高下的念头。于是，各大商家展开了激烈的竞争。先是在软饮料的竞争中，可口可乐面对主要竞争对手百事可乐，把自己的赞助费提到了1260万美元，最终成为了第一位赞助商。

汽车赞助商的竞争在日美两国的汽车品牌中展开。既然奥运会是在美国举办，通用和福特等美国汽车品牌绝不可能把赞助商的资格拱手让给日本汽车，让对方获得开拓美国市场的机会。于是，通用汽车以近千万美元赞助费和"免费提供500辆轿车为奥运会服务"的附加条件，获得了汽车类赞助商的资格。其他行业公司之间的竞争也进入了白热化阶段，各个商家提出的赞助金额远远高出了当初规定的400万美元。

可以说，在筹集这届奥运会经费的过程中，尤伯罗斯就像"小猪"那样，采取了"搭便车"的策略。参加赞助商资格竞争的企业几乎都是该行业的佼佼者，自身就具有强劲的实力，又有品牌支撑。这样，企业之间的竞争，给奥运会带来的直接效益就是能够获得更多的资金。此外，名牌企业的激烈竞争也在无形中提高了民众对奥运会的关注程度。民众对奥运会的关注度高，就会有更多的人观看电视上的赛况转播。这一情况又给奥运会的电视转播权的转让增加了砝码。于是，就像滚雪球一样，以尤伯罗斯为首的洛杉矶奥委会得到的收益也越来越多。

就这样，在尤伯罗斯倡导的商业运作模式和竞争机制的带动下，洛杉矶奥运会不仅没有花费政府一分钱，反而最终获得了 2.36 亿美元的实际收益。洛杉矶奥运会不仅解决了举办现代奥运会的经济问题，改变了"举办奥运会就赔钱"的状况，还完成了近代奥运会的"商业革命"，成为近代奥运会历史上的里程碑。

第 10 节　贪小便宜吃大亏

小猪坐享其成、不劳而获的搭便车行为是"智猪博弈"的典型特征。如果细究其"搭便车"行为产生的根源，其实反映了博弈者的投机和贪占小便宜的心理。

我们都知道滥竽充数这个成语故事，故事中的南郭先生就是一个"搭乘便车"的人。不过，这种投机行为必定不可能长久，谎言终有被识破的一天。当新的齐王即位，要求乐师单独演奏的时候，南郭先生美梦破灭，只能偷偷地从皇宫里溜走了。

当然，在某些博弈环境下，"搭便车"是一种优势策略。对于博弈者而言，当对手在无意中出现漏洞时，自己就可以选择使用这种策略，以此取胜。但这种情况毕竟不会经常出现。所以，博弈者还是要切忌形成贪占小便宜的习惯。毕竟，几乎所有"天上掉馅儿饼"的好事，背后都隐藏着陷阱。

拿我们日常生活中的"搭便车"现象来说，很多骗子就是利用人们"搭便车"、爱贪小便宜的心理，设下诱饵，借机行骗。例如，不少媒体都曾经对一种骗术进行过曝光。通常情况下，这种欺骗行为有两个特点，第一，通常是在银行附近发生。第二，受害人往往都是刚从银行里提取了现金。

这种骗术通常需要三人以上才可以实施。当受骗人在银行里提取现金的时候，这场骗术就已经开始了。有一个骗子专门负责在银行里寻找目标，一旦选定的目标携带现金离开银行，第二个骗子就开始行动了。这个骗子会在路经受害人身边时，故意掉下一个钱包或是看起来是用硬纸包起来的一沓纸币，这就是骗子故意设下的诱饵。无论是钱包还是纸包，里面并没有多少钱。很多时候，骗子会在从外面看得见的明显处放置几张人民币，其余的部分都是用白纸代替。

如果你看到诱饵后，不理不睬，那么骗子的计策自然也就失效了。但是大多数的受害者都选择了捡起钱包或是包裹，一看究竟。此时，第三个骗子就会及时出现，表示见者有份，要求受害人与自己平分捡到的钱财。一旦受害人接受提议，骗子又会表现出自己吃亏的态度，故作好意提醒受害人，自己不要钱包，让受害人随便拿给自己点儿钱，赶紧离开现场以免引起别人的怀疑。

通常情况下，受害人都会认为自己捡了大便宜，就按照骗子的提醒，把自己刚取的现金拿出来，分给骗子，自己留下"诱饵"。等到受害人美滋滋地打开钱包或是包裹，查看自己占了多大便宜的时候，才发现自己受骗了。此时，骗子们早已逃得不见了踪影，可谓后悔晚矣。

这一骗术之所以能够成功，就是充分利用了人们贪占小便宜的心理。事实上，利用人们这种心理的欺诈行为并不少见。

2009 年 3 月，央视《经济半小时》栏目对当时收藏市场上的热销产品——"范曾十二生肖金币大全套"的真实情况进行曝光："该套标价 1.88 万元、宣称耗用 68.6 克纯黄金铸造的金币收藏品，经权威部门检验，每套藏品实际含金量竟只有 34.6 克！特别是宣称含金量为 35 克的纯金画卷，其含金量仅 1 克。"

事情究竟是怎么回事呢？

十二生肖图和五牛图是国画大师范曾先生的绘画精品。中福海文化公司和饮兰山房文化公司在从范曾先生那里拿到了这两幅作品的版权后，便与一家所谓的"香港金币制造有限公司"联合发售了一款标价为 1.88 万元的"范曾十二生肖金币"和纯金画卷，声称该产品共耗用纯金 68.6 克，产品还附赠有相关权威机构的鉴定证书，极具收藏价值。

事实上，在这套产品中，金币的实际含量只有 30 多克。产品实际情况与宣传差异最大的是纯金画卷。在产品宣传中，商家号称纯金画卷的含金量高达 35 克。后来，在经过专家检验后发现，实际含金量仅是宣传的 1/35，也就说，只含 1 克黄金。也就是说，这套金币的真实价值与售价相差甚远，推出这款金币和纯金画卷的商家已经对消费者构成了欺诈。

如果按照这组数据对已经售出的产品进行计算，商家从消费者那里骗取了 200 多公斤的黄金。而且，由于商家在销售这款产品时，以范曾先生的作品为卖点，所以在产品的售价中还包括了所谓的收藏价值。根据相关部门的调查，中福海文化公司和饮兰山房文化公司仅是通过销售该套产品就从消费者手中诈骗了近亿元人民币。其中，仅是在虚构的黄金含量上就获利 4000 多万元。更夸张的情况是，与这两家公司联合发售产品的"香港金币制造有限公司"根本就不存在。

如果仔细分析这次欺诈事件，我们不难看出这两家公司就是利用了消费者贪小便宜的心理，精心设计了这样一个坑害消费者的陷阱。

这两家公司先是从范曾先生那里拿到了画作的版权。这么做的目的就是给这套产品披上了一层可能会增值的外衣。毕竟，范曾先生的作品在当前的书画市场上具有很高的实际价值。一旦收藏，其未来的价值必定得到提升，具有很大的收藏价值。接下来，他们又以黄金为载体把画作呈现出来，更是提高了产品对消费者的吸引力。

对于消费者来说，范曾的作品本身就具有很高的收藏价值，再加之以贵金属锻造，存在巨大的升值空间。虽然现在的标价是 1.88 万元，但这套产品将来的价值肯定超过这个数值。很多人都会这么想：这么大的便宜，不占是傻子。于是，消费者就在这种贪便宜的心理和利益的驱使下，上当受骗。

有人可能会这样想，既然在博弈中贪小便宜会让自己吃大亏，那么难道就看着便宜不占吗？那岂不是也是一种吃亏？

其实，博弈中的"便宜"和"吃亏"要看是怎样的"便宜"和怎样的"亏"。中国近代历史上的著名外交家顾维钧曾经说过这样一句话："不愿意吃明亏，结果吃暗亏；不愿意吃小亏，结果吃大亏。"

仔细想来，这句话非常有道理。就像上面所说的第一个诈骗的案例，假如受害人能够谨慎一些，冷静一下，不想着贪占那点儿小便宜，不去捡地上的钱包，就杜绝了被人骗的可能。从表面上看，这样做似乎是让自己吃了点小亏，却免除了让自己吃大亏的情况。

所以说，"占便宜"在博弈中并不意味着是前进和胜利。那么，"吃亏"在博弈中是不是就意味着退让和损失呢？

威廉·哈里逊是美国的第九任总统。他就任美国总统后不到一个月就因肺炎去世，是美国历史上任期最短的一位总统。

不过，威廉·哈里逊小时候的一件趣事一直流传至今。小威廉出生在弗吉尼亚州的一个小镇上。因为比较内向、害羞，所以他平时不太爱说话，呆头呆脑的。有不少人都以为小威廉是脑袋不清楚的傻孩子。同龄的小伙伴更是直接称呼他"傻子"。大人们也喜欢通过各种方式捉弄他。

这天，一位先生打算逗弄一下小威廉。他拿出两枚硬币，一个 5 美分，一个

10 美分。他把这两枚硬币放在手里，让小威廉挑选一枚硬币，并许诺小威廉挑中的那枚硬币可以直接送给他。

按照平常人的想法，当然是哪个面值大挑选哪个，肯定会选择 10 美分的硬币。但是，威廉·哈里逊的选择刚好相反。当时，他没有立即挑选硬币，而是停了一会儿，拿起了那枚 5 美分的硬币。四周围观的人都被小威廉的这一行为引得捧腹大笑。人们纷纷说，威廉·哈里逊连钱的大小都分不清楚，看来真是个傻孩子。

一传十，十传百，整个小镇上的人都知道了这件事。有些人不太相信小威廉会做出那样的选择，于是便亲自拿出硬币让他挑选。结果，小威廉每次都只拿面值小的那枚硬币。

后来，附近一位聪明的智者在听说了这件事后，便来到小镇上，用同样的方法让小威廉挑选硬币。当小威廉再次做出了同样的选择后，智者大笑起来，连连称赞他是个聪明的孩子。

这是怎么回事呢？当然，我们现在知道威廉·哈里逊并不是个傻孩子，否则他不会成为美国总统。那么，小威廉为何要选择那枚 5 美分的硬币呢？他难道不知道 10 美分更值钱吗？他当然知道。威廉·哈里逊选择 5 美分的理由是，如果他从一开始就拿了 10 美分的话，人们就不会一次次地让他挑选硬币，那么他连再拿一次 5 美分的机会也没有了。这样看来，威廉·哈里逊不仅不傻，还是个思维敏捷、极为聪明的孩子。

在"智猪博弈"中，小猪选择占大猪的"便宜"，采用"搭便车"的策略，并非是贪占小便宜，而是从博弈全局的角度考虑所做出的选择。对于大猪来说，看起来是吃了一点儿亏，但是获得的是一种和小猪形成共赢的结果。假如大猪也不愿意吃亏，也选择等在食槽旁边，那么这场博弈的最终结果就会发生改变：不是大猪小猪都能吃到食物，而是两只猪都被饿死了。所以，在千变万化的博弈过程中，我们不能只顾一时的得失，而要从博弈的全局出发，不要因为贪图一时的小便宜，而最终吃大亏，输给对手。只要能最终赢得胜利，在过程中偶尔吃点儿小亏，退让一步也未尝不可。

第 11 节　先下手还是后下手？

公元前 574 年，晋厉公为了教训背叛自己的郑国，分别邀请宋国、齐国、鲁国和卫国出兵，联手讨伐郑国。

当时，郑国与楚国已经结盟。郑成公听闻晋国联合四国军队要来攻打自己的消息后，立刻向楚国求救。其实，晋国和楚国为了争夺中原霸主的地位，早已将对方视为自己的眼中钉，肉中刺。所以，楚共王在接到求救信后，便决定亲自率领大军前去和晋厉公一决雌雄，以解郑国之围。楚国和郑国的军队联合后，人数达到近十万，战车五百多辆。

　　楚、郑两国联军与晋厉公的大军在鄢陵相遇，双方随即摆开阵势，准备交战。此时，另外四国的军队还未赶到，晋国军队在人数上处于劣势。与对方相比，晋国的战车数量和对方相差无几，但是人数却只有对方的一半左右。

　　楚共王自然不愿意放弃这种力量明显优于对方的战机，便打算主动出击，想趁着晋国的盟军赶到之前将其消灭。晋厉公也知道目前自己暂时处在下风，于是在安营扎寨后，并没有主动出击，而是选择了坚守。

　　晋厉公的谋臣郤至对楚、郑两国军队进行了连日的观察后，认为楚国的军队虽然人数上占有优势，但并非兵强马壮。而且，两国军队组成的联军，肯定存在矛盾，协同作战的能力必定大打折扣。于是，他向晋厉公建议，要想改变自己目前的被动局面，就应当主动攻击两国联军。

　　晋厉公觉得郤至的建议颇有道理，便下令军队主动迎击两国联军。结果，双方交战之处，晋国军队不但没有获得主动，反而因为人数上的悬殊差距陷入了被动。晋厉公察觉到自己的决策的失误，但是后悔晚矣，只得奋力拼杀，苦苦支撑。

　　楚共王看到战局对自己有利，对方此战必败，便心生得意，打算亲自活捉晋厉公，好好地羞辱对方一番。于是，楚共王自己带领一队人马，直奔晋厉公而去。没曾想，刚好一只冷箭正冲着楚共王射来。楚共王被射中左眼，应声落马。

　　楚共王受伤后，两军的指挥调度就出现了问题。再加之楚国的士兵看到自己的君王身负重伤，军心涣散，士气严重受损。晋厉公抓住机会，趁势反击，打败两国联军。

　　兵法中有"先下手为强，后下手遭殃"的理论，率先出击的确可以让自己掌握一定的主动，从而获得一定的优势。但是，如果无法把握这种优势，就会变成贸然出击，暴露出自己的弱点，使得自己由主动陷入被动，反而给对手创造了战胜自己的机会。

　　在上面的这场战役中，晋厉公因为贸然出击使得自己陷入了被围攻的被动境地。楚共王也是因为急功近利、贸然出手，想亲自活捉晋厉公而被冷箭所伤，最终把自己的胜利白白送给了对方。所以说，先下手未必会强，后发制人也未必就会遭殃。

《水浒传》中有一段对后发制人情况的生动描写。林冲在发配的路上，碰到了"小旋风"柴进，被柴进请到家中休息。柴进府中有一名姓洪的教头，和林冲一样善使棍棒。听闻林冲曾是八十万禁军的棍棒教头，这位洪教头便提出要和林冲较量一番。

两人在练武场上站定，洪教头先发制人，率先动手，冲向林冲。林冲并没有立刻迎战，而是略微退后几步，躲过了洪教头的进攻。而后，冲着洪教头进攻中暴露出的破绽，果断出击。洪教头应声倒地，半天爬不起来。

在博弈中，究竟应当先出招，还是后发制人，与博弈者的实力强弱并没有直接的联系，关键是应该基于博弈的实际情况做出判断。

在"智猪博弈"中，小猪所采用的策略是自己等在食槽旁边，坐等大猪的劳动成果。毕竟，根据博弈的具体情况，只有大猪跑去碰按钮，小猪才能有食物吃。如果小猪采用先发制人的策略，自己先跑去碰按钮，反而没有食物吃。所以说，小猪采用的其实就是一种后发制人的策略。

在兵法中，像开门揖盗、以逸待劳、欲擒故纵都是关于后发制人的计策。历史上非常有名的官渡之战、淝水之战、赤壁之战也都是后发制人的经典战例。

关于后发制人的观点，清末名臣曾国藩曾经说过这样一句话："凡扑人之墙，扑人之壕，扑者客也，应者主也。敌人攻我壕墙我若越壕而应之，则是反主为客，所谓致于人者也。我不越壕，则我常为主，所谓致人而不致于人者也。"

他认为，战争中的情况非常复杂，敌我双方的主客关系随时都在发生变化。即便是先下手，稍不留神就会出现对方反客为主的情况。与其被对方反主为客，倒不如自己以静制动，后发制人，"蓄养锐气先备外援，以待内之自敝"，最终反客为主。

后发制人策略的应用其实就是为博弈者赢得一种后动优势。明朝的开国皇帝朱元璋也是因为采用了"高筑墙、广积粮、缓称王"这一后发制人的策略，为自己创造了后动优势。

当时，红巾军在长江以北与元军展开了殊死拼杀。长江以南，各路英雄豪杰各显神通，纷纷划定自己的地盘。朱元璋当时也已经具有了一定的军事实力，身边聚集了一批能人志士。但是下一步该怎么办？难道也学其他人那样称王、称帝吗？这时，一位名叫朱升的谋士向朱元璋提出了"高筑墙、广积粮、缓称王"的建议。

第一，"高筑墙"。朱元璋当时已经占领了南京，并以此为中心发展自己的势力范围。"高筑墙"是一种防守策略。加固城池，就可以提高自身的防守能力，也可以让自己的军队势力有所依靠，提供休养生息和养精蓄锐的处所。

第二，"广积粮"。无论是太平盛世还是兵荒马乱的年代，粮食都是根本。没有粮食吃，人都活不下去了，就更谈不上行军打仗了。只有储备了充足的粮食，民心、军心才能够稳定，才会有越来越多的人来归附。这也在无形之中使自身的实力得到了增强。

第三，"缓称王"。这是一步以退为进的计策。当其他起义军头领宣布成立自己的王朝，称王称帝的时候，自己则按兵不动，以一种低姿态让其他势力放下对自己的戒心。自己暗地里积聚力量，增强自己的实力。

朱元璋正是在这简简单单的九字策略的帮助下，不仅在元末农民大起义这个群雄并起的复杂环境中站稳了脚，而且最终笑到了最后，建立了大明王朝。

我们知道，"博弈"在汉语中的本义指的是赌博和围棋。下围棋的过程其实就是一个博弈过程。在围棋中，优秀的棋手在开局的时候，大多习惯下几步试探性的棋，绝不会一开始就向对方下重手。假如一方棋手在开局的时候就下重手，的确可以起到威慑对手的作用，但是同时也会造成沉重的心理负担。一旦对手开始反击，就会出现左右为难的情况。如果放弃，造成的损失难免会对整盘棋的结果造成影响。如果不放弃，费时费力，最终还可能得不偿失。

从投入和产出的角度来分析，开局便下重手就意味着为了先期投入的成本过大，这样一来就等于背上了包袱，接下来的行动和决策就会被束缚住了手脚，越来越难做。

如果采用相反的做法，就会逼使对方先出手，以此探得对方的意图和想法，根据自己的实际情况制定棋路。这样做等于是把风险留给了对方，自己则是轻装上阵，应对自如。

综上所述，针对智猪博弈模式中的小猪而言，后发制人显然是最优策略。仅就"先下手"和"后发制人"本身来说，两者都是博弈中可以采用的一种策略。在原则上，两者不存在谁对谁错的问题。只不过，在实际的博弈中，究竟要采用哪种策略就需要具体情况具体分析。

·第六章·

猎鹿博弈

第1节　猎鹿模式：选择吃鹿还是吃兔

猎鹿博弈最早可以追溯到法国著名启蒙思想家卢梭的《论人类不平等的起源和基础》。在这部伟大的著作中，卢梭描述了一个个体背叛对集体合作起阻碍作用的过程。后来，人们逐渐认识到这个过程对现实生活所起的作用，便对其更加重视，并将其称之为"猎鹿博弈"。

猎鹿博弈的原型是这样的：从前的某个村庄住着两个出色的猎人，他们靠打猎为生，在日复一日的打猎生活中练就出一身强大的本领。一天，他们两个人外出打猎，可能是那天运气太好，进山不久就发现了一头梅花鹿。他们都很高兴，于是就商量要一起抓住梅花鹿。当时的情况是，他们只要把梅花鹿可能逃跑的两个路口堵死，那么梅花鹿便成为瓮中之鳖，无处可逃。当然，这要求他们必须齐心协力，如果他们中的任何一人放弃围捕，那么梅花鹿就能够成功逃脱，他们也将会一无所获。

正当这两个人在为抓捕梅花鹿而努力时，突然一群兔子从路上跑过。如果猎人之中的一人去抓兔子，那么每人可以抓到 4 只。由所得利益大小来看，一只梅花鹿可以让他们每个人吃 10 天，而 4 只兔子可以让他们每人吃 4 天。这场博弈的矩阵图表示如下：

猎人乙

		猎兔	猎鹿
	猎兔	(4, 4)	(4, 0)
猎人甲	猎鹿	(0, 4)	(10, 10)

第一种情况：两个猎人都抓兔子，结果他们都能吃饱 4 天，如图左上角所示。

第二种情况：猎人甲抓兔子，猎人乙打梅花鹿，结果猎人甲可以吃饱4天，猎人乙什么都没有得到，如上页图右上角所示。

　　第三种情况：猎人甲打梅花鹿，猎人乙抓兔子，结果是猎人乙可以吃饱4天，猎人甲一无所获，如上页图左下角所示。

　　第四种情况：两个猎人精诚合作，一起抓捕梅花鹿，结果两个人都得到了梅花鹿，都可以吃饱10天，如上页图右下角所示。

　　经过分析，我们可以发现，在这个矩阵中存在着两个"纳什均衡"：要么分别打兔子，每人吃饱4天；要么选择合作，每人可以吃饱10天。在这两种选择之中，后者对猎人来说无疑能够取得最大的利益。这也正是猎鹿博弈所要反映的问题，即合作能够带来最大的利益。

　　在犹太民族中广泛流传的一个故事就能够很好地反映这个问题。

　　两个小孩子无意之中得到一个橙子，但在分配问题上产生了很大的分歧，经过一番激烈的争论之后，他们最后决定把橙子一分为二。这样，两个孩子都得到了橙子，各自欢欢喜喜地回家去了。回到家中，一个孩子把得到的半个橙子的果肉扔掉，用橙子皮做蛋糕吃。而另外一个孩子则把橙子皮扔掉，只留下果肉榨汁喝。

　　在这个故事中，两个孩子都得到了橙子，表面看起来是一个非常合理的分配，但是两个孩子一个需要果肉，一个需要果皮，如果他们事先能够进行良好的沟通，不就能够得到比原来更多的东西吗？也就是说，原本橙子的一半可以得到很好的利用，可是因为当事人缺乏良好的沟通，最后造成资源的浪费，而那两个孩子也没有得到最大的利益。

　　这种由于人们争持不下而造成两败俱伤的事情在现实生活中比比皆是，归结其原因，主要在于每个人都是独立的个体，在决策时只从自身的利益出发进行考虑，与别人缺少必要的沟通和协调。此外，他们不懂得合作更能够实现利益最大化的道理。

　　在现实生活中，凭借合作取得利益最大化的事例比比皆是。先让我们来看一下阿姆卡公司走合作科研之路击败通用电气和西屋电气的故事。

　　在阿姆卡公司刚刚成立之时，通用电气和西屋电气是美国电气行业的领头羊，它们在整体实力上要远远超过阿姆卡公司。但是，中等规模的阿姆卡公司并不甘心臣服于行业中的两大巨头，而是积极寻找机会打败它们。

　　阿姆卡公司秘密搜集来的商业信息情报显示，通用和西屋都在着手研制超低铁省电矽钢片这一技术，从科研实力的角度来看，阿姆卡公司要远远落后于那两家公司，如果选择贸然投资，结果必然会损失惨重。此时，阿姆卡公司通过商业情报了解到，日本的新日铁公司也对研制这种新产品产生了浓厚的兴趣，更重要的是它还具备最先进的激光束处理技术。于是，阿姆卡公司与新日铁公司合作，走联合研制的道路，比原计划提前半年研制出低铁省电矽钢片，而通用和西屋电气研制周期却要长了至少一年。正是这个时间差让阿姆卡公司抢占了大部分的市场，这个中等规模的小公司一跃成为电气行业一股重要的力量。与此同时，它的合作伙伴也获得了长足的发展。2000 年，阿姆卡公司又一次因为与别人合作开发空间站使用的特种轻型钢材，获得了巨额的订单，从而成为电气行业的新贵，通用和西屋这两家电气公司被它远远地甩在了身后。

在这个故事中，阿姆卡公司正是选择了与别人合作才打败了通用电气和西屋电气，从而使它和它的合作伙伴都获得了利益。如果阿姆卡在激烈的竞争中没有选择与别人合作，那么凭借它的实力，要想在很短的时间内打败美国电气行业的两大巨头，简直比登天还难。而日本新日铁公司尽管拥有技术上的优势，但是仅凭它自己的力量，想要取得成功也是相当困难的。

包玉刚与李嘉诚合作，成功从怡和洋行手中抢过九龙仓的故事也说明了合作能够给双方带来最大利益。

"九龙仓"是香港最大的英资企业集团之一，也是香港四大洋行之首怡和洋行旗下的主力军。可以说，谁掌握了"九龙仓"，就等于将香港大部分的货物装卸和储运任务揽入怀中，从中可以获得巨大的利益。香港商业巨子包玉刚凭借投资建造大型油轮而成为著名的"世界船王"，在海洋上的成功并没有让包玉刚得到满足，所以他决定把事业逐步转移到陆地上来。他把一部分财产投资在当时形势非常好的几大产业上面。但是，这只是包玉刚弃船登陆迈出的一小步，真正的大手笔是他与国资本集团展开的"九龙仓"之战。

当时的形势对包玉刚有些不利，因为财大气粗的李嘉诚是九龙仓十大财团之首。包玉刚从怡和洋行夺得九龙仓本来就非常困难，如果再有李嘉诚的掣肘，那必然会难上加难。但是，当时李嘉诚正在应对别人争夺"和记黄埔"之事，无法分身处理九龙仓之事，这正为包玉刚成功抢夺九龙仓提供了有利条件。包玉刚对当时的形势进行了一番仔细的研究和分析，他认为仅凭自己的实力，硬拼非但无法得到满意的结果，反而可能会对自己造成极大的伤害。他发现李嘉诚正纠缠于"和记黄埔"之事，于是就想到：如果我帮助李嘉诚顺利解决"和记黄埔"一事，他再帮我成功抢下九龙仓，这对双方来说不是一件两全其美的好事吗？想到这里，他就决定主动与李嘉诚寻求合作。

为了向李嘉诚示好，包玉刚主动抛出"和记黄埔"的9000万股股票。李嘉诚得到包玉刚的帮助后实力大增，最后成功地夺下了"和记黄埔"。李嘉诚没有白白接受包玉刚的恩惠，他把自己的2000万股九龙仓股票转让给了包玉刚。在李嘉诚的帮助下，包玉刚属下的隆丰国际有限公司已经实际控制了约30%的九龙仓股票。他的竞争对手，怡和财团下属的另一个主力置地公司手中股票份额不及隆丰国际有限公司。这也就表示包玉刚在与怡和洋行的对抗中取得了阶段性的胜利。但是，怡和财团并不甘心丢掉"九龙仓"，所以急忙制定出相应的措施，想用重金收购"九龙仓"股票的方式逼走包玉刚。包玉刚对此早有防范，所以轻而易举地击退了怡和财团的反扑，顺利地夺下"九龙仓"。

在这个故事里，包玉刚打败怡和洋行，在很大程度上取决于与李嘉诚的合作。同样，李嘉诚也因为包玉刚的帮助，成功地保住了"和记黄埔"。如果包玉刚不和李嘉诚合作，那么凭他自己的力量是无法与怡和洋行对抗的。李嘉诚因得到包玉刚的帮助而成功拿下"和记黄埔"，也从中获得了收益。这个故事体现出一个非常深刻的道理，只有合作才能够使双方得到利益最大化。

第2节　帕累托效率

在猎鹿博弈模式中，出现了两个"纳什均衡"，即（4，4）和（10，10）。两个"纳什均衡"代表了两个可能的结局，但是无法确定两种结局中哪一个会真正发生。比较（4，4）和（10，10）两个"纳什均衡"，我们可以轻而易举地判断出，两个人一起去猎鹿比各自为战、分别去抓兔子要多得6天的食物。根据长期在一起合作研究的两位博弈论大师，美国的哈萨尼教授和德国的泽尔腾教授的说法，两人合作猎鹿的"纳什均衡"，比分别抓兔子的"纳什均衡"具有帕累托优势。也就是说，（10，10）与（4，4）相比，其中一方收益增大，同时其他各方的境况也没有受到损害，这就是所谓的帕累托优势。

帕累托优势有一个准则，即帕累托效率准则：经济的效率体现于配置社会资源以改善人们的境况，特别要看资源是否已经被充分利用。如果资源已经被充分利用，要想再改善我就必须损害你，或者改善你就必须损害我。一句话，如果要想再改善任何人都必须损害别人，这时候就说一个经济已经实现了帕累托效率最优。相反，如果还可以在不损害别人的情况下改善任何一个人，就认为经济资源尚未充分利用，就不能说已经达到帕累托效率最优。

效率指资源配置已达到任何重新改变资源配置的方式都不可能使一部分人在不损害别人的情况下受益的状态。人们把这一资源配置的状态称为"帕累托最优"状态，或者"帕累托有效"。

在猎鹿博弈中，两人合作猎鹿的收益（10，10）对分别猎兔（4，4）具有帕累托优势。两个猎人的收益由原来的（4，4），变成（10，10），因此我们称他们的境况得到了帕累托改善。作为定义，帕累托改善是指各方的境况都不受损害的改善，是各方都认同的改善。

猎鹿博弈的模型是从双方平均分配猎物的立场考虑问题，即两个猎人的能力和贡献是相等的。可是，实际情况要复杂得多。如果两个猎人的能力并不相等，而是一个强一个弱，那么分配的结果就可能是（15，5）或者（14，6）。但无论如何，那个能力较差的猎人的收益至少比他独自打猎的收益要多，如果不是这样，他就没有必要和别人合作了。

如果合作的结果是（17，3）或者（18，2），相对于两个猎人分别猎兔的（4，4）就没有帕累托优势。这是因为 2 和 3 都比 4 要小，在这种情况下，猎人乙的利益受到了损害。所以，我们不能把这种情况看作得到了帕累托改善。

目前，像跨国汽车公司合作这种企业之间强强联合的发展战略成为世界普遍流行的模式，这种模式就接近于猎鹿模型的帕累托改善。这种强强联合的模式可以为企业带来诸多好处，比如资金优势、技术优势，这些优势能够使得它们在日益激烈的竞争中处于领先地位。

猎鹿博弈模型是以猎人双方平均分配猎物为前提的，所以前面我们对猎鹿模型的讨论，只停留在整体利益最大化方面，但却忽略了利益的分配问题。

帕累托效率在利益的分配问题上体现得十分明显。

我们假设两人猎人的狩猎水平并不相同，而是猎人甲要高于猎人乙，但猎乙的身份却比猎人甲要高贵得多，拥有分配猎物的权力。那样，又会出现什么局面呢？不难猜出，猎人乙一定不会和猎人甲平均分配猎物，而是分给猎人甲一小部分，可能只是 3 天的梅花鹿肉，而猎人乙则会得到 17 天的梅花鹿肉。

在这种情况下，虽然两个猎人的合作使得整体效率得到提高，但却不是帕累托改善，因为整体效率的提高并没有给猎人甲带来好处，反而还损害了他的利益。（3，17）确实比（4，4）的总体效益要高，但是对于其中一方来说，个体利益并没有随之增加，反而是减少。我们再大胆假设一下，猎人乙凭借手中的特权逼迫猎人甲与他合作，猎人甲虽然表面同意，但在他心里一定会有诸多抱怨，因此当他们一起合作时，整体效率就会大打折扣。

如果我们把狩猎者的范围扩大，变成多人狩猎博弈，根据分配，他们可以被分成既得利益集团与弱势群体，这就像前几年我国出现的一些社会现象。

在 20 世纪 90 年代中期以前，我国改革的进程一直是一种帕累托改善的过程。但是，由于受到各种复杂的不确定因素的影响，贫富之间的差距逐渐被拉大，帕累托改善的过程受到干扰。如果任由这种情况继续下去，那么社会稳定和改革深化都会受到严峻的挑战。在危急时刻，国家和政府把注意力集中到弱势群体的生存状态上来，及时地提出建设和谐社会的目标，把改革拉回到健康的发展轨道之中。

如果我们用帕累托效率来看社会公德建设问题，我们就会发现一些值得深思的问题。

在一般人看来，做好事属于道德问题，不应该要求回报。但是经济学家并不这样认为。他们的观点是，做好事是促进人群福利的行为（经济学称之为"有效率"的行为），这种行为必须要受到鼓励。而且，只有对做好事的人进行鼓励才能促进社会福利的提高。从人的本性来看，最好的鼓励方式就是给予报酬。

可能有些人难以接受，甚至完全反对这种观点，其实孔老夫子早在两千年前就提出过这个问题。

春秋时期，鲁国有一条法律规定，如果鲁国人到其他国家去，发现自己的同胞沦为奴隶，那么他可以花钱把自己的同胞赎回来，归国之后去国库报销赎人所花的钱。孔子的徒弟子贡因为机缘巧合，赎回来一个鲁国人，但因为他经常听老师讲"仁义"，认为如果去国库领钱就违背了老师的教诲，所以就没有去国库领钱。孔子闻知此事后，面有愠色地对子贡说："子贡，你为什么不会领补偿？我知道你追求仁义，也不缺这点钱，但是你知道你的做法会带来什么样的后果吗？别人知道你自己掏钱救人后，都会赞扬你品德高尚，但今后有人在别的国家看见自己的同胞沦落为奴隶，他该怎么去做呢？他可能会想，我是垫钱还是不垫？如果垫钱赎人，回国后又去不去国库报销？如果不去报销，自己的钱岂不是打了水漂；如果去报销，那别人岂不是讥笑自己是品德不够高尚的小人。这些问题会让本来打算解救自己同胞的人束手不管的，如此一来，那些在别的国家沦落为奴隶需要解救的人岂不是因为你的高尚品德而遭殃了？"子贡听后觉得孔子的话很有道理，于是就去国库把属于自己的钱领了回来。

从这件事情可以看出，孔子虽然讲"仁义"，但并未拘泥于"仁义"，而是从社会的角度考虑做事的方法和原则。他认为，如果德行善举得不到报偿，那么大多数人就不会去行善，只有少数有钱的人才会把行善当成一种做不做两可的事情，因此行善就不会成为一种风气，一种社会公德。善举得到回报会激励更多的人去做好事，将会使更多的人得到别人的帮助。如果一个国家的人都这么做，那么这个国家的生存环境将会得到明显的改善。

从博弈论的角度来说，做好事得到回报才是帕累托效率最优，对行善者和社会大众来说才是最佳选择，社会福利才能得到最大的改善。这正是经济学家们坚持做好事要有回报的观点的来源。

第3节　改革中的帕累托效率

在上一节中，我们提到了帕累托效率在改革中所起的作用，下面就让我们来具体地分析一下这个问题。

前几年，著名经济学家吴敬琏出过一本名为《改革正在过大关》的书，所谓"过大关"，是指中国的改革开放到了一个紧要关头，面临着生死存亡的处境。改革开放取得了举世瞩目的成就，这是我们大家全都知道的事实，但是吴敬琏为什么会在我们头上泼一盆冷水，说改革开放正在"过大关"呢？

很多人分析中国改革开放的成功时指出，中国的改革能够成功主要依靠两个方面，一是中国的改革采取由外向内的方式，先从体制外开始，然后逐步向体制内发展；二是不像苏联或者东欧那样一步到位，而是循序渐进，有一个缓冲的过程，所以社会损失比较小。这只是个别人的意见，并不一定正确。真正得到普遍认可的观点是，中国的改革开放直到前几年为止，一直在走一条帕累托改善的道路。虽然贫富之间的差距在拉大，社会不平等的程度在增加，但总体来说，广大民众的生活条件得到了改善，收入也有所增加。但是，在帕累托改善的过程中，帕累托效率使得一部分人必然要为社会的发展做出牺牲。

帕累托效率在我国农村土地制度改革方面发挥了重要作用。过去，我国实行的人民公社体制下的"队为基础、三级所有"的土地制度，就是以土地经济利益强制性配置为核心内容的非帕累托改进的土地制度变革的结果。

我国农村土地制度改革是以保护农民土地利益、提高土地利用效率为目标的，这既涉及利益分配的问题，同时也涉及利益改进的问题。在改革的过程中，

"帕累托最优"发挥了重要作用，提供了具体模式选择上的指导。在这一指导下，我们必须在特定制度之下妥善地进行改革，一方面保证改革能够顺利进行，另一方面又要极力避免造成社会的急剧动荡。

毫无疑问，社会主义公有制是改革必须坚持的重要政治前提，所以社会不可能认同土地私有化。土地是像我国这样的农业大国的最重要的生产资料，所以权利制度的改革不可能发生根本性的变化，而只能是在维护原有公有制的基础上，通过创新的土地权利来提高土地的利用率。以家庭联产承包责任制为核心的改革，能够顺利进行的重要原因就在于，它首先尊重国家的政治利益，而且为解决计划经济体制下，农村因土地利用效率低下而导致的农民生活窘迫而形成的人地矛盾，创立了联产承包经营权制度。这种土地权利的改革在实践中使农村土地利用效率得到极大的提高，在这场变革中，农村中的各个利益集团都能够得到好处，与此同时，原有国家土地利益的享有者，也就是城市人的利益也没有受到危害。

虽然我们的土地权利制度的改革取得了不错的成果，但是仍然没有建立起一个完全符合"帕累托最优"效率标准的格局，制度还可以得到进一步的改进。土地集体所有制是必须坚持的重要前提，在这一前提下，还可以继续分离国家在农村土地上的经济利益与资源性的管理利益，使集体所有权得到真正的回归；使农村土地上的民事权利得到继续完善，让土地经营权利变成一个真正独立的物权，保证土地使用人能够在这一基础之上，通过市场规律使土地经营效率达到最大化。

但遗憾的是，现实的情况并非如此。目前我国土地制度的变革并没有完全遵循"帕累托"改进，更普遍的情况是"非帕累托"改进，在制度创新的过程中，一部分人收益增加的同时往往伴随着另一部分人利益的受损，而利益受损者对农村土地所有制创新的反抗必然会对制度创新造成一定影响。这正是我国农村土地制度改革的一个重大缺陷。因此，在选择农村土地所有制创新方案时，制度创新受益者和受损者的情况必须要得到足够的重视，这样才能尽可能地降低制度创新的成本。

在国企改革方面，帕累托效率也发挥了重要的作用。国企效益不好，这是众所周知的事情，究其原因，有权责与经营方面的问题。另一方面，在计划经济体制下，国有经济肩负着重大的社会责任，也就是通常所说的"企业办社会"。既然要履行社会责任，效率必然会受到损失。另外，国有经济还承担着保障改革开放安全的责任。国有经济既是国家财政收入的主要来源，而且还要解决亿万职工的"吃喝拉撒"问题。与那些私有企业、外资企业等"体制外"经济相比，国有经济的重担无疑限制了自身的发展。因此，当改革逐渐向纵深发展的时候，国有经济如何适应激烈的市场竞争成为最为突出的问题。

以前，正是靠着国有经济的保驾护航，处于探索之中的改革才得以进行。如今，在激烈的竞争面前，很多国企已经难以支撑下去，再也无法继续肩负沉重的社会责任。如此一来，成千上万的工人只能下岗失业，等待国家的救助。但是，社会保障制度还处在起步阶段，根本无法解决那么多下岗职工的问题。所以就会造成尽管社会经济在不断地向前发展，但是一部分人的生活水平却在下降的"帕累托效率"。对于维护社会稳定和推进改革继续深化而言，这是非常不利的。

在这种局面下，未来几年中国的发展走向关键就要看如何多方面地解决社会困难，如何审时度势地进行改革，把非帕累托进程的负面效应控制在最小的范围内。

第 4 节　合作是取胜的法宝

在一个博弈里，参与者的决策一般来说会有 4 种组合：

第一，参与者全部采取合作的方式，对集体来说，这是一个最优的决策。

第二，本人采取不合作的方式，但却能获得最大的个人收益，这一决策对个人来说是最优的。

第三，当别人采取不合作的态度时，自己却选择合作，这种情况无论是对个人，还是对集体来说都不是最优决策，所以基本上不会出现。

第四，全部参与者都选择背叛，对集体来说，这是最坏的结果，同时对个人而言，也可能是最坏的结果。

在"巴以冲突"中阿拉伯国家态度的变化，就很好地反映了这一点。

最初，埃及看到选择与以色列合作可以使其获得最大的利益，而这种利益是其他国家所不能获得的。正是出于这种考虑，所以埃及不顾阿拉伯世界的整体利益，选择单方面与以色列达成和解。在埃及单独与以色列达成和解之后，18 个阿拉伯国家都很气愤，想给埃及一个教训，于是就断绝与埃及的外交及经济联系。这些国家达成了一个协议，要求各国立即召回驻埃及的大使，在一个月内完全切断与埃及的外交关系，停止对埃及的所有经济援助，并对埃及进行经济制裁。这个计划也得到了巴解组织的赞成。

但是这个协议并没有取得预期的效果，因为很多阿拉伯国家出于自身利益的考虑，纷纷效仿埃及的行为，和以色列进行和谈。在这种浪潮的影响下，其他没有这样做的阿拉伯国家为了避免自己获得最坏的结果，也先后与以色列进行了和谈。但他们的如意算盘却落空了，因为这些国家的行为造成了集体背叛，最终的结果是，这些国家不但没有能够使自身的利益达到最大化，反而使自身的利益受到了损害。对巴勒斯坦民族而言，阿拉伯国家的行为最大限度地损害了其利益，使"巴以冲突"进一步恶化。

经过分析可以看出，阿拉伯国家和国际社会对萨达特"和平主义行动"所造成的影响完全是出于自身利益的考虑。如果当初阿拉伯国家采取 4 种博弈策略中的第一种博弈，也就是整体合作，那么一定会在解决"巴以冲突"的过程中起到积极的作用。

当然，这些都是后话，历史毕竟是已经发生的事实，没有假设与重来的机会。在这里强调的也只是合作会使参与者获得最大利益这一道理。

战国时期的一则寓言也能很好地说明这个问题。

公石师和甲父史同在越国某地为官。他们的交情很好，但性格却完全不同。一个处事果断，但缺少心计，经常因为疏忽大意而犯错；另一个做事优柔寡断，但却善于计谋。正是因为他们能够相互取长补短，所以无论干什么事都能够成功。某天，他们因为一件小事引起冲突，结果大吵了一架，吵完之后就谁也不理谁了。可是，两个人分开之后，因为缺少了另外一个人的帮助，所以做事总是无法成功。密须是公石师的下属，他看到这种情况痛心不已，于是就想劝他们重归于好。一个偶然的机会，他对公石师和甲父史讲了几个有趣的故事：

有一种带有螺壳的共栖动物，名字叫作琐蛣。因为它的腹部很空，所以寄生蟹就住在里面。当琐蛣饥饿之时，寄生蟹就会出去寻找食物。琐蛣靠着寄生蟹的食物而生存，寄生蟹凭借琐蛣的腹部而安居。水母没有眼睛，于是就与虾合作，靠虾来带路，作为回报，虾可以分享水母的食物。它们互相储存，缺一不可。蟨鼠是一种前足短、善于觅食而不善于爬行的动物，有一种叫作卬卬岠虚的动物，它与蟨鼠正好相反，四条腿很长，善于奔跑却不善于觅食。于是它们联合在一起，平时卬卬岠虚靠着蟨鼠养活，一旦遭遇劫难，卬卬岠虚则背着蟨鼠迅速逃跑。

讲完这几个因合作而受益的故事后，密须又向他们讲了两个双方不能分开的故事。

西域有一种两头鸟，之所以叫这个名字，是因为它有两个头，并且共同长在一个身子上。可是，这两个鸟头并不能和平相处，饥饿的时候两个鸟头互相啄咬，当其中一个睡着了，另一个则会往它嘴里塞毒草。如果那只鸟把毒草咽下去，那么两个鸟头都会死掉。北方有一种比肩人，之所以叫这个名字，是因为这种人的两个肩长在一起。吃东西的时候，他们会轮流着吃喝；如果要看某处风景，他们也会交替着看。这两个肩死一个则全死，所以说他们是不能分离的。

讲完这几个故事后，密须对公石师和甲父史说："现在你们就像故事中的比肩人一样，一损俱损，一荣俱荣。既然你们分开后做事总是不能成功，那么为什么不能像以前那样合作呢?"公石师和甲父史觉得密须的话讲得非常有道理，于是就重归于好了，还像以前那样合作办事。

这则寓言指出，在竞争日益激烈的环境之下，只有团结协作、取长补短，才能获得成功。

下面再来看一下"幸存者"游戏带来的人生启示。

所谓"幸存者"游戏，是指美国哥伦比亚广播公司（CBS）制作的电视游戏纪实片。在这个游戏中，从美国各地征集而来的16名参与者被集中在中国南海的一片海岸丛林里，并且与外界断绝所有联系的情况下，经过一段时间的淘汰，找出最后的"幸存者"。

游戏开始后，16人被分成两组，他们每隔3天就要进行一场团体比赛。获胜一方会获得豁免权或他们需要的食物，而失利一方中的一名成员将会被淘汰掉，淘汰的方法是全体投票选择。正是因为参赛双方都是为豁免权而拼搏，所以这个游戏又称作"豁免权比赛"。随着比赛的不断深入，遭到淘汰的人越来越多，当双方只剩下8个人的时候，参赛的两组会并成一组继续淘汰，直到仅有一个人留下来，这个人也就是最后的"幸存者"，作为奖励，他将获得一笔价值可观的奖金。

熟悉游戏规则之后能够看出，这场所谓的"幸存者"游戏，其实就是一场人类生存博弈，只是它的范围要小一些。游戏的举办者的目的，也就是通过这场生存博弈，让处于生存压力之中的现代人明白群体博弈的道理。

从这个游戏规则中我们可以看出，这是一个零和博弈，"幸存者"只有一个人，其他的人都要被淘汰掉。我们还能够看出，这两组成员如果要保障自己在野外生存下来而又不被淘汰，既要与同伴合作，又要善于谋略。

在"幸存者"游戏中，首先被淘汰的会是哪些人呢？经过分析我们得知，主要有以下5种人：

第一种，那些有明显的缺陷的人。明显的缺陷对参加这个游戏的选手来说是相当不幸的，我们知道，这个游戏是在野外进行的，条件也相当艰苦，所以明显的缺陷会使选手的竞争力大打折扣，对于整个团队来说，首先淘汰这样的人是非常明智的选择。

第二种，那些善于说谎的人。说谎可以欺骗一两个人，但不能骗过团队所有人，当大家都知道他说谎的时候，也就是他离开的时候。

第三种，那些与团队成员缺乏必要的沟通和交流的人。如果一个人做事的能力差一些，但是他愿意和团队的成员多沟通与交流，那么他有可能在与大家的沟通与交流中获得灵感，从而帮助团队解决一些问题。这样的话，大家也会对他刮目相看，虽然他做事的能力相对差一些，但至少在游戏的前期不会遭到淘汰。相反，如果一个人与团队成员缺乏必要的沟通与交流，那么别人无法知道他的想法，自然也就无法与其顺利地合作下去。

第四种，那些投机分子。他们有能力为团队做出贡献，但却什么也不做，整天只是无所事事却总盼望着坐享其成。

第五种，居功自傲、目中无人的人。他们自认为有过出色的表现，为团队做出过贡献，于是就不把别人放在眼里，置整个团队的利益于不顾，只想着表现自己。这种人因为能力比较强，所以在游戏的开始阶段对团队是有用的，但是，随着团队一步步向前发展，这种人便会越来越遭人讨厌，从而阻碍整个团队的发展，所以这种人将会是最后一批遭到淘汰的人。

当这个游戏只剩下8个参与者的时候，两个经历过磨难，艰难走过初创期，已经开始进入发展的团队将要合二为一。这个时候，双方会面临很多问题，甚至发生激烈的碰撞，特别是面对一个共同的竞争时，这种碰撞将会更加激烈。于是有些人为了能够继续生存下去，就会在暗地里搞一些见不得人的手段，这时我们称之为"阴谋"的东西也就诞生了。

在这个竞争激烈的游戏中，最终的"幸存者"会是什么样的人呢？

这个游戏的结果是，那些经验最丰富而善于谋略的人和最机智而年富力强的人将被留下。也许有人会问，这个游戏最后的"幸存者"只有一个人，你所回答的两种不同类型的人至少是两个人，这不符合游戏规则。对，这的确不符合游戏规则，但这个游戏的结果和很多群体博弈一样，最后的几名参与者的实力应该是不相上下的。至于谁能成为最终的也是唯一的"幸存者"，那只有看他们的运气了。

总体来说，只有具备以下素质的人才能成为最终的"幸存者"：

第一，诚实的人。诚实是别人信任你的基础，只有诚实的人别人才愿意与其合作。

第二，不自私的人。自私的人到哪里都会受到别人的排斥，如果想让别人支持信任你，就必须多为团队的利益着想，多为团队做贡献，把你的能力充分表现出来。

第三，善于表达的人。这是一个特别强调合作的游戏，所以参与者要表达出自己的想法，让更多的人了解你。

第四，不张扬的人。一个人如果过分张扬，他同样不会得到别人的认可和喜欢。

第五，警惕性高的人。危机时刻存在着，必须要时刻保持高度的警觉，时刻预防潜在的危险。

第六，判断能力强的人。在游戏的开始阶段就要判断出哪支队伍更可能获胜，然后根据自己的判断加入其中。

总之，这个"幸存者"游戏带给我们的启示就是，合作能够实现利益最大化，是获胜的法宝。

第5节　屎壳郎换长毛羊

在前面提到，合作可以使博弈双方获得最大利益，而合作是否成功，关键在哪里呢？关键在于利益分配，或者说合作双方利益分配是否公平。

第一次工业革命时期，英国为了开发海外殖民地，激励那些富裕的投机者和大胆的冒险家去世界范围内淘宝。他们把目标定为地广人稀的澳洲大陆。但那些投机者和冒险家并不领英国政府的情。因为在他们看来，广袤的澳洲大陆并没有什么宝贝。英国政府为了实现宏伟的计划，又制定出一条新的政策刺激那些投机者和冒险，英国政府把牢狱中的囚徒当作国家的财富，交给私人船主运往澳大利亚，并按人头支付给他们相应的费用。

这一政策收到了效果，一艘艘装载着奴隶的英国商船纷纷驶向澳大利亚。那些私人运输船队都把利益看得最为重要，如何使利益达到最大化是他们奋斗的目标。所以，这些船队基本上都是超载运输，船上囚徒的卫生环境非常恶劣，有时连基本的饮食都得不到保障，甚至有一大批囚徒被随意杀死。那些私人船主为追求最大的利益而损害了帝国的利益。

为了有效遏止这种情况，英国政府出台了很多措施，对私人船主的行为加以管制。但是，这些措施都没有发挥应有的效力。最后，很多措施都没有解决的问题被一个看似很不起眼的改进方案彻底解决了。

这个改进方案对私人船主的收益方式做出调整，不再按照起航时的囚徒人数计算，而是按照运到澳洲以后存活的囚徒人数计算。另外，还建立了一项奖励制度，即从英国起航时与到达澳洲后的囚犯人数差额越小，那些船主获得的奖励相应的就越高。就是这个看似毫不起眼的举措，使得那些私人船主对待囚徒的态度发生了翻天覆地的变化。此后，私人船主不再随意伤害囚徒，有的船主还对囚徒照顾有加。

在这个故事中，英国政府和私人船主都想追逐利益的最大化，但是当私人船主追求利益时使英国政府受到损失，这是英国政府绝不容许的，因此他们才想出了这个事半功倍的改进方案。

通过这个故事我们可以看出，追求利益最大化是合作双方共同的理想，但是当其中一方因急切追逐利益而使另一方的利益受到损害时，合作伙伴是绝对无法忍受的。于是他就会想尽一切办法，使用一切手段，把双方的利益均衡点推到一个公平的位置，以使双方的合作能够继续进行下去。因此，公平的分配利益是合作的关键所在。

被人称为"袋鼠之国"的澳大利亚是澳洲大陆面积最大的国家，也是南半球经济最发达的国家。澳大利亚物产丰富，矿产资源储量居世界前列，因此被称为"坐在矿车上的国家"。同时，澳大利亚优越的自然环境为畜牧业的发展提供了保证，所以又被称为"骑在羊背上的国家"。澳大利亚在大力发展畜牧业的同时，遇到了一个极其严重的问题。因为羊群的繁殖速度过快，从而导致大面积的牧草枯萎死亡，这对以畜牧业为经济支柱的澳大利亚来说无疑构成了严峻的威胁。如果不能顺利解决这个问题，那么澳大利亚将会陷入危机之中。

经过专业人士的研究后发现，原来造成大面积的牧草枯萎死亡的原因是动物的粪便。随着畜牧业的发展，堆积的粪便也越来越多，这些粪便使得地面板结，牧草因而窒息死亡。其实，到处堆积的粪便不仅是杀死牧草的凶手，而且给人类的生存环境也带来极大的威胁。大量的动物粪便造成苍蝇到处都是，这使澳大利亚人民不堪其扰。尽管他们尝试过很多种办法，但都没有有效地遏制蝇患。

澳大利亚的科学家把目光瞄准了生物技术。科学家们研究发现，屎壳郎以蝇卵为食，能够杀死大量蝇卵，所以澳大利亚的科学家打算用在牛粪里繁殖甲虫屎壳郎的办法消灭蝇患。可是办法仍然行不通，因为澳大利亚本土的屎壳郎全都不愿意接近牛粪。澳大利亚的科学家们认为，中国的屎壳郎生长环境极为复杂，练就了极强的适应能力，各种粪便在它们眼里都被当成美味，所以中国的屎壳郎一定不会让人失望。在这种情况下，澳大利亚与中国上演了一场用长毛羊换屎壳郎的故事。最后，澳大利亚用 5 对不同品种的长毛羊换取中国 5 对屎壳郎，成功地解决了蝇患问题。

中国在这次交易中也得到了好处。当时中国羊毛的质量很差，很想引进澳大利亚的长毛羊，但是澳大利亚把长毛羊当成珍宝看待，让他们把长毛羊转让给中国，这是万万做不到的。但是澳大利亚为解决蝇患问题，不得不做出让步。中国也因为得到澳大利亚的长毛羊而改善了中国的羊毛品质。

这件事情虽然表面看起来十分荒诞，但仔细分析之后又会让人觉得合情合理。中澳双方能够展开合作，基础在于存在共同的利益：澳大利亚需要中国的屎壳郎，而中国需要澳大利亚的长毛羊。以前中国追求利益最大化会使澳大利亚的利益受到损害，但当澳大利亚因发生蝇灾而需要中国的屎壳郎的时候，澳大利亚与中国的利益就达到了一种平衡，所以澳方也就愿意以中国需要的长毛羊交换。这也是双方利益分配的一种公平状态。

第 6 节　合作无界限

在一个小溪的旁边，长有三丛花草，有三群蜜蜂分别居住在这三丛花草中。有一个小伙子来到小溪边，他看到这几丛花草，认为它们没有什么用处，于是打算将它们铲除干净。

当小伙子动手铲第一丛花草的时候，一大群蜜蜂从花丛之中冲了出来，对着将要毁灭它们家园的小伙子大叫说："你为什么要毁灭我们的家园，我们是不会让你胡作非为的。"说完之后，有几个蜜蜂向小伙子发起了攻击，把小伙子的脸蜇了好几下。小伙子被激怒了，他点了一把火，把那丛花草烧了个干干净净。几天后，小伙子又来对第二丛花草下手。这次蜜蜂们没有用它们的方式反抗小伙子，而是向小伙子求起了情。它们对小伙子说："善良的人啊！你为什么要无缘无故地伤害一群可怜的生物呢？请你看在我们每天为您的农田传播花粉的份儿上，不要毁灭我们的家园吧！"小伙子并不为所动，仍然放火烧掉了那丛花草。又过了几天，当小伙子准备对第三丛花草进行处理的时候，蜂窝里的蜂王飞出来对他温柔地说道："聪明人啊，请您看看我们的蜂窝，我们每年都能生产出很多蜂蜜，还有极具营养价值的蜂王浆，如果你拿到市场上去卖，一定会卖个好价钱。如果您将我们所住的这丛花草铲除，那么您能得到什么呢？您是一个聪明人，我相信您一定会做出正确的决定。"小伙子听完蜂王的话，觉得它讲得很有道理，于是就放下手里的工具，做起了经营蜂蜜的生意。

在这个故事中，蜜蜂与小伙子之间是一场事关生死的博弈。三丛花草的三种蜜蜂各自用不同的方法来对待小伙子，第一种是对抗，第二种是求饶，第三种是与其合作。这个故事最后的结果显示，只有采取与小伙子合作策略的蜜蜂最终幸免于难。

通过这个故事我们可以看出，如果博弈的结果是"负和"或者"零和"，那么一方获得利益就意味着另一方受到损失或者双方都受到损失，这样的结果只能是两败俱伤。所以，人们在生存的斗争中必须要学会与对方合作，争取实现双赢。

不仅是人与人之间的合作会带来双赢，企业与企业之间也同样存在着这样一种关系。

我们大家去商场或者其他地方买东西，一定见过商家在节假日进行联合促销。联合促销是指两家或者两家以上的企业在市场资源共享、互惠互利的基础上，共同运用一些手段进行促销活动，以达到在竞争激烈的市场环境中优势互补、调节冲突、降低消耗，最大限度地利用销售资源为企业赢得更高利益而设计的新的促销范式，在人们的创造性拓展中正成为现实而极具吸引力的促销策略之一。

联合促销可以分为3类：第一类是经销商与生产厂家的纵向联合促销。长虹与国美"世界有我更精彩"联合促销就是这样一个方式。2002年5月，长虹电器股份有限公司联合北京国美电器商场，在翠微商厦举办"世界有我更精彩"大型促销活动。在这次活动中，主办双方为了吸引更多的顾客，精心安排了丰富多彩的内容。主要包括3个方面：长虹集团公司主要领导人在现场签名售机；买大型家电送精美礼品；专家现场讲解。生产厂家与经销商是同一个战线的兄弟，在共同利益的驱使下，很容易走到一起。特别是在促销这一个环节上更容易达成共识，从而采取联合行动。长虹电器与国美虽然都是行业的领头羊，但是各自为战显然没有联合起来更能使其利益最大化。

联合促销的第二类是同一产品的不同品牌的联合促销，科龙、容声、美菱、康拜恩等几个品牌的联合促销就属于这一类。2003年的国庆节前夕，科龙、美菱传出消息说，将开展一场名为"战斧行动"的冰箱联合促销活动。在活动期间，科龙、美菱联手推出特价畅销型号冰箱。在对待经销商促销方面，科龙、容声、美菱、康拜恩等4个冰箱品牌在渠道上采取"同进同出"策略。在利益面前，多数经销商把目光投放到科龙和美菱的产品，对其他品牌采取兼营的策略，而对那些毫无利益可言的小品牌则直接放弃。在终端方面，科龙和美菱的现场推广活动在一起进行，双方的导购人员和业务人员，在大力推广自己产品的时候，也适时地对盟友的产品进行推广。同一企业的不同品牌的产品，更容易形成品牌合力，也更容易获得利益。

联合促销的第三类是企业与企业之间的横向联合促销。企业之间的联合促销更容易吸引顾客，也更容易降低销售成本。2002年8月5日，生产播放器软件的企业豪杰公司与杭州娃哈哈集团合作进行联合促销。这两家企业在两个不同的市场进行了一场"超级解霸·冰红茶/超级享受，清心一夏，联合促销活动"。豪杰公司为推广新产品，还特别与娃哈哈冰红茶进行捆绑销售。作为回报，豪杰公司的产品被用作娃哈哈饮料暑期有奖促销的重要成员，购买一定数量的娃哈哈茶饮料将能够获赠豪杰公司的产品。这两家企业，一个是中国饮料行业的龙头，另一个是中国软件行业的先锋，它们的合作开创了中国企业跨行业营销的先河。在双方合作过程中，这两家企业把多年积累的优势资源进行叠加，这不但使两家企业获得了利益，而且还使得目前的中国饮料市场与中国软件市场向着良好的趋势发展。如果豪杰公司与娃哈哈只是单独促销，而没有进行联合促销的话，那么双方所需要支付的费用肯定要多很多。付出的成本多了，自然也就无法实现企业要达到的利益最大化的目的。

除了联合促销，很多有实力的企业获得更大的品牌效应，甚至还搞起了强强联合。金龙鱼与苏泊尔的合作就是一个这样的例子。无论是金龙鱼还是苏泊尔，大家一定对它们非常熟悉。金龙鱼是一个著名的食用油品牌，多年来，金龙鱼一直将改变国人的食用油健康条件作为奋斗目标。而苏泊尔是中国炊具第一品牌，与金龙鱼一样，它也一直在倡导新的健康烹调观念。一个是中国食用油第一品牌，一个是中国炊具第一品牌，这两家企业为了获得更大的品牌效应，联合推出了"好油好锅，引领健康食尚"的活动。这一活动受到了广大消费者的好评，在全国800多家卖场掀起了一场红色风暴。在"健康与烹饪的乐趣"这一合作基础上，金龙鱼与苏泊尔共同推出联合品牌，在同一品牌下各自进行投入，这样双方既可避免行业差异，更好地为消费者所接受，又可以在合作时通过该品牌进行关联。

在这次合作中，苏泊尔、金龙鱼的品牌得到了提升，同时也降低了市场成本：金龙鱼扩大了自己的市场份额，品牌美誉度有了进一步提升；苏泊尔则进一步巩固了中国厨具第一品牌的市场地位。这种双赢局面正是两家企业合作带来的结果。

第7节　房地产商的博弈

2008年以来，随着北京、上海、广州等大城市的房价不断上涨，普通百姓把更多的目光投入到房地产行业。房地产行业是国民经济的支柱产业，关系到国家经济稳定和发展。正是因为房地产行业的重要性，所以政府对其重视程度越来越高。

房地产行业是一个涉及多个利益主体的多方博弈。在这个博弈中，参与者有中央政府、地方政府、购房者、房地产开发商、银行等。在这诸多利益主体中，如果按照利益基础划分，则可以分为两大类。一类由中央政府与购房者组成，这是因为中央政府与消费者是站在同一个立场上的。中央政府的目的是规范市场，确保国家经济繁荣，社会长治久安。另外，中央政府为了有利于形成一个规范化的市场，所以政策更倾向于购房者。规范化的市场也能够给购房者提供良好的消费环境，形成这样一种良性循环，中央政府对市场的调控能力就会得到加强。而另一类由房地产商与银行、地方政府等组成，他们则希望房价不断上涨，这样他们就能够获得更多的利益。维系这几者之间关系的，还是共同的利益基础。房地产商的资金大部分来源于银行，而银行不是福利机构，也是一个以营利为目的的企业，所以自然也希望能够追求利益的最大化，因此银行等金融机构对房地产开发的全过程进行监督，并且掌握大量信息，使其监控能力不断增强，提高房地产开发过程的合理性和规范性，从而获得最大的利益。

房地产开发商投入的自有资金比重也很大，这使得他们要将项目尽快出手，但由于他们的规模较大，又拥有信息优势，易于操纵市场和变相哄抬物价，从而形成卖方市场，追求超额利润。地方政府的加入是受政绩、财政压力等因素的影响，为了能够让城市得到发展，地方政府便把目光投放到出售土地上面。这正是地方政府与房地产商结盟的原因。2005 年，有记者曾发文披露了某地方政府操纵地价抬高商品房价格的不良做法，可以说，这种做法正是房地产集团与地方政府之间的关系的体现。而且，为了维护这种关系，地方政府官员甚至会使用一些非法手段。房地产商与地方政府结盟与合作的结果，直接导致了最近几年一些城市房地产价格的不断攀升。

在房地产行业的博弈中，对参与者来说都有利的多赢局面是，中央政府能够做到有序管理，开发商在金融机构的大力支持下，充分地对消费者的需求做一番考察，真正了解消费者需要什么类型、什么样式、什么价格的房子，然后根据考察结果，合理地规划、科学有效地设计施工，把消费者真正需要的房子以合理的价格卖给他们。这样，消费者就能够买到适合自己需求的房子。而开发商把房子卖到消费者手里，他自然能够赚到利润，而资金也能够顺利地回笼，为下一个建房周期做好充分的准备工作。这样，老百姓就不会再骂开发商赚取不义之财了，而且，开发商顺利收回资金，就能够按期还给银行，也避免了出现法律风险。如此一来，消费者的需求得到满足，社会矛盾也就会消失，国家也会日益稳定。对于发展市场经济来说，这无疑是非常有利的。

虽然这是房地产行业博弈的理想状态，也是很多人希望看到的局面，但是，因为利益的原因，现实生活中人们看到的只是各方利益主体为各自的利益进行的激烈的斗争。就拿人们关注程度最高，也就是房地产行业最表面的房价问题来说，人们的预测主要呈现两种完全不同的看法。大部分弱势群体和学院派房地产研究人员为一方，他们持房价会下跌的意见。而另一方主要以政府官员和房地产开发商为主，他们认为房价下跌根本是不可能的，房价不但不会下跌，反而会继续暴涨。其实，他们这样预测根本不是从客观出发，而是着眼于自身利益的考虑。

在分析房地产行业各方利益主体的博弈之前，有必要对房地产开发商做一下细致的了解。中国的房地产商经过多年的发展，成为目前阶段发育程度最高的利益主体。房地产商能够获得如此重要的地位，是多方面的原因造成的。除去那些次要的原因，这主要表现在以下两个方面：第一，过去十几年里，房地产是资源聚积规模最大，也是资源聚积速度最快的一个行业；第二，自从 20 世纪 90 年代初，当时海南等地的房地产泡沫破灭之后，政府为了保证国家经济安全，预防房地产过热对经济发展造成不利影响，便出台紧缩银根的政策。这一政策的出台对房地产开发商的打击无疑是巨大的，最为严重的影响是房地产炒作的资金链条断裂。

但是，房地产开发商并没有坐以待毙，而是通过媒体或其他机构出面召开的研讨会的形式，鼓吹经济并没有过热，试图运用这种方法劝说政府改变紧缩政策，放松银根，使被套的房地产解套。后来经过不断的发展，房地产商的影响力越来越大，甚至大到通过自觉力量甚至集体力量对政府政策及社会风向造成影响的程度。在巨大的经济利益面前，房地产开发商没有各自为战，而是采取集体行动的方式，以实现其利益最大化。这又使得他们的力量和影响力更加强大。同时，这也为他们在房地产行业的博弈中增加了砝码。

下面来看一下在房地产开发博弈中的具体博弈过程。

最近几年在一些房地产价格发展迅速的城市，如果是细心的人，就会发现这样一种现象：当地政府官员总是利用各种手段让人们知道本地的房地产市场目前正在不断地发展，房价将会延续上升的势头，如果有人来到这里投资房地产，那他一定会获得高额的回报。这还是能够让人忍受的，让人无法忍受的是，即便是在国内外一些研究机构纷纷对中国房地产泡沫化提出警告的时候，地方政府官员仍然没有停止鼓吹当地房地产的潜力。有的时候，当地官员为了能够获得更大的利益，居然主动拉拢以游资形成的炒房团进军当地房地产市场。这种行为就相当于直接呼吁炒房，让百姓极为痛恨。

当这种情况出现时，中央政府该做出什么样的选择呢？是置之不理还是主动做出调整？如果中央政府对这种行为置之不理，任由市场随意变化，那么对社会的稳定、对国家经济的发展都非常不利。所以政府应该主动出击，对市场进行规范和整顿。同样，消费者对此又该如何去做呢？消费者可以有两个选择，一是盲目购房，一是量力而为，根据自己的经济条件合理购房。在这两种选择中，对消费者来说最好的选择就是根据自身的条件购房，不为购房来透支自己的消费能力。银行虽然也想在这个博弈中获得最大利益，但是它会受到政府和房地产开发商的共同影响，选择减少贷款以维护自身利益或者增加贷款以支持房地产投资。但是，在国家做出调整之后，如果银行仍然继续支持房地产开发商，就会让自己陷入麻烦之中，所以对银行来说最好的选择就是保持稳定发展，最好的办法是根据国家宏观调控的变更而改变贷款策略。

上面的博弈是在所有利益主体都参与的情况下进行的。但有的时候，房地产开发博弈并不是各方利益主体都参加的。或者说，在房地产开发博弈中，有时候个别利益主体之间也存在着博弈。

比如当政府的宏观政策不变时，房地产开发商与银行这两个利益主体也存在着博弈关系。在这个时候，房地产开发商可以有创建优质产品和采取偷工减料等方式牟取暴利两个选择。这个时候，银行也存在着两种参与方式，即妥协与不妥协。如果金融机构协作与开发商做出优质产品，那么对这个博弈的双方来说都是最好的选择。还有一种选择就是金融机构不协作与开发商偷工减料牟取暴利。

其实，在房地产开发博弈中，不管是两方博弈也好，还是多方利益主体参与的博弈也罢，其根本目的都是追求自身利益的最大化。但是，在各方追求自身利益最大化的时候，如果能够站在其他参与的立场上考虑问题，使这个博弈达到上面提到的理想化模式，那么对各个利益主体来说，无疑是最好的选择。这也正是猎鹿博弈所反映出来的内容，合作可以使各方都能得到最多的利益。

第 8 节　夏普里值方法

博弈论的奠基人之一夏普里在研究非策略多人合作的利益分配问题方面有着很高的造诣。他创作的夏普里值法对解决合作利益分配问题有很大的帮助，是一种既合理又科学的分配方式。与一般方法相比，夏普里值方法更能体现合作各方对联盟的贡献。自从问世以来，夏普里值方法在社会生活的很多方面都得到了运用，像费用分摊、损益分摊那种比较难以解决的问题都可以通过夏普里值方法来解决。

夏普里值方法以每个局中人对联盟的边际贡献大小来分配联盟的总收益，它的目标是构造一种综合考虑冲突各方要求的折中的效用分配方案，从而保证分配的公平性。

用夏普里值方法解决合作利益分配问题时，需要满足以下两个条件：第一，局中人之间地位平等；第二，所有局中人所得到的利益之和是联盟的总财富。

下面让我们用一个小故事来加深对夏普里值法的理解。

在一个周末，凯文与保罗一起到郊外游玩。他们两个人都带了午餐，打算在中午休息时享用。玩了一个上午，他们把各自的午餐拿出来，准备大快朵颐。但他们发现，两个人所带的都是比萨饼，只是数量不同而已。凯文带了 5 块，而保罗只带了 3 块。正当他们拿起比萨准备大吃的时候，有一个像他们一样出来游玩的人凑了过来，原来他没有带食物，而且附近又实在找不到饭馆，他看到凯文和保罗所带的食物比较多，就想和他们一起吃。凯文和保罗都是好心人，他们了解情况后就很痛快地答应那个人和他们一起享用比萨。因为饥饿的缘故，8 块比萨很快被他们 3 个人一扫而光。那个游人为了表示自己的谢意，临走之前特意给了凯文和保罗 8 枚金币。

凯文和保罗虽然是非常好的朋友，但是 8 枚金光闪闪的金币就让他们的友情变成了笑话。在金钱面前，他们都表现得相当自私，谁也没有顾及友情。他们互不相让，凯文认为自己带了 5 块比萨，而保罗只带了 3 块，按照比例来分，保罗只能得到 3 枚金币，而自己应该得到 5 枚金币。保罗认为凯文的分配方法有问题，他觉得比萨是两个人带来的，所以 8 枚金币也应该由两个人平分才对。他们两个人各执己见，吵了很长时间也没吵出个结果。最后，凯文提议去找夏普里帮忙解决这个问题，保罗听后欣然同意了。

在听过两个小家伙的叙述后，夏普里摸了摸保罗的头，用温和的语气对他说道："你得到 3 个金币已经占了很大的便宜，你应该高高兴兴地接受才对。如果你一定要追求公平的话，那你应该只得到一个金币才对。你的朋友凯文应该得到 7 个金币而不是 5 个。"保罗听后十分不解地看着夏普里，他想：这是怎么回事啊？我的做法有什么错吗？难道夏普里有意要偏袒凯文不成？

夏普里看出了保罗的困惑，就十分耐心地说："孩子，我知道你在想什么，但是请你相信我，让我来给你分析一下你就会明白了。首先，我们必须明白，公平的分配并不能和平均分配画等号，公平分配的一个重要标准就是当事人所得到的与他所付出的成一定比例。你们 3 个人一共吃了 8 块比萨，8 块之中有你 3 块，有凯文 5 块。你们每个人都吃了 8 块比萨之中的 1/3，也就是 8/3 块比萨。在那个游人所吃的 8/3 块中，凯文带的比萨为 $5-8/3=7/3$，而你带的比萨为 $3-8/3=1/3$。这个比例显示，在游人所吃的比萨中，凯文的是你的 7 倍。他留下来 8 枚金币，凯文得到的金币也应该是你的 7 倍，也就是说，凯文应该得到 7 枚金币，而你只能得到 1 枚。这才是公平合理的分配方法。你觉得我说的对不对？"

保罗听到后仔细地想了一会儿，他觉得夏普里的分析很有道理，于是就接受了夏普里的分配方法，自己只拿了 1 枚金币，而剩下的 7 枚都给了凯文。

这个故事里所讲的夏普里对金币的公平分配法就是我们在前面提到过的夏普里方法，它的核心是付出与收益成比例。

下面再让我们看一个 7 人分粥的故事。

有一个老板长期雇用 7 个工人为其打工，这 7 个工人因为长时间生活在一起，所以就形成了一个共同生活的小团体。在这个小团体里，7 个人的地位都是平等的，他们住在同一个工棚里面，干同样的活，吃同一锅粥。他们在一起表面看起来非常和谐，但其实并非如此。比如在一锅粥的分配问题上他们就会闹矛盾：因为他们 7 个人的地位是平等的，所以大家都要求平均分配，可是，每个人都有私心，都希望自己能够多分一些。因为没有称量用具和刻度容器，所以他们经常会发生一些不愉快的事情。为了解决这个问题，他们试图采取非暴力的方式，通过制定一个合理的制度来解决这个问题。

他们 7 个人充分发挥自己的聪明才智，试验了几个不同的方法。总的来看，在这个博弈过程中，主要有下列几种方法：

第一种方法：7 个人每人一天轮流分粥。我们在前面讲过，自私是人的本性，这一制度就是专门针对自私而设立的。这个制度承认了每个人为自己多分粥的权力，同时也给予了每个人为自己多分粥的平等机会。这种制度虽然很平等，但是结果却并不如人意，他们每个人在自己主持分粥的那天可以给自己多分很多粥，有时造成了严重的浪费，而别人有时候因为所分的粥太少不得不忍饥挨饿。久而久之，这种现象越来越严重，大家也不再顾忌彼此之间的感情，当自己分粥那天，就选择加倍报复别人。

第二种方法：随意由一个人负责给大家分粥。但这种方法也有很多弊端，比如那个人总是给自己分很多粥。大家觉得那个人过于自私，于是就换另外一个人试试。结果新换的人仍旧像前一个人一样，给自己分很多粥。再换一个人，结果仍是如此。因为分粥能够享受到特权，所以 7 个人相互钩心斗角，不择手段地想要得到分粥的特权，他们之间的感情变得越来越坏。

第三种方法：由 7 个人中德高望重的人来主持分粥。开始，那个德高望重的人还能够以公平的方式给大家人粥，但是时间一久，那些和他关系亲密，喜欢拍他马屁的人得到的粥明显要比别人多一些。所以，这个方法很快也被大家给否定了。

第四种方法：在 7 个人中选出一个分粥委员会和一个监督委员会，形成监督和制约机制。这个方法最初显得非常好，基本上能够保障每个人都能够公平对待。但是之后又出现了一个新的问题，当粥做好之后，分粥委员会成员拿起勺子准备分粥时，监督委员会成员经常会提出各种不同的意见，在这种情况下，分粥委员会成员就会与其辩论，他们谁也不服从谁。这样的结果是，等到矛盾得到调解，分粥委员会成员可以分粥时，粥早就凉了。所以事实证明，这个方法也不是一个能够解决问题的好方法。

第五种方法：只要愿意，谁都可以主持分粥，但是有一个条件，分粥的那个人必须最后一个领粥。这个方法与第一种方法有些相似，但效果却非常好。他们7个人得到的粥几乎每次都一样多。这是因为分粥的人意识到，如果他不能使每个人得到的粥都相同，那么毫无疑问，得到最少的粥的那个人就是他自己。这个方法之所以能够成功，就是利用了人的利己性达到利他的目的，从而做到了公平分配。

在这个故事中，有几个问题是我们不得不注意的。第一，在分配之前需要确定一个分配的公平标准。符合这个标准的分配就是公平的，否则便是不公平的。第二，要明确公平并不是平均。一个公平的分配是，各方之所得应与其付出成比例，是其应该所得的。

由"分粥"最终形成的制度安排中可以看出，靠制度来实现利己利他绝对的平衡是不可能的，但是一个良好的制度至少能够有效地抑制利己利他绝对的不平衡。

良好制度的形成是一个寻找整体目标与个体目标的"纳什均衡"的过程。在"分粥"这个故事中，规则的形成就是这一过程的集中体现。轮流分粥的这一互动之举使人们既认识到了个人利益，同时又关注着整体利益，并且找到了两者的结合点。另外，良好制度的形成也可以说是一个达成共识的过程。制度本质上是一种契约，必须建立在参与者广泛共识的基础之上，对自己不同意的规则，没有人会去积极履行。大家共同制定的契约往往更能增强大家遵守制度的自觉性。现实中许多制度形同虚设，主要原因就是在其制定的过程中，组织成员的意见和建议没有得到充分的尊重，而只是依靠管理者而定，缺乏共识。

良好的制度能够保障一个组织正常的运行，因为它能够产生一种约束力和规范力，在这种约束力和规范力面前，其成员的行为始终保持着有序、明确和高效的状态，从而保证了组织的正常运行。

第9节 哈丁悲剧

在人类社会中，有一种现象始终存在着，我们称之为群体行动的悲剧。群体行动悲剧，顾名思义，与个人无关，是指群体在行动过程中所遭受的不可避免的集体性灾难。

为了能够更深刻地理解这一概念，我们首先要清楚什么是悲剧。著名哲学家怀特海在其著作《科学与近代世界》一书中对希腊戏剧做出解释时这样写道："悲剧的本质并不是不幸，而是事物无情活动的严肃性。但这种命运的必然性，只有通过人生中真实的不幸遭遇才能说明。因为只有通过这些剧情才能说明逃避是无用的。"

如怀特海在书中所写，群体行动的悲剧也是如此：它不是群体偶然性的不幸，而是一种必然性，这种悲剧每个人都能意识到，但却无法摆脱。

我们可以对群体悲剧这个词作这样的理解：它是群体遭受的难以抗拒的灾难，在一定程度上，它指群体受到一个无情法则的支配。社会的规律是造成这种悲剧的真正元凶。或许"规律"一词在这里显得有些过于严重，因为规律意味着与人的自由相对抗，人一点儿主观能动性也没有，但是人类的文化或文明正是抵抗不可抗拒的悲剧的有力武器。

在群体悲剧中，涉及一个公共资源悲剧的问题。这个问题是经济学中的经典问题，也是博弈论教科书中无法躲避的问题。为此，产生了一个著名的"哈丁悲剧"。这是因为公共资源悲剧的问题最初由福尼亚生物学家加勒特·哈丁在1968年《科学》杂志上发表的文章《公共策略》中提出来，因此便将其命名为"哈丁悲剧"。

哈丁在文章中讲了一个牧民与草地的故事。故事是这样的：有一片草地对牧民开放，牧民们在这片草地上靠养牛维持生活。每一个牧民都想多养一头牛，因为多养一头牛并不需要太多成本，而增加的收益却是非常可观的。虽然他们这样做可能会使草地的平均草量下降，整个牧区的牛的单位收益也会随之下降。但是，每个牧民都认为自己不过是增加了一头牛而已，相对于广袤的草原来说不算什么。但是如果每个牧民都这样想，都增加牛的数量，后果便是那片草地将会被过度放牧，从而导致不能够承受那么多头牛的食量，最终使得所有牧民的牛全部饿死。这就是公共资源的悲剧。

其实，资源只要是大家共有的，被滥用也在所难免。比如有一个湖，湖里的鱼量很丰富，并且每个人都可以随意捕捞。如果捕捞过度，这个湖就会失去它的再生功能，也就再也无法给人们提供一条鱼。可是从渔夫的角度来讲，使自己利益最大化的策略就是过度捕捞。就算是自己不过度捕捞，别的渔夫也会选择这么做。所以一个人选择少捕捞一点，情况丝毫不会有任何改善。因此，综合考虑之后，每个人都会选择过度捕捞，久而久之，这个湖中的鱼很快就会枯竭。如果所有的渔夫都少捕而不多捕，那么情况就不会那么严重，大家也可以相互得利。总之，渔夫注定会采取自私的做法，最后使每个人都身受其害。

"哈丁悲剧"在生态平衡问题中体现得最为明显。在上面的故事里，如果想让农场主、草地、牧牛三者和谐发展下去，就必须要寻求一个平衡点。如果只顾眼前利益，对草地过度开发，久而久之势必会得不偿失。从合作博弈的角度分析来看，"哈丁悲剧"讲的就是一个利益公平点的问题。

哈丁还讨论了污染、人口爆炸、过度捕捞和不可再生资源的消耗等一系列问题，并在上述领域发现了同样的情形。因此，他指出，在共享公有物的社会中，每个人也就是所有人都追求各自利益的最大化。这就是悲剧发生的原因。每个人都被锁定在一个迫使他在有限范围内无节制地增加牲畜的制度中。人们这样做的结果必然是毁灭。因为在信奉公有物自由的社会里，每个人都在追求自己的最大利益。

我国的沙漠化问题就是哈丁悲剧的体现。土地荒漠化已经成为中国重大的生态问题。中国土地的荒漠化主要集中在内蒙古、新疆、黑龙江、宁夏等中国西北部省份。来自北面的风沙时常侵袭北京，以致北京的风沙一年比一年大。另外，河北境内的沙漠直逼北京，离北京最近的河北怀来县，两地仅相隔60公里！专家纷纷预测，如果不想出有效的办法治理沙漠化，那么过不了多长时间，北京将会重蹈消失的楼兰文明的覆辙，难逃被沙漠掩盖的命运。据中央电视台报道，2001年新年第一天，北京市和银川市发生沙尘现象，沙尘像雾一样笼罩在这两个城市的上空，为我们敲响了生态的警钟。

有资料显示，牧区草原上的牲畜严重超载已成普遍现象，一般超载达到50%～120%，某些地方甚至达到300%！此外，有记录表明，20世纪50年代至70年代中期，土地荒漠化年均扩大1560平方公里；而在70年代中期到80年代中期，年均扩大面积为2100平方公里。目前的扩大速度为每年2460平方公里。这个速度还在不断地增加之中。

造成荒漠化的原因是多方面的，其中最主要的是人类对土地资源的过度利用。在北方，近些年的降水量比较小，土地的生态系统逐渐变得脆弱，但人口的过度增长使得人们对粮食等的需求不断增大，人们对土地的索取便呈现出加速的趋势。于是，对土地的"滥垦"、"滥牧"、"滥伐"、"滥采"也不断加强，结果导致土地荒漠化。

这个悲剧的产生是由于在多个利益主体的博弈中，参与博弈的每一方都想使自己的利益最大化，结果就损害了大家的公有利益，进而也就损害了自己的利益。

哈丁认为对公共资源的悲剧有许多解决办法，我们既可以把它卖掉，使其变为私人财产，又可以作为公共财产保留下来，且准许进入，但这种准许是以多种方式来进行的。

哈丁说，这些意见有其合理之处，但并不一定是最佳解决办法。为此，他提出我们必须要进行选择，否则我们就等于认同了公共地的毁灭，而那将会带来极其惨痛的代价，它们可能会从我们的世界里彻底消失。此外，哈丁还强调说，人口过度增长、公共草地、武器竞赛这样的困境还没有技术的解决途径，他所说的"技术解决途径"，是指仅在自然科学中的技术的变化，而很少要求或不要求人类价值或道德观念的转变。

防止公共资源悲剧的出现有两种办法：一种是从制度入手，建立中心化的权力机构，无论这种权力机构是公共的还是私人的——私人对公共地的拥有即处置便是在使用权力；第二种办法是道德约束，道德约束与非中心化的奖惩联系在一起。

经济学家们曾探讨过很多方案来解决公用地悲剧问题。确立产权就一度成为经济学家们最热衷的一个方案。这也是十五六世纪英国"圈地运动"中出现过的历史。当时土地被圈起来，变为当地贵族或地主的私有财产，为使租金收入达到最大化，减少对土地的使用，土地的主人可以收取放牧费。这个办法就像一只"看不见的手"，恰到好处地保护土地。这一举动使得整体经济效益得到了很大的改善，同时也改变了收入的分配。放牧费使得土地的主人更加富有，而牧人变得更加贫困，因此有人把这段历史称为"羊吃人"的历史。

但是，确立产权这一举措并不能适用于所有场合。比如控制带污染物的空气从一个国家飘向另一个国家就是一个难以解决的问题，而公海的产权也很难在缺少一个国际政府的前提下确定和执行。同样，酸雨问题也需要借助一个更加直接的控制才能处理，但是问题在于，建立一个必要的国际协议十分困难。此外，人口问题更加难以解决。因为对一个人的家庭的决定权已经由联合国人权公约和其他人权法案加以保护。

除了确立产权外，公共地还可以作为公共财产保留，但准许进入，这种准许可以以多种方式来进行。

如果集团的规模小到一定程度，自愿合作也就成为解决这个问题的一个不错的方法。比如有两家生产石油或天然气的公司，它们的油井钻到了同一片地下油田，两家公司都希望能够提高自己的开采速度、抢先夺取更大份额。如果这两家公司互不相让，过度地开采可能使它们从这片油田收获的石油或天然气的数量降低。因此，钻探者并没有这么做，而是达成一个分享产量的协议，这就使得两家公司从那片油田开采出来的石油或天然气总数量保持一个适当的水平。

印第安纳大学政治科学家埃莉诺·奥斯特罗姆对解决哈丁悲剧做出了不懈的努力与尝试。她和她的拍档以及学生们，进行了一系列令人印象深刻的研究，试图从整体利益角度出发，使公共财产资源得到有效的利用和适当的保护，避免资源的过度开发。他们的研究得到了达成合作的某些前提条件。这些前提条件有以下5个方面：

第一，必须将博弈参与者群体中的每一个人（那些拥有资源使用权的人）用清晰的规则界定出来。界定的标准可以是地域或住所，也可以是种族或者技能，但一般以地域或住所为主。此外，成员的资格可以通过拍卖或支付报名费的方式获得。

第二，必须制定清晰的规则，明确规定允许和禁止的行为。这些规则包括对地点、使用时间、技术以及资源量或份额的限制。

第三，必须制定一个各方都了解的惩罚机制，对违反上述规则的行为进行严厉的惩处。它既可以是详细的书面准则，也可以是稳定社区中的分享准则。对违反规则的人，可以实施口头警告、社会排斥、罚款、剥夺未来权利，以及在极端情况下的监禁等各种方式的制裁。如果有些行为是第一次发生并且不严重，那么处理方法也要灵活多变，一般只是与违规者直接面谈，要求其解决问题。而且对第一次或第二次的违规行为，罚款也会比较低，只有在违规行为一而再再而三地发生，或者变本加厉时，惩罚才会升级。

第四，建立一个预防欺骗的有效机制。在参与者日常生活过程中建立自动侦查机制是最好的办法。比如说，规定必须以集体的形式从森林以及类似的公有地区收割，这个规定有利于大家共同监督，免去了雇人看护的麻烦。此外，必须按照可行的侦查手段来设计规定什么是允许行为的规则。比如，渔民的捕捞量一般不好精确监督，就算是善意的渔民也很可能因控制不好捕捞量而违规。因此，规则最好少涉及一些捕捞数量配额。当数量更容易精确地观测时，数量配额规则就能更好地发挥作用。

第五，上面提到的几项规则和执行机制设计好以后，具有前瞻眼光的使用者可以轻松获得的信息就显得特别重要。虽然事后欺骗是每个人都有的动机，但是先验利益迫使他们去设计一个优良的制度。他们可以凭借自身经验，事先察觉出各种违规行为的可行性，以及在集体中实施各种制裁的可信度。事实证明，集中式和自上而下的管理模式并不能很好地解决问题，反而会让此类事情大量出错，不能充分发挥作用。

虽然奥斯特罗姆和她的拍档认为人们可以利用局部信息及规范机制，找到许多集体行动的解决方法，但是他们的研究并没有给予他们足够的信心，所以奥斯特罗姆才会说道："困境永远不会彻底消失，即使在最佳的运作机制中……监督和制裁无论怎样也不能将诱惑降低至零。不要只想着如何克服或征服公共悲剧，有效的管理机制比什么都管用。"

第 10 节　公共悲剧

像哈丁悲剧这样的问题，在几乎所有的公有资源的例子中都有所体现。在古希腊时期，哲学家亚里士多德就向人们指出：凡是属于最多数人的公共事务常常是最少受人照顾的事务，人们关怀着自己的所有，而忽视公共的事务；对于公共的一切，他至多只留心到其中对他个人多少有些相关的事务。

我国古代有一个故事，讲的是三个好朋友经常在一起喝酒，因为当时酿酒技术落后，所以酒酿起来很不容易，他们三个人为了追求公平，于是就商量下次再喝酒的时候，每个人都从家里带来一瓶酒，之后混在一起共同饮用。他们三个人都同意这个计划，等到下次喝酒的时候，果然每个人都从家里带来一瓶酒。他们都很高兴，把酒倒在一起，开怀畅饮起来。可是只喝了一口，每个人的脸上都写满了异样的表情。原来喝到嘴里的并不是美酒，而是普通的水。可是他们仍然像喝着美酒一样，脸上一副沉醉的表情，直到把水全部喝完。

原来约定的美酒为什么会变成普通的水呢？又为什么他们喝到水都没有吭声反而装出一副沉醉的表情呢？原来他们三个人从家里出发的时候心里就打起了小算盘，他们都想，既然酒是倒在一起喝的，那么我带水去，其他两个人带的是酒，把水和酒掺在一起，别人是不会发觉的。他们三个人都是这么想的，于是喝到的就只是普通的水了。

试想一下，如果三个人中的一个怀疑其他两个人会带水来，那么他将怎么选择呢？毫无疑问，他的理性选择就是他也带水而不是带酒。只有这样，不论其他人是带水还是带酒，他的利益都不是最坏的。可是，三个人都选择对自己最优的策略，结果就只能喝到普通的水了。这个故事就是"哈丁悲剧"的写照。

著名学者易富贤在 2007 年出版的《大国空巢》一书中，从社会、经济、民族、人权、法治等诸多方面论证了中国大陆现行计划生育的巨大危害性，从而引发了一场关于当前生育政策的反思与争论。

一方面，生育既是人类繁衍后代的需求，更是一项可以提升家庭福利的经济行为。所谓"家庭福利"，可能体现在经济、精神与心理等各个层面。于是，那些父母便对新生婴儿非常重视，把抚养孩子看作一件有利于整个家庭的大事。如果从家庭的角度看待这个问题，那么超生根本就不应该存在。

另一方面，生育成本和效用并不局限于每个家庭，而是会影响别人和社会。地球上多一个人，也就意味着公共资源被多一个人分割，其他人享有的社会资源就会随之减少。如果一个家庭的大部分生育成本和收益都由家庭外化到社会中，那么生育的外部性就比较强。

曾在中国饱受批判的人口学家马尔萨斯指出，如果对人口增长置之不理，那么人口就会以几何比率增长，但是生活资料增长的速度却相当慢，远远跟不上人口增长的速度，这样的结果就是导致人口过剩。他还指出了解决这个问题的方法，他说，如果私人产权得到明确界定，那么个体与社会层面的人口抑制机制就会发挥作用，从而使人口增长速度与生活资料供应的增长速度达到一致。

有人认为马尔萨斯的策略并不能完全解决问题。比如国家放松对二胎的控制，那么重男轻女的传统思想可能会导致严重的男女比例失调。

其实，博弈论专家托马斯·谢林很早以前就对这个问题进行过分析。他指出，如果每对夫妻生男孩和女孩的概率均为 50%，每对夫妻都有重男轻女的思想，也就是只想要男孩，不想要女孩，只有在生出男孩的情况下生育才会停止，那么未来男孩和女孩各自所占的比例将会是多少呢？答案是各占 50%。

谢林分析道：假设一对夫妻第一胎生了男孩就不再生育，那么在第一轮生育中，按概率各为 50% 计算，将有一半婴儿是男孩；在第二轮中，第一轮生男孩的家庭不再生育，只有一半的家庭还会生孩子，结果仍然是一半男孩；又生了女孩的家庭还会接着生第三胎，结果仍会是一半男孩一半女孩。如果每一轮中都是一半男孩一半女孩，那么无论生育什么时候停下来，最终的结果必然会是一半男孩一半女孩。

的确如谢林所分析，现实情况确实如此。根据人口专家曾毅教授的统计，目前我国执行"一孩政策"的人口占 35.4%；执行"一孩半政策"的人口占 53.6%；执行"二孩政策"的人口占 9.7%；执行"三孩政策"的人口占 1.3%。这里所说的"一孩半"是指那些第一胎是女孩的农村夫妇。按照法律规定，第一胎为男孩的农村夫妇不得再生育，而第一胎为女孩的农村夫妇允许生育第二胎。

国家计生委生育政策地区分类数据的研究与全国人口普查表明，在我国的少数民族地区，以及河北承德、山西翼城、甘肃酒泉等生育政策相对宽松（二胎加间隔）的地区，出生人口性别比例都在基本正常的范围内。但是执行"一孩半政策"地区就不容乐观。资料显示，在这些地区，2000 年的出生性别比高达 124.7，比"二孩政策"下的出生性别比高 15.7 个百分点。造成这种情况的原因是，在这些"一孩半"的地区，如果第一胎不是男孩，而是女孩，那么夫妻用 B 超进行人工性别选择（尽管这是违法的）等一切方式保证第二胎为男孩。

综上所述，我们可以得出这样一个结论：放开二胎不仅不会使男女比例失调的程度进一步加大，反而对出生男女性别比偏高的势头有很好地遏制作用。换句话说就是，降低未来出现更多光棍汉的概率。

下面再让我们看看哈丁悲剧在另一方面的体现——环境污染。

环境污染是市场经济中最常见的"哈丁悲剧"现象。当缺少政府管制的时候，企业为了实现最大的利润，不惜以牺牲环境作为代价，却绝不会主动增加环保设备投资。不止一个企业会这样做，所有企业都会从自身利益出发，走不顾环境的发展道路，从而达到"纳什均衡"状态。就算有一个企业不是从利己，而是从利他的目的出发，积极增加环保设备的投资，但其他企业却不会这么做，它们仍然不会顾及环境污染。因此，那个投资环保的企业的生产成本无形中就会增加，价格必然也要跟着提高，从而导致它的产品在市场上失去竞争力，企业还可能要面临破产的境地。我国 20 世纪 90 年代中期出现的中国乡镇企业盲目发展，造成严重污染的情况就是如此。只有政府对污染加强管制，企业才会选择低污染的策略去追求与高污染同样的利润，但自然环境将会大大受益，变得更加和谐优美。

下面让我们看一下我国历史上的发展战略。

第一阶段，20 世纪 50 年代，我国以苏联为榜样，实行低消费、低就业、高消耗、自我封闭的重工业模式。然而，这个模式与中国资本稀缺、人均资源短缺、劳动力资源丰富的基本国情并不相符，此外，我国的政治一直处于动荡之中，所以苏联模式很快就无法在我国实行下去了，而我们错过了发展的黄金时期，与世界强国的差距被进一步拉大。

第二阶段，20 世纪 80 年代，我们把目光转向欧美传统的发展模式，用生活高消费和资源高消耗来刺激经济增长。这个模式追求的是资本生产率与利润最大化，而资源利用率与环境损失统统被忽略掉了。

第三阶段，目前中国已经成为世界上最大的制造业国家，也成了世界上自然资产损耗最严重的国家。5 年以后，我国 60％以上的石油需要进口；15 年之后，45 种主要矿产将只剩下 6 种。另外，我们单位 GDP 的能耗是印度的 2.8 倍、美国的 6 倍、日本的 7 倍。单位 GDP 污染排放量远远高出发达国家的平均水平，劳动生产率却只是发达国家的几十分之一。

从 1949 年新中国成立到现在已经有 60 多年的历史了，我们的人口就翻了一番，从 6 亿增长到了 13 亿，但是因为水土流失的原因，我国可居住的土地从 600 多万平方公里减少到 300 多万平方公里。污染问题更是让人触目惊心，发达国家人均 GDP3000～10000 美元期间出现的严重污染，中国在人均 GDP 达到 400～1000 美元时就出现了。以目前的污染水平计算，等到我们的经济总量翻两番的时候，污染负荷也会跟着翻两番。

我们的竞争对手美国在保护环境方面就做得十分出色。因为美国的生产或消耗的原料并不完全是全国的，而有很大一部分来自于别国，比如石油来自中东。所以说美国经济的增长建立在对别国自然资源破坏的基础之上。美国的产品以高科技产品为主，与传统产品相比，高科技产品对自然的破坏程度不如传统产品大。

人类社会不断向前发展使得个人丧失了选择的自由。没有一个国家愿意看到周边国家进入工业社会，在同样的时间内，可以生产出比农业社会多得多的物资，而且以前没有的东西也可以被生产出来。此外，周边国家依靠发展工业逐渐强大起来，那么没有选择发展工业的国家将会受到巨大的威胁，因此也就只能被动地选择进入工业社会。所以说，当前世界各国竞相发展经济、对自然进行破坏，是一个集体行动的悲剧。

市场经济是优胜劣汰的竞争经济，这种经济的特征就是拼命地向自然索取或者掠夺。每个竞争者都会想到，如果我不发展，那么必然难逃被淘汰出局的命运。而经济的发展是以对自然的利用为前提的，不管这种利用是对自然中原始物的加工，还是对中间产品的再加工，结果都是使自然被破坏的步伐进一步加快。

自然的生态状况越来越恶化，原因就在于此，还会导致人类的生存环境越来越恶劣。

许多人清楚人类目前的这种状况，认为资源和环境属于公共物，是全体公民的公共财产，作为广大人民群众管理社会事务的工具，保护资源环境，实现经济、社会、自然协调发展的历史使命毫无疑问要落到政府身上。有很多政府官员和学者，把解决哈丁悲剧的希望寄托在技术手段上。但是，现代自然科学领域在20世纪六七十年代就一致认为，环境污染、人口问题、核战争等问题都只是一个局部问题，光靠技术手段是无法彻底解决这些问题的。因为"破坏—发展"这种方法是优势策略，每个参与者采取这一策略符合集体行动的"纳什均衡"。

第 11 节　警钟已经敲响

西班牙是近代西方最早兴起的殖民帝国，它曾经生气勃勃，兴旺发达，是西欧乃至世界的霸主。但是，当1588年不可一世的西班牙"无敌舰队"被英国人击败之后，西班牙便开始走上了衰落的道路，到目前为止，西班牙还没有彻底缓过劲儿来，仍然是西欧最落后的国家之一。西班牙帝国从当时的全面兴盛到如今的衰落，不得不让人欷歔感慨。如果用博弈论的观点追究其原因，毫无疑问，那就是西班牙发生了哈丁悲剧。

通过前面的介绍可以知道，哈丁悲剧是群体行动悲剧，是群体在行动过程中所遭受的不可避免的集体性灾难。下面就来看一下西班牙的哈丁悲剧是如何发生的。

西班牙当时能够成为欧洲最富有的国家，主要依靠的是利用残暴的手段从美洲掳掠来巨额财富。可能是以前从未拥有这么多财富的原因，所以当这么多财富摆在西班牙人面前时，他们都迷失了方向。他们的生活方式一下子发生了巨大的变化，在以享乐为核心的生活中，又有谁会想着让财富再去增值呢？正是因为这个原因，所以西班牙人没有让他们从美洲掠夺来的财富充分地发挥作用，创造出更多的财富。"由俭入奢易，由奢入俭难"，习惯了享乐的西班牙人只有靠不断地发动战争来维持庞大的殖民帝国，而那些暴发户和贵族更是为所欲为，不断地浪费着他们的财富。

而与他们形成鲜明对比的是，那些真正想要做些实事的人却因为没有资金，成本太高等原因只能放弃他们的想法。为西班牙的商人在美洲大量捞取财富的时候，快速发展的美洲在手工业制品方面出现了很大的短缺。精明的西班牙商人此时又看到了财富在他们面前闪光，于是为牟取暴利，纷纷把英国和荷兰的产品当成西班牙本国的产品卖到美洲。

在农业方面，西班牙人选择向国外购买粮食的方式来满足国内需求。手工业和农业是当时国家经济的主要支柱，也是很多国家收入的主要来源。但是，不可一世的西班牙人对此却完全不在乎，因为他们用征服和劫掠手段随随便便就能获得比手工业和农业要高得多的利益。就这样，所有的西班牙人都忘掉了勤劳工作的美德。

其实，西班牙人原本不是这个样子的。造成他们变成这个样子的原因要追溯到海外探险和对外殖民。15、16 世纪时期，西班牙在军事，尤其是海上军事方面的势力可以说是领先世界的。有了这样的优势，西班牙大张旗鼓地搞起了海外探险和对外殖民。西班牙靠着强大的军事力量，将殖民地征服之后，各个阶层的居民为谋求财富纷纷踏上殖民地。当时，赶往美洲淘金成了所有怀着一夜暴富的梦想的西班牙人的目标，并逐渐形成一种潮流。这种潮流随着时间的推移影响越来越大，最后连西班牙的很多专业的技术人才和技术高超的工匠也随波逐流，加入到去美洲淘金的队伍之中。

虽然对这些怀着一夜暴富梦想的人来说，去美洲淘金实现了他们的愿望，可以使他们轻而易举地得到更多的财富，但是，对于强大的西班牙帝国来说，这并不是一件好事。因为钱多并不代表不会挥霍一空，在贵族们漫无边际的消费和国王们持续不断的大规模战争面前，没有增值能力的财富再多也变得毫无意义。在1557 年、1575 年和 1597 年这 3 个年份之中，西班牙政府都宣布过国家破产。

也许很多人不明白，西班牙从美洲掠夺了那么多财富，居然还会陷入国家破产的麻烦之中。要想解决这个问题，就要从一些看似无关紧要实则起着致命作用的因素谈起。在西班牙人大规模地投入到去美洲淘金的队伍之中时，西班牙整个国家的经济发展便受到了影响，甚至还出现了经济凋敝的状况。这是因为，很多淘金者见到美洲的财富之后，都把自己擅长的手工业生产活动遗忘得一干二净。人们都希望通过淘金成为富翁，没有人愿意老老实实地去从事工农业生产。而且，殖民地的发展使得日常商品特别是日用手工业品成为紧俏产品，但是西班牙本国的生产能力不足，根本无法满足这种需求。这些因素逼迫西班牙做出艰难的选择，使西班牙人不得不对外寻求解决办法。最后，经过一番探索与研究，他们在英国和荷兰找到了解决问题的办法。从此，西班牙人大量进口英国和荷兰的商品，把英国与荷兰变成了西班牙的生产基地。

这样做对英国和荷兰来说是一件非常好的事情，因为这两个国家的经济得到了发展，并由此走上了繁荣的道路。但是，西班牙虽然看似解决了一个问题，其实又产生出另一个新问题，那就是西班牙在经济上对其他国家产生了很强的依赖性。而且，这种依赖性对西班牙来说影响是深远的，因为正是这种依赖为西班牙的衰落埋下了隐患。

在西班牙国内，劳动力资源非常紧缺，这使得这部分人的工资有了大幅度的增长，随着工人工资的不断增长，西班牙的手工业产品的价格也不断增长。同时，因为西班牙对大量产品的需求，造成了其他国家商品的出口量增长，这就使得那些国家的商品质量越来越好，而价格也越来越低。而西班牙的产品在与外国商品的竞争中越来越处于下风，最后，西班牙的手工业因为无法继续经营下去，纷纷倒闭，大量本来以手工业为生的劳动者失去了工作。而在大西洋的另一边，那些在美洲新大陆的社会上层与冒险家手里掌握着巨额财富，随着他们财富的不断增长，他们的欲望也越来越强烈。在这种欲望的驱使下，他们急切需要奢侈品来满足这种欲望。因此，西班牙国内失业的手工业者都放弃了他们的技能，转向生产奢侈品。于是，西班牙的手工业与普通大众的联系被割断，发展工业资本主义也成为黄粱一梦。因为大众化生产是资本主义发展首要的条件，所以，西班牙依靠自身来推动本国资本主义发展的可能性被彻底扼杀。

后来，随着西班牙人在美洲抢掠的金银不断增长，这些金银逐渐流入到欧洲。但是，因为数量太多的原因，这些金银的价值有所下降。当时，社会上的各种商品都以金银来定价，金银的贬值造成的结果是，各种商品的价格不断上涨。如人们最基本的生活物资——谷物的价格，西班牙在16世纪末上涨了5倍。此外，物价也有很大幅度的上涨。物价上涨带来的影响对西班牙的贵族阶层来说并不明显，但是对那些普通百姓就影响巨大，他们生活无以为继，而中下层阶级也纷纷破产。与此同时，西班牙国王年年都要发动战争，而且这些战争是要靠税收来维持的。上流社会的人们因为自身的特权，能够轻易地避税，所以税赋的重担就扛在老百姓的肩上。另外，一些商人的不法行为更是使得西班牙本就脆弱的经济更加雪上加霜。这种种原因叠加在一起，最后就造成了兴盛一时的西班牙走向衰落。

这就是哈丁悲剧给西班牙带来的影响。这种影响不是一时的，而是非常深远和剧烈的。西班牙帝国从兴盛到衰落的过程也为整个人类敲响了警钟，千万不能陷入群体无意识博弈的陷阱之中。

· 第七章 ·

枪手博弈

第 1 节　谁能活下来?

在博弈论的众多模式中,有一个模式可以被简单概括为"实力最强,死得最快"。这就是"枪手博弈"。

该博弈的场景是这样设定的:

有三个枪手,分别是甲、乙、丙。三人积怨已久,彼此水火不容。某天,三人碰巧一起出现在同一个地方。三人在看到其他两人的同时,都立刻拔出了腰上的手枪。眼看三人之间就要发生一场关乎生死的决斗。

当然,枪手的枪法因人而异,有人是神枪手,有人枪法特差。这三人的枪法水平同样存在差距。其中,丙的枪法最烂,只有40%的命中率;乙的枪法中等,有60%的命中率;甲的命中率为80%,是三人中枪法最好的。

接下来,为了便于分析,我们需要像裁判那样为三人的决定设定一些条件。假定三人不能连射,一次只能发射一颗子弹,那么三人同时开枪的话,谁最有可能活下来呢?

在这一场三人参与的博弈中,决定博弈结果的因素很多,枪手的枪法,所采用的策略,这些都会对博弈结果产生影响,更何况这是一个由三方同时参与的博弈。所以,不必妄加猜测,让我们来看看具体分析的情况。

在博弈中,博弈者必定会根据对自己最有利的方式来制定博弈策略。那么,在这场枪手之间的对决中,对于每一个枪手而言,最佳策略就是除掉对自己威胁最大的那名枪手。

对于枪手甲来说,自己的枪法最好,那么,枪法中等的枪手乙就是自己的最大威胁。解决乙后,再解决丙就是小菜一碟。

对于枪手乙来说,与枪手丙相比,枪手甲对自己的威胁自然是最大的。所以,枪手乙会把自己的枪口首先对准枪手甲。

再来看枪手丙，他的想法和枪手乙一样。毕竟，与枪手甲相比，枪手乙的枪法要差一些。除掉枪手甲后，再对准枪手乙，自己活下来的概率总会大一些。所以，丙也会率先向枪手甲开枪。

这样一来，三个枪手在这一轮的决斗中的开枪情况就是：枪手甲向枪手乙射击，枪手乙和枪手丙分别向枪手甲射击。

按照概率公式来计算的话，三名枪手的存活概率分别是：

甲＝1－p(乙＋丙)＝1－[p(乙)＋p(丙)－p(乙)p(丙)]＝0.24

乙＝1－p 甲＝0.2

丙＝1－0＝1

也就说，在这轮决斗中，枪手甲的存活率是0.24，也就是24％。枪手乙的存活率是0.2，即20％。枪手丙因为没有人把枪口对准他，所以他的存活率最高，是1，即100％。

我们知道，人的反应有快有慢。假设三个枪手不是同时开枪的话，那么情况会出现怎样的变化呢？

同样还是每人一次只能发射一颗子弹，假定三个枪手轮流开枪，那么在开枪顺序上就会出现三种情况：

（1）枪手甲先开枪。按照上面每个枪手的最优策略，第一个开枪的甲必定把枪口对准乙。根据甲的枪法，会出现两个结果，一是乙被甲打死，接下来就由丙开枪。丙会对着甲开枪，甲的存活率是60％，丙的存活率依然是100％。另一种可能是乙活了下来，接下来是由乙开枪，那么甲依旧是乙的目标。无论甲是否被乙杀死，接下来开枪的是丙。丙的存活率依然是100％。

（2）枪手乙先开枪。和第一种情况几乎一样，枪手丙的存活率依然是最高的。

（3）枪手丙先开枪。枪手丙可以根据具体情况稍稍改变自己的策略，选择随便开一枪。这样下一个开枪的是枪手甲，他会向枪手乙开枪。这样一来，枪手丙就可以仍然保持较高的存活率。如果枪手丙依然按原先制定的策略，向枪手甲射击，就是一种冒险行为。因为如果没有杀死甲，枪手甲会继续向枪手乙开枪。如果杀死了枪手甲，那么接下来的枪手乙就会把枪口对准枪手丙。此时，丙的存活率只有40％，乙便成了存活率最高的那名枪手。

在现实生活中，最能体现枪手博弈的就是赤壁之战。当时，魏蜀吴三方势力基本已经形成。三方势力就相当于三个枪手。其中，曹操为首的魏国实力最强，相当于是枪手甲。孙权已经占据了江东，相当于实力稍弱的枪手乙。暂居荆州的刘备实力最弱，相当于枪手丙。当时，曹操正在北方征战，无暇南顾，三家相安无事。

公元208年，曹操统一了北方后，决定南征。关系三家命运的决战就此开始。对于曹操来说，东吴孙权的实力较强，对自己的威胁最大，自然要先对东吴下手。于是，曹操在接受了投降自己的荆州水军后，率大军向东，直扑东吴而来。

此时，对于被曹操追得无处安身的刘备来说，最佳的策略就是与东吴联手，才能有一线存活的希望。曹操在实力上强于孙权，如果孙权战败，下一个遭殃的就是自己。如果孙权侥幸获胜，灭掉了曹操，那么待东吴休养生息后，必定要拿自己开刀。所以，诸葛亮亲自前往江东，舌战群儒，让两家顺利结盟。

一旦孙刘两家结成联盟，东吴意识到自己不拼死一战，就可能再无存身之所，自然积极备战，在赤壁之战中承担了主要的战争风险。而刘备也借此暂时获得了休养生息的机会，为日后入主四川积蓄了力量。

历史上与此相似的情形有很多，在国共联合抗日之前，侵华的日本军队、国民党军队和共产党领导的红军，三者之间也是枪手博弈的情况。

其实，枪手博弈是一个应用极为广泛的多人博弈模式。它不仅被应用于军事、政治、商业等方面，就连我们日常生活中也可以看到枪手博弈的影子。通过这个博弈模式，我们可以深刻地领悟到，在关系复杂的博弈中，比实力更重要的是如何利用博弈者之间的复杂关系，制定适合自己的策略。只要策略得当，即使是实力最弱的博弈者也能成为最终的胜利者。

第2节　另一种枪手博弈

在枪手博弈这个模型中，仅就存活率而言，枪法最差的丙的存活率最高，枪手乙次之，枪法最好的甲的存活率最低。那么，我们重新设定一下三名枪手的命中率，看看会出现怎样的结果。

假设仍然是三名枪手，甲是百发百中的神枪手，命中率100%；乙的命中率是80%，丙的命中率是40%。枪手对决的规则不变，依然是只有一发子弹。每个枪手自然会把对自己威胁最高的人作为目标。那么甲的枪口对准乙，而乙和丙的枪口必定对准甲，没有人把枪口对准丙。

按照之前换算存活率的公式计算，会得出这样的结果：

甲的存活率＝20％×60％＝12％

乙的存活率＝100％－100％＝0

丙的存活率＝100％

我们只是稍稍提高了甲和乙的命中率，结果就出现了一些变化。实力最差的丙依然具有最高的存活率，这一点没有变。存活率最低的枪手却由甲变成了乙。可见，枪手对决的条件一旦发生细微的变化就有可能导致不同的博弈结果。也就是说，在特定的规则下，枪手博弈也会以另一种形式展现出来。美国的著名政治学家斯蒂文·勃拉姆斯教授就在他的课堂上向我们展示了另一种形式的枪手博弈。

勃拉姆斯教授在美国纽约大学的政治学系任教。他在为该系研究生授课的时候，开设了一门名叫"政治科学中的形式化模拟方法"的课程。

他在课堂上挑选了3个学生，要求他们参加一个小游戏。他告诉参加游戏的3名学生，他们每个人扮演的角色都是一个百发百中的神枪手。自己是仲裁者。现在，3个枪手要在仲裁者的指导下进行多回合的较量。

第一回合：

仲裁者规定每个枪手只有一支枪和一颗子弹。这场较量获胜的条件有两个：第一，你自己要活着。第二，尽可能让活着的人数最少。

在给出这样的条件后，勃拉姆斯教授提出的问题是：当仲裁者宣布开始后，枪手要不要开枪？

针对这种决斗条件，对于3个枪手的任何一个来说，都有4种结果：自己活着，另外两个死了；死了一个枪手，自己和另一个枪手活着；另两个枪手活着，自己死了；3个人都死了。对参加决斗的任何一个枪手而言，"自己活着，别人都死了"无疑是最好的结果。当然，最差的结果就是"自己死了，别人还活着"。

那么，参加游戏的3个学生选择的答案是怎样的呢？答案是，当仲裁者一声令下后，3个学生都选择了开枪，而且开枪的目标都是另外两人中的一个。

勃拉姆斯教授对此的评价是：3个人做出的选择都是理性的选择，而且对于每个枪手来说，都是最优策略。因为根据这个回合的较量规则来说，枪手的性命并没有掌握在自己手中，而是取决于另外两人。从概率的角度来说，如果选择开枪，将另外两人中的一个作为对象的话，那么，所有人中枪的概率差不多都是均等的。但是，如果选择不开枪，那么就等于自己存活的概率降低，另外两人存活的概率上升。

第二回合：

依然是这3个枪手。不过，其中一个枪手被允许率先开枪。目标随意，可以选择另外两个枪手，也可以选择放空枪。

勃拉姆斯教授让其中一个学生做出选择。这名学生的答案是：放空枪。

对于这名学生的选择，勃拉姆斯教授认为是非常理性的选择。他这样解释自己的观点，当一名枪手可以率先开枪，就会出现两种选择：

（1）放空枪。

这种选择的结果是，另外两名枪手都将把枪指向对方。因为一名枪手只有一枚子弹。当这名枪手选择了放空枪后，他对于另外两名枪手就不再具有威胁性。这样一来，对于另外两名枪手而言，两人互成威胁。所以，必然会把枪口指向对方。

当然，两人也有可能因为意识到一点。这么做的结果是两人自相残杀，双双死亡，反而让放空枪的枪独自存活。于是，两人可能达成一种共识，都把自己的这发子弹射向放空枪的枪手，两人共存。

不过，对于这两名枪手来说，毕竟放空枪的枪手已经毫无威胁，而真正对自己构成威胁的是另一名枪手。一旦对方把子弹射向放空枪的枪手，自己的最优策略就是向对方开枪。于是，新的问题又出现了。假如两人都这么想，那么两人之前所达成的共识便会就此打破，然后进入自相残杀状态，陷入循环。

（2）选择其余任何一个人作为自己射击的目标。

这种选择的结果是，两名枪手死亡，一名枪手独活。

只要他开枪，被选作射击目标的那名枪手就会死亡。不过，一旦他射出了自己仅有的子弹后，剩下的那名枪手就会毫不犹豫地把枪口对准他。最终，他在杀死别人后，也会被剩余的那名枪手杀死。

所以，勃拉姆斯教授得出的结论是："一个理性的枪手在规则允许的条件下，会选择放空枪。"

勃拉姆斯教授所演示的枪手博弈应当说是对枪手模式的一种延展。其实，无论是以何种形式出现，枪手博弈所揭示的内容都是：决定博弈结果的不是单个博弈者的实力，而是各方博弈者的策略。

第3节　当你拥有优势策略

从某种程度上来说，枪手博弈可以说是一个策略博弈。因为这种博弈的结果与博弈者的实力没有非常直接的关系，反而与博弈者所采取的策略会直接影响到博弈的结果。

在博弈论中有一个概念，英文写作"Dominantstrategy"，即优势策略。那么，什么是优势策略呢？在博弈中，对于某一个博弈者来说，无论其他博弈者采用何种策略，有一个策略始终都是最佳策略，那么，这个策略就是优势策略。简单来说，就是"某些时候它胜于其他策略，且任何时候都不会比其他策略差"。

举一个简单的例子。假如你是一个篮球运动员，当你运球进攻来到对方半场的时候，遭遇了对方后卫的拦截。你的队友紧跟在你的后面，准备接应。于是，你和队友一起与对方的后卫就形成了二对一的阵势。此时，你有两种解决方法。一是与对方后卫单打独斗，带球过人。二是与队友配合，进行传球。

那么，这两种做法就是可供你选择的策略。先看第一种，与对方后卫单对单，假如你运球和过人的进攻技术比对方的防守技术要好，那么，你就能赢过对方。假如对方的防守技术比较厉害，那么就有可能从你手中将球断掉。如果从这个角度来说，这个策略的成功概率只有50％。

再看第二种，你和队友形成配合。很显然，你和队友在人数上已经压倒了对方，而且两人配合变化频繁。采用这个策略，就会使你突破对方的防守获得很高的成功率。而且，无论对方做出怎样的举动，都无法超越这个策略所达到的效果。所以，"把球传给队友，形成配合"就是你的优势策略。

不过，关于优势决策需要强调一点："优势策略"中的"优势"意思是对于博弈者来说，"该策略对博弈者的其他策略占有优势，而不仅是对博弈者的对手的策略占有优势。无论对手采用什么策略，某个参与者如果采用优势策略，就能使自己获得比采用任何其他策略更好的结果"。

下面，我们以经典案例，《时代》与《新闻周刊》的竞争为例，来对"优势策略"的上述情况进行说明。

《时代》和《新闻周刊》都是一周一期的杂志。作为比较知名的杂志，这两家杂志社都有固定的消费者。不过，为了吸引通过报摊购买杂志的那些消费者。每一期杂志出版前，杂志社的编辑们都要挑选一件发生在本周内，比较重要的新闻事件作为杂志的封面故事。

这一周发生了两件大的新闻事件：第一件是预算问题，众参两院因为这个问题争论不休，差点儿大打出手。第二件是医学界宣布说研制出了一种特效药，对治疗艾滋病具有一定的疗效。

很显然，这两条新闻对公众而言，都非常具有吸引力。那么，这两条大新闻就是封面故事的备选。此时，两家杂志社的编辑考虑的问题是，哪一条新闻对消费者的吸引力最大，最能引起报摊消费者的注意力。

假定所有报摊消费者都对两本杂志的封面故事感兴趣，并且会因为自己感兴趣的封面故事而购买杂志。那么，会存在两种情况：

第一种，两家杂志社分别采用不同的新闻作为封面故事。那么，报摊上的杂志消费者就可以被分为两部分，一部分购买《时代》，一部分购买《新闻周刊》。其中，被预算问题吸引的消费者占35％，被艾滋病特效药吸引的占65％。

第二种，两家杂志社的封面故事采用了同一条新闻。那么，报摊上的杂志消费者会被平分为两部分，购买《时代》和《新闻周刊》的消费者各占50％。

在这种情况下，《新闻周刊》的编辑就会做出如下的推理：

（1）如果《时代》采用艾滋病新药做封面故事，而自家的封面故事采用预算问题，那么，就可以因此而得到所有关注预算问题的读者群体，即35％。

（2）如果两家的封面故事都是治疗艾滋病的新药，那么，两家共享关注艾滋病新药的读者群体，即32.5％。

（3）如果《时代》采用预算问题，而自家选用艾滋病新药，那么，就可以独享关注艾滋病新药的读者，即65％。

（4）如果两家都以预算问题为封面故事，那么，共享关注预算的读者群，即12.5％。

在上述分析的4种结果中，如果仅从最后的数据来看，第三种情况给《新闻周刊》带来的利益更大。但是，《新闻周刊》的编辑不知晓《时代》的具体做法。这就存在两家选用同一封面故事的可能。如果《新闻周刊》选用艾滋病新药的消息后，一旦《时代》也选用同样的新闻，那么《新闻周刊》可以获得的利益就由65％降至32.5％。所以，对于《新闻周刊》来说，无论《时代》选择两条新闻中的哪一条作为自己的封面故事，艾滋病新药这条新闻都是《新闻周刊》最有利的选择。所以，《新闻周刊》的优势策略就是第二种方案。

根据这些分析，我们可以得出这样的结论：当博弈情况比较复杂的时候，每个博弈者都会拥有不止一个策略，会出现几个可供选择的策略。那么，博弈的参与者就可以从中挑选出一个无论在任何情况下都对自己最有利的策略，这个策略就是该博弈者的优势策略。

在上述案例中，当《新闻周刊》的编辑在分析自己应当采取的策略时，《时代》的编辑也在做同样的事情。其实，双方都很清楚对方此时的行动。也就是说，两家对封面故事的分析和选定几乎是在同步进行。而且，由于商业保密的原则，双方都无法确定对方的具体决策。于是，无论是《新闻周刊》还是《时代》都是在完全不知道对方选择的情况下做出的决定。

《新闻周刊》和《时代》的这种博弈情况就是一种博弈者同时行动的博弈。由于博弈者在决定自己要采取的决策前无法得知对方将要采取的决策，所以，博弈者之间无法进行互动，自然也就无法通过推理来获得有效的信息。例如，在上面的案例中，《新闻周刊》的编辑可以假设自己是《时代》的编辑，然后对《时代》可能采取的策略进行分析。同样的，《时代》的编辑也会采取角色替换，来分析《新闻周刊》的策略。于是，这样就形成了一种可以无休止继续下去的循环。

那么，如何破解这个循环呢？

对于《新闻周刊》来说，采用艾滋病新药作为封面故事是自己的优势策略。同样，如果《时代》的编辑依照自己的角度出发，也会做出一模一样的分析。于是，《时代》也会拥有一个优势策略。既然博弈双方都具有优势策略，那么只要每个博弈者都采取自己的优势策略，这种永无休止的循环就被打破了。

这样看来，假如一场博弈中的所有博弈者都拥有各自的优势策略，那么这场博弈可以称得上是一种最为简单的博弈。因为优势策略的存在，博弈者不会再采取其他的策略，必定直接采用优势策略。如此一来，这场博弈的结果就是可以预测的。

由此，我们可以得出一个结论，当博弈者拥有一个优势决策时，不必顾忌自己的对手，应当直接应用。

当然，这种博弈者都拥有各自优势策略的情况并非是常态。在博弈中也会存在只有某一个博弈者的决策优于其他博弈者决策的情况。那么，在这种博弈情况下，博弈者应该采取怎样的行动呢？

仍然以《新闻周刊》和《时代》之间的竞争为例。在案例原有的条件基础上，再设定两个条件：条件一，两家杂志的封面故事选择了同一条新闻。条件二，报摊消费者比较喜欢《新闻周刊》的制作风格。

在第一个假定条件的作用下，我们根据上面的分析，可以得知两家的最优决策依然都是选择艾滋病新药，两家各分得 32.5％的消费者，实现共赢。不过，加上第二个假设条件后，《新闻周刊》和《时代》之间的博弈情况就发生了变化，两家杂志在选用同样封面故事的时候，在对占有消费者的份额上出现了差别。

假设选择购买《新闻周刊》的消费者是消费全体的 60％，购买《时代》的消费者是 40％。那么，选用艾滋病新药作为封面故事就不再是《时代》杂志的优势策略了。对于《时代》来说，自己此时的优势策略则是选择预算问题作为封面故事。

在这种情况下，博弈双方的优势策略就不再与对方无关，而是要根据对方的优势策略来制定自己的优势策略。

就像上文所述，选择艾滋病新药依然是《新闻周刊》的优势策略。那么，《新闻周刊》的编辑们必定会以这条消息作为封面。与此同时，《时代》的编辑们通过分析，可以确定《新闻周刊》的具体选择。于是，《时代》就可以根据这一分析结果，结合自己的实际情况，选择预算问题作为封面故事，为自己赢得关注预算问题的消费者。

此时，《新闻周刊》和《时代》之间的博弈就不再是同步博弈，而是转变成了博弈者相继出招的博弈。由于博弈者之间的情况已经发生了变化，所以博弈者此时就要非常慎重，要结合当时博弈的具体情况，重新评估自己的优势策略。

假如自己已经知晓了对方采用的策略，那么根据对方可能会采取的策略，所制定出的具有针对性的应对策略就是你的优势策略。

公元 409 年，刘裕率军北伐南燕。

公元 410 年二月，广州刺史卢循联合自己的姐夫永嘉太守徐道覆，起兵叛乱。打算趁着此时建康城内兵力空虚，北征东晋。

卢循带军翻越五岭，朝江陵进发。徐道覆则领兵直奔庐陵和豫章。同年五月，两军在始兴会合后分成东西二路，进入湘州与江州诸郡，一路势如破竹，直逼兵力不过数千的建康。

刘裕闻讯自北伐前线急返京师，部署防卫。此时，卢循和徐道覆在进军趋向上发生争执。徐道覆建议从新亭进军白石，然后烧掉战船登陆，分几路进攻刘裕。卢循打算采取尽可能保险的策略。结果卢循的北伐军陈兵建康城下三个月，无所作为。不仅丧失有利战机，而且还大大削弱了军队战斗力。

而刘裕刚好借此机会调动各路军队转移集中，砍伐树木在石头城和秦淮河口等地全部立起栅栏。同时命人尽快整修越城，兴筑查浦、药园、廷尉三座堡垒，派兵在那里把守。

结果，卢循兵临建康近两月，兵疲粮乏，被迫于七月初退还寻阳，最后兵败投水自杀。

其实，卢循原本可以战胜刘裕，不必落得如此凄惨的下场。当时，卢循的军队一路北上，非常顺利，士气正足。对于卢循来说，"一鼓作气攻下建康"就是他的优势策略。所以，他完全可以不顾刘裕的应对情况，直接攻城。但是，他太过于在乎对方的应对策略，由此失掉了自己的胜利。

对于刘裕来说，东晋大军还在北方作战，自己匆忙返回建康。他当时的最优策略就是严防死守，等待大军的回防。当发现卢循没有立即进攻建康后，他便开始调整自己的策略，调动军队、修筑工事，逐渐占据了优势。

所以说，如果博弈者拥有一个优势策略的时候，应当直接应用，不必顾忌自己的对手。如果某一个博弈者拥有的优势策略，优于其他博弈者的优势策略。也就是说，只有一方占有优势的话，那么另一方的优势策略就是根据对方的策略制定属于自己的最优策略。

第 4 节　出击时机的选择

通过枪手博弈，我们了解到在关系复杂的博弈中，博弈者采用的策略将会直接影响博弈的结果。所以，枪手博弈可以看作是一种策略博弈。

对于策略博弈来说，最显著的特点就是博弈的情况会根据博弈者采取的策略而发生变化。博弈者为了获得最终的胜利，彼此之间会出现策略的互动行为。这就导致博弈者所采用的策略与策略之间，彼此相互关联，形成"相互影响、相互依存"的情况。

在通常情况下，这种策略博弈有两种形式。一种是"simultaneous move game"，即同时行动博弈。在这种博弈中，博弈者往往会根据各自的策略同时采取行动。因为博弈者是同时出招，博弈者彼此之间并不清楚对方会采用何种策略。所以，这种博弈也被称作一次性博弈。

很多人都读过美国作家欧·亨利的短篇小说《麦琪的礼物》。故事讲述了一对穷困潦倒的小夫妻之间相互尊重、相互关心的爱情故事。

这对新婚不久的小夫妻虽然过着比较清苦的生活，除了日常生活的开销，再没有多余的闲钱。但是当圣诞节来临的前夕，彼此都在暗地里筹划，希望能给对方准备一件珍贵的礼物。于是，妻子狠心剪去了自己美丽的金色长发，换取了20美元，买了一条表链，来配丈夫的祖传金表。与此同时，丈夫卖了自己的金表，为妻子引以为傲的金色长发换取了一套精美的发饰。

结果，两人都为了对方，极不理智地牺牲了各自最宝贵的东西。两人精心准备的礼物都变成了没有使用价值的无用之物。

当然，我们从这个故事中体会到了两个主人公彼此之间无私的爱。现在，我们抛开其中的人文气息，用博弈论的观点来重新看这个故事。

在这个故事中，妻子和丈夫可以分别被看作是参与博弈的双方。双方的目的是准备一份最好的圣诞礼物。于是，妻子和丈夫都开始制定各自的行动策略。妻子的策略是出卖自己的长发。丈夫的策略是出卖自己祖传的金表。两人交换礼物就相当于同时出招，在此之前，妻子不知道丈夫的策略，丈夫也不知道妻子的策略。当两人同时拿出礼物后，博弈结束。所以说，这个故事其实就是一场同时行动的博弈。

策略博弈的另一种形式是"sequential game"，即序贯博弈，也被称作相继行动的博弈。棋类游戏是这种博弈形式最形象也最贴切的表现。

拿围棋来说，两个人一前一后，一人一步地进行博弈。通常情况下，我们在走自己这步棋的时候，就在估算对方接下来的举动，然后会思考自己如何应对。就这样一步接一步地推理下去，形成一条线性推理链。

简而言之，对于参与序贯博弈的博弈者来说，制定策略时需要"向前展望，向后推理"。就像《孙子兵法》中所说的，"势者，因利而制权也"。要根据对方的决策，制定出对自己有利的策略。

商家在进行博弈的时候，经常采用的策略就是在价格上做文章。《纽约邮报》和《每日新闻》两家报纸就曾经在报纸售价上进行过一场较量。

在较量开始前，《纽约邮报》和《每日新闻》单份报纸的售价都是40美分。由于成本的增加，《纽约邮报》决定把报纸的售价改为50美分。

《每日新闻》是《纽约邮报》的主要竞争对手，在看到《纽约邮报》提高了单份报纸的售价后，《每日新闻》选择了不调价，每份报纸仍然只售出40美分。不过，《纽约邮报》并没有立即做出回应，只是继续观望《每日新闻》接下来的举动。《纽约邮报》原以为要不了很长时间，《每日新闻》必定会跟随自己也提高报纸的售价。

出乎意料的情况是，《纽约邮报》左等右等，就是不见《每日新闻》做出提高售价的举动。在此期间，《每日新闻》不仅提高了销量，还增添了新的广告客户。相应的，《纽约邮报》因此造成了一定的损失。

于是，《纽约邮报》生气了，决定对《每日新闻》的做法予以回击。《纽约邮报》打算让《每日新闻》意识到，如果它不能及时上调价格，与自己保持一致的话，那么，自己就要进行报复，与其展开一场价格战。

不过，稍有商业知识的人都知道，如果真的展开一场价格战，即便能够压倒对方，达到自己的目的，自己也要付出一定的代价。最危险的结果会是双方都没占到便宜，反而让第三方获益。经过再三思量，《纽约邮报》采取的策略是把自己在某一地区内的报纸售价降为了 25 美分。

这是《纽约邮报》向《每日新闻》发出的警告信号，目的是督促对方提高售价。这种做法非常聪明，既让对方感到了自己释放出的威胁，又把大幅度降价给自己带来的损失降到了最低程度。

《纽约邮报》的做法收效非常明显，在短短几天内该地区的销量就呈现出成倍的增长。最重要的是，《纽约邮报》的这一做法很快就达到了自己的最终目的。《每日新闻》把报纸的售价由 40 美分提高到 50 美分。

对于《每日新闻》来说，当《纽约邮报》提高售价时，自己采取保持原价的策略本身就带有一定的投机性。目的就是想利用这个机会，为自己挣得更多的利益。此时，《纽约邮报》在地区范围施行的售价明显低于报纸的成本。假如自己仍然坚持不提价的话，自己的利益会遭到长时间的损害。假如自己对《纽约邮报》的做法予以回应，也会损害到自己的利益，加之提价对于自己并没有实质性的损害，只是与《纽约邮报》的竞争回到了原来的起点。所以，选择提价是《每日新闻》最好的选择。

其实，无论是博弈者同时出招的一次性博弈，还是博弈者相继出招的序贯博弈，博弈者都要努力寻找对自己最有利的策略。

我们在前面曾经提到过，如果博弈者拥有优势策略，那么就可以完全不必顾忌其他对手，只要按照优势策略采取行动就好。因为，无论你选择其他什么样的策略，得到的最终结果都不会超过优势策略得到的结果。所以，尽管放心大胆地使用。

如果你没有优势策略，又该怎么办呢？那就站在对方的角度上进行分析，确定对方的最优策略。然后，你就可以根据对方的这条最优策略来制定自己的应对之策。而且，这条策略就是你的最佳策略。

假如你身处在一个非常复杂的博弈中，每个博弈者都有多种选择，都不存在优势策略，而且博弈者的决策之间相互联系非常紧密，一时间无法确定自己的最佳策略。那么，你就可以选择先把自己的劣势策略排除。在博弈者排除劣势策略的过程中，就可以使博弈情况得到简化。简化过的博弈更容易掌控，而且在简化的过程中，你也许会找到对自己有利的策略。

当然，这些分析都只是基于理论，博弈的实际情况可能会更为复杂，但是掌握其中的一些规律，往往会有利于我们应对具体的博弈情况，有据可循。总而言之，在策略博弈中，博弈者的首要任务就是寻找属于自己的优势策略。

第 5 节　胜出的不一定是最好的

1894 年，中日之间爆发了著名的甲午海战，日本海军全歼北洋水师。清政府被逼向日本支付巨额的赔款，并割让领土委屈求和。清政府的财政就此崩溃，开始向西方大国借债度日。

当时，由于"天朝大国"美梦的破灭，举国上下都充斥着失望悲观的情绪。清政府的高层也出现了权力更迭。李鸿章由于在甲午海战中的"指挥不力"而被免职。

李鸿章是朝廷中洋务派的代表人物，他自 1870 年出任直隶总督后就开始积极推动洋务运动。可以说，北洋舰队就是李鸿章一手建立起来的。他的免职直接导致了北洋舰队无人掌控的局面。

当时的北洋舰队可谓是军事、洋务和外交的交汇点。谁能执掌北洋舰队，就等于进入了清政府的权力核心。因此，保守派和洋务派在朝堂上因为这个职位的人选，争执不休，吵得面红耳赤。

最终，继任这一职位的是王文韶。为什么一个名不见经传的云贵总督能够接受这么一个让人眼红的职位呢？

首先，接受北洋舰队的人必须是军人出身。如果此人不懂军事，怎么能管理一个舰队呢？王文韶当时的职位是云贵总督，领过兵打过仗。其次，掌管北洋舰队，就免不了要和外国人打交道。因此，此人不能不通外交事务。王文韶曾在总理衙门工作过，对外交事务还算熟悉。第三，保守派和洋务派都认可此人。在为官之道上，王文韶最擅长的就是走平衡木。他本人与代表革新派的翁同龢关系非同一般，又与代表洋务利益的湘军淮军一直保持着良好的关系。此外，由于他会做事，慈禧太后对他的印象也不错。

就这样，王文韶击败了众多才能出众、功高势大的官员，获得了北洋大臣的职位，成为了朝廷新贵。

如果联系枪手博弈的情况，我们会发现王文韶就相当于那个存活概率最高的枪手丙。所谓"两虎相争必有一伤"，以慈禧太后为首的保守派和以皇帝为首的革新派相互倾轧。即便在分属于这两个阵营中的大臣中，有人比王文韶更有才能，比他更适合接任这一职位，也会在两派相争中失去资格。这就让左右逢源的王文韶捡了一个大便宜。

就像枪手博弈中，最有机会活下来的不是枪法最好的甲那样，有些时候，博弈的最终胜出者未必是博弈参与者中实力最好的那一个。

读过《红楼梦》的人都知道，在贾宝玉身边服侍他的丫鬟们各有各的风姿。按照封建社会的习惯，像袭人、晴雯、麝月这样近身服侍的大丫鬟，都是贾宝玉未来姨娘的人选。其中，属晴雯最为出色。她人长得风流灵巧，聪明灵机，口才也好，女工也很出色。按理说，晴雯应该是姨娘的不二人选。最后，成为"准姨娘"的不是晴雯，而是那个脾气最好的花袭人。

按理说，无论如何也轮不到她来做这个"准姨娘"。论相貌，袭人在服侍宝玉的大丫鬟中属于中等，不是最好的；论聪明伶俐，她有些愚；论口才，她在言语上总是会吃些亏；论针线活，她不是最出挑的。而且，还总是喜欢唠唠叨叨地叮嘱宝玉。不过，袭人之所以从众丫鬟中胜出，正是因为她不是最好的。

参与博弈的博弈者们为了成为最终的胜利者，会在博弈的过程中不择手段。宝玉身边的丫鬟们大多也都存了同样的心思。成为宝玉的小妾，就意味着从此能够摆脱丫鬟低贱的身份，在地位上也能有所提升。她们必然会因此而互相较劲，最出众的那一个自然会成为众矢之的，也最容易成为其他人攻击的对象。袭人的"一般"让她在众丫鬟们的竞争中尽可能地保全了自己。最终，得到了王夫人赏识的她，顺利上位，奠定了自己在贾府的地位。

在复杂的多人博弈中，最后胜出的人必定是懂得平衡各方实力、善于谋略的人。就像枪手博弈中的枪手丙来说，当他具有率先开枪的优势时，他选择了放空枪或是与枪手乙联合，才使自己保住了性命。如果他不懂得谋略，直接向枪手甲开枪，那么就有可能被枪手乙杀死。这一点在军事斗争中体现得尤为明显。

民国初年，广西境内军阀势力混杂，在经过几年权力洗牌后，主要存在着三股军阀势力。三方互为犄角，形成对立之势。这三股势力分别是：陆荣廷、沈鸿英和李宗仁。三方在兵力上的差距不大。其中，陆荣廷有将近四万人马，沈鸿英的军队大约有两万多人。李宗仁在与黄绍竑联合后，在兵力上基本与沈鸿英打个平手。

势力最大的陆荣廷打算统一广西，决定先除去沈鸿英。1924 年初，陆荣廷率领精锐部队近万人北上，进驻桂林城外。沈鸿英在察觉到陆荣廷的企图后，立即赶往桂林截击。双方就这样，在桂林城外展开激战。这一仗打了三个月，双方都死伤惨重，谁也没占着便宜。在这种情况下，陆荣廷和沈鸿英都表示出和解的意向。

在陆沈相争之时，李宗仁则是坐山观虎斗，时刻注意着两人的战况。当了解到双方打算和解的时候，李宗仁意识到自己的机会来了。他的想法是：如果两人和解，就会出现两种可能。一是陆沈二人各回各的地盘，广西的局势依然是三足鼎立。二是两人联手后，转而对自己下手。如果是第一种情况，自己就可以按兵不动，静观其变。但是，两人合作后，攻击自己的可能性很大。那么，自己就要趁着陆沈二人元气尚未恢复之机，率先下手。

于是，李宗仁立刻召集白崇禧和黄绍竑就这一情况进行商讨。白崇禧和黄绍竑都表示同意李宗仁的观点。接下来，问题的关键就在于先打谁，是陆荣廷还是沈鸿英。李宗仁从道义的角度出发，认为应当先攻打沈鸿英。白崇禧和黄绍竑则从战略意义出发，认为应当趁陆荣廷后方空虚之际，先攻打南宁，吃掉陆荣廷的地盘。经过协商，三人最终制定了出击顺序，依照"先陆后沈"的原则，先攻击陆荣廷。

1924 年 5 月，李宗仁和白崇禧兵分两路，分别从陆路和水陆向南宁方向进攻。一个月后，两路人马在南宁胜利会师。而后，李忠仁等人成立定桂讨贼联军总司令部，打着讨伐陆荣廷残部的旗号，陆续铲除了沈鸿英、谭浩明等广西军阀。至此，李忠仁完成对广西的统一，成为了国民党内部桂系军阀的首领。

李宗仁能够赢得最后的胜利，顺利统一广西，最关键的因素就是他选择了正确的攻击顺序。在李、陆、沈三人的军事实力中，陆荣廷的实力显然是最强的。李宗仁和沈鸿英的实力相当。陆荣廷和沈鸿英在鏖战了三个月后，双方互有损伤。对于在一旁观战，实力毫发未损的李宗仁来说，沈鸿英此时的实力已经弱于自己。如果先攻击沈鸿英，李宗仁在实力上占有一定的优势。不过，陆荣廷离开自己的老巢南宁，跑到桂林与沈鸿英交战。此时，如果能"联弱攻强，避实击虚"，就可以让陆荣廷失去立足之地。假设李宗仁先攻击沈鸿英，即使取胜，也必定会消耗自己的实力，同时给陆荣廷以喘息的机会。到那时就有可能形成李、陆对立之势，依然无法统一广西。根据当时的情况，"先陆后沈"是李宗仁行动的最佳策略。李宗仁也正是因为采取了这一攻击顺序，成为了最终的赢家。

所以说，在复杂的多人博弈中，只要策略得当，最终的胜出者不一定是实力最强的博弈者。因为决定胜负的因素很多，实力是很重要的一个因素，但不是唯一的因素。

第6节　不要用劣势去对抗优势

我们先来看一个与军事上攻防有关的沙盘演示：

红蓝两军展开一场攻防战。红军是攻击方，兵力是两个师。蓝军是防守方，驻守某个城市的一条街道，拥有兵力3个师。

假设红蓝两军使用的装备相同，士兵的战斗素质均等，都有充足的后勤保障。在交战过程中，不得再对军队进行作战单位上的分割。也就是说，取消师以下的作战单位，双方的最小作战单位就是师。在这种假设条件下，就使得红蓝双方在最小作战单位内具有相同的战斗力。

既然双方在最低作战单位内的战斗力没有差别，那么胜负就将取决于两军对垒时的人数，即双方一旦遭遇，人数多的一方获胜。这场攻防演示的胜负标准就是防线的归属，也就是说，红方突破蓝方的防线，红方胜。蓝方守住防线，蓝方胜。

蓝方的防守目标是一条街道，有A和B两个出口。红蓝双方的攻防方向就将集中在这两个出口上。

先来分析红方的进攻战略，共有3种：

（1）两个师集中从A口向蓝方防线进攻。

（2）从两个出口同时进攻，一个师进攻A出口，另一个师进攻B出口。

（3）两个师集中向B出口的蓝方防线进攻。

再来看看蓝方的防守策略，共有4种：

（1）3个师集中防守A出口。

（2）两个师防守A出口，一个师防守B出口。

（3）一个师防守 A 出口，两个师防守 B 出口。

（4）3 个师集中防守 B 出口。

接下来，我们需要采用排列组合的方式，将双方的攻防策略组合在一起，总共有 3 种可能：

第一种：红方两个师集中向 A 出口的蓝方防线进攻。蓝方 4 种防守策略对应的结果是：

A. 蓝方集中所有兵力防守 A 出口，蓝方胜。

B. 蓝方两个师防守 A 出口，一个师防守 B 出口，蓝方胜。

C. 蓝方一个师防守 A 出口，两个师防守 B 出口，红方胜。

D. 蓝方所有兵力集中防守 B 出口，红方胜。

第二种：红方一个师向 A 出口的蓝方防线进攻，另一个师向 B 出口的蓝方防线进攻。与第一种情况的顺序一样，对应的结果分别是：红方胜、蓝方胜、蓝方胜、红方胜。

第三种：红方集中两个师向 B 出口进攻。同样的，蓝方 4 种防守策略对应的结果是：第一个策略，红方胜；第二个策略，红方胜；第三个策略，蓝方胜；第四个策略，蓝方胜。

根据上述分析的结果，可以看出，无论红方选择 3 种策略中的哪一种，与蓝方 4 种防守策略组合的结果都是两胜两负。也就是说，红方采取任何一种策略，取胜的概率都是 50%。可以说，红方在这场攻防博弈中没有劣势策略。

不过，在蓝方的 4 种防守策略中却存在劣势策略。我们可以罗列出蓝方 4 种策略对应的双方胜负结果：

第一种策略：1 胜 2 负；

第二种策略：2 胜 1 负；

第三种策略：2 胜 1 负；

第四种策略：1 胜 2 负。

从上面罗列出的结果，我们可以清楚地看到，当蓝方采用第一种和第四种策略的时候，与红方交手的胜算只有 1/3。第二种和第三种策略的胜算则有 2/3。蓝方采用第二和第三种策略的结果，明显好于第一和第四种策略。很显然，第一和第四种策略就是蓝方的劣势策略。

依照这种分析，蓝方必定会排出自己的劣势策略，即舍弃第一和第四种策略。如此一来，双方的博弈情况将得到简化：

第一，红方采用第一种策略，如果蓝方采用第二条策略应对，结果是蓝方胜；如果蓝方采用第三条策略应对，结果是红方胜。

第二，红方采用第二种策略，如果蓝方采用第二条策略应对，结果是蓝方胜；如果蓝方采用第三条策略应对，结果是蓝方胜。

第三，红方采用第三种策略，如果蓝方采用第二条策略应对，结果是红方胜；如果蓝方采用第三条策略应对，结果是蓝方胜。

在简化后的对决中，蓝方的劣势策略消失了，红方则出现了一个劣势策略，即第二种策略，兵分两路的进攻策略。根据分析的结果，红方如果采取这一策略，将毫无取胜的可能。

在这种情况下，红方必定会舍弃第二种策略，博弈情况就得到了再一次的简化：

第一，红方集中两个师进攻A方向，如果蓝方两个师防守A方向，一个师防守B方向，那么蓝方胜；如果蓝方一个师防守A方向，两个师防守B方向，那么红方胜。

第二，红方两个师集中向B方向进攻，如果蓝方两个师防守A方向，一个师防守B方向，那么红方胜；如果蓝方一个师防守A方向，两个师防守B方向，那么蓝方胜。

此时，红蓝双方取胜的概率都是50%。按理说，红方在兵力上处于劣势，胜算应该小于蓝方。这是怎么回事呢？

我们知道，当你拥有一个劣势策略时，要尽量规避，采取略优于它的策略。对于红方来说，它在总兵力上就弱于蓝方，兵分两路必然会导致兵力的分散，即意味着用自己的劣势策略来应对蓝方。从最简化的博弈情况中，我们可以清楚地看到，红方只要集中自己的兵力，就可以在面对采用优势策略的蓝方面前，争得50%的胜算。

这个攻防博弈源自美国普林斯顿大学"博弈论"课中的一道练习题，它向我们清晰地演示了博弈中"以弱胜强"的情况。只要规避自己的劣势策略，避免自己的劣势与对手的优势相抗衡。作为弱者，只要整合自己的资源，集中自身的优势，加上适当的策略，仍然有可能在博弈中掌握主动权。

公元383年，七月，秦王苻坚自恃国强兵众，一心向南扩张，急欲灭东晋，统一天下。苻坚不听群臣劝阻，下诏伐晋：命丞相、征南大将军苻融督统步骑二十五万为前锋，直趋寿阳（今安徽寿县）；命幽州、冀州所征兵员向彭城（今江苏徐州）集结；命姚苌督梁、益之师，顺江而下；苻坚亲率主力大军由长安出发，经项城（今河南沈丘）趋寿阳。

几路大军，合计约百余万人，"东西万里，水陆并进"，大有席卷江南，一举扫平东晋之势。

面对前秦军队的攻势，东晋也做了下列防御部署：丞相谢安居中调度；桓冲都督长江中游巴东、江陵等地兵力，控扼上游；谢石为征讨大都督，谢玄为前锋都督，率北府兵八万赶赴淮南迎击秦军主力。

十月十八日，苻坚之弟苻融率前锋部队攻占寿阳，俘虏晋军守将徐元喜。与此同时，秦军慕容垂率部攻占了郧城（今湖北郧县）。奉命率水军支援寿阳的胡彬在半路上得知寿阳已被苻融攻破，便退守硖石（今安徽凤台西南），等待与谢石、谢玄的大军会合。苻融又率军攻打硖石，结果惨败。晋军士气大振，乘胜直逼淝水东岸。

此时，苻坚登寿阳城头，望见晋军布阵严整，见城外八公山上秋风中起伏的草木，以为是东晋之伏兵，始有惧色。由于秦军逼淝水而阵，晋军不得渡河，谢玄便派人至秦方要求秦军后撤一段距离，以便晋军渡河决战。

此时，苻坚心存幻想，企图待晋军半渡，一举战而胜之，所以答应了这个要求。不料，秦军此时已军心不稳，一听后撤的命令，便借机奔退，由此而不可遏止。朱序等人又在阵后大喊："秦军败矣。"秦军后队不明前方战情，均信以为真，于是争相奔溃，全线大乱。晋军乘势追杀，大获全胜，苻融战殁，苻坚狼狈逃归，前秦损失惨重。

淝水之战是中国历史上著名的"以少胜多，以弱胜强"的战例。与实力强大的前秦相比，东晋的军事实力明显要弱小得多。我们可以简单分析一下这场战争。

第一，前秦的军队号称百万。东晋只有不到十万人。兵力差距悬殊。但是前秦刚刚统一北方，兵力多用来驻守城镇，兵力散落，无法在短时间内聚集。

第二，前秦政权在统一北方的过程中，消灭了不少其他民族的政权，国家内部各种矛盾复杂。人心不齐，国家内部不够稳定。

第三，苻坚犯了轻敌的用兵大忌，又产生了畏敌情绪。

反观东晋，国内局势稳定，国民凝聚力强。东晋先是击败了苻融，以一场胜利为自己的军队鼓舞了士气。然后，趁前秦军队的主力还没到达前，以自己战斗力最强的北府兵与之对决。运用策略得当。利用前秦军队人心不齐的情况，施以计谋，导致对方军心不稳，自乱阵脚。可以说，东晋恰恰是因为避开了对方的锋芒，整合自己的优势，集中攻击对方的劣势，最终以少胜多，战胜了前秦军队。

第 7 节　乱中取胜

公元前 6 世纪，希腊寓言家伊索讲述了一个"浑水摸鱼"的故事：

一位渔夫正在河里捕鱼。他先是用渔网把河流拦住，然后，再跑到渔网的上游，把石块拴上绳子，击打水底。鱼儿受到惊吓，使劲儿地乱游，其中不少撞到了网里。渔夫的这种做法，引起了旁观者的不满，他们抱怨说，渔夫这样做会把水搅浑，大家还指望着喝河里的水呢。渔夫辩解道："我也是没办法。如果不把水搅浑，我怎么可能捕到鱼呢？要是捕不到鱼，我就得饿死。"

伊索寓言的讲述者虽然是古希腊人，讲述的时间是几千年前，但是所表述的道理，却是古今通用的。

"浑水摸鱼"也适用于博弈理论中的枪手博弈模型。在这个模型中，每个枪手的实际能力并非是决定博弈结果的唯一因素。由于博弈的参与者不是单纯的双方博弈，而是 3 个或是 3 个以上的多方博弈。所以，各方利益的均衡状况也是影响博弈最终结果的关键因素之一。

在通常情况下，博弈的参与者的数量多，就意味着利益的牵扯也多。一旦博弈开始，博弈环境就会越复杂。情况越是复杂，那些实力较弱的博弈者就能趁机摸到"鱼"，从中获利。

无论是在表述上，还是听起来，我们会感觉到博弈的理论比较复杂，不容易理解。事实上，我们都曾经实际接触过这一理论，只不过是以不自觉的方式。

我们都听过相声。其中，相声《逗你玩》是著名相声表演艺术家马三立先生的经典代表作。这个相声的主要内容是这样的：

母亲："小宝，妈妈忙去了，你看家。外面晾着衣服呢，你得看着，别让人偷了去。有事就叫我！"

小宝："好。"

一会儿，来了一个小偷，问小宝："你几岁啦？"

小宝："5 岁。"

小偷："叫什么名字啊？"

小宝："小宝。"

小偷："你知道我是谁吗？"

小宝："不知道。"

小偷："我姓逗，叫逗你玩。咱俩一起玩吧，来，叫一声我的名字。"

小宝："逗你玩。"

小偷："对，这就对了。"

小偷拿起了绳上晾着的上衣，放进了自己的怀里。

小宝大叫道："妈，有人把咱家褂子拿走啦。"

母亲："谁啊？"

小宝："逗你玩。"

母亲："别闹，好好看着衣服！"

小偷接着又把晾着的裤子拿走了。

小宝又大叫："妈妈，他把咱家的裤子拿走啦。"

母亲："谁啊？"

小宝："逗你玩。"

母亲："这孩子，还闹，看我一会儿揍你，好好看衣服，别乱叫啦！"

最后，小偷把床单也拿走了。

小宝大声地叫："妈妈，床单也被他拿走啦。"

母亲："谁啊？"

小宝："逗你玩。"

母亲："这倒霉孩子。要是再不老实，我真的要揍你了。"

小偷走后，母亲出来了："咱家的衣服呢？"

小宝："都被拿走啦。"

母亲："谁啊？"

小宝："逗你玩。"

相信在听完这段相声后，很多人都会意识到，相声中的小偷不仅聪明，而且还懂得应用策略。如果我们从博弈论的角度分析，他算得上是一个浑水摸鱼的专家。由于小宝的母亲不清楚外面的情况，小偷就借由"逗你玩"这个名字，利用小宝传递信息，扰乱了小宝母亲的思维。就在小宝母亲的思维混乱中，小偷达到了自己的目的，成功地偷得了东西。

以上所说的这些故事，基本上都只限于文化娱乐和文学作品。不过，在现实生活中，也到处存在着"浑水摸鱼"的情况。

在社会上，如果某个行业的现状比较混乱，那么其中就很容易出现这种"浑水摸鱼"的作假现象。例如，很多年前，新闻记者是一个非常神圣的职业。他们本着客观公正的态度，为大众传递信息，揭露事实真相，受到民众的尊敬。不过，随着信息和新闻事业的发展，越来越多的人从事新闻记者这个行业。针对新闻从业人员数量的急速膨胀，新闻从业人员管理体制没能及时完善，出现了漏洞，导致了新闻从业人员素质下降，以及新闻记者资格证件管理的不规范现象，并由此出现了"假记者"的情况。

这些冒充记者的人，不仅没有接受过正规的学习，而且有些人的文化水平还很低。其真实身份甚至可能是街边的小商贩。他们这些人手里拿着假的记者证，打着某某报社或是电视台的名号，频繁出现在行政机关、矿山、企业这些地方进行采访报道，不仅没有人怀疑他们的真实身份，而且总是能得到热情周到的招待。有时候，一些被采访者甚至会以公开或是隐晦的手法贿赂这些假记者，目的就是让记者隐瞒一些事实真相，或是希望通过记者的报道提升自己的形象。正所谓，"新闻有价"，"拿人钱财替人消灾"。

俗话说，"水清则无鱼"。近几年，在通过集中的整顿治理、完善管理监督机制、大幅度提高新闻从业人员的素质之后，这种由假记者进行的敲诈勒索事件自然也就大大减少了。

通常情况下，这类"浑水摸鱼"的事件，往往会给特定的对象带来消极的影响。所以，我们必须对此种策略有所提防。具体来说，我们需要防范这样一种人：他们对于自己所做的事情，往往是东一榔头西一棒子，折腾了半天也弄不清楚他到底要做什么。例如，双方在谈判的过程中，一方在谈话时总是东拉西扯，不着边际，谈了半天也说不到主题上。在这个过程中，听讲者如果思维不够清晰，意志不够强大，就会被搅得思路混乱，精力疲倦。如果谈判的双方进入混乱不清的交流状态，必然有人从中获益，而另一方必然受损。通常情况下，采用"浑水摸鱼"手段的谈判者，会借对方精神不佳之机，突然提出自己的要求，迫使对方在混乱中做出决定。

当然，即使在谈判之外，也经常有类似情况发生。所以，我们碰到这种情况时，一定要鼓起勇气，直陈自己的迷惑，并坚持自己的底线。尤其是在谈判中，要敢于说出"你的意思我们不明白"、"请问您的意思是？"之类的话。要知道，这类话并不表示你处于弱势，也不丢脸，有时候甚至会让你减少不必要的损失。

第8节　置身事外的智慧

在我们的现实生活中，假如你的两个朋友甲和乙，因为一些小事发生了争执，双方都不服输、互不相让，眼看着两人要因为这场争执由朋友变成仇人。此时，他们要求你来对这场争执做出裁决，你要怎样解决这场冲突呢？

在清朝末年，曾发生过这样一件事：

这天，一群官员在黄鹤楼上聚餐。在座的有清末名臣张之洞，以及谭嗣同的父亲谭继洵。

宴会过程中，众位官员谈论的话题转移到了不远处的长江上。一位官员突然问了一句，"也不知道这长江的江面到底有多宽？"谭继洵说有五里三分。张之洞提出了不同的意见，说应该是七里三分。而且，两人都声称曾在某本书上亲眼看到过相关的记载。

由于张之洞和谭继洵之间本来就存在矛盾，加之宴会当中又喝了点儿酒，两人就这么你一句，我一句的争执起来。当时，张之洞是湖广总督，谭继洵则是湖北巡抚。在参加宴会的官员中，两人的官阶最高。于是，其他官员看到两人争执不下，一时间也无人敢劝阻。

后来，有人把当地的江夏知县陈树屏找来，让这个熟悉具体情况的县太爷来提供准确的答案。陈树屏到了黄鹤楼，在知晓了事情的起因后，心里明白这两位大人是打算借着这个机会，发泄一下旧怨。陈树屏心想：要是自己说张之洞大人的答案正确，势必会得罪谭继洵大人。要是说谭继洵大人的答案正确，又会得罪张之洞大人。两人都是自己的顶头上司，得罪谁都不好。

于是，陈树屏回答说："两位大人的答案都对。长江涨水的时候，江面的宽度是七里三分。长江进入枯水期的时候，江面的宽度是五里三分。"众人听了陈树屏的回答，都哈哈大笑起来。两位大人的争执也就在笑声中得到了化解。

明眼人都看得出来，陈树屏在这个故事中充当了一次"和事佬"的角色，也就是张之洞和谭继洵两人博弈中的第三者。在陈树屏出现之前，张之洞和谭继洵之间的博弈进入僵持阶段，两者势均力敌，但谁又都不肯服输。再继续争执下去，只能是两败俱伤，谁都捞不到好处。不过，让两人同时收手，双方又都心有不甘，只能继续僵持。

在陈树屏出现后，他的机智的解答可以说是两人的救命稻草，给两人提供了一个同时收手，又不失体面的"台阶"。于是，这样一场争端就此"化干戈为玉帛"。

看完这个故事，让我们再来看开头的那个问题。针对朋友之间相持不下的争执，最好的解决方法就是像张树屏那样。首先，给两人找一个缓和的"台阶"，让两个人先恢复心平气和的状态。等两个人都冷静了，再来谈论谁对谁错的问题。假如你一开始就明确地指出谁对谁错，不但不能很好地解决问题，甚至还会导致两人的争斗升级，同时失去两人的友情。

为什么这么说呢？道理很简单，如果你说甲是对的，他的确会对你心存感激，但是事后他又会对你心生埋怨，认为如果当时你不这样做的话，他和乙之间就不会彻底反目成仇。而对于乙来说，在朋友面前被认定自己是错的，必然会伤及他的脸面，让他下不来台，还有可能伤害到乙的自尊。他自然也会对你心存不满。反之亦然。

所以说，在处理这类事情的时候，做一个正直的"裁判"反而会起到费力不讨好的效果。由此我们就能够理解为什么"和事老"能够得到众人欢迎的原因了。其实，"和事佬"这个角色在某种程度上也体现了一种"置身事外"的处世智慧。

通常情况下，我们会瞧不起那种将自己置身事外，"双手不沾泥"的人。他们的立场左右摇摆不定，让人无法得知他们的真实目的。所以，我们会认为这种人表面上摆出一副谁都不得罪的样子，实则非常虚伪、卑鄙、"假清高"，常常对持有这种态度的人深恶痛绝。但事实上，当这种"置身事外"被运用到特定的博弈环境中时，就成为了一种绝佳的博弈策略。

例如，仅就枪手博弈的博弈环境而言，我们必须承认"置身事外"是实力最弱的那名枪手的最优策略。当两方进入你死我活的博弈状态时，假如第三方让自己尽量保持一种"置身事外"的态度，那么就会形成一种威胁，让对峙的双方产生防备心理。如此一来，第三方就能为自己在博弈中增加分量，占据一定的优势，提高博弈成功的概率。

俗话说："螳螂扑蝉，黄雀在后。"假如不去细究三者在实力上所存在的差距，黄雀采取的就是"置身事外"的策略。这样的情况无论是在文学作品中还是现实生活中都十分常见。

河畔的石头上蹲着一只正在觅食的青蛙，刚好碰到一只小老鼠从河边经过。青蛙心想，要是能把小老鼠骗到水里，自己的午饭就有着落了。却不知，小老鼠的想法和青蛙一样。小老鼠也打算把青蛙从水里骗上来，成为自己的午餐。双方都在处心积虑地想着如何实现自己的想法。

终于，青蛙先行动了。它对小老鼠说，下来吧，我要请你吃大餐。小老鼠闻言，想了想，回答说，非常感谢你的邀请，但是我不会游泳，这可怎么办呢？

后来，青蛙向小老鼠提议拿一根水草把彼此绑在一起。青蛙是这样打算的，水草的一头绑在自己的身上，另一头绑在小老鼠的身上，这样自己就可以把小老鼠拉下水了。小老鼠对这个建议表示同意，因为它觉得这种方法对自己有利，一旦绑在了一起，自己就可以通过水草把青蛙从水里拖出来。

于是，青蛙和小老鼠在分别绑好水草后，一个在岸上使劲儿拉，一个在水里奋力游，两者开始了一场水陆拔河比赛。

青蛙没想到小老鼠会和自己采用同样的策略，小老鼠低估了青蛙的力气。两者就这样僵持着，谁也奈何不了对方。更让双方没想到的是，早有一只老鹰潜伏在不远处，盯着他们的动静呢。最终，青蛙和小老鼠都变成了老鹰的午餐。

所以说，在博弈中，如果能够"置身事外"，做个冷静的旁观者，不仅能保存自己的实力，还有机会坐收渔翁之利。

在现实生活的博弈中，"置身事外"的表现方式有很多种。保持低调和低姿态就是其中典型的方式之一。

我们知道，秦始皇陵兵马俑被称作世界第八大奇迹。那些两千多年前制作的军士陶俑，体型接近真人的比例。古代的艺术家根据陶俑所代表的不同军种和官职差别，采用写实的手法，使其拥有了情感和灵魂。他们或手持矛戈、严阵以待，或手持缰绳、待命欲发，组成了由千百个被赋予了"内在灵魂和精神"、生机勃勃的陶俑构成的军阵。

在神态各异的陶俑中，有一尊以单膝跪地的准备发射弓箭的陶俑。它被称作"跪射俑"，是秦始皇兵马俑中的精品。陶俑上身直立，右膝着地，左膝曲蹲，右膝、右足尖和左足作为 3 个支点，成为身体的支撑。跪射是古人射箭的一种姿势。这种姿势重心低，利于射箭者保持稳定，而且，因为在高度上比其他姿势低，更利于防守或是设伏时突然出击。这类型的陶俑大多双目直视前方，眼睛中散发出的英气和肃穆的神情，仿佛在告诉后人当年秦始皇统一天下的决心和气势。

这种陶俑被安置在多兵种共存的军阵中。不过，在被考古学家发掘出来时，这种跪射俑周围的陶俑因各种原因，俑身都遭到了不同程度的损毁，唯独跪射俑保存完好。这是什么原因呢？

原因就是跪射俑的"低姿态"。原来，该陶俑军阵中，跪射俑不仅处于军阵的中心地带，而且由于周围的陶俑大多是站立姿势的陶俑。跪射俑在高度上比站立兵马俑矮了近半米。所以，即使在遭遇了兵马俑坑道顶部塌陷的情况，跪射俑也会避免由此所造成的损伤。

如果结合本章开头讲过的枪手博弈，我们就不难发现，跪射俑就相当于实力最弱的那名枪手。它之所以能够最大限度地保全自己，正是因为在众多高大的站立兵马俑面前，以一种低姿态将自己"置身事外"，获得最大的存活概率。

当我们身处在3人以上的多人博弈中，如果发现自己的实力较弱，处于博弈劣势的时候，我们不必强求自己逞英雄，非要用尽全力与强敌一较高下。对于激烈的争斗来说，想尽办法以弱胜强并不是最优策略。最好的选择是让自己不陷入其中。所以说，与其以卵击石，不如选择一种低姿态，以低调的方式让自己"置身事外"，远离激烈的争斗，学会隐藏、保全自己，积蓄力量，等待一招制敌的时机。

第9节 枪手间的同盟

只要提起博弈，人们在第一时间想到的是"竞争"、"争斗"这样的字眼。事实上，博弈论中同样有合作。当然，博弈论的"合作"有些是很容易看出来的，也有一些则是具有隐蔽性的。

其实，在"枪手博弈"中就存在着博弈者之间的一种隐性"合作"。合作的双方就是枪手乙和枪手丙。为什么要这么说呢？在3个枪手中，实力最强的就是枪手甲。无论是对于枪手乙还是枪手丙来说，枪手甲都是自己最大的威胁。换句话来说，枪手乙和枪手丙为了对付枪手甲，就此结成了共进退的合作关系。当然，一旦枪手甲被杀，那么这种攻守同盟就自动解除了。

建安五年，袁绍在官渡之战中的失利，使得自己损失了几十万大军，元气大伤。袁绍只得退回河北，回到自己的地盘养精蓄锐。袁绍打算在休整一段时间后，再次南下与曹操决一死战。

第二年，也就是建安六年，袁绍从平丘渡河，突袭陈留，打算由此向许昌进攻。结果，袁绍的如意算盘早已被曹操的谋士郭嘉识破，又被谋士程昱"十面埋伏"之计杀得片甲不留。经过仓亭一战，袁绍的实力遭到了彻底的瓦解，再无和曹操抗衡之力。

袁绍返回河北后，郁郁而终。袁绍临死前，他任命自己最小的儿子袁尚为大司马将军，指定他为自己的接班人。

曹操两次与袁绍交手，都取得了巨大的胜利，军队士气高昂。曹操早有心想趁着袁绍元气大伤之际，平定河北。当他听闻袁绍去世的消息之后，便即刻起兵，前来夺取袁绍的地盘。曹操的大军一路北上，如入无人之境，几乎没有遭遇到实质性的抵抗。很快，大军便攻至冀州，兵临城下。

大敌当前，袁绍的长子袁谭带领两个弟弟袁熙和袁尚，以及追随袁绍的一干将领，据城死守。曹操的大军一连进攻了好几天，成效都不大，始终不能攻入城中。

这一情况让曹操很是苦恼。此时，曹操身边的谋臣郭嘉建议他暂时撤军，带大军南下，先去攻打刘表占据的荆州。郭嘉认为，袁绍本应当把自己的位子传给自己的长子袁谭，但是他因为宠爱自己的小儿子，结果废长立幼，让袁尚做了自己的接班人。袁绍的这一做法肯定会引起袁谭心中的不满。袁氏三兄弟彼此之间的间隙已经形成，他日必定会依靠各自的势力，为了争权夺位而闹得不可开交。现在，袁绍刚死，又有强敌来犯，三兄弟必然团结一心，先抗击外敌。如果此时撤军，等到兄弟三人形成内斗，实力大减时再领兵北上，必定能夺取河北。

曹操听取了郭嘉的建议，在布置好相关重镇的兵力部署后，他便撤军了。事情的发展果然如郭嘉之前的推测一样。曹操撤军后不久，袁谭和袁尚之间就因为权力的归属问题，打得不可开交。袁谭为了彻底击败袁尚，竟然不惜引狼入室，要求曹操出兵帮助自己。

接到袁谭的求援，曹操意识到自己攻占河北的时机到了。于是，他迅速领军北上，杀死了袁谭，把河北纳入了自己的实力范围。袁熙、袁尚从曹军的包围中侥幸逃脱后，投奔了辽东的公孙康。

有人向曹操建议，占据着辽东的公孙康仗着自己远离中原，始终自称一派，从没表示过归顺之意。假如他和逃往辽东的袁熙、袁尚联手，以后必成祸患。理应顺势把辽东也攻下来，斩草除根。军中的诸位将领都表示赞同这一观点。

曹操并没有采纳这一建议，只是下令按兵不动，就地休整。过了几天，公孙康的使者突然来到曹军大营，带来了袁熙和袁尚两人的首级。众人都对此事大感意外，只有曹操面如常色，似乎早已知晓此事。

曹操的确已经知晓了此事。这是怎么回事呢？原来，当时劝曹操暂时退军的郭嘉早已对河北事态的发展做出了预测。郭嘉在随同曹军南下的时候，已经病逝了。但是，他在临死前把相应的对策都写在了自己的遗书里，交给了曹操。他在遗书中告诫曹操，如果袁熙、袁尚逃往辽东，投奔了公孙康，切忌不能出兵攻打辽东。因为袁绍在世时，与他的关系并不非常和睦。公孙康一直担心袁绍会侵占自己的地盘。如果袁氏兄弟逃往辽东，必定是曹操占领了河北。对于公孙康来说，他最担心的就是河北一旦被曹操占领后，进而侵占辽东。如果曹军为了追杀袁氏兄弟而进攻辽东，那么他们双方必定会联手，共同应敌。假如按兵不动，公孙康反而会对袁氏兄弟下手，所以，只需耐心等待即可。

郭嘉的分析非常准确，事实的确如此。公孙康始终密切关注着袁、曹两方的战争进程，当袁氏兄弟来到辽东投奔自己时，公孙康有自己的考虑。如果曹操在攻占河北后，顺势向辽东挺进，那么自己留着二人性命就等于多了两个帮手。假如曹操没有攻打辽东的意向，他就要除掉二人以解心头之恨。

所以，曹操只是原地不动，不动一兵一卒便达到了对袁绍势力斩草除根的目的。

兵法三十六计中的第九计是"隔岸观火"，"阳乖序乱，明以待逆。暴戾恣睢，其势自毙。顺以动豫，豫顺以动"。此计的意思就是说："根据敌方正在发展的矛盾冲突，采取静观其变的态度。当敌方矛盾突出，相互倾轧越来越暴露出来的时候，可不急于去'趁火打劫'。操之过急往往会促使他们达成暂时的联盟，反而增强他们的还击力量。故意让开一步，坐待敌方矛盾继续向对抗性发展，以致出现自相残杀的动机，便可达到削弱敌人，壮大自己的目的。"

其实，郭嘉两次献给曹操的计策都是"隔岸观火"，让曹操"坐山观虎斗，趴桥看水流"。第一次，曹操首度进攻河北时，来势汹汹的曹操相当于枪手博弈中的枪手甲，袁谭和袁尚则分别是枪手乙和枪手丙。对于袁谭和袁尚而言，曹操是当时两人最大的威胁，这个威胁使得两人具有共同的利益。只有先打败曹操，他们才有生存的机会。当曹操退兵后，两人的共同威胁消失，此时自身的利益升至首位。在彼此之间，对方是自己的最大威胁，于是联盟自然瓦解，争斗开始。此时，袁谭和袁尚则相当于枪手甲和枪手乙，曹操则变为了枪手丙，只要静待局势的发展变化，等待合适的机会再进一步采取行动即可。

第二次，曹操、袁氏两兄弟、公孙康三方之间展开博弈。如果曹操进军辽东，那么公孙康和袁氏两兄弟之间就产生了共同利益，形成联盟。可是，曹操选择了按兵不动，这就像枪手丙那样，传递了一种"我不具有威胁"的信息。如此一来，实力稍强的公孙康便除掉了无藏身之地的袁氏两兄弟。

符合枪手博弈的情况很多，魏、蜀、吴三国鼎立时期，三国之间的博弈情况就符合枪手博弈。

对于当时的三个国家而言，曹操的实力最强大。他是孙权和刘备的最强对手，是两国的首要攻击对象。所以，结盟共同对付曹操就是两国的最佳策略。也正是由于这个原因，在三分天下的局势形成后，诸葛亮给蜀国制定的外交战略就是不与东吴交恶，尽可能保持两家的友好关系。因为，诸葛亮心中非常明白，两家之间虽然存在一定的利益冲突，同时也要随时准备结成同盟对付实力强大的曹操。

从另一方面来说，曹操也深知这一点，对此一直有所防备。例如，曹操在灭掉了汉中割据势力张鲁后，并没有继续进军。如果曹操继续用兵，就会和刘备发生冲突。一旦与刘备交战，他就必须提防孙权是否会从背后偷袭自己。倘若孙权出兵援救刘备，那么曹操便会陷入两线同时作战的局面，这种情况正是曹操最不想看到的。曹操并非不想统一全国，那是他一生的奋斗目标。不过，由于孙刘联盟的存在，使得曹操用兵时一直都心存顾忌，所以，这才维持了三国鼎立的局面。

相较于蜀国明确的联吴策略，孙权似乎更注重"蝇头小利"，他总是惦记着刘备手里的荆州，不忘向西扩张自己的势力范围，忽视了孙刘联盟的重要性。正是在这种情况下，孙权做出了一个错误的决定：让吕蒙带兵夺取了南郡，在攻占荆州后，又在麦城杀害了关羽。东吴的这一系列举动彻底激化了孙刘两家之间的矛盾，孙刘联盟崩溃，并最终导致了夷陵之战的爆发。

俗话说，"两虎相争，必有一伤"。这场战争致使刘备所带领的蜀国精锐几乎消耗殆尽。孙权也没捞到多大的好处，自己的军队也在战争中折损了不少兵将。这场战争之后，孙刘两家的整体实力都遭到了不同程度的削弱，实力大减。

不仅如此，孙权这一错误策略也给自己带了更沉重的负担。为什么这么说呢？我们可以从军事的角度进行分析。

在夷陵之战以前，孙刘两家与曹操的势力范围的结合点主要分布在四个地区，即汉中地区、襄阳地区、武昌地区、江淮地区。其中，孙权的势力集中在武昌和江淮地区，刘备则在汉中和襄阳地区与曹操对峙。两家各自负责防守自己的两个区域，承担着来自曹操的同等军事压力。相反，曹操则必须在上述四个地区都驻防一定的兵力与两家抗衡。这样一来，曹操无论想要进攻孙权还是刘备，都同样费力，总是要分派出同等的兵力预防另一方偷袭自己。

不过，这一防守局面在夷陵之战后被彻底改变。孙权的防守区域由原来的两个变成了三个，增添了襄阳地区防务，使得自己背上了沉重的防守负担，承担了更多来自曹操的军事压力。

可以说，孙权打破孙刘两家的攻守联盟是一个吃力不讨好的策略。最终，孙刘两家被来自北方的司马懿采用各个击溃的策略，丢掉了自己的地盘。

如果说，孙权和刘备是因为联盟破裂而最终被实力强大的司马懿所灭的话，那么下面的这件史实的结果就是强者败在弱者联盟下的典型例子。

秦始皇在建立了强大的国家后，经常带着侍从到各地去巡视。秦始皇在称帝后，共进行了五次全国性的巡视。第五次巡视出发的时候，在满朝文武大臣中，只有丞相李斯和大太监赵高跟随秦始皇出行。另外，他还带上了自己最喜欢的十八子胡亥。

按照秦始皇制订的巡视计划，此行的路线是先向东到达会稽，然后渡江前往琅琊，最后从琅琊返回咸阳。不过，秦始皇一行人刚到平原津的时候，秦始皇病了，而且病得很严重。当行进到沙丘平台时，病情加重。秦始皇意识到自己是大限将至，可能撑不到返回咸阳了。于是，他让赵高在自己的病榻前拟写了一份诏书，指定长子扶苏为自己的继承人，由蒙恬将军总理国家的军务。秦始皇命令赵高带着这份诏书先行返回咸阳，为自己置办后事。秦始皇刚刚说完自己的遗诏，就去世了。

秦始皇活着的时候始终没有正式确立太子，如果秦始皇已死的消息一旦传出，他的二十几个儿子恐怕会为了争夺地位引起国家的动乱。于是，李斯决定秘不发丧。为了保密，李斯下令一切照旧。随行的侍从依旧给皇帝送水送饭，地方官员依旧前来参拜秦始皇，汇报政务。只不过李斯借口秦始皇在车内批复奏折，并没有让各等官员亲眼见到皇帝而已。

此时，秦始皇的遗诏和玉玺都握在赵高的手里。赵高并没有立即返回咸阳，也没有把遗诏及时送出去。他有自己的考虑。赵高与赵国国君是远亲，也曾是皇族。只因孩提时被施以宫刑，成年后便进宫做了太监。赵高精通刑狱法令，办事利索干练，深得秦始皇的喜欢。秦始皇还因此让赵高教授胡亥有关法律上的知识。所以，对于胡亥来说，赵高算得上是他的老师。两人私交甚密，关系很好。

不过，赵高与蒙恬之间结下过怨仇。当时赵高犯下了重罪，审理案件的恰好是蒙恬的弟弟蒙毅。蒙毅刚正不阿、秉公执法，按照法律赵高应当被处死。后来，赵高被秦始皇赦免，才保住了性命。现在，蒙毅身居高位，官职是上卿。蒙恬则领兵三十万正随公子扶苏驻防在上郡。蒙氏兄弟一文一武，一内一外，自己完全不是他们的对手。赵高深知，如果依照秦始皇的诏书，让扶苏继承了帝位，蒙恬掌握了国家的军务后，自己以后就更不会有好日子过了。

所以，对于赵高来说，此时对自己威胁最大的人就是公子扶苏。看着自己手中的遗诏和玉玺，赵高心生一计，篡改诏书，重新安插一个听从自己指挥的皇帝。不过，赵高知道仅凭自己的力量无法完成此事，于是他开始为自己寻找盟友。

他先是找到了与自己比较亲近的胡亥，游说他参与自己的计划。他告诉胡亥，一旦公子扶苏继位，为了稳固自己的权力，必定会排挤其他的公子。胡亥以后不仅难有立足之地，甚至可能会被自己的兄长杀掉。胡亥明白了赵高的意图和计划后，虽然害怕事情败露后，自己可能会遭遇的下场，但是权力的诱惑还是促使他点头，表示了同意。

当时，除了赵高和胡亥以外，还有一个人知道秦始皇真正遗诏的内容。这个人就是宰相李斯。对于向往掌握权力的赵高来说，手中权力不小的丞相李斯自然也是自己的对手。不过，当前最重要的是先除去最具威胁的公子扶苏和蒙恬。赵高在说服了胡亥之后，接下来就开始游说李斯。赵高向李斯陈述扶苏继位后李斯的利益得失。他告诉李斯，公子扶苏信任蒙氏兄弟。待他登基后必定会让蒙氏总理朝政，李斯的丞相之位终将会被蒙氏取代。最终，本来打算执行秦始皇遗诏的李斯也成为了赵高的盟友。

于是，赵高和李斯合伙篡改了诏书。胡亥被立为太子，继承皇位，公子扶苏被勒令自杀。就这样，赵高通过与李斯结成的攻守同盟击败了原本占据优势的公子扶苏和蒙氏兄弟，获得了自己梦寐以求的权力。

我们常说，"没有永远的朋友，也没有永远的敌人"。枪手博弈中两个实力稍弱的枪手结成同盟是为了对付共同的敌人。一旦共同的敌人消失了，原来的盟友就会成为新的敌人。就像赵高和李斯，在除掉了扶苏与蒙氏兄弟后，赵高便开始对付李斯。两人争斗的结果是李斯被腰斩。

其实，这种"枪手"之间的合作情况并不只限于历史事件。在现代的各种博弈中随处可见，在商业竞争中的体现尤为明显，而且得到了进一步的应用和扩展。

在激烈的商业竞争中，这种枪手博弈中的合作不再只停留在实力较弱的竞争者之间。一些行业的龙头老大为了保住自己的市场，也会采用合作的方式，强强联合，来稳固自己在本行业内的垄断地位。

总而言之，无论是强者之间为了垄断而形成的合作，抑或是弱者之间为了获得生存空间而结成的同盟，都是为了赢得博弈而采取的一种策略。只要这种策略应用得当，就可以收获事半功倍的效果。

第 10 节　不要忽视弱者的力量

辩证唯物主义认为，世界上没有绝对静止的事物。世界上的万事万物都处在不断的运动和发展之中。我们现在所看到的事物的姿态并非它们的本来面目。所有事物都必须经历一定的发展和成长历程，都是由小到大、由弱到强，一步步发展起来的。

2006 年的夏天，中央电视台的《乡约》栏目报道了一个绍兴人开办臭豆腐店，最终创业成功的故事。

故事的主人公叫吴利忠。"70 后"的吴利忠出生在浙江上虞的一个小村子里。他在高中毕业后，顺利考入了绍兴师范专科学院化学系，是村子里有名的"才子"。毕业后，吴利忠在一所学校里实习。家中的父母则按照传统习俗，为他订了一门亲事。这让充满理想抱负的吴利忠无法接受。

于是，他瞒着父母拿走了家中 5 万元的存折，离开了实习学校，只身一人前往福建闯世界。吴利忠到达福建后，找到当时已经在福建开设公司的朋友。后来，两人合伙冒着血本无归的风险，接受了一份加工订单。订单来自台湾，主要是负责向台湾提供手工制作的绢花。其中的利润很可观，只是吴利忠和朋友必须先把货交出去，而后才能拿到货款。

事实上，我们很多人在创业的时候都会碰到吴利忠这样的情况，没资金，又没有可以挣大钱的技术。该怎么办呢？有些人会开始抱怨，抱怨为什么自己会碰到这样的困难，抱怨人生的不公平。其实，人生本身就是一场博弈，我们会在不同的时期、不同的阶段遇到各种难题，需要我们做出选择。

吴利忠在面对这次人生抉择时，选择了冒险。他在看准商机后，果断出手，由此获得了人生的第一桶金。

后来，由于承担的风险实在太大，生意做起来太不稳当，吴利忠在净赚了几万元之后，选择了收手，他打算带着自己赚取的第一桶金回家发展。

回到老家后，吴利忠到市场去应聘，成为了上虞市港区劳动服务公司的经理。后来公司的情况发生了变化，接手过很多种生意，例如基建工程、工程运输车队、倒腾过日用百货、农副产品，总而言之，什么挣钱做什么。身为经理的吴利忠也在各种各样的生意中，收集着多方面的信息，积累着自己的经验。

　　在公司发展的过程中，吴利忠通过一次偶然的机会得知了一条商业信息。湖北宜昌、荆州一带的养殖场在出售鹅毛，每吨的价格大约是两万多元。他经过详细的调查，发现浙江本省的羽绒加工厂对鹅毛的收购价格平均都在 3 万元以上。这是一笔非常划算的买卖，一吨鹅毛就可以赚取 1 万多元的毛利润。

　　吴利忠立即赶往湖北探听虚实，并运回了一吨左右的鹅毛。在转手出售给羽绒加工厂后，除去运费，他净赚了 8000 多元。这让吴利忠非常兴奋，头脑发热的他想尽办法筹措资金，还从银行那里贷了 10 万多元的款，把筹集来的 30 多万现金全部买成了鹅毛。当他兴冲冲地带着货物从湖北返回上虞后，才发现自己被骗了。30 多万元换回的是一堆由毛片、碎布条组成的垃圾。此时，与他交易的湖北养殖场也早已人去楼空。

　　可以说，这是吴利忠人生的第二个转折点。在商场中注意收集信息，是一个很好的习惯。占有信息越多，制定出来的策略成功率越高。而且，在获得信息后，赶在其他竞争者的前面下手，是采用了先动策略。这本是能为吴利忠获取更多利润的好策略，但是吴利忠犯了一个致命的错误。他被一时的利益冲昏了头脑，在不明对方虚实的情况下，贸然做出决定，结果被骗走了 30 多万元的现金。由此走入低谷，完全陷入了人生博弈的劣势之中。

　　这次被骗的经历不仅让吴利忠在经济上遭受了致命性的打击，家乡父老的指责和债主的逼债都让他承受着沉重的心理压力。在经过了 4 个月的休整和反思后，吴利忠决定重新振作起来。他动身前往上海，希望在上海找到能让自己打赢翻身仗的机会。不过，现实非常残酷。在上海度过了一段无所作为的日子后，吴利忠再次返回了上虞。

　　回到老家后，吴利忠看到一条出售洗衣粉加工设备的信息。吴利忠认为这是一条可以让自己东山再起的路子。于是，他说服了自己的一个朋友，两人合伙开始加工生产洗衣粉。

　　事情在刚开始的时候进展并不顺利，生产出来的洗衣粉总是达不到质量标准。没过多久，朋友退出了合作。吴利忠没有放弃，他利用自己在大学里学到的知识，查找资料、进行多方实地考察。后来，吴利忠利用自己产品的优势与一家国有化工企业联合，建立了自己的工厂。

在接下来的几年时间里，由于吴利忠的勤奋和苦心经营，工厂的发展越来越好，生产出的洗衣用品还成为了萧山国际商业城中的上架产品。吴利忠不仅还清了以前的借款，还成为了当地有名的民营企业家，一时间风光无限。

没曾想，好景不长。由于纳爱斯集团旗下的"雕牌"洗衣用品在市场上的推广，严重影响了吴利忠的产品在市场上的销售。原本红红火火的日用化工厂在"雕牌"产品的冲击下，没有支撑太久便关门停产了。

吴利忠再次面临对人生前景的抉择。没过多久，他在一个朋友的帮助下，招聘了几个业务员，用自己业务员缴纳的押金，开始做 17951 话费充值卡的销售业务。此时的吴利忠还没有想到开设"臭豆腐"连锁店。不过，他本人却是一个吃"臭豆腐"的老食客。

原来，在古城上虞的一个老镇上的一条小弄堂里，曾经有一家经营油炸"臭豆腐"摊。摊主叫沈天明，是一位年逾古稀的老人。老人家炸了 60 多年的"臭豆腐"。住在上虞的人家都知道沈老手艺好，炸制的"臭豆腐"口味好，非常有特色。

"这么好的东西却没能走出这条小弄堂，如果能把沈老的油炸臭豆腐推广出去，肯定是桩不错的买卖！"吴利忠不止一次动过这种念头。于是，吴利忠便经常到小摊前，向沈老表示自己想拜师学艺的意思。不过，老先生以为他只是说说而已，从没当真。要知道，做这门生意，不仅非常辛苦，挣钱也少，又不体面。亲戚朋友也都以为吴利忠的这种说法只是一时的戏言。没想到，吴利忠利用闲暇时间，托关系、找门路，硬是打动了已经歇手的老先生。老先生不仅收下了吴利忠这个徒弟，还把自己积累了几十年的经验和独门秘方都传给了吴利忠。

进入 2003 年，由于电信移动业务的发展，有越来越多的人加入其中，来分享其中的利润。吴利忠所经营的业务也出现了利润的严重下滑。吴利忠索性停下了手里经营的业务，专心做起了油炸臭豆腐。吴利忠的脑海里早就构思好了一系列的发展计划。他要开设一家"臭豆腐"专卖店，并最终扩展成为全国性的连锁专营店。

2003 年 4 月 18 号，吴利忠的第一家"臭豆腐"专卖店在上虞市区开张，生意火爆。2004 年 8 月，吴利忠把自己的臭豆腐专卖店正是更名为"吴字坊臭豆腐"，申请了国家专利。2005 年，吴利忠成立了以经营油炸臭豆腐为主的食品加工公司，形成了"吴家老太传统绍式小吃体系"，并在一年内在全国建立了 600

多家专营江南特色小吃的食品分店。

就这样，吴利忠通过自强不息的奋斗，一步一个脚印的把自己的企业由小做大。

可以说，在吴利忠创业的过程中，我们似乎看不到什么博弈的影子。其实，他个人的人生奋斗历程就是一场博弈，而他始终都处在博弈的状态。我们与其说他是在和自己的命运博弈，倒不如说他是同人生道路中的每一个对手进行博弈。

我们常说，人生就是一场博弈。事实的确如此。人们希望自己的人生能够一帆风顺，但是这毕竟只是一种美好的愿望。人生总是跌宕起伏的。我们不可能永远处于这场博弈的上风，随时随地都会有新的挑战找上门来。那么，当我们处在人生的低谷，处于人生博弈的劣势时，我们该怎么办呢？

永远不要放弃！即便是一个弱者，只要不放弃，默默地积蓄力量，在机会来临时，果断出击，我们肯定会像吴利忠那样，赢得自己的人生博弈！

第 11 节　机会面前不要犹豫

"枪手博弈"作为一种博弈模式，以基于理论的一种游戏形式呈现出来。博弈环境在设定上会与真实博弈环境存在一些差别。例如，模式中设定 3 人同时开枪，而且每人只许射出一颗子弹。但是，假如把"枪手博弈"放置在现实中，就会出现一些新的情况。比如说，枪手拔枪的动作有快有慢，开枪的速度也存在差别，也许在对方只打出一颗子弹的时候，另一名枪手已经发射出了两颗子弹。

以枪手的出手快慢为例，枪手的枪法有好有坏，打枪的速度当然也有快有慢。枪法好并不等于动作快，枪法坏并不意味着动作慢。我们常说，"先下手为强"。在 3 个枪手中，谁能率先开枪就意味着谁就有可能在博弈中占据一定的主动。

历史中有很多因"先下手为强"抢占先机而取胜的例子。其中，李世民发动"玄武门之变"，顺利夺取皇位就是一个非常具有典型性的例子。

公元 618 年，李渊自立为帝，立长子李建成为太子，李世民为秦王，李元吉为齐王。

李建成成为太子后，李渊亲自带他处理朝政，锻炼李建成处理政事的能力。李渊还为他选择了一批辅佐的谋臣，进驻东宫，为他出谋划策。就在李渊不断地为李建成树立威望、为他未来接任皇位做出各种努力的时候，李建成却在饮酒玩乐，想尽办法除去自己的兄弟李世民。

李世民是李渊的第二个儿子，自李渊起兵就追随在父亲的身边，南征北战，为大唐的建立做出了不可磨灭的贡献。在大唐建立的第三年，李世民率军平定了刘武周。次年又击败了窦建德、王世充，铲除了对大唐王朝威胁最大的几个割据势力。李世民的战功卓著不仅巩固了他在大唐的地位，提升了威望，还使得不少名士猛将纷纷慕名前来，在他麾下效力。原本没有夺位之心的李世民，渐渐产生了想当皇帝的野心。

随着李世民实力的增加，以及李渊的重用，李建成感到了来自李世民的威胁。他开始选择自己的盟友。其他皇子还小，对李建成的帮助不大。就这样，立过战功，但有些骄淫放纵的齐王李元吉就成为了最佳人选。

当然，李元吉也有自己的打算。李元吉有军功在身，也有自己的军队，自然也想为皇位努力一把。但是，自己的前面还有李建成和李世民两个强有力的竞争者。李建成是长子，是太子，父亲李渊又在一旁辅佐，实力自然不弱。李世民军功赫赫，身边又有一群得力的能臣良将，而且李渊也非常倚重他，他也比自己强。相较之下，李世民手中握有军队，兵强马壮，一旦出现正面冲突，自己肯定无法与之抗衡。最终，李元吉答应了李建成的邀请，与他结盟。心中盘算等除掉李世民后，再着手对付李建成。

于是，李建成、李世民、李元吉3人之间的博弈就此开始。

李建成和李元吉对付李世民的第一个策略是笼络李渊的嫔妃们，获得后宫的支持。而后，开始通过这些后宫的嫔妃在李渊的耳边诋毁李世民。这使得李渊与李世民之间产生了间隙，父子关系出现了裂痕。

第二个策略是借刀杀人。两人借北方突厥南下侵犯河套地区的事由，极力让李渊派李元吉和李世民同时前往出兵讨伐，并趁机把尉迟敬德、程咬金等猛将调至李元吉的军中，霸占了李世民的一部分精锐部队。两军交战之时，李元吉设计让李世民以几千兵马去对付突厥的上万人马，想借突厥之手除掉李世民。没曾想李世民机敏过人，几乎是兵不血刃就瓦解了突厥大军的联盟。

一计不成，再生一计。李建成怂恿李渊以调职为借口，把房玄龄、杜如晦等李世民的重要谋臣调离了王府，希望达到削弱李世民实力的目的。后来，李建成找借口请李世民喝酒，打算用准备好的毒酒直接除掉李世民。幸运的是，淮安王李神通及时赶到，救了李世民一命。

其实，李建成二人的计谋和打算，李世民都已经有所察觉。在经历了毒酒事件后，李世民意识到自己必须立即采取行动，先发制人，绝不能再给对方机会，否则自己必将再无翻身之机。

李世民的策略是先向李渊揭露了对方妄图谋害自己的阴谋诡计，要求李渊对此事做出决断。李渊的回答是让3人在第二天的早朝上，就此事对质。

李世民考虑再三，打算提前行动，在入宫的必经之地玄武门动手，除掉李建成和李元吉。他更换了把守玄武门的官员，并安排尉迟敬德率兵在玄武门内设下埋伏。当李建成和李元吉在清晨入宫，进入玄武门，行至临湖殿的时候，李世民与尉迟敬德等人突然杀出，将二人杀死。

事后，尉迟敬德听从李世民的指派，身披铠甲，全副武装，径直走入宫中，面见李渊，声称李建成和元吉密谋叛乱，已经在玄武门被李世民诛杀。李渊闻讯后，只得改立李世民为太子，并在两个月后，宣布退位，让李世民继承了皇位。

至此，李建成、李世民以及李元吉3人之间的博弈，以李世民获胜而告终。在3人博弈之初，3人中李建成和李世民的实力相当，李元吉实力最弱。当李建成和李元吉结成同盟后，李世民就处在了下风。二人不断出招，李世民就根据对方的招数，寻找自己的应对之策。不过，在双方对垒的攻防之中，防御方必然是处在消极被动的一面，而且，如果仅靠坚持防御来获得胜利，概率实在是太小。所以，李世民抓住时机，率先出手，最终通过主动进攻，成为最终的赢家。

"先发制人"可以说是博弈中的先动策略。通过先发制人、主动出击的确可以扭转自己的被动局面，在博弈中反客为主。但是，"先下手为强"并非就是万能灵药。在采用"先发制人"这一先动策略时，最关键的一点就是要做到"知彼"，否则不仅无法改变自己的处境，反而会让自己的处境更糟。

（秦昭王）四十四年（前263），白起攻（韩）南阳太行道，绝之。四十五年（前262），伐韩之野王。野王降秦，上党道绝。其守冯亭与民谋曰："郑道已绝，韩必不可得为民。秦兵日进，韩不能应，不如以上党归赵。赵若受我，秦怒，必攻赵。赵被兵，必亲韩。韩赵为一，则可以当秦。"因使人报赵。赵孝成王与平阳君、平原君计之。平阳君曰："不如勿受。受之，祸大于所得。"平原君曰："无故得一郡，受之便。"赵受之，因封冯亭为华阳君。……

四十七年（前260），秦使左庶长王龁攻韩，取上党。上党民走赵。赵军长平，以按据上党民。四月，龁攻赵。赵使廉颇将。赵军士卒犯秦斥兵，秦斥兵斩赵裨将茄。六月，陷赵军，取二鄣四尉。七月，赵军筑垒壁而守之。秦又攻其垒，取二尉，败其阵，夺西垒壁。廉颇坚壁以待秦，秦数挑战，赵兵不出。赵王数以为让。而秦相应侯又使人行千金于赵为反间，曰："秦之所恶，独畏马服子赵括将耳，廉颇易与，且降矣。"赵王既怒廉颇军多失亡，军数败，又反坚壁不敢战，而又闻秦反间之言，因使赵括代廉颇将以击秦。

秦闻马服子将，乃阴使武安君白起为上将军，而王为尉裨将，令军中有敢泄武安君将者斩。赵括至，则出兵击秦军。秦军详败而走，张二奇兵以劫之。赵军逐胜，追造秦壁。壁坚拒不得入，而秦奇兵二万五于人绝赵军后，又一军五千骑绝赵壁间，赵军分而为二，粮道绝。而秦出轻兵击之。赵战不利，因筑壁坚守，以待救至。秦王闻赵食道绝，王自之河内，赐民爵各一级，发年十五以上悉诣长平，遮绝赵救及粮食。

至九月，赵卒不得食四十六日，皆内阴相杀食。来攻秦垒，欲出。为四队，四五复之，不能出。其将军赵括出锐卒自搏战，秦军射杀赵括。括军败，卒四十万人降武安君。武安君计曰："前秦已拔上党，上党民不乐为秦而归赵。赵卒反覆，非尽杀之，恐为乱。"乃挟诈而尽坑杀之，遣其小者二百四十人归赵，前后斩首虏四十五万人。

这段文字源自《史记·白起王翦列传》，描述的是发生在战国时期的长平之战。这是一场发生在秦赵两国的战争，在中国的历史上具有深远的影响。因为它不仅是中国最早的，也是规模最大的一次歼灭战，而且战争的结果打破了当时两强对峙的局面。秦国在长平之战后，实力大增，最终消灭六国，完成了对中国的统一，建立了中国历史上第一个封建集权制国家。

在长平之战发生以前，中原的战国诸雄中就只剩下赵国还有实力同秦国一争高低。当秦国军队在攻占了韩国都城后。韩国上党郡郡守冯亭要求赵国发兵救援。于是，赵国老将廉颇奉命与秦国军队在长平附近开始了攻防交战。

在两军交战中，廉颇虽然打了几场胜仗，不过还是被强悍的秦军占去了一些城池。当廉颇退守到丹河，与秦军形成隔河对峙后，他便以丹河为依托，根据自己军队占据的有利地形，加固丹河防线，致使秦军无法再前进一步。就这样，廉颇以不变应万变，坚持了很长一段时间，把两军拖入了相持战中。廉颇并非只是一味坐等，他始终在严密地观察秦军的动向，寻找着自己出击歼敌的有利时机。

根据当时的情况，廉颇采用的策略是非常正确的。因为秦军是离开了自己的地盘，跑去进攻韩国。如果打持久战，必然会加重秦军后勤补给的负担，这对秦军非常不利。秦国便散布谣言，致使赵王临阵换将，让毫无作战经验的赵括取代了经验老到的廉颇。正是这位只会纸上谈兵、年少轻狂的赵括，葬送了 40 多万赵军将士的性命，致使赵国从此一蹶不振。

当然，赵括采用主动出击的策略，想以此改变赵国被动防守的局面并没有错。他最大的失误就是在没有弄清楚秦军虚实的情况下，贸然采取了进攻行动。加之他经验有限，指挥失当，不但没有改变自己的不利境地，反而被秦军所灭，成为了"先下手遭殃"的例证。

所以说，在博弈中采用先动策略，抢占先机并没有错，关键是要选择合适的时机。在决定采取"先发制人"的策略时，一定要充分了解对方的信息，做好充分的准备，切不可像赵括那般，在不明真实情况的时候，便采取行动。再者，要把握好时机，一旦机会来临，千万不能犹豫不决，导致"放虎归山"，错失扭转不利局面的良机。假如李世民当时拿不定主意，优柔寡断，那么中国的历史也许就要重新书写了。

·第八章·

警察与小偷博弈

第1节　警察与小偷模式：混合策略

在一个小镇上，只有一名警察负责巡逻，保卫小镇居民的人身和财产安全。这个小镇分为 A、B 两个区，在 A 区有一家酒馆，在 B 区有一家仓库。与此同时，这个镇上还住着一个以偷为生的惯犯，他的目标就是 A 区的酒馆和 B 区的仓库。因为只有一个警察，所以他每次只能选择 A、B 两个区中的一个去巡逻。而小偷正是抓住了这一点，每次也只到一个地方去偷窃。我们假设 A 区的酒馆有 2 万元的财产，而 B 区的仓库只有 1 万元的财产。如果警察去了 A 区进行巡逻，而小偷去了 B 区行窃，那么 B 区仓库价值 1 万元的财产将归小偷所有；如果警察在 A 区巡逻，而小偷也去 A 区行窃，那么小偷将会被巡逻的警察逮捕。同样道理，如果警察去 B 区巡逻，而小偷去 A 区行窃，那么 A 区酒馆的 2 万元财产将被装进小偷的腰包，而警察在 B 区巡逻，小偷同时也去 B 区行窃，那么小偷同样会被警察逮捕。

在这种情况下，警察应该采取哪一种巡逻方式才能使镇上的财产损失最小呢？如果按照以前的办法，只能有一个唯一的策略作为选择，那么最好的做法自然是警察去 A 区巡逻。因为这样做可以确保酒馆 2 万元财产的安全。但是，这又带来另外一个问题：如果小偷去 B 区，那么他一定能够成功偷走仓库里价值 1 万元的财产。这种做法对于警察来说是最优的策略吗？会不会有一种更好的策略呢？

让我们设想一下，如果警察在 A、B 中的某一个区巡逻，那么小偷也正好去了警察所在的那个区，那么小偷的偷盗计划将无法得逞，而 A、B 两个区的财产都能得到保护，那么警察的收益就是 3（酒馆和仓库的财产共计 3 万元），而小偷的收益则为 0，我们把它们计为（3，0）。

如果警察在 A 区巡逻，而小偷去了 B 区偷窃，那么警察就能保住 A 区酒馆的2万元，而小偷将会成功偷走B区仓库的1万元，我们把此时警察与小偷之间的收益计为（2，1）。

如果警察去B区巡逻，而小偷去A区偷窃，那么警察能够保住B区仓库的1万元，却让小偷偷走了A区酒馆的2万元。这时我们把他们的收益计为（1，2）。

		小偷	
		A 区	B 区
警察	A 区	(3, 0)	(2, 1)
	B 区	(1, 2)	(3, 0)

这个时候，警察的最佳选择是用抽签的方法来决定巡逻的区域。这是因为A区酒馆的财产价值是2万元，而B区仓库的财产价值是1万元，也就是说，A区酒馆的价值是B区仓库价值的2倍，所以警察应该用2个签代表A区，用1个签代表B区。如果抽到代表A区的签，无论是哪一个，他就去A区巡逻，而如果抽到代表B区的签，那他就去B区巡逻。这样，警察去A区巡逻的概率就为2/3，去B区巡逻的概率为1/3，这种概率的大小取决于巡逻地区财产的价值。

对小偷而言，最优的选择也是用抽签的办法选择去A区偷盗还是去B区偷盗，与警察的选择不同，当他抽到去A区的两个签时，他需要去B区偷盗，而抽到去B区的签时，他就应该去A区偷盗。这样，小偷去A区偷盗的概率为1/3，去B区偷盗的概率为2/3。

下面让我们来用公式证明对警察和小偷来说，这是他们的最优选择。

当警察去A区巡逻时，小偷去A区偷盗的概率为1/3，去B区偷盗的概率为2/3，因此，警察去A区巡逻的期望得益为$7/3(1/3×3＋2/3×2＝7/3)$万元。当警察去B区巡逻时，小偷去A区偷盗的概率同样为1/3，去B区偷盗的概率为2/3，因此，警察此时的期望得益为$7/3(1/3×1＋2/3×3＝7/3)$万元。由此可以计算出，警察总的期望得益为$7/3(2/3×7/3＋1/3×7/3＝7/3)$万元。

由此我们得知，警察的期望得益是7/3万元，与得2万元收益的只巡逻A区的策略相比，明显得到了改进。同样道理，我们也可以通过计算得出，小偷采取混合策略的总的期望得益为2/3万元，比得1万元收益的只偷盗B区的策略要好，因为这样做他会更加安全。

通过这个警察与小偷博弈，我们可以看出，当博弈中一方所得为另一方所失时，对于博弈双方的任何一方来说，这个时候只有混合策略均衡，而不可能有纯策略的占优策略。

对于小孩子之间玩的"石头剪刀布"的游戏，我们应该都不会陌生。在这个游戏中，纯策略均衡是不存在的，每个小孩出"石头"、"剪刀"和"布"的策略都是随机决定的，如果让对方知道你出其中一个策略的可能性大，那么你输的可能性也会随之增大。所以，千万不能让对方知道你的策略，就连可能性比较大的策略也不可以。由此可以得出，每个小孩的最优混合策略是采取每个策略的可能性是 1/3。在这个博弈中，"纳什均衡"是每个小孩各取 3 个策略的 1/3。所以说，纯策略是参与者一次性选取，并且一直坚持的策略；而混合策略则不同，它是参与者在各种可供选择的策略中随机选择的。在博弈中，参与者并不是一成不变的，他可以根据具体情况改变他的策略，使得他的策略的选择满足一定的概率。当博弈中一方所得是另一方所失的时候，也就是在零和博弈的状态下，才有混合策略均衡。无论对于博弈中的哪一方，要想得到纯策略的占优策略都是不可能的。

在很多国家，纳税人和税务局之间的关系也属于警察与小偷博弈。那些纳税人总有这样一种心理，认为逃税要是被抓到，必然要交罚款，有时候还得坐牢；但如果运气好，没有被抓到，那么他们就可以少缴一点税。在这种情况下，理性的纳税人在决定要不要逃税时，一定会考虑到税务局调查他的概率有多高。因为税务局检查逃税要付出一定的成本，而且这成本还很高。一般来说，税务局不会随便查一个纳税人的账，只有在抓逃税漏税和公报私仇的时候，才会下血本严查。所以，纳税人和国税局便形成了警察与小偷博弈。税务局只有在你会逃税的情况下才会查税，而纳税人只有在不会被查的情况下才会想到逃税。因此，最好的选择就是随机，老百姓有时候逃税，有时候被查税。所以，像警察与小偷博弈一样，纳税人不可能让税务局知道自己的选择。如果哪个乖乖缴税的纳税人因不满国税局的检查而写信解释，认为他们不应该来调查，那么他们会得到什么结果呢？答案是国税局仍然像以前一样查他。同理，如果哪个纳税人写信通知国税局，说自己在逃税，那么国税局可能都会相信，但发出这种通知对纳税人来说多半不是最好的策略。因为在警察与小偷博弈中，每个人都会千方百计隐瞒自己的做法。

第 2 节　防盗地图不可行

通过警察与小偷博弈可以看到，并不是所有博弈都有优势策略，无论这个博弈的参与者是两个人还是多个人。

2006 年初，杭州市民孙海涛在该市各大知名论坛上建立电子版"防小偷地图"一事引起了人们的普遍关注。这张电子版的"防小偷地图"是一个三维的杭州方位图，杭州城的大街小巷以及商场建筑都能够在这张图上找到。如果需要，网民们还通过点击标注的方式放大某个路段、区域。最令人称道的是，人们想要查寻杭州市哪个地区容易遭贼，只需要点开这个地图的网页，轻轻移动鼠标就可以一目了然。这张地图自从问世以来，吸引了网民大量的点击率。

虽然地图上已经标注了很多容易被盗的地点，但是为了做到"与时俱进"，于是允许网民将自己知道的小偷容易出现的地方标注到里面。短短 3 个月的时间，已经有 40 多名网民在这张地图上添加新的防盗点。网友们将小偷容易出现的地段标注得特别详细，甚至还罗列出小偷的活动时间、作案惯用手段等信息。

正当网民们为"防小偷地图"而欢呼雀跃的时候，《南京晨报》却发生了不同的声音。《南京晨报》的一篇文章十分犀利地写道："为何没有'警方版防偷图'？"这个问题无异于一盆冷水，一下子浇醒了那些热情洋溢的网民。按道理说，警察对小偷的情况必定比普通市民了解得更多，可是他们为什么没有设计出一个防偷地图保护广大市民的财产安全呢？

《时代商报》发表的评论文章对此做出了解答。文章指出，如果警方公布这类地图，那么很有可能会弄巧成拙。由于不知道谁是小偷，所以当市民看到这类地图的时候，小偷也会看到，这样小偷自然就不会再出现在以前经常出现的地方，而是转移战场，到别的地方去作案。

这篇文章所说的有一定道理，但是却不够深入与全面。要想彻底搞清楚这个问题，就需要去警察与小偷的博弈中寻找答案。通过上一节对警察与小偷博弈的介绍，我们应该明白在每个参与者都有优势策略的情况下，纯策略均衡是一个非常正确的选择。一个优势策略要比其他任何策略都要优异，一个劣势策略则比其他任何策略都要拙劣。如果你有一个优势策略，你必然会选择使用，同样，你的对手也会这样做。反之，如果你有一个劣势策略，你就应该尽量避免使用，当然，你的对手也会明白这个道理。

为了能够更好地理解这个问题，请看下面两个房地产开发商的例子。

假设昆明市的两家房地产公司甲和乙，都想开发一定规模的房地产，但是昆明市的房地产市场需求有限，一个房地产公司的开发量就能满足这个市场需求，所以每个房地产公司必须一次性开发一定规模的房地产才能获利。在这种局面下，两家房地产公司无论选择哪种策略，都不存在一种策略比另一种策略更优异的问题，也不存在一个策略比另一个策略更差劲儿的问题。这是因为，如果甲选择开发，那么乙的最优策略就是不开发；如果甲选择不开发，则乙的最优策略是开发。同样道理，如果乙选择开发，那么甲的最优策略就是不开发；如果乙选择不开发，则甲的最优策略是开发。

		乙	
		开发	不开发
甲	开发	(0, 0)	(1, 0)
	不开发	(0, 1)	(0, 0)

　　从矩阵图中可以清晰地看到，只有当甲乙双方选择的策略不一致时，选择开发的那家公司才能够获利。

　　按照"纳什均衡"的观点，这个博弈存在着两个"纳什均衡"点：要么甲选择开发，乙不开发；要么甲选择不开发，乙选择开发。在这种情况下，甲乙双方都没有优势策略可言，也就是甲乙不可能在不考虑对方所选择的策略的情况下，只选择某一个策略。

　　在有两个或两个以上"纳什均衡"点的博弈中，谁也无法知道最后结果会是怎样。这就像我们无法得知到底是甲开发还是乙开发的道理。

　　回到前面提到的制作警方版"防小偷地图"的问题上来。在警方和小偷都无法知道对方策略的情况下，如果警方公布防小偷地图，这对警方来说看似是最优策略，但是当小偷知道你的最优策略之后，他就会明白这是他的劣势策略，因此他会选择规避这一策略，转向他的优势策略。毫无疑问，警方发布防小偷地图以后，小偷必然不会再去地图上标注的地方偷窃，而是寻找新的作案地点。所以说，从博弈策略的角度来虑，制作警方版"防小偷地图"并不是一个很好的方法。

第3节 混合策略不是瞎出牌

　　数学家约翰·冯·诺伊曼创立了"最小最大定理"。在这一定理中，诺伊曼指出，在二人零和博弈中，参与者的利益严格相反（一人所得等于另一人所失），每个参与者都会尽最大努力使对手的最大收益最小化，而他的对手则正相反，他们努力使自己的最小收益最大化。在两个选手的利益严格对立的所有博弈中，都有这样一个共同点。

诺伊曼这一理论的提出与警察与小偷博弈有很大的关系。在警察与小偷博弈中，如果从警察和小偷的不同角度计算最佳混合策略，那么得到的结果将是，他们有同样的成功概率。换句话说就是，警察如果采取自己的最佳混合策略，就能成功地限制小偷，使小偷的成功概率与他采用自己的最佳混合策略所能达到的成功概率相同。他们这样做的结果是，最大收益的最小值（最小最大收益）与最小收益的最大值（最大最小收益）完全相等。双方改善自己的收益成为空谈，因此这些策略使得这个博弈达到一个均衡。

最小最大定理的证明相当复杂，对于一般人来说，没有必要花大力气去深究。但是，它的结论却非常实用，能够解决我们日常生活中的很多问题。比如你想知道比赛中一个选手之得或者另一个选手之失，你只要计算其中一个选手的最佳混合策略就能够得出结果了。

在所有混合策略中，每个参与者并不在意自己的任何具体策略，这是所有混合策略的均衡所具有的一个共同点。如果你采取混合策略，就会给对手一种感觉，让他觉得他的任何策略都无法影响你的下一步行动。这听上去好似天方夜谭，其实并不是那样。因为它正好与零和博弈的随机化动机不谋而合，既要觉察到对方任何有规律的行为，采取相应的行动制约他，同时也要坚持自己的最佳混合策略，避免一切有可能让对方占便宜的模式。如果你的对手确实倾向于采取某一种特别的行动，那只说明，他们选择的策略是最糟糕的一种。

所以说，无论采取随机策略，还是采取混合策略，与毫无策略地"瞎出"不能画等号，因为随机策略与混合策略都有很强的策略性。但有一点需要特别注意，一定要运用偶然性提防别人发现你的有规则行为，从而使你陷入被动之中。

我们小时候经常玩的"手指配对"游戏就很好地反映了这个问题。在"手指配对"游戏中，当裁判员数到三的时候，两个选手必须同时伸出一个或者两个手指。假如手指的总数是偶数，那么伸出两个手指的人也就是"偶数"的选手赢；假如手指的总数是奇数，那么伸出一个手指也就是"奇数"的选手赢。

如果在不清楚对方会出什么的情况下，又该怎样做才能保证自己不落败呢？有人回答说："闭着眼瞎出。"可能很多人会被这样的回答搞得哈哈大笑，但是，其实笑话别人的人才真正可笑。那个人的话虽然看似好笑，实则很有道理。因为从博弈论的角度看，"闭着眼瞎出"也存在着一种均衡模式。

如果两位选手伸出几个手指不是随机的，那么这个博弈就没有均衡点。假如那位"偶数"选手一定出两个指头，"奇数"选手就一定会伸出一个指头。反过来想，既然"偶数"选手确信他的对手一定会出"奇数"，他就会做出改变，改出一个指头。他这样做的结果是，那位"奇数"选手也会跟着改变，改出两个指头。如此一来，"偶数"选手为了胜利，转而出两个指头。于是就形成了一个循环往复的过程，没有尽头。

因为在这个游戏中，结果只有奇数和偶数两种，两名选手的均衡混合策略都应该是相等的。假如"偶数"选手出两个指头和一个指头的概率各占一半，那"奇数"选手无论选择出一个还是两个指头，两名选手将会打成平手。同样道理，假如"奇数"选手出一个指头与出两个指头的概率也是各占一半，那么"偶数"选手无论出两个指头还是一个指头，得到的结果还是一样。所以，混合策略对双方来说都是最佳选择。它们合起来就会达到一个均衡。

这一解决方案就是混合策略均衡，它向人们反映出，个人随机混合自己的策略是非常有必要的一件事情。

过去有一位拳师，他背井离乡去学艺，学成归来后在家里与老婆因一件小事而发生矛盾。他老婆并没有秉承古代女子温婉贤淑的遗风，而是一个性格暴躁、五大三粗的女人。在自己丈夫面前，她更加肆无忌惮。她摩拳擦掌，准备让拳师知道她的厉害。拳师学有所成，根本不把她放在眼里，脸上充满了鄙夷的神情。可是没想到拳师还没有摆好架势，他老婆已经猛冲上来，二话不说就把他打得鼻青脸肿。拳师空有一身本领，在他老婆面前竟然毫无还手之力。

事后别人对此很不理解，就问他说："您武艺已经大有所成，怎么会败在您老婆手下？"拳师满脸委屈地回答说："她不按招式出拳，我如何招架？"

这个笑话就与民间流传的"乱拳打死老师傅"有异曲同工之妙。像拳师的老婆和"乱拳"，就可以看作是随机混合策略的一种形象叫法。

像那位拳师以及很多"老师傅"，他们因为只采取随机策略或混合策略中的一种，所以在随机混合策略面前必然会吃大亏。因此说，个人随机混合策略是保障博弈参与者获得胜利的一件法宝。

第4节　电话突然中断该谁给谁打过去？

在警察与小偷的博弈中，双方都会为了战胜对方，采取混合策略。不只在双方对立之时，就算是在双方打算合作的时候，混合策略博弈也经常会被使用。

在博弈中，局中人应该使用一种随机方法来决定所选择的策略，以达到"纳什均衡"，这是对混合策略的传统解释。但是，这种传统解释在理论与实践中都不能达到令人满意的效果。因为在博弈中存在着一些特殊情况，比如有些博弈存在好几个均衡，有些博弈却一个均衡也没有。

开车的时候，你应该靠左边走还是靠右边走？这个问题就无法运用优势策略或者劣势策略理论来做出回答。但这个问题的答案却显得很简单。假如别人都靠右行驶，你也会留在右边。因为每个人都认为，在其他人眼里，靠右行驶是一个很好的选择，那么每个人都会靠右行驶，而他们的预计也全都完全正确。于是，靠右行驶将成为一个均衡。不过，靠左行驶也是一个均衡，在英国、澳大利亚和日本等国家，车辆都是靠左行驶的。这个博弈有两个均衡。均衡的概念无法分辨出哪一个更好或者哪一个应该更好。如果在一个博弈里，存在着多个均衡，那么所有参与者必须就应该选择哪一个达成共识，否则就会导致困惑。

在有些博弈中，连一个均衡都无法找到。比如当伊拉克一号策略遇到美国四号策略的情况。这一策略组合的结果是反导弹没能拦截导弹，如果美国放弃四号策略，转而使用八号策略，那么情况就变成另外一个样子。不过，伊拉克也就跟着做出改变，由一号策略转向五号策略。伊拉克的这一调整又会使美国反过来转向四号策略，之后伊拉克则相应转向一号策略。如此达成一个循环往复的过程。如果一方坚守某一种确定行为，那结果会是什么样子呢？另一方会因此大占便宜。所以双方最好的选择就是采取随机策略。实际上，导弹截击问题具有很强的对称性，所以对双方而言，正确的策略组合是，美国的策略应该随机地"一分为二"，一半时间选择四号策略，另一半时间选择八号策略，伊拉克也一样，一半时间选择一号策略，另一半时间选择五号策略。

正是因为以上种种问题的存在，对混合策略的传统解释已经越来越无法让人满意。在这种情况下，约翰·查里斯·哈萨尼提出了更加确切的解释方法。

在哈萨尼看来，即使是一些微小的随机波动因素，也会影响到每一种真实的博弈形势。在标准的博弈模型中，微小的独立连续随机变量都会受到影响，每一个局中人的每一策略均与一个相对应。这些随机变量的具体数值具有隐蔽性，只有相关局中人才会知道，因此这种知识就变成了私有信息，但是联合分布则与之不同，它是博弈者的共有信息。这一现象被哈萨尼称为"变动收益博弈"。

在不完全信息博弈理论中，变动收益博弈正好与之相适应，每一个博弈者的收益都会受到各种随机变量数值的影响。在技术条件合适的情况下，变动收益博弈所形成的纯策略组合与对应无随机影响的标准博弈的混合策略组合具有一致性。通过实验可以得出结论，当随机变量趋于零时，变动收益博弈的纯策略均衡点向着对应无随机影响的标准型博弈的混合策略均衡点的方向转变。

变动收益博弈理论非常令人信服地解释了混合策略均衡点的问题。它向人们指出，博弈的参与者虽然表面上以混合策略进行博弈，但实际情况并非如此，他仍然是在使用纯策略在各种各样的博弈情形中进行博弈。这种解释是一个概念创新，具有重大的意义，这种理论为博弈论的发展奠定了坚实的基础。

托马斯·谢林在他的《冲突策略》一书中，提到过这样一个问题：如果明天某个时候你要在纽约市和某人会面，当然，他也会被告知将要与你会面，但是双方的信息仅限于此，至于见面的时间、地点、联系方式等都是一个未知数，在这种情况下，你会选择什么时候去什么地方和他见面呢？这个问题没有任何预先确定的正确答案，有的只是通常最常见的答案。在很多人看来，正午时分在中央车站与之见面是个不错的选择，于是他们都更倾向于这个答案。在众多答案里，来自加州大学圣迭戈分校教授塔妮亚·鲁尔曼的答案可以算是最有创意的一个。她的答案虽然称不上是空前绝后，但绝对算得上少见：纽约公立图书馆阅览室。对此，她解释说，虽然她十分清楚她这样选择成功的机会可能很小，但是与那些选择纽约中央车站的人见面相比，她对选择纽约公立图书馆阅览室的人更有兴趣。

电话突然中断后谁打给谁的问题也属于这类问题。假设托尼和朱莉是一对夫妻，托尼因为出差很久没有见到妻子了，于是就给妻子打了一个电话。可是电话打到一半突然断了，这时他该怎么做？他的妻子又该怎么做呢？如果托尼再给朱莉把电话打过去，那么朱莉就应该留在电话旁等待，好把电话的线路空出来。可是，如果托尼也像她一样，选择等待她把电话打过来，那么两个人的感情沟通不是无法继续下去了吗？

		朱莉	
		打过去	等待
托尼	打过去	(0, 0)	(1, 1)
	等待	(1, 1)	(0, 0)

在这个博弈中，存在着两个"纳什均衡"：一个是托尼打电话而朱莉在另一端守候，另一个则是朱莉打电话而托尼耐心等待。

一种解决方案是，如果双方打电话所花费的电话费不同的话，比如说一方可以免费打电话或者电话费用比另一方低廉，那么就应该由前者负责第二次拨打电话。

　　如果不存在上面提到的情况，那么他们就需要进行一次沟通，以确定彼此一致的策略，就采取哪一个均衡产生出一致的意见。一个解决方案是，原来打电话的托尼再次打给妻子，而原来接电话的朱莉则耐心等待电话铃响。这么做有一个好处，就是原来打电话的一方知道另一方的电话号码，反过来却并不一定会知道。

　　可是，在更多的情况下，上面提及的条件或约定并不存在，那么谁应该拨打电话只能靠投硬币来决定了。这种随机行动的组合成为第三个均衡：假如托尼打算给朱莉打电话，他有一半机会可以打通，还有一半机会无法打通，因为此时朱莉也在给他打电话，所以朱莉的电话处于占线状态；假如托尼等朱莉的电话，那么她同样有一半机会能够接到托尼的电话，同时还有一半机会无法接到托尼的电话，因为那时托尼也在给她打电话。每一个回合双方完全不知道对方将会怎么做，实际上，无论他们选择哪种策略，都对彼此最有利。因为他们只有50％的概率重新开始电话聊天，平均来说，他们要拨打两次电话才能成功接通。

第 5 节　混合策略也有规律可循

　　随着网球运动的不断普及，网球越来越受到人们的欢迎，网球比赛在电视转播中也越来越多。在观看网球比赛时，人们会发现，水平越高的选手对发球越重视。德尔波特罗、罗迪克、达维登科等球员底线相持技术一般，但是因为有一手漂亮的发球，所以能够跻身于世界前列。李娜、郑洁等中国女球员虽然技术十分出色，也取得过不俗的成绩，但是如果想要获得更大的进步，还需要在发球方面好好地下一番苦功夫。

　　发球的重要性使得球手们对自己的策略更加重视。如果一个发球采取自己的均衡策略，以 40：60 的比例选择攻击对方的正手和反手，接球者的成功率为48％。如果发球者不采取这个比例，而是采取其他比例，那么对手的成功率就会有所提升。比如说，有一个球员把所有球都发向对手的实力较差的反手，对手因为意识到了发球的这种规律，就会对此做出防范，那么他的成功率就会增加到60％。这只是一种假设，在现实中，如果比赛双方两个人经常在一起打球，对对方的习惯和球路都非常熟悉，那么接球者在比赛中就能够提前做出判断，采取相应的行动。但是，这种方法并非任何时候都能奏效，因为发球者可能是一个更加优秀的策略家，他会给接球者制造一种假象，让接球者误以为已经彻底了解了发球者的意图，为了获得比赛的胜利而放弃自己的均衡混合策略。如此一来，接球者必然会上当受骗。也就是说，在接球者眼里很傻的发球者的混合策略，可能只是引诱接球者的一个充满危险的陷阱。因此，对于接球者来说，为了避免这一危险，必须采取自己的均衡混合策略才可以。

和正确的混合比例一样，随机性也同样重要。假如发球者向对手的反手发6个球，然后转向对方的正手发出4个球，接着又向反手发6个，再向正手发4个，这样循环下去便能够达到正确的混合比例。但是，发球者的这种行为具有一定的规律性，如果接球者足够聪明的话，那他很快就能发现这个规律。他根据这个规律做出相应的调整，那么成功率就必然会上升。所以说，发球者如果想要取得最好的效果，那么他必须做到每一次发球都让对手琢磨不透。

由此可以看出，如果能够发现博弈中的某个参与者打算采取一种行动方针，而这种行动方针并非其均衡随机混合策略，那么另一个参与者就可以利用这一点占到便宜。

在戴维·哈伯斯塔姆的著作《1949年夏天》里，作者描述了17岁的特德·威廉斯第一次体会到策略思维的重要意义。对威廉斯和其他许多年轻球员来说，变化球让他们吃尽了苦头。威廉斯就曾被一名投手用一个曲线球打出局，这让他苦恼不已。正当他悻悻地往场下走时，一位著名的大联盟前投手喊住了他，问他是怎么回事。威廉斯无奈地回答说："一个该死的慢曲线球把我打出局了。"投手没有和他讨论有关曲线球的事，只是问他能不能击中那个人的快球，威廉斯干脆地答道："没问题。""你觉得下一次他会怎样对付你？"投手追问道。威廉斯从没想过应该怎样对付他，因为那是投手们思考的问题。那个投手又对威廉斯说："为什么你不回到场边等待下一次机会呢？"威廉斯按照他的话去做，结果收到了很好的效果。这件事看似只是小事一桩，但就是这件小事打开了一项长达20年的针对投手思维的研究的序幕。

在这个故事里，那个投手和威廉斯都没有认识到不可预测的必要性。这样说是因为，假如威廉斯想过对方会怎样向自己投球，那个投手就不会在他意识到自己早有准备的时候仍然投出一个曲线球！当时双方都想压制对方，但又无法掌握对方的想法，所以只能靠猜测行事。这就涉及猜测的概率问题。要想做到不可预测，投手投球的选择必须是随机的。当然，投出不精确的球的情况除外。如果一个投手连自己都不知道球会飞向何处，那么虽然他是不可预测的，但是他就没办法决定什么时候应该投什么类型的球，以及不同类型的球应该保持怎样的相对频率。

这种类似的情况还出现在 1986 年的全美棒球联赛中。那是一场纽约大都会队与休斯敦星象队争夺冠军的比赛，当时纽约大都会队依靠击球手莱恩·戴克斯特拉在第九局面对投手戴夫·史密斯的第二投击出的一个本垒打赢了最后的胜利。这是一场非常艰难的比赛。赛后，两位球员接受了记者的采访，当被问到究竟发生了什么事的时候，戴克斯特拉回答说："他投出的第一个球是一个快球，我击球出界。当时我感觉到他在第二投时会投一个下坠球，结果他果然那样做了。因为事先做出了判断，我非常准确地看清了这个球的路线，所以我的出手也非常准确。"史密斯则非常沮丧地说道："这样的投球选择可真是糟糕极了。如果让我再投一次，我就会投出一个快球。"

如果老天再给史密斯一个重新来过的机会，那他是不是应该再投一个快球呢？当然不是。击球手戴克斯特拉可能看到了史密斯这一层次的思考方式，所以他会认为史密斯将要投一个快球。此时，史密斯应该转向另一个层次的思考方式，投一个下坠球。对于双方来说，彼此都将对方的一切有规则的思考与行动方式看透，并且加以利用，所以说，他们最好的行动策略就是力求做到不可预测。

尽管棒球投手的投球选择是不可预测的，但还是有一些规则可以对这类选择进行指导。一定数量的不可预测性不应该完全听天由命。实际上，可以通过整个博弈的细节精确地确定投手选择投这种球而非那种球的概率。

在混合策略中，还会出现一种现象，就是后者盲目跟随前者。

在一个黑暗的房间里放着 3 种饮料，有一群人被告知可以到这个房间里拿饮料喝。因为房间很黑，所以每个人都无法用眼睛来判断饮料的质量，也无法看清饮料的品牌，这个时候，他们会选择哪一种饮料呢？也许有人会认为，3 种饮料将会得到平均分配，这看起来似乎很有道理。但是，这个实验结果是几乎所有人都选择一种饮料。这表明人们只会选择 3 种饮料中的一种，只是每次人们所选择的饮料不同罢了。这时我们可以说，被选取的饮料具有非对称性。

一般情况下，人们会根据饮料给每个人呈现的视觉图像进行选择，所以人群会出现对称性选择，也就是每个人会在所给定的几种饮料中随机选取，3 种饮料被选择的概率大体相同。

为什么会出现选择的非对称性呢？因为人们选择的行动之间有一种相互作用，正是这种相互作用使得选择出现非对称性。这是一种既微妙又不合理的学习过程。第一个人选取饮料是按照自己的喜好或者习惯来决定的，可以说是一种随机的选择，但是他后面的人对饮料的选取则与他不同。这是因为第二个人看到第一个人选择了某种饮料，他会顺理成章地认为第一个人的选取并非是随意的，而是有根据的，因此第二个人也会选择第一个人所选取的那种饮料。第三个人的情况也会如此，这种影响不会停止，而是传递给第四个人、第五个人……于是第一个人对某种饮料的随机选取就会这样传递下去，并且随着传递的不断进行，后面的人逐渐失去思辨能力，只是盲目地跟随前面的人进行选择。所有的人都倾向于选择一种饮料的原因就在于此。

之所以出现非对称的选择结果，是因为这种传递不是靠语言来进行的，而是依靠对前面人的选择行动的观察。这是一个没有理由的学习过程，也就是说，这样的学习过程是毫无根据可言的。这个心理学上的实验将人与人之间互动的情况淋漓尽致地显示给人们。

第6节　随机策略的应用

在拉斯维加斯的很多赌场里都有老虎机。那些经常光顾的人都会注意到，在每台老虎机上面都贴着一辆价格不菲的跑车的照片。老虎机上贴着告示，告诉赌客们，在他们之前已经有多少人玩了游戏，但豪华跑车大奖还没有送出，只要连续获得3个大奖，那么豪华跑车就将归其所有。这看起来充满了诱惑，就连不想玩老虎机的人都会得到一种心理暗示：既然前面那么多人玩都没有得到大奖，那就说明大奖很快就要产生了，如果我玩的话大奖很可能归我所有。

其实，不管前面有没有人玩过，每个人能否得到跑车的概率都是一样的。有很多人喜欢买彩票，看到别人昨天买一个号中了大奖，于是他就不再选那个号码。同样，昨天的号码再次成为得奖号码的机会跟其他任何号码相等。

这就涉及一个概率问题。概率里有一个重要的概念，也就是事件的独立性概念。很多情况下，像上面例子中提到的那些人，因为前面已经有了大量的未中奖人群做"铺路石"，所以他们去投入到累计回报的游戏中，买与别人不同的号码。但是，他们不知道，每个人的"运气"与别人的"运气"是没有任何关系的，并不是说前面玩的人都没有中奖会使你中奖的机会有所增加。这就像抛硬币一样。

如果硬币抛了10次正面都没有出现，是不是下一次抛出正面的可能性会增加呢？影响硬币正反面的决定性因素有很多，包括硬币的质地和抛的手劲，如果除去这些影响因素，那么第十一次抛出硬币出现正面概率仍然和抛出反面的概率相等。

《清稗类钞》记载着这样一个故事。清代文学家龚自珍除了对作诗有兴趣外，对掷骰子押宝也同样喜欢。他比普通人聪明很多，因为别人掷骰子押宝只靠运气，或者耍手段谋利。但是这著名的文学家竟然另辟蹊径，把数学知识运用到赌博之中。在他屋里蚊帐的顶端，写满了各种数字，他没事就聚精会神地盯着蚊帐顶端的数字，研究数字间的变化规律。他见人就自夸说，自己对于赌博之道是如何精通，在押宝时虽然不能保证百分之百正确，但也能够猜对百分之八九十。龚自珍虽然说得天花乱坠，但是每当他去赌场赌博，却又几乎必输无疑。朋友们嘲笑他说："你不是非常精通赌博之道吗，为什么总是输呢？"龚自珍非常忧伤地回答说："虽然我非常精通赌博之术，但是无奈财神不照应我，我又有什么办法呢？"

龚自珍的解释只不过是一种无奈的自我安慰罢了。心理学家们经过研究得出结论，人们总是会忘记，抛硬币出现正面之后再抛一次，正面与反面出现的概率相同这一道理。如此一来，他们连续猜测的时候，总是会在正反两面之间来回选择，连续把宝押在正面或反面的情况却很少出现。

其实有很多东西是非人类的智力所能及的，与其靠主观猜测做出决断，让主观猜测影响我们的决策，还不如干脆采取纯策略的方式。印第安人对此有非常清醒的认识，他们的狩猎行动采取的也就是这样一种策略。

印第安人靠狩猎为生，他们每天都要面对去哪里打猎的问题。一般的做法是，如果前一天在某个地方收获颇丰，那么第二天还应该毫不犹豫地再去那个地方。这种方法虽然可能使他们的生产在一定时间内出现快速增长，但正如管理学家所言，有许多快速增长常常是在缺乏系统思考的前提下，通过掠夺性利用资源手段取得的，这样做虽然可以保证使收获在一小段时间内得到增长，但是在达到顶点后将会迅速地下滑。如果这些印第安人把以往取得成果的经验看得太重，那么他们很容易陷入因过度猎取猎物而使资源耗竭的危险之中。

印第安人可能不会意识到这个问题，但是他们的行动却使得他们避免出现上述问题。他们寻找猎物的方法与中国古代的烧龟甲占卜的方法极其相似，只是他们烧的是鹿骨罢了。当骨头上出现裂痕以后，那些部落中负责占卜的"大师"就会破解裂痕中所包含的信息，由此判断出当天他们应该去哪个方向寻找猎物。令人不可思议的是，这种依靠巫术来决策的方法，一般情况下都不会让他们空手而归。也正因为这样，这个习俗才得以在印第安部落中一直沿袭下来。

在这样的决策活动中，印第安人正是很好地照顾到了长远的利益，尽管这可能并不是他们的本意。可以说，因为测不准原理的影响，随机策略更有可能让我们在谎言与迷惑之中做出正确的选择。我们还可以选择某种绝对秘密而且足够复杂的固定规则，来使对手无法预测我们的策略。

比如那些必须使自己的混合策略比例维持在 50∶50 的棒球投手，他最好的策略选择就是让他的手表替他做出选择。他应该在每投一个球前，先看一眼自己的手表，假如秒针指向奇数，投一个下坠球；假如秒针指向一个偶数，投一个快球。这种方法其他情况下也同样适用。比如那个棒球手要用 40％ 的时间投下坠球，而用另外 60％ 的时间投快球，那么他就应该选择在秒针落在 1～24 的时候投下坠球，在 25～60 的时候投快球。

第 7 节　随机性的惩罚最起效

随机策略是博弈论早期提出的一个观点，促进了博弈走向成熟阶段。这个观点本身很好理解，但是要想在实践中运用得当，使其作用达到最大化，就必须做一些细致的研究。比如在前面提到的网球运动中，发球者采取混合策略，时而把球打向对方的正手，时而把球打向对方的反手，这还远远不够。他还必须知道他攻击对方的正手的时间在总时间中所占的比例，以及根据双方的力量对比如何及时做出选择。在橄榄球比赛里，攻守双方每一次贴身争抢之前，攻方都会在传球或带球突破之中做出选择，然后根据这个选择决定应该怎样去做，而守方会知道攻方的选择只有两种，所以就会把赌注押在其中一个选择上，做好准备进行反击。

无论是在网球比赛还是橄榄球比赛里，每一方非常清楚自己的优点和对方的弱点。假如他们的选择瞄准的不只是对手的某一个弱点，而是可以兼顾对方的所有弱点并且加以利用，那么这个选择就是最好的策略。赛场上的球员当然也明白这一点，所以他们总是做出出人意料的选择，使得对方无法摸清他的策略，最大限度地制约了对手的发挥，为己方最终赢得胜利奠定基础。

需要指出的是，多管齐下与按照一个可以预计的模式交替使用策略不可画等号。如果那样做的话，你的对手就会有所察觉，通过分析判断出你的模式，从而最大限度地利用这个模式进行还击。所以说，多管齐下的策略实施必须伴随以不可预测性。

在剃须刀市场上，假如毕克品牌在每隔一个月的第一个星期天举行购物券优惠活动，那么吉列经过长期观察就能够判断出这个规律，从而采取提前举行优惠活动的方式进行反击。如此一来，毕克也可以摸清吉列的策略，并根据吉列的策略制定其新的策略，也就是将优惠活动提前到吉列之前举行。这种做法对竞争的双方来说都非常残酷，会使双方的利润大打折扣。不过假如双方都采用一种难以预测的混合策略，那么就可以使双方的激烈竞争有所缓解，双方的利润损失也不会太大。

某些公司会使用折扣券来建立自己的市场份额，它们这样做并不是想向现有消费者提供折扣，而是扩大品牌的影响力，吸引更多的消费者，从而获得更高的利益。假如同行业里的几个竞争者同时提供折扣券，那么对消费者来说，这种折扣券没有任何作用，他们仍然继续选择以前的品牌。消费者只有在一家公司提供折扣券而其他公司不提供的时候，才会被吸引过去，尝试另外一个新品牌。可口可乐与百事可乐就曾经进行过一场激烈的折扣券战争。两家公司都想提供折扣券，以达到吸引顾客的目的。可是，如果两家公司同时推出折扣券，那么两家公司都达不到自己的目的，反而还会使自己的利益受损。所以对它们来说，最好的策略就是遵守一种可预测的模式，两个公司每隔一段时间轮流提供一次折扣券。但是，这样做也存在着一些问题。比如当百事可乐预计到可口可乐将要提供折扣券的时候，它抢先一步提供折扣券。所以要避免他人抢占先机，就需要使对手摸不清楚你什么时候会推出折扣券，这正是一个随机化的策略。

众所周知，税务局的审计规律在一定程度上是模糊而笼统的。这样做的目的其实很明显，就是给企业造成一种心理压力，让他们全都难逃审计的风险，所以他们也就只能老老实实地如实申报。如果税务局不这样做，而是事先按一定的顺序安排好被审计的企业，那会出现什么情况呢？假如税务审计存在着一定的顺序，并且哪一家企业将会受到审计都可以根据这个顺序推测出来，那么在企业报税的时候，肯定会参照这个顺序，看自己是否会受到审计。假如企业能够预测到自己在受审计的行列之内，而又能找到一个出色的会计师对报税单做一番动作，那么他们必然会这样去做，使其不再符合条件以免除被审计。假如一个企业肯定被审计，那他就会选择如实申报。如果税务局的审计行动具有完全可预见性，审计结果就会出现问题。因为所有被审计的企业早就知道自己要被审计，所以只能选择如实申报，而对于那些逃过审计的人，他们的所作所为就无人可知了。很多国家都实行"服兵役"制度，也就是国家每年都征召达到法定年龄的青年入伍。如果全国所有百姓都拒绝应征，因为法不责众的缘故，所以也就不可能惩罚所有人。如此一来，又该如何激励达到法定年龄的青少年去应召入伍呢？需要说明的是，政府掌握着一个有利的条件，有权力惩罚一个没有登记的人。在这种情况上，政府可以宣布按照姓氏笔画的顺序追究违法者，排在第一位的假如不去登记就会受到惩罚，这使得那家人只能乖乖就范。排在第二位的就会想到，既然第一家已经去登记了，如果自己不去就会遭到惩罚。这样依次排列下去，所有的百姓都会主动去登记。可这并不能解决所有问题。在人数众多的情况下，必然会有一小部分人会出差错。也许排在前面的百姓已经因为没有去登记而遭到了政府的惩罚，所以后面的人就可以高枕无忧了。真正有效的办法是随机抽取哪家该去登记，这样做的好处是，对少数百姓实施惩罚就可以达到激励多数人的目的。

在《吕氏春秋》中记载着一个有关宋康王的故事。宋康王是战国时期的一位暴君，史书把他与夏桀相提并论，称为"桀宋"。这位宋康王打仗很有一套，"东伐齐，取五城，南败楚，拓地二百余里，西败魏军，取二城，灭滕，有其地"，为宋国赢得了"五千乘之劲宋"的美誉。宋康王打仗很厉害，但是连年征战惹得民怨沸腾，朝野上下一片骂声。于是他整天喝酒，变得异常暴虐。有些大臣看不过去，就前去劝谏。宋康王不但不听，还将劝谏的大臣们找理由撤职或者关押起来。这就使得臣子们对他更加反感，经常在私下里非议他。有一天，他问大臣唐鞅说："我杀了那么多的人，为什么臣下更不怕我了呢？"唐鞅回答说："您所治罪的，都是一些有罪的人。惩罚他们是理所当然，没有犯法的人根本不会害怕。您要是不区分好人坏人，也不管他犯法没有犯法，随便抓住就治罪，如此一来，又有哪个大臣会不害怕呢？"宋康王虽然暴虐，但也是个聪明人。他听从了唐鞅的建议，随意地想杀谁就杀谁，后来连唐鞅也身首异处。大臣们果然非常害怕，没有人再敢随便说话了。

从这个故事可以看出，唐鞅的建议虽然有些缺德，但他仍然把握住了混合策略博弈的精髓。他给宋康王所出的主意正是一条制造可信威胁的有效策略：随机惩罚。宋康王只是想对臣下们进行威胁，使得大臣们有所收敛。如果他只惩罚那些冒犯他的人，大臣们就会想方设法地加以规避，宋康王的目的必然无法达到。而"唐鞅策略"使得大臣都担心无法预测的惩罚，所以他们也就不敢再放肆了。

这个故事告诉我们，一旦有必要采取随机策略，只要摸清对手的策略就能够找到自己的均衡混合策略：当对手无论怎样做都处于同样的威胁之下，并且不知道该采取哪种具体策略的时候，你的策略就是最佳的随机策略。

不过，有一点必须特别注意，随机策略必须是主动保持的一种策略。

虽然随机策略使得宋康王达到了震慑群臣的作用，但这并不意味着他可以随自己的某种偏好倾向进行惩罚。因为如果出现某种倾向，那就是偏离了最佳混合策略。这样一来，宋康王的策略对所有大臣的威胁程度将会大打折扣。

同时，随机策略也存在着一定的不足，那就是当大臣们合起伙来对抗宋康王时，那么宋康王将会束手无策。如果大臣们知道宋康王不会将他们杀戮殆尽，那么他们很可能会合起伙来冒犯他。在这种情况下，由于宋康王只能选择性地杀几个，其他人因为冒犯宋康王并未获罪，反而会得到好的名声，这会使得他们更加大胆地去这样做。面对这种局面，宋康王应该怎样做才能破解群臣的合谋呢？他最好的做法就是，按照大臣们的职位高低对其进行排序，并对第一号大臣说，如果他胆敢冒犯君王，就会被撤职。一号大臣在这种威胁之下必然会老实下来。接下来，宋康王对二号大臣说，如果一号大臣很老实，而你不老实，那你就等着脑袋搬家吧。在二号大臣的意识里，一定会认为一号会老实，因此他为了保住性命也会老实。用相同的方法告诉其他大臣，如果他前面的大臣都老实，而他不老实就会被杀。如此一来，所有的大臣都会老实下来。这一策略非常有用，就算大臣们串通起来，也无法破解。因为一号大臣从自身的利益考虑，他老实听命一定比参与这种冒犯同盟要实惠得多。

这种策略在与一群对手进行谈判的场合有着很好的用处。它成功的关键在于，当随机进行惩罚时，每个人都有被惩罚的可能性，所以会选择不合作的策略进行殊死搏斗。但是当惩罚有一种明确的联动机制以后，情况就会有所转变。除非有一种情况出现，就是当你面对的是一群非理性的对手时，当然这不在讨论的范围之内。除了这种情况，这样的威胁一般都会达到你的目的。

第 8 节　真账与假账

会计做假账与公司偷税漏税在中国是一个很普遍的问题。很多地方税务部门在平时检查公司财务的时候会提前打招呼，效果可想而知。而许多国外地区则采取抽查的检查方式，抽查数量不多，但是惩罚力度非常重，起到的效果很好。

做假账的会计逃脱不了干系，会计的职责有两个：第一个是核算，第二个是监督。核算是指为公司核算业务，制作并分析财务报表，为公司的发展提出意见建议；而监督则是指保证企业守法经营，不偷税漏税，不做违法的事情。这其中隐含着一个矛盾，看似核算与监督两者相辅相成，因为核算的职责使会计有机会接触到公司的每一项经营业务，有利于监督。但是，会计是公司的雇用人员，这种不独立的关系不能保证会计会公正地行使监督的职责。即使是外部事务所会计来审计，也并不能保证公正，因为审计费总归是由公司出的。一方面吃人嘴短，拿人手短，另一方面便是会计在选择作弊与否的时候会遭遇一个困境。

会计之间的"囚徒困境"中最后受伤害的往往是诚实守信的会计，这也是当下时代诚信缺乏的悲剧。我们假设每位会计的水平都差不多，并且都是诚实的，那么他们获得录用的机会和收到的审计业务就会差不多。但是，其中一个会计为了增加自己被录用的概率，或者为了争取到一笔审计业务而选择作弊。一旦开始作弊，其他会计的利益便会受到损害。会计工作的烦琐复杂和会计规则的不健全为会计作弊提供了很大的空间。作弊的会计能为公司带来更大利益，所以他被录用的概率和可能承揽的审计业务就会增多。同时，诚实守信的会计的业务量就会减少。最终导致的结局便是，越来越多的会计开始选择作弊，整个行业的道德水准都在下降。

为了更清楚地说明这个问题，我们建立一个博弈模式来具体分析一下会计为什么会选择作弊。假设某地区会计事务所有两位会计甲和乙，两人的会计知识水平和工作经验不相上下。平时每人每月能承接 10 项业务，包括记账、报税、审计等，我们假设每一项业务的收入是相同的。某一天，会计甲在为一家企业报税的时候，利用自己丰富的会计经验，在账上做了一些手脚，使得该公司当月的税款比以往少交了好几万块钱。这家企业很高兴，不仅自己成为了会计甲的客户，同时还介绍了其他企业给会计甲做客户。会计甲的客户增多，会计乙的客户就必然减少，假设为（15，5）。这个时候，会计乙为了保证收入，也会降低道德标准，选择作弊和投机取巧。最终，会计乙会为自己重新争取到 10 笔业务，但是此时甲乙两人已经由原先的诚实守信，变为了现在的暗中作弊，助纣为虐。下面这张矩阵图便很好地体现了这个过程：

	乙	
	作弊	诚信
甲 作弊	（10，10）	（15，5）
甲 诚信	（5，15）	（10，10）

人之初，性本善。原本每个人的最初选择是诚信，但是你总是不能阻止住一些人想选择得到 15 的结果，他们采取的手段便是作弊。如果对方选择了作弊，对没有作弊的一方来说，最优策略便是也选择作弊。这样才能将自己的收益重新挽回。从一开始的（10，10），到最后的（10，10），看似结果是一样的，但采取的手段已经变了。

做假账是一种很可耻的行为，偷盗国家利益，损害正常纳税人的利益。由上面的分析我们可以看出，选择做假账离不开会计，但是会计真的就那么坏吗？当你面临着诚实就没有饭吃的时候，选择作弊的人我们不能说他们坏。他们固然有责任，但是问题的根本出在企业身上。

那么企业的问题主要出在哪里呢？人们大都认为偷税漏税会带来更大的利益，这是企业偷税漏税的主要动力。这种说法是对的，但是人们往往忽略了社会大环境在这里发挥的作用。下面是一个实例，很好地说明了社会大环境对企业的影响。

张三是一家进出口企业的老板，几年前他在 A 县选址，与当地的李四合作建厂。张三负责提供出口订单，同时出小部分资金，李四负责建厂和购买机器设备。A 县属于贫困县，这也是张三建厂选址的原因之一，首先这种地方劳动力便宜，容易招到工人；其次利用自己出口企业的身份在当地争取到更为实惠的政策支持。这也是当今中国的实情，去经济不发达的地区投资可以享受到当地政府非常大的政策性支持，比如减税、放宽污染排放标准等。

张三同李四合作的这几年中，企业效益非常好，在当地关于报税和人事关系的事务都是由李四负责。张三很明白自己的企业这些年在报税方面都不太"正规"，反正现在也有钱了，不在乎每个月多交几万块钱，所以他想不再偷税漏税，图一个心里踏实。他同李四商量这件事情，李四却认为事情没这么简单。他一直在同当地的同行和税务部门打交道，深知其中的门道。他分析给张三听：第一，纳税不规范的企业不止我们一家，另外几家同行也存在这种问题，甚至是更严重的问题。如果我们规范纳税，在这个小圈子中这件事便会立刻传开，到那时，我们便会被这些同行排挤和孤立。我们在这一行业中并没有占垄断地位，如果被同行们孤立和排挤的话，以后公司的经营就会非常吃力。

第二，你以为你多缴税会受到欢迎吗？包括我们在内，同行企业都暗地里给税务部门送一定的好处，如果你哪天想光明正大了，不想再偷税漏税了，税务部门里面收到好处的人会怎么看你？他会想别人都偷税漏税，就你显能，你是在嘲笑我看不到别人偷税漏税吗？好吧，你有钱不是，那就让工商局、环保局、税务局三天两头去你公司检查，只要抓住一丁点毛病先停业整顿 3 个月，看看你厉害还是我厉害。这样一来，公司就更没法开了。

听到这里张三明白了，自己走上了一条不能回头的路，这条路没有改过自新的机会，只能一路走到黑。

上面这件事是一个实例，这种事情在地方上非常普遍。坚持原则的人会受到牵制，随波逐流的人反而会有利可图。

地方政府部门腐败和惩处力度太小，是企业们敢于如此放肆的原因。很多地方，税务部门每年都会组织检查，最终的结果是几乎每家企业都有问题，然后各罚款几千元到几万元不等就算完事了。其实这笔钱也大多在企业的预算之中，甚至设计好了账目上的错误等着来罚，因为地方上税务部门有时候会规定必须查处百分之多少的错账。这是非常荒谬的，类似于"文革"时期一些上级单位命令下级单位必须揪出百分之几的反革命分子。再者，在中国一个企业的账目上没有被查出问题是非常罕见的一件事，是不正常的。这样的话相关部门的罚款指标就完不成了，因此为了配合上级的检查，没有问题也要制造问题。

国外很多地方检查公司税务的时候实行的是随机抽查，抽查的单位数量很少，但是惩罚力度非常重，经常会有企业因为很少数额的偷税漏税被迫关闭。如果你敢违法，抽查不到你则已，一旦查到就罚你个精光；相对于国内一些地区每一家企业都查，每一家罚几千几万块钱的做法相比，国外的经验更值得学习。

由此可见，个人素质、规则漏洞、权力腐败、制度不合理这些问题是当今中国偷税漏税现象泛滥的主要原因。要想走出其中的困境，每一项都需要改革和调整，否则不但巨额的国家利益被侵占，整个社会的公信力也将下降到极点。

第 9 节 概率陷阱

其实赌博就是赌概率，概率法则决定着赌博的结果。无论输赢，从概率的角度来说，赌博都是随机事件。赌场靠一个大的赌客群，从中抽头赚钱。无论怎么赌，最终赚钱的始终是赌场。

许多赌博方式都有庄家占先的特例。比如在牌九中，同样的点数庄家赢；掷 3 只骰子赌大小，在掷出"豹子"的时候（3 只色子点数一样），庄家通杀。这使得庄家的收益期望值大于 0，而与此同时，赌客的收益期望值就小于 0。因此，赌的时间越长，庄家的得胜概率就越大。这也是为什么赌场稳赢不输的原因。

有部叫《赌场风云》的电影，里面有这样的情节：在赌场里，如果哪个赌客侥幸赢了大钱，赌场老板就会让女色去挽留他，甚至可以用飞机晚点来挽留，目的就是让他继续赌，没有耐心的赢家往往很快会变为输家。这还是比较规范的赌场，有的赌场就没有这么客气了，遇到这种情况，他们甚至会使用暴力挽回损失，而且他们一般还在赌具上搞鬼（出老千），如果赌徒进了这样的赌场，那就更没有赢钱的希望了。别指望通过赌博赚钱，那几乎是不可能的。

赌场中有一种常见的赌博方式："21 点"。这种赌法的规则是这样的：发牌人分别给赌徒和庄家发扑克牌，然后比扑克牌的点数，谁的点数大谁就赢。21 点最大，超过 21 点称为"爆了"，等于没点。庄家后翻牌，赌徒先翻牌。在点数没有超过 21 点的情况下，如果赌徒的点数大于庄家的点数，则赌徒获胜，那么你此轮押了多少筹码，庄家就得赔你多少；而如果你的点数小于庄家的点数，你押的筹码就归庄家所有。点数相同为平局，重新发牌。

表面看起来，"21 点"这种赌法很公平，但实际并非如此。无论什么赌法，永远是庄家占优。在这种赌法里，庄家具有"概率"和"信息"两个优势。

在概率方面，因为是赌徒先翻牌，只要赌徒的点数超过 21 点，就等于是庄家赢了；但是，不管庄家的点数是否超过"21 点"，只要赌徒的点数"爆了"，庄家就可直接收取赌徒的筹码。庄家后翻牌，赌徒先翻牌，这就使得庄家要牌时有了信息依据——可以根据赌徒的点数来决定自己要还是不要。

一个赌徒身上装着 3000 元去了赌场，他赢了 200 元，这时如果他要走的话，赌场也不会去留，因为毕竟数目太小；而如果他输了 100 元，这时就是想让他离开估计也是不可能的，因为他要翻本。

赌博可以作为一种娱乐，如平时打麻将和玩扑克牌等。但如果嗜赌的话，就不可取了。因此，我们不赞成赌博。

包括赌徒自己也知道赌博不是一件好事，他们心里很明白，只是迫不得已。各种赌局等对抗性游戏让人们痴迷，最根本原因可能是出于人的"争强好胜"的天性。赌博这一活动要受到社会道德的批判和管制。

不仅仅从社会学的角度上不值得提倡赌博，从经济学的角度来看，赌博也是百害而无一利的。理性的人应当避免参加赌博活动。

首先，赌博是典型的"零和博弈"，在某种情况下甚至可以说是"负和博弈"。因此，无论什么形式的赌博活动，根本不会增加任何产出，不能创造任何社会价值。但是，赌博活动却一样耗费赌徒的时间、体力和精力。

就算庄家不抽头，不在赌具上"做文章"（出老千），赌博活动的最终结果也只是将金钱从输家的手里转移到赢家的手里。这一结果使得赌博活动不利于社会良好治安秩序的形成，也不利于社会的公正。比如，甲和乙两人都是工薪阶层，月收入同是 2000 元，这点工资是全家人的生活保障。在月底发工资的时候，如果俩人心血来潮，想试试自己的运气，就拿 2000 元薪水赌了起来。在赌之前，他们还规定，直到一方输完为止。

最终的结局是甲全部输完了，乙把他的钱全赢去了。乙收入加倍，这个月的生活就过得舒服一点；而甲变成了穷光蛋，一家老小的生活都难以维系。甲可能会因此愤愤不平，怨天怨地，还可能有去抢的犯罪念头，给社会治安埋下了隐患。

反对赌博不只是一种道德立场，也是一种明智的策略选择。在很多赌博游戏中，如果你一味相信自己的直觉，那么极有可能输到"一穷二白"。

前段时间有报道称，两名大学生因为玩老虎机，输光了父母给的学费。最后，两人铤而走险，走上了抢的道路……为什么有这么多人沉迷于老虎机呢？

"老虎机"这种赌法最初源自赌城拉斯维加斯。"老虎机"就是一台简单的机器，其中有两个口——一个是塞硬币进去的人，一个是出硬币的口。一枚硬币代表固定的点数，把硬币塞进去，你就有了点数。老虎机上还有不同的按钮，代表不同的赔率，在你选定按钮之后，会有一个"红点"转几圈，如果转到你选的按钮，那么就可以获得相应赔率的点数。

开始的时候，老虎机的取胜概率很低，一些人过了新鲜感之后就不再玩了。为了扭转这一印象，刺激人们玩老虎机。拉斯维加斯的一些赌场宣布：将老虎机的回报率提高，有些赌场甚至保证它们那里的机器回报率大于 1。但是，这只是老虎机中的个别机器的回报率高，也就是说，你要是能选到高回报率的老虎机，基本上就可以赢。但是，赌场不会告诉你哪台机器属于这种特别设定的机器。而且这么多的机器，在一天的时间内，你怎么来得及知道是哪一个机器呢？就算你发现了是哪一台，也一定已经输了不少钱才知道的。第二天，他们又把这种高回报率的机器换到别的地方，他们当然不会在一个固定位置放一台高回报率的老虎机。

老虎机传到我们国家以来，不少地方都有，而且屡禁不止，就是因为它们能赚钱。在游戏厅，大排档，比较偏一点的便利店等不少地方都能看到，也有不少人 10 个硬币一次的往里塞，10 个硬币的积分用完之后，又是 10 个……

每个人在某些时刻都想赢一下，这是很正常的渴望，也是每个人的梦想。就像听说某人中了 500 万，你开始梦想也中 500 万一样，我们都是抱着梦想去买彩票的，就算不中也没什么。但我们不能让"赌"控制了我们的生活。

常胜的赌徒是没有的，你也许会问：那为什么我经常听说，某某经常赢钱。之所以经常赢，如果我们排除打牌或作弊的技术高之外（经常赢钱的人有相当一部分属于这一类人），那只能说明"概率"一直偏向他，也就是我们说的运气好，而他本人也自以为通晓了"某些奥妙"。如果在一段时间内，概率一直偏向这个人，证明他的预感和先见之明，那么他就会一直赢钱，心里就产生"运气好，不会输"的想法，他的运气碰巧合乎他自觉幸运的信心，使他相信自己的运气是特殊的神恩，专门赐给自己这样的"赌神"的。而实际上，只不过是概率恰巧在这段时间里"遇上"了他。

第 10 节　学会将计就计

博弈的特点就是参与者相互之间进行猜测，如果想要打败对手，那就需要判断正确对手的思路。在你猜测对手的同时，对手也在猜测你，时刻注意着你的行动规律，以便能够打败你。博弈的要务之一便是稳健，若想打败对手，就要在每一个具体环节上下功夫，不能把你的任何真实的规律暴露给对手，不然的话，对手就有可能乘机抓住你的弱点，将你一举打败。

唐朝末年，藩镇割据，战争不断。百姓流离失所，苦不堪言。安禄山乘机起兵造反，占领了唐朝大片领土。有一次，安禄山又派叛将令狐潮率领重兵将雍丘（今河南杞县）团团围住。雍丘只是一个小小的县城，守备薄弱，士兵不足。在气势汹汹的敌军面前，城内很多人丧失了斗志。

雍丘守将张巡从小就聪敏好学，博览群书，为文不打草稿，落笔成章，长大后有才干，讲气节，倾财好施，扶危济困。他在开元末期的科举考试中考上进士第三名，做清源县令时政绩十分突出，但是当时朝政掌握在杨贵妃的族兄杨国忠的手里，朝中大小官员如果不阿附他，就得不到升迁的机会。张巡是一个刚正不阿的人，本来就对杨国忠的所作所为十分不满，自然更不会谄媚于他。因此，尽管他能力突出，但也只是担任雍丘小吏。

面对当时千钧一发的形势，张巡果断地做出决定，命令一千人留守城池，自己带领精兵一千，乘敌人不备，打开城门冲出。敌军原以为，雍丘城里的守兵很少，光守城都非常吃力，又哪敢杀出城来送死。所以当张巡带领守兵冲出城门时，敌军全都乱了阵脚。张巡身先士卒，在他的影响上，士兵们个个奋勇杀敌，给敌军以很大的打击。此后两个多月，张巡并没有安安分分地守城，而是经常带兵出击，用计夺取了叛军的大批粮草，叛军被他折磨得寝食不安。

雍丘小城不只兵少，武器装备也储备不足。而且张巡经常带领守兵出城作战，所以很快箭矢就不够用了。这个时候，张巡想出了一条妙计成功地解决了这个难题。他命令兵士扎了许多草人，并将其束以黑衣。每当夜色朦胧之时，这些穿着黑衣的草人就会被士兵顺着城墙放下去。在朦胧的夜色里，草人看起来和真人极其相似。城外叛军不明就里，还以为是守军下来偷袭，于是纷纷射箭迎敌，乱箭像雨点一样射到草人身上。叛军射了半天才发觉有些不对劲，等他们调查之后才明白中计了，就这样不明不白地被张巡骗去了 10 万支箭。

当敌军还沉浸在为损失 10 万支箭而懊恼的气氛中时，第二天深夜，张巡故伎重演，又把草人从城上放下去。叛军发现后，又急忙乱射了一阵，直到发现是草人才停下来。以后每天夜里，城外叛军都发现有草人从城上放下来，他们知道这是张巡的计谋，所以根本不去理睬。张巡见自己的计策已经成功，于是就决定发动总攻。同样是在一个朦胧的夜色里，张巡命人把 500 名勇士放下城去。勇士们趁叛军没有防备，冲进敌营一片烧杀。叛军的营房被烧，兵将死伤无数。这一仗以张巡大获全胜。

令狐潮在攻打雍丘失败后，又得到叛将李廷望的支持，率领四万敌军前来攻城。雍丘一时间人心惶惶，张巡沉着冷静，布置一些军队守城，将其余兵将分成几队，在他亲自带领下向叛军发起突然攻击。叛军对此猝不及防，吃了败仗，非常狼狈地逃走了。第二天，叛军建造与城同高的木楼百余座从四面攻城。张巡命人在城上筑起栅栏加强防守，然后捆草灌注膏油向叛军木楼投掷，使叛军无法逼近。张巡又积极寻找机会向叛军发起猛烈的进攻，使得叛军木楼攻城的计策失败。此后的一段时间里，双方各有攻防，共相持两个月，大小数百战。最后，张巡成功地击败了令狐潮。

此后，令狐潮又勾结叛将崔伯玉围攻雍丘。令狐潮有了先前几次失败的教训，所以不敢贸然出兵，而是使用诱降之计。他先派四名使者进入雍丘劝降，但是张巡高风亮节，誓死守卫雍丘。经过几个月的艰苦战争，张巡率领几千人一直坚守着雍丘，抗击敌众几万人，每战都能获得胜利。

张巡誓死守城，不向敌人屈服的高风亮节令人钦佩，但是他抗击敌人时所用的计谋也特别高明。他不断地用草人对叛军进行骚扰，目的就是要让他们彻底放弃随机混合策略。他能够准确地猜测出叛军将要使用的策略，这是他成功的重要原因。而叛军方面，开始发现草人从城头放下，用箭去射是正确的选择。后来发现屡次上当受骗，就放松了戒备，不再去管那些草人，这就不是一个很好的策略选择。不管从城墙上放下来的是草人还是真人，在无法确定的情况下，用箭去射就是他们的最优策略。因为这样即便会造成损失，损失的也只是一些箭矢，与被张巡偷袭相比，这种损失根本不值一提。

通过这个故事可以看出，如果能够提前洞察出博弈对手将会采取的行动，而且这种行动方针并不是随机混合策略，那么就有很大的机会打败他。同理，如果要想在与对手的较量中取胜，就要运用随机混合策略，千万不能让你的策略有规律可循。

·第九章·

斗鸡博弈

第 1 节　斗鸡博弈：强强对抗

在斗鸡场上，有两只好战的公鸡遇到一起。每个公鸡有两个行动选择：一是进攻，一是退下来。如果一方退下来，而对方没有退下来，则对方获得胜利，退下来的公鸡会很丢面子；如果自己没退下来，而对方退下来，则自己胜利，对方很没面子；如果两只公鸡都选择前进，那么会出现两败俱伤的结果；如果双方都退下来，那么它们打个平手谁也不丢面子。

A 鸡

		前进	后退
B 鸡	前进	(−2, −2)	(1, −1)
	后退	(−1, −1)	(−1, −1)

从这个矩阵图中可以看出，如果两者都选择"前进"，结果是两败俱伤，两者的收益均为−2；如果一方"前进"，另外一方"后退"，前进的公鸡的收益为1，赢得了面子，而后退的公鸡的收益为−1，输掉了面子，但与两者都"前进"相比，这样的损失要小；如果两者都选择"后退"，两者均不会输掉面子，获得的收益为−1。

在这个博弈中，存在着两个"纳什均衡"：一方前进，另一方后退。但关键是谁进谁退？在一个博弈中，如果存在着唯一的"纳什均衡"点，那么这个博弈就是可预测的，即这个"纳什均衡"点就是事先知道的唯一的博弈结果。但是如果一个博弈不是只有一个"纳什均衡"点，而是两个或两个以上，那么谁都无法预测出结果。所以说，我们无法预测斗鸡博弈的结果，也就是无法知道在这个博弈中谁进谁退，谁输谁赢。

由此可以看出，斗鸡博弈描述的是两个强者在对抗冲突的时候，如何能让自己占据优势，获得最大收益，确保损失最小。斗鸡博弈中的参与双方都处在一个力量均等、针锋相对的紧张局势中。

提到斗鸡博弈，很容易让人想到一个成语"呆若木鸡"。这个成语来源于古代的斗鸡游戏，现在用来比喻人呆头呆脑，像木头做成的鸡一样，形容因恐惧或惊讶而发愣的样子，是一个贬义词，但是它最初的含义却正好与此相反。这个成语出自《庄子·达生》篇，原文是这样的：

"纪渻子为王养斗鸡。十日而问：'鸡已乎？'曰：'未也，方虚骄而恃气。'十日又问，曰：'未也，犹应向影。'十日又问，曰：'未也，犹疾视而盛气。'十日又问，曰：'几矣。鸡虽有鸣者，已无变矣，望之，似木鸡矣，其德全矣，异鸡无敢应者，反走矣。'"

在这个故事中，原来纪渻子训练斗鸡的最佳效果就是使其达到"呆若木鸡"的程度。"呆若木鸡"不是真呆，只是看着呆，实际上却有很强的战斗力，貌似木头的斗鸡根本不必出击，就令其他的斗鸡望风而逃。

从这个典故中我们可以看出，"呆若木鸡"原来是比喻修养达到一定境界从而做到精神内敛的意思。它给人们的启示是：人如果不断强化竞争的心理，就容易树敌，造成关系紧张，彼此仇视；如果消除竞争之心，就能达到"不战而屈人之兵"的效果。

"呆若木鸡"的典故包含斗鸡博弈的基本原则：让对手对双方的力量对比进行错误的判断，从而产生畏惧心理，再凭借自己的实力打败对手。

在现实生活中，斗鸡博弈的例子有很多。

假设王某欠张某100元钱。这时张某是债权人，王某为债务人。张某多次催债无果，有人提出双方达成合作：张某减免王某10元钱，王某立刻还钱。我们假设一方强硬一方妥协，则强硬一方可得到100元的收益，妥协一方收益为0；如果双方都采取强硬的态度，就会发生暴力冲突，张某不但无法追回100元的债务，还会因受伤花费100元的医疗费，所以张某的收益为－200元。此时债务人王某的收益为－100元。具体如图所示：

		张某	
		强硬	妥协
王某	强硬	（－100，－200）	（100，0）
	妥协	（0，100）	（10，90）

双方在自己强硬而对方妥协的情况下能够获得最大收益。为了使收益最大化，也就是获得 100 元的收益，张某和王某都会采取强硬的态度。但是他们都忽略了一点，那就是如果双方都采取强硬的态度，自己和对方都会得到负效益 100 元。在这个博弈中，张某和王某都选择妥协的态度，收益分别为 90 元和 10 元，是双方理性下的最优策略。由此可以看出，债权人与债务人为追求各自利益的最大化，选择不合作的态度会使双方陷入"囚徒困境"。

尽管从理论的角度来说，这个博弈有两个"纳什均衡"，但由于目前中国存在着诸多如欠债不还、假冒伪劣盛行等信用不健全的问题，这种现实造成了法律环境对债务人有利的现象。也正是基于此，债务人会首先选择强硬的态度。于是这个博弈又变成了一个动态博弈。债权人在债务人采取强硬的态度后，不会选择强硬，因为采取强硬措施对他来说反而不好，所以他只能选择妥协。而在双方均选择强硬态度的情况之下，债务人虽然收益为－100 元，但他会认为在他选择强硬时，债权人一定会选择妥协，所以对于债务人来说，他的理性战略就是强硬。因此，这一博弈的"纳什均衡"实际上应为债务人强硬而债权人妥协。

由斗鸡博弈衍生出来的动态博弈，会形成一个拍卖模型：拍卖规则是竞价者轮流出价，最后拍卖物品归出价最高者所有，出价少的人不仅得不到该物品，而且还按他所竞拍的价格支付给拍卖方钱财。

假设有两个人出价争夺价值一万元的物品，只要进入双方叫价阶段，双方就进入了僵持不下的境地。因为他们都会想：如果不退出，我就有可能得到这价值一万元的物品；如果我选择退出，那么不但得不到物品，而且还要白白搭进一大笔钱。这种心理使得他们不断抬高自己的价码。但是，他们没有意识到，随着出价的增加，他的损失也可能在不断地增大。

在这个博弈中，实际上存在着一个"纳什均衡"，即第一个人叫出一万元竞标价的时候，另外一个人不出价，让那个人得到物品，因为这样做对他来说是最理性的选择。但是对于那些置身其中的人来说，要他们做出这种选择一般来说是不可能的。

第 2 节 古巴导弹危机

在斗鸡博弈中，虽然我们进行了许多理性假设，但是斗鸡场上的职业斗鸡是毫无理性可言的。它们才不会去考虑对手的实力然后再做出决策，它们只会选择前进，直至两败俱伤才肯罢休。但是，人类具有分析能力和理性选择能力，所以会在面对"斗鸡博弈"时，根据双方的实力对比，理性地做出可以实现自身利益最大化的选择。

为了说明这个问题，让我们看一下 20 世纪 60 年代初发生在美国和苏联两个超级大国之间的"古巴导弹危机"。

古巴是加勒比海上的一个岛国，1961 年宣布与美国断交，之后遭到美国的封锁。"猪湾事件"后，古巴和美国之间的关系继续恶化。美国把古巴看作是苏联在西半球扩张的跳板与基地，变本加厉地推行敌视古巴的政策。"二战"结束后，世界格局发生了巨大的变化，形成了美国和苏联两个超级大国对峙的局面。以这两个超级大国为核心，最终形成了两大敌对的阵营。美国和古巴的关系破裂，特别是 1962 年 5 月古巴宣布走社会主义道路后，苏联就打起了古巴的主意，打算暗中支持古巴以牵制美国。于是，苏联就开始加紧改善同古巴的关系，在政治、外交和经济上给古巴提供了很大的支持。1962 年 7 月初，古巴国防部长劳尔·卡斯特罗访问苏联，两国高层进行了会晤，并显示出极为友好的关系。这时，美国出于自身安全考虑，便怀疑苏联和古巴两国借这次访问之机探讨了两国在军事方面进行合作的事宜。

当美国还处于怀疑阶段时，苏联却采取了实质性的行动。苏联答应向古巴提供军事援助，于是乘机在古巴秘密部署核导弹，以达到震慑美国的目的。这项工作如果能够在美国发现之前完成，那么即便美国发现了，但只要有 1/10 的导弹留下来，那么美国就会受到致命的打击。

7 月开始，苏联就秘密将几十枚威力巨大的导弹和几十架飞机运往古巴。此外，3500 多名军事技术专家也陆续到达古巴。在 9 月初部署工作接近尾声之时，苏联才公开其向古巴供应武器，配备技术专家一事。

苏联的如意算盘打得不错，但可惜的是，美国的 U—2 飞机侦察到了苏联的行动。美国方面得到情报后举国震惊，美国中情局长麦科恩立即下令对古巴西部的岛屿进行拍照。由照片获得的新证据显示，一周之内，古巴就有至少 16 个发射场可供发射，苏联用这些导弹可以向美国本土一次性集中发射 40 枚弹头。这件事情一旦发生，美国必然会受到毁灭性的打击。这种对美国造成严重威胁的事情让美国人忍无可忍，于是很快就制定出两种强硬措施：一是动用大量飞机对古巴进行地毯式的轰炸，主要目标是古巴的导弹发射场；二是美国派遣武装部队直接攻击古巴，运用陆空结合的方式，一举消灭苏联的导弹、技术人员和古巴卡斯特罗政权。

在这个时候，美苏之间的战争随时都有爆发的可能。肯尼迪总统认为美国的优势比苏联要大得多，因为美国的军事实力比苏联要强很多。但是他并不知道，苏联已经在古巴部署了战略核武器。这些武器虽然无法用来直接攻打美国，但对付入侵的美国部队还是绰绰有余的。但是如果苏联这样做就会引发核战争，那样对美苏两国都没有好处。

在这种局面下，美苏两国就像是斗鸡博弈中的两只斗鸡，当时苏联面临着将导弹撤回国还是坚持部署在古巴的选择，而对美国人来说，摆在他们面前的两种选择是挑起战争还是容忍苏联的挑衅行为。斗鸡博弈指出，如果双方选择战争，那么一定会造成两败俱伤的结果，而如果在对方不妥协的同时有一方选择妥协，那将会是一件非常丢脸的事情。

面对美国的封锁和威吓，苏联的态度前后发生了巨大的变化。起初苏联态度非常强硬，把美国的封锁当作不可接受的文件退还美国驻苏使馆。苏联政府还发表声明，警告美国政府不要轻举妄动。同时，苏联政府呼吁各国政府和人民"强烈抗议美国侵略古巴和别国的行径，坚决谴责这些行动并阻止美国政府发动核战争"。后来，随着美国的攻势逐渐强大，苏联开始后退。但后退的同时又提出一些条件进行讨价还价。最后，苏联方面发出信息，如果美国保证不入侵古巴，苏联可以将导弹撤出。

苏联最终选择了妥协，撤除了部署在古巴的导弹。坚持自己策略的美国取得了胜利，但是为了给苏联一点面子，美国还是象征性地从土耳其撤离了一些导弹。其实，美国布置在土耳其的导弹本来就已经过时，拆除是早晚的事情。两国还签署了一份协议，协议中明确指出，如果苏联将这件事透露出去，美国就会停止拆除。

这就是美国与苏联之间博弈的最终结果。美国总统肯尼迪肯定认为是美国取得了这场博弈的胜利，所以他警告他的下属和记者们不要过分公开地吹嘘，免得使赫鲁晓夫感到羞辱。此外，肯尼迪还对国会领袖们说："我们解决了人类最大的危机之一。"赫鲁晓夫也承认，"为了和平，我们被迫做出了一些大的让步。苏联人就像一只冒险超出自己的领地，但一旦被发现又紧张、还带点负罪感地奔逃回安全的地方的猫。"

赫鲁晓夫虽然承认苏联做出了让步，但他并不认为苏联在这场斗争中处于失败的地位。他指出，苏联从美国那里得到了无论是美国还是其盟国都不准入侵古巴的保证，这是一个伟大的胜利。美国的目的是摧毁古巴，而苏联的目的是保存古巴。这场博弈的结果是，古巴一直存在着。所以说，苏联才是最后的胜利者。

对于当事者古巴而言，它也得到了很多好处。当赫鲁晓夫在次年被罢免时，卡斯特罗仍在哈瓦那掌握领导权。导弹危机的解决为卡斯特罗执掌政权提供了极其有效的生命保障，他的生命期望值比任何人估计的都要高。

我们在这里不去讨论在古巴导弹危机之后美国和苏联的舆论斗争，仅从博弈论的角度来看，博弈的最终结果对双方而言无疑都是最好的。对于苏联来说，虽然丢了面子，但总比战争要好；而美国不但保全了面子，又避免了战争的发生，赢得了最终的胜利。

第3节　胆小鬼博弈

有两个顽皮好胜的不良少年，在别人的怂恿之下，要举行一场有关胆量的比赛。比赛的规则是，两个人各驾驶一辆赛车，同时开足马力向对方冲去。如果双方谁先转向，就算输掉比赛，同时被扣上"胆小鬼"的帽子。

在这个游戏中，如果双方都不肯让路，那么他们很有可能会同归于尽，这一结果无疑是最坏的；如果某一方先怕死，选择避让，那么他就会输掉比赛，被别人称为"胆小鬼"；如果双方都退避让路，虽然身体不会受伤，但都会被称为"胆小鬼"，在玩伴们面前威信扫地。通过分析可以看出，对他们来说，最大的收益是自己勇往直前，逼迫对方让路；如果对方选择坚持，自己最好选择让路，因为就算被称为"胆小鬼"，也总比丢掉性命要好。

这就是斗鸡博弈的另外一种案例，称为"胆小鬼博弈"。

这个博弈的原始模型由20世纪50年代一个关于大力马车赛的美国电影而来。在电影中，两名车手进行比赛，规则要求两人驾车同时向对方驶去。这样就会出现三种结果：第一，如果两个人都一往无前，那么就会撞车，两个人非死即伤；第二，如果两人中的其中一个在最后时刻转动方向盘，使赛车转向，那么这个人就会输掉比赛，并被看作胆小鬼；第三，如果两人同时转动方向盘将赛车转向，那么他们就被视为打成平手。

这个故事虽然是虚构出来的，但是能够很好地反映现实中的很多问题。比如，两辆相向行驶的汽车遇到一起，谁也不肯让路的情况。这时，从博弈的赢利结构来看，对双方来说最优的策略就是双方采取一种合作态度选择转向。但实际情况却并非如此。因为如果两辆车都选择避让，结果将是两辆车同时转向，这显然无法让两辆车都顺利前进。所以一辆车转向而另一辆车避让才是最好的结果。也就是说，如果一个司机选择转向，则另一个司机选择向前最好；如果一个司机选择向前，则另外一个司机选择转向最好。在这个博弈中，如果博弈参与者有一方是意气用事，做事不考虑后果的人，而另一方是足够理性的人，那么意气用事的人非常有可能获得这场博弈的胜利。

在商业领域，竞争的常见手段之一便是价格战。如果想要在价格战中获得最后的胜利，最简单的办法就是在价格战前期给对手以威胁，通过行动让其明白，你将不惜任何代价打败他。发生在 20 世纪 70 年代的一场争夺速溶咖啡市场份额的斗争中，通用食品公司能够击败宝洁公司，采用的正是这一策略。

当时宝洁公司 Folger 咖啡的销售额在西部地区处于领先地位，而通用食品公司的 Maxwell House 咖啡占据东部大部分市场份额。1971 年，宝洁公司不满足于自己的市场份额，在东部的俄亥俄州大打广告，显示出其要在东部地区扩大影响力的倾向。面对宝洁公司咄咄逼人的气焰，通用食品公司很快就制定出策略，一方面大规模向俄亥俄地区投入广告，另一方面大幅度降价。Maxwell House 咖啡甚至降到了成本价以下。宝洁公司认识到，如果继续和通用食品公司纠缠下去，只会落得两败俱伤的结果，自己得不到任何好处。于是就放弃了在该地区的努力。

后来，宝洁公司在双方市场份额平分秋色的中西部城市休斯敦，通过增加广告以及降价的手段，试图逼走通用食品公司。通用食品公司毫不示弱，果断地采取措施对宝洁公司进行报复。最重要的是，它向宝洁传递出一个信号：谁想打垮我，我就和谁同归于尽。宝洁公司看到通用食品公司的态度如此蛮横和强硬，也就只得放弃通过价格战和广告战与通用公司争夺市场的企图。

在这场商业战争中，通用食品公司所采取的策略与"胆小鬼博弈"中的选择"前进"是完全类似的。这是一种非常冒险的策略，但对于理性的对手而言，这种策略却十分实用。

人们去商场购物时，经常会与卖方进行讨价还价。当买主对一件东西十分中意打算购买，但价格却无法谈妥时，买主就可以采取"胆小鬼"策略：做出假装要离开的姿态，通过这个方式告诉卖方，我宁可不买，也决不妥协。在这种情况下，如果买主所出的价钱在卖方可以承受的范围之内，那么卖主就会做出让步。因为这样虽然他少赚了些钱，但总比没钱可赚要强很多。

第4节　斗鸡博弈的结局

在森林里，一只小兔子在山坡上吃草，鬣狗和狼同时发现了它。它们表面商量要采用前后夹击的方式一起抓捕小兔子，但实际上却各自心怀鬼胎，暗中盘算着将小兔子据为己有。

在鬣狗和狼采取行动时，机警的小兔子发现情况不对，赶紧向前逃跑。这时，等候在前面的鬣狗将小兔子击晕，然后叼着小兔子就要离开。狼拦住鬣狗，十分生气地说："咱们一起合围小兔子，现在得手了，你怎么能据为己有呢？"鬣狗看都没看狼一眼，十分傲慢地对它说："要不是我在前面把小兔子击晕，它早就逃走了，现在我将它据为己有有什么错？""要不是我绕到它后面去，你能抓住它吗？"狼理直气壮地说。

它们两个都认为自己有理，于是互不相让，争吵起来，最后竟然大打出手。结果它们谁都没有占到便宜，落得个两败俱伤的结局。此时，被击晕的小兔子苏醒过来，撒腿就跑。鬣狗和狼都已经累得筋疲力尽，根本没有力气去追小兔子了。

这个小故事就是一个斗鸡博弈中最终落得两败俱伤的例子。在斗鸡博弈中，对各自来说，最有利的结局便是对方后退，而自己坚守阵地。

在海上航行的船只会遇到这样一个问题：海面虽然辽阔，但航线却是固定的。所以，船舶在航行中会有很多机会遇到一起。对于两艘相向而行的船舶来说，谁进谁退的问题应该怎样解决呢？有时相会的两艘船舶可能来自不同的国家，所以就有必要约定一个大家都遵守的航行规则。如果不这样做会出现什么样的局面呢？下面让我们来看这样一个小笑话：

一艘夜间航行的军舰，在航行的过程中，舰长发现前方航线上有一丝灯光若隐若现。于是他立即呼叫道："对面船只，右转30度。"没想到对方回敬道："请对面船只左转30度。"这让舰长有些不悦，于是他警告对方说："我是美国海军上校，请马上右转30度。"谁知对方不但不听从命令，反而仍然用原先的声调回答说："我是英国海军二等兵，请左转30度。"舰长被对面的小士兵给气坏了，他再一次高声下达命令："我是美国海军'莱克星顿'号战列舰舰长，右转30度。"这时，对方语气平和地答道："我是灯塔管理员，请对面船舶左转30度。"

舰长的行为真是让人忍俊不禁。他以为凭借官衔大、武力强就可以横行无忌，但是，灯塔管理员可不吃他那一套。

　　要避免或减少海上两船相撞事件的发生，制定一些大家彼此都遵守的规则是非常有必要的，比如很多国家规定车辆靠右行驶。因此，人们制定了一个制度：迎面交会的船舶，彼此各向右偏转一点儿。如果船舶在十字交叉处交会，那么谁先看见对方船舶的左舷，谁就要先让，行驶速度慢一点或者将船舶偏右一点儿都可以。这种情况实际上就是"斗鸡博弈"中的两个"纳什均衡"中的其中一个。如果不制定这样的制度，那么船舶就会任意行驶，必然就会出现斗鸡博弈中两败俱伤的结果。

　　下面再来看一个唐朝"牛李党争"的故事。

　　在唐朝后期，出现了统治阶级内部争权夺利的宗派斗争，史称"牛李党争"或"朋党之争"。"牛党"指以牛僧孺、李宗闵、李逢吉为首的官僚集团；"李党"是指以李德裕为首的官僚集团。牛党大多出身寒门，靠寒窗苦读考取进士，获得官职。李党大多出身于门第显赫的世家大族。两党在政治上存在着严重的分歧，特别是在选拔官僚的途径和对待藩镇的态度上，体现得更为明显。在朋党斗争的二十余年里，这两个党派斗争得异常激烈，几乎每年都上演着"上台"与"下台"的大戏。一旦李党当权，其党羽将会全部调回中央任职，而牛党党羽必然会遭到外调或者贬官的命运。等到牛党当权的时候，情况也大抵如此。

　　公元832年，李党重新当权。此时出现了一个能够使两个党派和解的大好机会。身为牛党的长安京兆尹杜棕建议李宗闵推荐李德裕担任科举考试的主考官，但是这个建议并没有得到李宗闵的同意。杜棕之所以会提出这个建议，是因为他看到出身士族世家的李德裕虽然总是对进士出身不以为然，但其实却非常羡慕这一名头。杜棕正是想用这个办法改善两个党派之间的关系，但是李宗闵却没有这样去做。杜棕一计不成又生一计，他建议李宗闵推荐李德裕担任御史大夫。这一建议得到了李宗闵同意，但看得出来，李宗闵对此并非心甘情愿。杜棕把这件事告诉给李德裕，李德裕听后感激万分，惊喜不已。这件事如果办成，两个党派之间的关系一定会有所缓解，这对大唐的江山社稷，对双方成员来说都是一件好事。可是，杜棕没有想到，李宗闵听信小人谗言，改变了主意。李德裕知道结果后深感自己遭到了戏弄，所以对牛党更加憎恨。这也彻底葬送了两个党派和解的机会。从此以后，每一个党派都千方百计地想置对手于死地，于是大唐朝廷上演了一场场你死我活的政治战争。但是，他们斗来斗去最终只落得个两败俱伤的结果。

这种不计后果，最终导致两败俱伤的事情在商业领域也时有发生。现在很多同类企业为了争夺市场份额，经常用降价销售的策略吸引消费者关注。在2006年的第四季度，美国的AMD与英特尔两家电脑芯片生产厂商就上演了一场价格大战。

2006年，英特尔与AMD之间的竞争进入白热化。虽然AMD靠从英特尔手中夺走戴尔公司订单的手段取得了短暂的优势，但是还没等高兴劲过完，AMD就遭到了当头棒喝。从芯片销量上来看，AMD的三、四季度的销量同比都有很大的增长幅度，但是高销量并没有带来高利润，因为与竞争对手英特尔大打价格战，AMD产品的平均价格不断下跌。反映到AMD 2006年第四季度的财政报告中的是，净亏损达5.7亿美元，平均每只股票的亏损就达到了1.08美元，与2005年第四季度的高赢利额相比，这一业绩简直惨不忍睹。这个结果是因为收购图形芯片商ATI的巨额支出和处理器价格的持续下滑双重影响造成的。

在与英特尔的价格大战初期，AMD也曾风光无限。但是AMD咄咄逼人的市场攻势使英特尔受到很大影响，被惹急的英特尔于是迅速调整策略，放弃用户熟知的奔腾商标，启用新商标酷睿。此外，英特尔还进行了大规模的裁员，从而节省20亿美元的运营费。做出这些调整后，英特尔便开始通过降低电脑芯片价格与AMD展开了竞争。AMD在英特尔的攻势面前败下阵来，营业额受到了严重影响，下滑幅度之大令人瞠目结舌。虽然英特尔在价格大战中击败了竞争对手，但其自身也没有获得好处。2007年到来后，英特尔承受了巨大的竞争压力。而2006年第四季度的利润相比上一年同期也下降不少。此外，由于存货过多，所以只能将库存的旧款处理器处理掉，在这一点上，英特尔的损失也很严重。

从这场价格大战中可以看出，AMD与英特尔都是输家，它们的销售业绩都受到了严重的影响。从事物的两面性分析来看，大打价格战虽然对企业扩大市场规模、提高市场占有率、促进企业在生产技术和管理方面的推陈出新等方面有利，但是，它对市场经济的有序发展和消费者的权益造成了严重危害。

这主要体现在以下几个方面：

第一，价格战会促使企业成本增加，影响企业发展，降低企业利润水平。

第二，价格战会带来消极的行业影响，不利于行业进步。

第三，不利于创造企业的品牌价值。比如高路华彩电，虽然在20世纪90年代有一个良好的发展势头，销量也非常可观，但在随后的价格大战中败下阵来，销售额持续走低，最终沦落到破产的境地。

第四，价格战会影响企业的可持续竞争力。

第五，价格战不能满足顾客的实际需求和消费方式的变化。

第六，不利于维护消费者的利益。价格大战使企业的利润下降，所以企业必定会千方百计地在节约成本上想办法，这样就会导致劣质产品充斥市场的局面出现，结果最终受害的还是消费者。

事实上，参与价格战博弈的双方是无法一下子就将竞争对手打败的，从表面看有输有赢，但失败者还会继续垂死挣扎，而胜利的一方也会遭受重创，需要时日进行调整。所以，从斗鸡博弈的利益择优策略来看，如果双方都选择拼命进攻，不肯让步，则只能是两败俱伤。在这个方面，西方政坛上"费厄泼赖"式（英语 Fair Play 的音译。意思是光明正大的比赛，不要用不正当的手段，胜利者对失败者要宽大，不要过于认真，不要穷追猛打）的宽容很值得学习。这种宽容会对对手网开一面，避免把对手逼入死角。这不仅是一种感性和直观的认识，而是有着博弈论的依据。

第 5 节　放下你的面子

在斗鸡博弈中，参加博弈的双方会陷入僵持不下的困境。造成这种局面出现的原因有两个，一是双方势均力敌，实力相当；二是双方都很在乎面子，不愿意做出丢面子的事情。我们设想一下，假如有一只公鸡肯放下面子，主动退出，然后找个地方拜师学艺，勤学苦练，等到学有所成再找对手决斗，那么它打败对手的概率一定会大大增加。这也正是破解斗鸡博弈的关键所在。在这一困境中，只要参与者有一方肯主动避让，就会实现最好的结果。可问题是，现实中的人们总是把面子看得比生命还重要，即使丢掉性命也不愿意丢掉面子。比如几个朋友在一起喝酒，有人已经喝得差不多了，任凭别人再怎么劝也不肯再喝一口。这个时候，对付他的最好办法就是讲几句刺激他的话，让他觉得面子上挂不住，那他就会乖乖就范。在现实生活中，因面子问题而受损害的例子比比皆是。这是因为他们不明白面子只是一个微不足道的问题，对一个人来说，丢面子并不会受到实质性的损失，死要面子则活受罪。

有一个本科生学业结束后被分配到一家事业单位工作。在这个单位里，最高学历的人仅为专科毕业，所以他成了单位里学历最高的一个人。周末休息时，本科生闲来无事就跑到附近的一个小池塘去钓鱼。真是无巧不成书，原来单位的正副局长也在那里钓鱼。看见两位领导聊得热火朝天，他只是微微点头致意。他心里想：这两个专科生，居然聊得热火朝天，到底有啥好聊的呢？过了一会儿，本科生看见正局长放下鱼竿，"嗖、嗖、嗖"地从泛着波光的水面上跑到对面上厕所。这种只有在武侠小说和电视剧里出现的场景活脱脱地出现在他的面前，他一下子就被吓傻了。正局长上完厕所后，又按照原来的方式神奇地从水上"漂"回来了。难道这是在做梦？难道这是在拍电视剧《射雕英雄传》？难道正局长是一个像裘千仞那样会"水上漂"的人？一连串的问题在本科生的脑袋里出现，但是他认为自己是本科生，怎么能向一个专科生请教呢？正当他还在胡乱猜测的时候，副局长也站起来，像刚才正局长一样漂过水面，到湖对面上厕所。这下子本科生更加茫然了，但尽管如此，他仍然不肯放下面子去向别人请教。10 分钟后，本科生也内急了。对面的厕所虽然看着很近，但是却需要绕过池塘两边的围墙，大约需要 10 分钟才能走到，该怎么办呢？去问两位局长，不行！那样太丢面子了！情急之下，本科生想到，既然他们专科生都能从池塘上"飞"过去，我这个本科生当然更没问题。于是他也起身往水里跳。"扑通"一声响，本科生落水了。两位局长看到后将他拉了上来，询问他要干什么。本科生把自己想上厕所的情况告诉他们，然后接着问道："为什么你们可以走过去，我却不能？"两位局长听后哈哈大笑，之后告诉他事情的原委：在这个池塘里有两排木桩子，平时凸出在水面上，最近池塘因为下雨涨水，所以木桩子就看不见了。两位局长经常到这里来钓鱼，对这里的情况非常熟悉，所以能够记得木桩子的位置，于是就踩着木桩子到对面去。

这个故事非常有趣，同时也反映出一个深刻的道理：如果一个人过于看重面子、爱惜面子，无法摆脱面子带来的问题，那么必然会吃苦头。一个人会随着学识、地位等因素的改变，思想里会出现越来越多的障碍，在诸多障碍中，固守面子很可能让人受到伤害。

对于一个企业而言，面子就是企业的信誉。在商业领域，很多问题的处理都会涉及企业的信誉。下面让我们看这样一个例子。

Excite@ Home 曾是美国最大的有线接入服务商，当其因科技泡沫而面临全面崩溃之时，它的债券持有人想尽各种办法，试图增加意外发生的机会以减少自身的损失。AT&T（美国电话电报公司）是 Excite@ Home 的合作伙伴，与其有着长久的合作关系，AT&T 向自己的客户提供的很多网上服务都是在 Excite@ Home 的帮助下进行的。当破产危机像密布的阴云一样笼罩在 Excite@ Home 的上空时，AT&T 就打算买下它的资产。可是，AT&T 的出价并没有打动 Excite@ Home 的债权人。这是因为，法律规定债权人有权终止自己的网上服务。如果他们那样做，很多的 AT&T 客户将会受到损失。因为那样会造成很多 AT&T 的客户无法上网，如此一来，AT&T 就会麻烦缠身。于是，Excite@ Home 为使 AT&T 提高买下其资产的价码，以结束营业作为威胁。这就形成了一个斗鸡博弈。在这个博弈中，双方在谈判时都有两种选择，即强势或弱势。如果 AT&T 不能让 Excite@ Home 很快中止服务，那么当双方都很强硬时，AT&T 就会深受影响。也就是说，当双方无法达成一个一致的协议时，AT&T 将会遇到很大的麻烦。

但最终的结果是 Excite@ Home 落败了。它原以为自己能够给 AT&T 造成非常严重的伤害，但是实际情况却并非如此。因为 AT&T 可以很快地把网上用户转移到其他的网上去，这样就能够最大限度地降低意外事件所造成的损失。AT&T 转移完自己的客户之后便撤销了原本对 Excite@ Home 资产的出价，Excite@ Home 的策略以失败告终。

AT&T 和 Excite@ Home 本来是一种长期合作的关系。在商业领域中，有一条不成文的规定，就是在长期的商业关系中，就算企业迫切希望增加自己的利润，但也不会使用通过给合作伙伴制造麻烦的手段来威胁同伴。但 Excite@ Home 的情况却是例外，因为其即将破产，企业的信誉也变得没有意义，所以为了能够使短期内的利益最大化，根本不管企业信誉的长期损失。

这个例子说明，企业信誉是企业之间合作的重要基础，只有这种信誉存在，合作双方才能够将双方的合作关系继续维持下去。从另一个方面来讲，Excite@ Home 为了达到短期内利益最大化的目的，毫不顾虑自身的"面子"也有一定的道理。因为他们知道，企业一旦破产，企业便不复存在，"面子"自然也会随之消亡。但是很多人都意识不到这个问题，宁可不要命也得保全"面子"。现在想想，那些人是不是有些迂腐可笑呢？

第 6 节　是对手也是朋友

觅食、交配、逃跑和攻击，这是自然界中所有动物的四种先天性的本能。有人曾经做过一个实验，把 25 种 100 多条不同种类的鱼放在同一个水槽里，想看一下一段时间之后将会出现什么结果。同在一个水槽里生活的鱼群很快就爆发了一场战争，很多鱼被同类或者异类咬死。最后得出的结论表明，同类鱼相咬与异类相咬的比例是 85:15。

攻击可以使动物获得更多的异性和食物，从种群的范围来看，同物种间的争斗在客观上可以促进个体的空间分布更趋于合理，这样它们就不会因为缺少食物而使种群的生存和繁衍受到威胁。在上面实验中出现的同物种间的攻击远远超过异种间的攻击的现象，深层次的原因正在于此。但有些时候，攻击也会给物种带来消极的后果，严重时可能会导致种族的衰落乃至消亡。所以，如何恰当地使用攻击手段，成为一切动物必须加以重视并合理解决的问题。两头公牛之间的斗争就能够很好地避免出现严重的后果。它们在战斗前拉开架势，怒目圆睁，粗声喘气，似乎非要把对方置于死地不可。但是，它们这样做只是向对手展示自己的实力，告诉对手如果实力不济就赶紧撤退。有些时候，不可一世的公牛在与双方对峙时发觉对方比自己更有实力后，也会非常知趣地离去。获胜的公牛虽然很兴奋，但却从不会追逐落败者。

嗜杀同类的现象在哺乳类动物中是绝无仅有的。在一般人的观念里，狼是一种嗜杀成性的动物。但是在这个种群里，每一头狼都具有极强的抑制能力，它们从来不会把锋利的爪牙咬向同类身上。这也正是狼族能够一直繁衍下去的重要因素之一，如果缺少了这种抑制力，可能我们只能到纪录片中寻找狼的身影了。

在双方势均力敌的斗鸡博弈中，前进的一方可以获得正的收益值，而另一方及时选择后退，也不会给自己造成多大的损失。因为丢掉面子和命丧黄泉比起来要划算得多。此外，这还关系到整个种群的生存与发展。在人类社会中，情况要比动物复杂得多，所以人类争斗的理由与自然界中的动物相比要复杂得多。正因人类比其他的动物高级，所以人能够通过学习，获得更为高级的博弈智慧。也就是说，人的行为与动物相比也要更为复杂和多样，这使得他们可以成功地避免两败俱伤的结局。

一个牧场主与一个猎户毗邻而居。牧场主养了许多羊，猎户的院子里养了一群凶猛的猎狗。这些猎狗很不安分，经常跳过栅栏，对牧场里的小羊羔进行攻击。牧场主因此三番五次去找猎户，希望猎户能够管理好自己家的猎狗。可猎户根本听不进牧场主的话，他虽然每次都会答应，但实际上仍旧对他的猎狗不管不顾。所以牧场主家的好几只小羊还是遭到了猎狗的袭击。这种情况终于使牧场主再也无法忍受。于是他便去找镇上的法官评理。法官了解此事的经过之后，对牧场主说道："我很同情你的遭遇，也能体谅你现在的心情，如果需要的话，我会处罚那个猎户，也可以下令让他管理好他的猎狗。但是，如此一来，你就失去了一个朋友，多了一个敌人。你愿意和邻居做朋友还是和邻居做敌人？"牧场主毫不犹豫地回答说："当然是朋友了！"法官说："那好。我告诉你一个方法，如果你按照这个方法去做，那么你的羊群不但能够不再受到骚扰，而且你还能够得到一个好的邻居。"牧场主觉得这是一个两全其美的好办法，就请教法官该如何去做。法官告诉他，从自家的羊群里挑选几只最可爱的小羊羔，送给猎户的 5 个儿子每人一只。这个方法虽然会使牧场主受到一些损失，但从长远的角度看，如果这个方法能够奏效，那么猎户家的猎狗就将不会再去骚扰牧场主家的羊，而且还能够使牧场主与猎户成为好朋友。牧场主按照法官的方法去做，送给猎户的 5 个儿子每人一只可爱的小羊羔。孩子们看到洁白温顺的小羊羔都特别喜欢，每天都要在院子里和小羊羔一起玩耍。看到孩子们每天都玩得很开心，猎户也很高兴。为了防止猎狗伤害到儿子们的小羊，他便做了一个大铁笼子，把猎狗结结实实地锁在里面。此后，牧场主的羊群再也没有受到骚扰。

春秋战国时期，郑国派子濯孺子去攻打卫国，子濯孺子打了败仗，掉头逃跑。卫国士气高涨，于是便派大将庾公之斯追击。子濯孺子发现后面的追兵，非常伤心地说："真是不巧，我的老毛病怎么偏偏赶上此时发作，我连弓都拉不开，看来只有死路一条了。"子濯孺子又问他的车夫："追击我的是谁呀？"车夫回答说是庾公之斯。子濯孺子听后高兴地说："天无绝人之路，我死不了了！"车夫不明白，就问道："追击您的人庾公之斯是卫国的有名射手，您为什么说您死不了呢？"子濯孺子从容不迫地回答说："你知道庾公之斯跟谁学的射箭吗？庾公之斯的老师是尹公之，而我又是尹公之的老师，尹公之是个正派人，因此，他的学生必然也很正派。"很快庾公之斯便追了上来。庾公之斯见子濯孺子坐着不动，便开口问道："老师你是怎么了，为什么不拿弓呢？"子濯孺子回答说："我今天身体不适，拿不了弓。"庾公之斯说："我的箭术师从尹公之，而您又是尹公之的老师，我又怎么忍心用您的技巧反过来伤害您呢？可是，现在我们各为其主，今天我追杀您是国家的公事，我也不能做出因私废公的事情。"于是，庾公之斯从箭筒抽出箭，然后在车轮上将箭头敲掉，之后拉弓搭箭，向子濯孺子射了几下便离开了。

庾公之斯虽说不能因私废公，但是子濯孺子是他老师的老师，也就是说，庾公之斯的技艺间接来自子濯孺子，所以他又不能对子濯孺子痛下杀手。在这种两难选择面前，他只是象征性地向子濯孺子射了四箭。其实，庾公之斯的这种做法对自身来说是很有好处的，一方面他没有杀害老师的老师，保全了自己的名声；另一方面，他也给自己留了一条后路，子濯孺子必然会将此事铭记在心，万一哪天走投无路落到子濯孺子手里，子濯孺子也会因为这件事而放他一马。

主动与竞争对手合作，避免两败俱伤的做法在商业领域也时有发生。

从 20 世纪 80 年代起，苹果和微软就因争夺个人计算机这一新兴市场的控制权展开了激烈的竞争。90 年代中期，两家公司的竞争呈现出一边倒的局面，微软优势十分明显，而苹果公司受到了严峻的挑战，甚至连生计都无法维持下去。在这种情形下，微软没有彻底将苹果打垮，反而还出人意料地向苹果公司投资 1.5 亿美元，成功地解救了苹果公司。成功存活下来的苹果后来得到了微软的帮助，逐渐从穷途末路走出来。而微软也因为帮助苹果而使自身受益匪浅。

类似的故事在微软与 Real Networks 之间也曾出现过。2003 年 12 月，美国的 Real Networks 公司通过一纸诉状将微软公司告上联邦法院。Real Networks 指控微软凭借在 Windows 上的垄断地位，限制 PC 厂商预装其他媒体播放软件，并且强制要求 Windows 用户使用绑定的媒体播放器软件。Real Networks 宣称，微软的这一做法使其受到很大的损失，并要求微软公司做出 10 亿美元的赔偿。就在双方为官司的事情纠缠不清的时候，一条爆炸性消息让所有人都大为震惊。Real Networks 公司的首席执行官格拉塞，为使自己的音乐文件能够在网络和便携设备上播放，希望得到微软的技术支持，于是便致电比尔·盖茨。双方的纠纷还没有解决，Real Networks 公司却主动寻求与微软的合作，这看起来真像是一个天大的笑话。可是，比尔·盖茨并不这样认为。他没有因为双方的官司而否决这一提议，而是表示出了极大的欢迎。他通过微软的发言人传达出想要合作的意向。2005 年 10 月，微软与 Real Networks 公司冰释前嫌，并达成了一份法律和解协议。这个协议使得 Real Networks 公司有了更多的发展空间，对微软来说，也避免了与 Real Networks 公司的法律纠缠。所以说，双方都得到了好处，这是一个双赢的结局。

这两个故事有一个共同点，那就是都与前世界首富比尔·盖茨有关。通过这两个故事可以看出，真正有智慧、有成就的人在对商机的把握和设计方面要远远超出常人，更为重要的是，他们具有把对手变成朋友的处世智慧。一般人面对敌人或对手的时候，都会迎难而上，绝不退缩，不拼个你死我活誓不罢休。但是真正明智的人信奉这样一句话："世界上多了一个朋友，就少了一个敌人。"生活在纷繁复杂的社会中，与别人发生对立和冲突是在所难免的事情。但需要注意的是，这些对立和冲突有很多是由各种原因共同造成的误会。这时，就应该主动调整自己的姿态，避免出现以硬碰硬、两败俱伤的结果。更为重要的是，要把你的对手转化为朋友，使双方在合作中达到双赢。

第7节　学会见好就收

见好就收是一个明智的博弈者必须时刻谨记的一个重要原则。无论他面对的对手是谁，双方实力对比如何，但这个原则在开始行动之前必须要牢牢记住。一个成熟、明智的博弈者必须事先对博弈的最坏结果有所估计，不断告诫自己，遇到失败要马上退出，以保存实力。在双方势均力敌的情况下，迫使对手让步可能会给人带来无比的愉悦和刺激，但是人外有人、山外有山，有些时候需要见好就收。

春秋时代，周朝逐渐衰微，周天子的势力范围越来越小，各地的诸侯为了争夺领土和利益，纷纷发动战争，强者成为诸侯的盟主。当时总共产生了五位盟主，史称"春秋五霸"，齐桓公就是五霸之一。齐桓公打着"尊王攘夷"的旗号，为几个弱小的国家提供帮助，在中原地区威望一天天大起来。但是南方的楚国，凭借地理位置的优势和强大的军事力量，不但不服齐国，还跟齐国对着干。更让齐国无法忍受的是，楚国还向齐国的盟友郑国发动进攻。在齐桓公的组织下，鲁、宋、陈、卫、郑、许、曹与齐国联合南下，准备攻打楚国。楚国见八国大军压境，形势对自己十分不利，于是就派使臣屈完与齐桓公进行和谈。

与齐桓公相见后，屈完问："我们住在南海，你们住在北海，两地相隔千里，风马牛不相及。不知你们此次前来所为何事？"管仲当时就在齐桓公身边，他听过屈完的话后回答说："从前，周王让召康公传令给我们的祖先太公，说五等侯九级伯，如有不守法者，无论在哪里，你们都可以前去征讨。现在楚国竟敢公然违反王礼，不向周王进贡用于祭祀的物品。还有前些年昭王南征途中遇难，你们也逃脱不了干系。此次我们来到这里，就是要你们对这件事情做个交代。"屈完回答说："我们确实不该多年不向周王进贡包茅。但是，昭王南征未回是因为战船沉没在汉水中，与我们又有什么关系？你们要兴师问罪不应该来找我们，而应该去找汉水啊。"

齐桓公见屈完思维敏捷，言辞犀利，不能与他做口舌之争，于是就向他炫耀自己的兵力。齐桓公指着浩浩荡荡的军队，趾高气扬地说："这是一支多么威武的军队啊。如果用这样的军队去打仗，必定是无坚不摧、无往不利！试问天下有哪个国家能够抵挡得住这样的军队？"屈完非常平静地回答说："如果用仁德来安抚天下诸侯，天下诸侯都会欣然听命于你。如果想凭借武力让诸侯屈服，那么我们楚国可有方城山为城，有汉水为池，城高池深，你的兵再勇猛又能奈之如何？"这场战争最终双方以和谈收场。中原八国诸侯和楚国一起在昭陵订立了盟约，楚国表面上承认了齐国的霸主地位，之后各诸侯国都班师回国了。

在这场斗鸡博弈中，齐国和楚国分别选择了一进一退的策略，实现了双方利益的最大化。对两个国家来说，这无疑是最好的结果。对于齐国来说，它的实力虽然比楚国强一些，但又没有绝对把握能够打败楚国，所以一旦两国交战，谁胜谁负还很难说。也正是这个原因，所以齐国才会采取见好就收的态度，与楚国签订和约。

拿破仑为了实现征服欧洲的野心，精心组织大军不宣而战，打响了与俄国的战争，并很快占领了莫斯科。在国家危难存亡之际，老帅库图佐夫临危受命，担任俄军总司令之职。拿破仑和库图佐夫并不陌生，他们在五年前就有过交手的经历。只是当时他们双方势均力敌，而目前时移事易，强大的拿破仑占据着很大的优势。两国军队在博罗委诺村附近展开了一场血战，战斗惨烈至极，整整持续了一天一夜。最后还是拿破仑取得了这次战斗的胜利。俄军丢了阵地，只得选择撤退。虽然这一仗败在拿破仑手下，但是库图佐夫并没有丧失斗志。通过对形势和双方的实力对比进行分析，他发现，有两个因素对俄罗斯有利。一是虽然拿破仑占领了俄军要塞，但实力已被明显削弱，拿破仑的军队将不会再大举进攻。此外，法军深入俄罗斯内部孤军作战，后备给养得不到及时的补充，打持久战对他们来说相当不利。基于这两点，库图佐夫冒天下之大不韪，决定暂时放弃莫斯科。他的这个决定遭到了全体俄罗斯人民的反对，尽管如此，可是他还是愿意这样去做。这是因为，他坚定地认为，如果非要坚守莫斯科，很可能会付出全军覆没的代价。库图佐夫下令俄军撤退，一边撤一边将城中所有的物资付之一炬，只留给法国军队一座空城。

拿破仑虽然得到了莫斯科，但其实得到的只是一座一无所有的空城。后来，孤军深入的法军因为饥饿和寒冷，逐渐丧失了斗志。拿破仑纵然打仗再出神入化，对此也是一筹莫展。于是他只得命令军队撤出莫斯科。这正好给了俄罗斯军队报仇的机会，一场恶战打得法军全线溃败。这场战役成了拿破仑一生中最大的败笔。拿破仑的失败存在着多方面的因素，但是从博弈的观点来看，在这场战争中，如果他能够做到见好就收，然后等待后续部队的支援，那么法军一定不会遭到惨败。

2004 年 12 月发生了一起继巴林银行破产之后最大的国际投机丑闻。在新加坡上市的中国航油（新加坡）股份有限公司因为从事投机性石油衍生品交易导致巨额亏损。当年第一季度国际市场油价攀升使中航油在期货市场上的损失很大，这个势头并没有得到遏制，反而继续延伸下去。到 6 月份时，中航油的亏损值已经从 580 万美元扩大到 3500 万美元。有关方面担心中航油会在亏损中灭亡，所以纷纷下达追加保证金的通知。但是在残酷的现实面前，当时的中航油新加坡公司总裁陈久霖却失去了理智，为挽回损失，他一意孤行地继续加大交易量，同时还将期权的合约向后推延。他的这些举动彻底把中航油送上了绝路，2004 年 11 月底，中航油不得不宣布被迫向法院申请破产保护。

其实，世界风险评估机构标准普尔公司曾经指出，在危机初露端倪之时，中航油只需要 5000 万美元就能够成功化解这场风险。但是中航油新加坡公司总裁陈久霖一心想要挽救损失，结果却造成了更大的损失。当时他不是没有认清形势，而是不肯付出 5000 万美元的代价。其实 5000 万美元的代价使中航油得到保全，是一笔非常划算的买卖。虽然需要付出一定代价，但是对中航油来说仍是最好的选择。可是，陈久霖做不到见好就收，结果彻底搞垮了中航油，制造出一个国际性的投机丑闻。

对于个人来讲，在竞争日益激烈的现代社会，如果你在某一领域与势均力敌的对手狭路相逢，没有十足的把握获胜，那么，就应该学会见好就收，不要与对手硬拼。

第 8 节　承受能力决定胜败

"强大"和"弱小"这两个词有时候并不是我们字面上所理解的意思，特别是企业和企业之间、国与国之间的强弱之分，它们和承受极限有关。

某小区附近有一家大型超市，这家超市的生意很好，几乎垄断了附近的所有生意。因为，一旦有其他超市打算在附近开张，它往往采取价格战的方法来威胁。

但是，进行价格战是要有一定的本钱的。不管是哪个垄断超市，还是打算来分一杯羹、准备在这里新开业的超市，都要承受这样的成本。对于想垄断的超市来说，打价格战短期而言利益是会受损的，但如果这种损害在它的"承受极限"之内，那么进行价格战长期来说就是有利的。但是，若价格战的损害超过这个"承受极限"（可能使公司破产等后果），那么这家超市就不能搞垄断，此时最好的策略是同意竞争者进入。

对于这家想竞争的超市来说，它要准确判断：假如发生价格战，垄断超市的"承受极限"以及价格战给垄断超市带来的损害。若价格战的成本大于垄断超市的"承受极限"，竞争超市就可以进入这个区域，分得一杯羹，与垄断者共存；因为如果垄断超市是理性的话，也会考虑到这一点，将不会与竞争超市发生价格战。但是，假如垄断超市很容易接受"承受极限"，那么竞争超市就考虑是不是该进入了，如果进入，被击垮的可能性是很大的。

无论是垄断超市，还是竞争超市，它们进行这样的博弈要做的是准确判断自己的和他人的"承受极限"。

以上述两个超市为例，假如双方判断准确，那么结果或者是双方在合作中一起赚钱，或者是竞争超市在垄断超市强大威慑力下不敢进入、由垄断超市独霸市场。

但是，假如双方判断失误呢？

一种情况是，竞争超市"进入"市场，垄断超市勃然大怒："卧榻之侧，岂容他人鼾睡！"两家超市打起了价格战——两败俱伤。另一种情况是，竞争超市应当进入，但因过高估计了垄断超市的"承受极限"，而没有进入；或者垄断超市应当通过价格战来抵制竞争超市，但认为新开的超市"翻不起大浪"，不足以对自己构成威胁，便放了它一马。

除此之外，还有一种特殊的情况。如果竞争超市有着强大的财力或后盾，甚至大到直接挤垮垄断超市的能力，那么垄断超市最好的选择就是退出。

因此，对于企业和国家等集体来说，强弱之分和自己的"承受极限"有着莫大的联系。在冲突中，我们认为拥有攻击力相对强的一方是"强者"，攻击力相对弱的一方是"弱者"。但事实远不是这样，攻击力强大的一方不一定能打败攻击力弱小的一方。因为，攻击力不等于承受极限。我们以这种观点来看看"强和弱"与我们平时的感觉有什么不同。下面是抗日战争时期双方力量的对比，以此为例来看看这个问题。

（1）工业生产能力。抗战时，中日的工业生产能力和科学技术水平根本不在同一档次，中国当时的工业刚刚起步，而日本至少领先我们 30 年。

中国当时的钢产量不足 10 万吨，而日本却高达 950 万吨。中国能生产的不过是步枪和小炮，而日本可生产从手枪到航空母舰的所有武器；并且中国生产的武器都很落后，性能极差，根本无法和日本比；中国许多武器都是仿制，而日本却是独立设计制造的，日本的一部分武器已经达到了二战期间的最高技术水平，比如像连美国当时都害怕的零式战斗机和航母。

（2）三军总体实力。日本为了建立"大东亚共荣圈"，早就有了各种打算。在战争初期，他们可以动员 448 万人的部队。而中国当时军队总共只有 200 多万人，而且军队的训练水平远远低于日本。

中国只有 300 架作战飞机，而日本海空军装备有 2700 架作战飞机。虽然日本不是将其全部飞机都放在中国作战，但说日本在抗战时掌握着"中国的天空"一点也不为过。像重庆、四川等国民政府后方，都多次遭到轰炸。当时的中国空军堵截日本飞机都来不及，更别提支援陆军作战了！

（3）部队装备编成。日本军队的基本单位师团有 22000 余人，下辖两个旅团。一个师团的装备是这样的：装甲车数十辆，坦克 24 辆，火炮 108 门，轻重机枪 600 余挺，步枪 9500 支，汽车 200 多辆，5800 匹马。

中国的一个师规模略小于日本的旅团，只有万余人，装备可谓一个地下、一个天上。中国的一个师的装备是：火炮 46 门，轻重机枪 300 挺，步枪 3800 支。

日本有坦克和机动运输工具，而中国没有，因而中国军队的机动和进攻能力根本不行。不仅进攻能力不行，防御能力也不行。中国军队根本未装备任何反坦克武器，而且也未进行过任何反坦克训练，如果面对日军坦克装甲车辆的进攻，后果将会如何？

抗战时的中国军队，不但要面对日军天上的飞机，还要面对日军地面的坦克。这些坦克、飞机虽然数量不是很多，但杀伤力却很大。中国是陆军单独作战，而日军是联合作战。中国陆军在面对强大的日本陆军时，还要同时面对强大的日本海空军。

日本的攻击力可谓强大，武器可谓先进，是明显的"强者"，而中国则是明显的"弱者"。但是，战争的结局大家都知道了，弱者取得了最后的胜利。因为，弱者拥有相对较强的承受能力，强者拥有相对较弱的承受能力。

当攻击力强大而承受能力弱小的一方参与人（我们称其为"强者"）与攻击力弱小但承受能力强大的另外一方参与人（我们称其为"弱者"）发生冲突时，在这场冲突中，尽管"弱者"遭受强大的攻击，但若弱者所受的损害在其承受极限之内，并且弱者使强者遭受"重创"——损害超过"强者"的承受极限。最后的结果是："弱者"获胜，"强者"失败。就像抗日战争时的中国和日本一样。

可以这样说，在冲突性的博弈中，某个参与人能否"不败"取决于对方攻击力与自己的承受能力的对比，而能否"获胜"取决于自己的攻击力与对方的承受能力对比。

强者不强，弱者不弱的实例不胜枚举。越战中，美国人的攻击力大大胜过越南，但美国并没能战胜这个国家，因为越南的承受能力超过美国。

所以，真正的强大者是给他人带来较大损害，并且自己的承受能力大的参与人，这样的强者将攻无不克、战无不胜；真正的弱小者是给对方较小损害，并且自己的承受极限小的参与人，这样的弱者就不要想着制造"冲突"了，因为一旦有冲突，自己将必败无疑。

第 9 节　大国之争

实力相当的大国之间应当如何博弈呢？它们之间的博弈有没有胜负之分呢？

我们知道平时在零和博弈中，一方胜利就意味着一方失败，比如篮球比赛等一些竞技体育赛事，要么失败，要么胜利，没有其他的结果。但是大国之间的"博弈"却并没有这么简单。今天大国之间若发生大规模现代战争，参与者则可能都是输家。

战争中，无论是进攻者还是防守者，最基本的原则是使自己生存或更好地生存。但是，如果大国之间发生了冲突，则有可能带来完全相反的结果。

在你发明一种新的武器时，意味着你摧毁他人的能力提高了，但这其实也在提高毁灭自己的能力。因为，别人看到你发明了新的武器，绝不甘心受你的威胁，他也会发明新武器，然后你为了应对它的新武器，只能再次研发新武器……在不断开展的军备竞赛中，人类自我摧毁能力已经达到让人震惊的地步。

因此，当今世界上如果两个大国之间发生战争，并达到动用高端武器的时候，其结果就是双方都失败，没有赢家。如果是这样的话，战争对任何一方来说都是无意义的。在世界发展的过程中，不可预知的因素以及利益的冲突会将大国推向冲突的边缘。如何在冲突中保持克制能力，不至于出现双方都失败的结果，是各大国的共同任务。这就要求大国在博弈中要保持理性，防止大规模冲突。

大国之间均试图避免大规模冲突，但是，不能避免"误会"可能造成大规模冲突的可能。因此，大国之间必须保持沟通渠道的畅通，避免因误解而造成冲突。当外交手段不能解决问题时，冲突是解决问题的另一种方式，但是，这种冲突都是以可接受的小规模方式进行的，大规模的冲突是不会发生的，比如美国攻打伊拉克。

这样的冲突将是局部对决，并且是有限战争。因此，未来大国之间的战争是局部的、有限的，而不是全面的、大范围的。为什么这么说呢？下面我们以核武器为例来解释这个问题。

拥有核武器的两国都能够使用核武器，但在某个争端中，它们将求助于常规武器战争，双方均不使用核武器来解决冲突。这几乎是核国家之间不成文的规定。谁破坏了这个规定，就等于将双方的冲突升级，由此将会招致灾难性的毁灭。

1945年，美国对日本使用了两颗原子弹，警告日本快点投降，不然的话日本就可能从地球上消失。

战争结束了，但各国受战争影响，意识到军备武器决定战争的成败乃至国家的存亡。在这些武器面前，文明什么都不是，而野蛮经常战胜文明。因为决定胜败的是军备强弱，并不是文明程度。

基于这样的思考，核武器被研发出来了。以美国为首和以苏联为首的两大对立阵营，使世界进入了核武器竞备时代。发展到现在，得到国际社会认可的有核国家是美国、俄罗斯、英国、法国和中国，五国的核地位是在"二战"后的特定历史条件下确立的。"冷战"结束后，白俄罗斯、南非、乌克兰等一批国家，主动放弃现有核武器及核武器发展计划，成为无核国家。他们的做法值得尊敬，但并不是所有的国家都会向着"无核化"努力，有的国家则想方设法研制核武器。印度、巴基斯坦进行了核爆炸试验，以色列是公认的具有核武器的国家，日本虽未公开进行核爆试验，但完全具备生产核武器的技术条件。

核武器的毁伤能力在大规模杀伤性武器中居于首位。美国扔向广岛的原子弹为2万吨当量，造成30多万人员伤亡，而现在的核武器更加的先进，破坏力将远远大于前者。300万吨当量的核弹，可以摧毁千万人口的大城市所有的地面建筑。一旦核战争爆发，双方均被毁灭，并且还会使别的国家毁灭。

有鉴于此，各个国家都会避免发生核战争，各大国也就不会发生大规模的冲突了。

在这种形式下，核武器的真正作用在于威慑，而并不是使用核武器。核武器的作用不在于进攻他人，也不在于抵抗他人的进攻，而在于当受到他人的进攻后，能够对他人进行毁灭性的报复。

国家保护自己的人民生命和财产安全是无可厚非的，因而各国都有发展武器的权利，每个国家的人民都有不想使自己处于被威胁的状态。然而，武器的防卫功能和攻击功能是没有分开的，许多武器正是通过攻击或可能的攻击才有防卫性的。就像核武器一样，各国发展进攻性武器的目的在于遏制他人进攻自己。但如果都发展进攻性武器的话，那么各国之间又该是军备竞赛不断，会带来严重的后果。

如果能够将武器的"防卫"和"攻击"性能完全分开，我们只发展完全防卫性的设施，而且这种设施没有进攻能力，如雷达等。如果这样的话，就能解决上述问题。这需要各国达成这样一个"协议"：不开发攻击性武器，只开发防卫设施。对世界上不同民族的人民来说，这样的协议是极为有利的。但是，就算这种协定真的达成了，也还是有不足之处。它还面临着有的国家不执行的问题，有的国家可能会违反这个协议。所以，许多国家发展攻击性武器，因为这是各国的优势策略，没有哪个国家敢说："我只防守，不进攻。"但是，限制甚至取消发展攻击性武器，削减已有的攻击性武器，通过只发展防卫设施的协议是一个维护世界和平的方法。当然了，这个协议可能会受到一些国家的"挑战"。

第10节　亡命徒往往会成功

美国和越南之间的战争爆发后，美国总统尼克松希望靠"疯子策略"打赢这场战争。所谓"疯子政策"，是指派人向越共方面散布假消息，说尼克松总统已经恼羞成怒，决定不惜任何代价，也要将这场战争进行到底。为了能够尽快取得胜利，美国会在必要的情况下使用原子弹。尼克松的目的很明显，就是借助威胁的手段，迫使胡志明尽快派使者与美国方面进行和平谈判。美国的如意算盘打得不错，但结果却并未使其如愿。面对美国方面使用原子弹的恐吓，胡志明根本不为所动，更没有产生任何的恐惧之感。

用博弈的观点来看，当时美国和越南之间的战争正处于胶着状态，他们就像两只狭路相逢的斗鸡，进退都是两难的选择。此时，尼克松总统打算通过展示自己疯狂的一面逼迫胡志明做出让步，但胡志明比尼克松更厉害，你尼克松摆出一副疯狂的姿态，那我胡志明就摆出一副亡命徒的姿态，看你怎么办！这个方法果然奏效，尼克松只能另外想办法去解决美国和越南之间的战争。

通过这件事情可以看出，在斗鸡博弈中的某种情况下，参加博弈的一方越不理性，就越有可能获胜，得到理想的结果。如果把退避让路的一方称为"胆小鬼"，那一往无前的一方则应当称为"亡命徒"。一般情况下，人们都会认为"胆小鬼"比"亡命徒"更为理性，因为丢面子让人难堪，但是丢性命更让人害怕。也正是因为人们都有这种"胆小鬼"的理性，所以那些"亡命徒"才能够乘虚而入，从而获得理想的结果。

"立长不立幼"是封建社会皇室确立继承人的一条重要原则。这个原则有其局限性，历史上很多事件的发生都与这条原则有关。大唐开国皇帝为李渊，他在登基后就把长子李建成立为太子。其实，李建成无论从人品、才能、功劳等各个方面都比不上李渊的次子李世民。这也就为后来在历史上赫赫有名的"玄武门之变"埋下了伏笔。李渊把李建成封为太子后，采取了一系列措施以巩固李建成的太子地位。尽管李渊为培养李建成费尽了心机，但是李建成却总也不争气。李建成在东宫终日只是饮酒作乐，不理政务，还故意搬弄是非，离间兄弟关系。李渊派他外出做事他也做得很不像样子，这使李渊非常气愤。因此，秦王李世民越来越受到李渊的重用。

李世民在平定地方割据时立下大功。这使李世民越来越得到李渊的信任和重视，威望也一日高过一日。在这种情况下，代替李建成当皇帝的念头出现在李世民的脑海中。太子李建成看到李渊对李世民态度越来越好，担心自己的位置不稳，于是就与老四李元吉合起伙来一起对付李世民。李建成多次在暗中加害李世民，但每次都未能如愿。就在他们兄弟之间打得不可开交的时候，边境奏报称突厥大举南侵。太子李建成向李渊建议，派李元吉代替李世民北伐突厥，并让李世民手下的几员大将也一起出征。李建成这样做的目的十分明确，就是要先剪除李世民的左膀右臂，然后找机会除掉李世民。李渊接受了李建成的这个建议。于是李建成和李元吉二人暗中筹划，打算在出兵饯行的时候派人对李世民下手。由于不小心走漏了风声，这个计划传到了李世民耳中。李世民平时就对李建成、李元吉兄弟的所作所为有所不满，这时更是忍无可忍，于是就决定先下手为强，以尽快除去李建成和李元吉。

武德九年六月三日，李世民将太子李建成和齐王李元吉的阴谋上奏给李渊，还趁机告发他们兄弟二人"淫乱"后宫。李渊听后很吃惊，决定在第二天早朝时处理这件事情。其实，李渊对三个儿子之间的矛盾十分清楚，所以也就没有太放在心上。六月四日，李渊先召集了几位大臣商量这件事该如何解决，并打算商量出结果之后再召三个儿子劝和。李世民十分清楚自己的实力远不如太子李建成与齐王李元吉结成的同盟，而且李渊也总是偏袒李建成、李元吉，所以他果断地采取行动，率领手下十员大将埋伏在玄武门，准备与李建成等人做殊死一搏。李建成事先对李世民的动向有所了解，但与四弟李元吉商量后还是决定入宫上朝。第二天，李建成、李元吉两人进入玄武门后，发觉情况不对，想调转马头逃跑，但却被李世民的兵马射杀而死。玄武门之事很快传到了东宫和齐王府，李建成和李元吉的手下精兵向玄武门发动猛攻，给李世民制造了不小的麻烦，但最终还是被平息了。这就是历史上著名的"玄武门之变"。事变后，李渊将李世民立为太子，并表示以后朝中事务无论大小全由李世民处理。两个月之后，李渊下诏传位给太子，李世民正式登基为帝。

在争夺皇位的斗争中，秦王李世民的实力远不如太子李建成和齐王李元吉的联盟，但他最后却取得了胜利，其中的原因是什么呢？答案是抓住机会，放手一搏。李世民就像前面提到的"亡命徒"，他做出了令人难以想象的事情，在玄武门成功地杀掉了太子与齐王。古语说："舍得一身剐，敢把皇帝拉下马。"既然皇帝都敢拉下马，那太子就更不在话下了。

"亡命徒"虽然可以令人达到目的，是一种有效的策略，但却不能保证每次都能成功。只有当对方是理性的"胆小鬼"时，"亡命徒"的策略才可以奏效。有些时候，博弈双方都会采取"亡命徒"的策略，因为"亡命徒"更能成功，这时会出现什么局面呢？博弈双方会陷入进退两难的境地：要么撕掉"亡命徒"的面具，现出"胆小鬼"的真实面目，丢掉面子保住性命；要么做一个真正的"亡命徒"，与对手斗个你死我活。

第 11 节　关键时候学会妥协

《猎杀 U429 海底大战》是一部非常经典的电影，从这部电影的名字上来看，它好像是一部战争题材的片子。但是，看过电影的人都非常明白，这部电影其实是讲美、德两国军人在互相帮助、互相合作的基础上渡过难关的故事。

故事发生在第二次世界大战的大西洋战场上。当时美、德两国的战舰在海上进行了一场极为惨烈的战争，一艘名为"箭鱼号"的美国潜艇受到德国潜艇的重创，船员们别无选择，只能被迫弃船逃命。幸运的是，这些船员并没有成为鲨鱼的晚餐，而是被一艘德国潜艇 U429 所救。当时 U429 潜艇上的食物本来就只够勉强维持船员的生活，因此被俘的美军船员在刚登上 U429 时都遭到德舰船员的歧视与谩骂。可是，令他们没有想到的是，后来这群被俘的美军居然变成了他们同一战壕里的兄弟。U429 被一艘美国驱逐舰击中，无法顺利驶回德国的基地。恰巧就在这时，被救上 U429 的美国船员感染上了脑膜炎，并导致双方船员大量死亡。驾驭潜艇必须要靠多人的通力合作，如果船上的人想要继续活下去，必须放弃以前的偏见，一起合作才行。于是，U429 的舰长找到原被俘的美国船员，打算将潜艇驶向距离最近的美国海岸。最后，U429 虽然被击沉，但是潜艇上的所有船员都被美国驱逐舰所救，保全了性命。

影片中 U429 的舰长在双方船员大量死亡的情况下，主动找美国士兵合作引起了人们的深思。在斗鸡博弈中，经常会遇到博弈双方在势均力敌的情况下拼个你死我活的情况。其实，有的时候，双方都转变一下思路，使双方的矛盾得到有效的化解，对博弈双方来说，都是大有裨益的。这就像在很多比赛中，虽然比赛时人人都想取胜，但当胜利无望的时候，争取到"平局"也是一个非常不错的结果。

去过庙里的人也许会注意到，一进庙门口，就能看见弥勒佛腆个大肚子乐呵呵地欢迎四面八方的游客。但是在他的背面，黑口黑脸的韦陀菩萨阴森森地矗立着，给人一种威严之感。这两位性格迥然不同的菩萨为什么被共同放在一座庙里呢？其实，这样做对他们来说都有好处，可以克服他们的缺点，发扬他们的优点，使得庙里香火旺盛又不混乱。当初，他们分别有属于自己的庙宇，但是弥勒佛总是粗心大意，对管理账目也不在意，所以最后把庙宇搞得入不敷出。而韦陀虽然擅长管账，但是因为整天阴着个脸，使得庙里的香火越来越少。这两位菩萨在一起之后，寺庙的香火一直很旺，而且账目管理得更是井井有条。

这虽然只是一个小故事，但是从这个故事中可以看出，双方合作会使自己获得更大的利益。这就像斗鸡博弈中的参与者，很多时候没有必要搞得两败俱伤，适时选择妥协会对双方都有好处。

在现代社会，多数竞争已不再是非要争出高下不可，博弈论为人们指出，当人们必须长期共处时，合作和妥协一般来说是非常明智的选择。既然不能一举将对手打败，那么我们就该把目光放长远一些，更多地考虑一下未来。"妥协"是博弈双方在某种条件下达成的共识，虽然对于解决问题来说不是最好的办法，但在更好的方法尚未出现以前，它就是最好的方法。这是因为，妥协可以让人不再继续投入时间、精力等"资源"，从而避免了不必要的浪费，可以使人维持自己最起码的"存在"，为获得胜利赢得机会，更可以提供喘息的机会，为扭转不利的局势提供基础。

在很多时候，"妥协"会被认为是软弱的表现，是懦夫的行为，但其实"妥协"是非常实际、灵活的智慧。一般智者都会通过在恰当时机接受别人的妥协，或向别人提出妥协的方式来达到他们的目的。

· 第十章 ·

协和博弈

第 1 节　协和谬误：学会放弃

　　20 世纪 60 年代，英法两国政府联合投资开发大型超音速客机——协和飞机。这种飞机具有机身大、装饰豪华、速度快等很多优点，但是，要想实现这些优点，必须付出很高的代价——仅设计一个新引擎的成本就达到数亿元。英法两国政府都希望能够凭借这种大型客机赚钱，但是研究项目开始以后，他们发现了一个很严重的问题——如果要完成研发，需要不断地投入大量金钱。另外，就算研究成功，也不知道这种机型能否适应市场的需求。但是，如果停止研究，那么以前的投资就等于打了水漂。

　　在这种两难的选择之下，两国政府最后还是硬着头皮研制成功了。这种飞机投入市场以后，暴露出了很多缺点，如耗油量大、噪音大、污染严重、运营成本太高等等，根本无法适应激烈的市场竞争，因此很快就被市场淘汰了，英法两国也遭受到了很大的损失。其实，在研制协和飞机的过程中，如果英法政府能及时选择放弃，他们就能够减少很大的损失。但令人遗憾的是，他们并没有那样做。最后，协和飞机退出民航市场，才使英法两国从这个"无底洞中"脱身。

　　博弈论专家由此得到灵感，把英法两国政府在研究协和飞机时"骑虎难下"的博弈称为"协和谬误"，当人们进行了一项不理性的活动后，为此支付的时间和金钱成本，只要考虑将这项活动进行下去所需要耗费的精力，以及它能够带来的好处，再综合评定它能否给自己带来正效用。像股民对股票进行投资，如果发现这项投资并不能赢利，应该及早停掉，不要去计较已经投入的精力、时间、金钱等各项成本，否则就会陷入困境之中。在博弈论中，这种现象就被称为"协和谬误"，也称"协和博弈"。

　　下面让我们看几个协和谬误的事例。

　　有一个姓王的农村小伙子，总是希望自己能够发财致富，过上好日子。某天他看电视时看到了关于彩色豆腐机发家致富的广告，他觉得这是一个好机会，于是就跑到北京进行实地考察，之后便以 3 万元的价格在某公司订购了一台彩色豆腐机，并交了 1000 元的押金。那家公司还有一条规定，想学生产技术需要交 1 万元学习费用，这笔钱全部交齐机器就会运送到顾客家里。王某当时正处于兴奋的状态之中，所以就凑了 1 万块钱，交给那家公司。可是，王某在学完技术之后就后悔了，因为通过已经购买这种机器的用户反应和市场考察发现，这种机器做出来的彩色豆腐并不像广告说的那样深受广大百姓喜爱。还有，农村市场有限，根本就无法养活这样一台豆腐机。

此时的王某处于进退两难的境地：如果这时候选择放弃，那么 1000 元的押金和 1 万元的技术费就白花了；如果不放弃，那就需要支付另外的 1.9 万元钱才能买来豆腐机，而且以后的经营情况会是什么样子谁也不知道。王某把这个问题翻来覆去考虑了很久，最后他想到：我辛辛苦苦赚来的 1 万块钱就这么扔了吗？既然已经花了 1 万块钱，就算再搭进去 1 万多块钱又能怎么样呢？况且，自己把彩色豆腐的前景估计得过于悲观了，以后这种彩色豆腐说不定会很受欢迎。正是出于这样的想法，王某最后还是交了那笔钱，把彩色豆腐机拉回家了。可是结果并不像他想象的那样，这种机器加工的彩色豆腐存在着很多缺陷，味道更是没法与传统手工制作的豆腐相比，所以很少有人买。此外，这种机器还特别费电，王某最终无法继续经营下去，只能选择停产。

小李酷爱健身，当看到一家健身俱乐部的广告后觉得很有意思。亲自去俱乐部参观后，他认为俱乐部的环境和设施都还不错，于是就想成为这家俱乐部的会员。在向健身俱乐部付了一笔会费后，他从医生那里得到了一个十分不好的消息。医生告诉他在这段时间内不适宜剧烈运动。这下该怎么办呢？小李内心很矛盾：如果听从医生的劝告，不做剧烈的运动，那么交给健身俱乐部的那笔钱不就是白交了吗？可是，如果不听医生的话，冒着身体的痛苦继续运动，可能会给自己的健康带来损失。为了不使会员费变成一笔巨大的损失，小李最终还是坚持去俱乐部健身，结果健身不但没有起到应有的效果，他的健康状况也出现了很大的问题。

小张夫妇有一个乖巧可爱的小女儿，他们对孩子的未来非常重视，为了孩子能有一个好的将来，小张夫妇花了 1 万多块钱给女儿买了一架钢琴。但是，他们的女儿生性活泼好动，对钢琴一点兴趣也没有。这下可急坏了小张夫妇，自己用省吃俭用节约下来的钱给女儿买钢琴，希望她长大以后能够成为艺术家、名人，可是孩子却一点也不能体谅父母的良苦用心。虽然女儿不喜欢弹钢琴，但是价值不菲的钢琴已经买回来了，总不能白花那一大笔钱，让钢琴成为家里的摆设吧。于是，小张想到了请个音乐学院的钢琴老师给女儿当家教的办法。与妻子商量后，妻子也觉得这个办法不错。后来通过熟人介绍，他们请来了一位音乐学院的老师来教女儿，但可惜的是，这个办法仍然无法引起女儿对音乐的喜爱，他们为了请家教所花的几千块钱也都白花了。

以上是几个发生在我们身边的事例，下面再让我们来看一下战争中的有关协和谬误的事例。

21世纪初，美国总统小布什下令发动了伊拉克战争。在战争中，美国虽然凭借强大的武力很快就把萨达姆政权给推翻了，但是，在长达数年的伊拉克重建过程中，驻伊拉克美军经常会受到袭击，有时甚至是自杀式爆炸，这使美军伤亡惨重，损失相当大。另外，很多与美军有关的虐囚、屠杀和暴力等事件使美国在伊拉克战争中失去民心，"中东计划"也都随之流产。所以说，美国虽然在伊拉克战争中取得了胜利，但是一系列战争的后遗症又使美国损失严重。从总体来说，美国的战争是失败的。

美国在越南战争中同样犯了在伊拉克战争中的错误。1961年5月，美国向越南派遣了第一支特种部队，以达到其支持南越吴庭艳对抗由胡志明领导的北越，阻止国际共产主义政权发展的目的。这件事使美越两国的战争正式拉开帷幕，后来美军又不断将战斗部队投入到越南境内。

虽然美国从参战人员的个人素质、武器装备等方面来说都占据着优势，但战争的过程和结果并不像人们想象的那样。美国几届总统在任期间都一直关注着越南战争的局势，并不时地派兵增援，截止到1966年8月，驻守在越南的美军人员达到了42.9万，但是北越军民没有被美军的强大气焰所吓倒，他们因地制宜，不断利用游击战偷袭美军，使美军不胜其扰。此时，如果美国选择退兵，就不会再继续损失下去，可是，已经投入了大批的人力物力，如果不能打败越南，先前的投入都将会白白浪费。正是这种心态使美国陷入越南的"泥潭"之中难以自拔，最后造成了巨大的损失。

肯尼迪执政后，美国国内的反战浪潮一浪高过一浪，美国只得逐步从越南撤军，到1975年4月底才完全撤出。美军撤走以后，北越便将美国驻西贡大使馆和南越总统府攻陷。据统计，在越南战争中，伤亡的平民人数达到500万之多。美国虽然从越南"光荣地撤退"，但损失也非常大。越战是美国历史上持续时间最长的战争，在双方战争的十多年里，美国伤亡人数超过 30 万，另外还有 2000 多人失踪，耗费的财物超过 2500 亿美元。更为严重的是，这起事件成了美国在"冷战"策略上的重大失误，美苏"冷战"的格局也受到重大影响，美国逐渐由攻势改为守势，而苏联则由守势转为攻势。除了这些影响之外，美国国内的种族、民权等方面的矛盾也因此被激化。

通过上面的事例可以看出，协和谬误具有这样的特点：当事人做错了一件事，明知道自己犯了错误，却死活也不承认，反而花更多的时间、精力、钱财等成本去挽救这个错误，结果却是不但浪费了成本，错误也没有挽回。这也正是人们常说的"赔了夫人又折兵"。

第 2 节　骑虎难下的苏联

从前，有一个人要出门办事。他要去的地方虽然不远，但是途中却要经过一座高山。那一带非常荒僻，经常有野兽出没。那个人并不经常出门，所以家人对他此行不太放心，在他出门前总是不停地叮嘱他说："这一路山高林密，危机四伏。你一个人赶路，一定要多加小心。万一遇到野兽，你也不必慌张。只需要爬到附近的树上，你就不会有事的。一定要记住啊！"那个人连连答应，把家人所说的每一个字都清晰地记在脑子里，之后就只身上路了。

这个人出门后一路向前，很快就进山了。想起家人的告诫，他不敢怠慢，小心翼翼地向前走。走了许久，别说野兽了，就是连鸟都没看见一只。渐渐地，他放松了警惕，并暗暗嘲笑家人太多心了，山里根本就没有野兽啊！正当这时，突然前面一只凶猛的老虎闯入他的视线。那只斑斓猛虎身躯庞大，两眼放光，让人感到不寒而栗。看老虎的样子，好像有两天没有吃东西了。那个人很害怕，但是他很快就镇定下来，急忙想对策。这时，他想起家人跟他说过的话，于是急忙爬到身边的一棵大树上。老虎看到自己的美餐逃到了树上，就跑到树下大声地吼叫，边吼还边用爪子不停地抓树。那个人虽然爬到了树上，但是因为太年轻，又没有经验，所以被老虎吓得从树上掉了下来。说来也巧，他从树上正好掉到了在树下打转的老虎背上。这一下可把老虎给吓坏了，立刻拔腿向前跑。那个人骑在老虎背上，紧紧地抓住老虎的身体不放，任由老虎疯狂地向前跑去。这便是成语"骑虎难下"的来历。

老虎驮着人狂奔的画面被路边的一个人看到了。路人不明所以，还以为是少年英勇，降伏老虎之后在耍威风，于是就十分赞赏地对他说："小伙子，你可真行啊，竟然敢骑着老虎耍威风啊！"骑在老虎背上的人真希望自己有那样的本领，当时他内心充满了恐惧，脸上的表情也是痛苦万分。他回答说："这位大哥，你可真会说笑，你看我骑在老虎身上很威风，其实真实情况并不是你看到的那样。我现在是'骑虎难下'，心里害怕得要命呢！"

从博弈论的角度来看，骑在老虎背上的人需要面对两种选择：一是从老虎身上跳下来，他这样做的结果必然是被老虎吃掉。二是继续骑在老虎身上，任由老虎到处乱跑。但这也不是一个好办法，因为老虎跑累了就会停下来，就算老虎不吃他，他也会被饿死。

"骑虎难下"就是形容人这种两难处境的，在博弈论专家看来，这种"骑虎难下"的博弈就是协和谬误。

最近几年，中国的房价出现了很大幅度的上涨，对于一般的工薪阶层来说，购房成了他们面临的一个难题。在买房时，售楼人员一般都会运用各种手段诱使购房者先订立购房合同，并交一部分押金。他们这样就是要把购房者带入骑虎难下的两难境地中。如果购房者在签订购房合同后又到别的楼盘去参观，之后对所选择的楼盘的格局或者价格不满意，想买别处的房子，那么他们以前交的押金就算打了水漂，但如果仍然买那个房子，就有可能承担更大的损失。我们不去讨论楼盘销售人员的手段是否违法，只是对那些买房的人说，买房是大事，做出每一步决策都需要考虑清楚。

为了满足结婚等需求，很多人选择了"按揭"供房的方式。其实他们不知道，这种方式使他们陷入了骑虎难下的处境之中。"按揭"供房一般采取这样一种方式：购房者先与开发商确定购买房屋的价格，然后购房者再与开发商和银行订立一个三方协议，购房者先向开发商缴纳一部分购房款，一般是房屋总价值的20％或30％，其余的购房款由银行替购房者向开发商支付，然后购房者再与银行确定的还款期限内分期将本利还给银行。这种方式可以使三方都得到好处。但是，在向银行还款的过程中，购房者很可能陷入一个骑虎难下的境地之中。这是因为，房地产行业并不能长期保持稳定，一旦出现房地产泡沫，政府就会强制开发商下调房价，如此一来，房价就无法维持购房者当初的买入价，也就是说，房屋的总价值会下降，这时，继续按揭供房还是停止按揭供房就将成为摆在购房者面前的一道难题——如果停止按揭，那以前的房款就白花了；如果继续按揭，就相当于不断地把钱投入水里。

在"冷战"期间，美国和苏联两个超级大国为了争夺霸权，不停地进行武器装备的比拼。双方对常规武器以及核武器的研制都不放松，为了战胜对手，耗费巨额财富也在所不惜。直到 20 世纪 80 年代，里根为了拖垮苏联，实施了"星球大战"计划。这一举措标志着两个超级大国的武器竞赛将进一步升级。在这场武器竞赛中，双方均投入了巨额财富。后来，美国凭借强大的实力得以继续支撑下去，而苏联就陷入了骑虎难下的境地之中。如果放弃竞赛，那么以前的投入都将白白浪费；如果继续和美国竞赛下去，那么可能会遭受更大的损失。后来，苏联把全部力量都放在了军备竞赛上，使民用建设无法跟上，最终败下阵来。1991 年苏联解体在很大程度上就是由此引起的。

从上面的事例中可以看出，对当局者来说一旦进入骑虎难下的博弈，就是相当痛苦的。因为无论如何，注定他会受到损失。正是因为当局者在受到损失之后总想弥补这种损失，结果造成了更大的损失。其实，在进入骑虎难下的博弈后，最明智的举措就是尽早退出。尽管道理非常简单，可是当局者一般都做不到，这也正是"当局者迷"的原因。

第 3 节　我们的理性很脆弱

美国著名博弈论专家马丁·舒比克在 1971 年设计了一款经典的"1 美元拍卖"游戏。这个经典的博弈论游戏既简单，又富有娱乐性和启发性。

教授在课堂实验上跟学生们玩了这个游戏。他拿出一张 1 美元钞票，请大家给这张钞票开价，每次以 5 美分为单位叫价，出价最高的人将得到这张 1 美元钞票。但是，那些其他出价的人不但得不到这张钞票，还要向拍卖人支付相当于出价数目的费用。

教授利用这个游戏赚了不少钱，原因是学生们玩这个游戏时会陷入骑虎难下的困境之中。在这个游戏里，如果你不能够清醒地认识你的成本，那么你就非常有可能会落入骑虎难下的境地之中：你是以获得利润为目的开始这个游戏的，但是，随着不断地加价，你会发现你已经为此付出了一定的代价，如果继续竞拍下去，你就会越陷越深。游戏也由追逐利润渐渐地演变成如何避免损失。这个时候，你应该做出什么样的抉择呢？

首先，为了将问题简化，我们将舒比克教授的"1 美元"改为 100 美元，以 5 美元为单位叫价。这样做只是为了方便计算，并没有改变游戏的实质。

游戏开始后，一定会有人这样想：不就是 100 美元吗？只要我的出价低于 100 美元，那我就赚了，我所能出的最高价是 95 美元，再往上出价就赚不到钱了，有谁会继续向上出价呢？

如果用低于 100 美元的价格竞拍下这张钞票，那么中间的差价就是竞拍者所赚的钱。如果用 100 美元竞得同值的这张百元钞票虽然没有赚，但也不会赔。假设目前的最高叫价是 70 美元，迈克叫价 65 美元，排在第二位。出价最高的人将得到 100 美元的钞票，并且会赚到 30 美元，而迈克一定会损失 65 美元。如果迈克继续追加竞价，叫出 75 美元，那他就会取得领先。但是那个人不会眼睁睁地让自己损失 70 美元，所以他必会破釜沉舟地继续提价，直到超过 100 美元这个赚钱的底价。因为就算他选择了 105 美元，他也会认为这样自己最多只会损失 5 美元，相比 70 美元要少多了。然而，迈克的想法也会如此，所以就会进而将价位提升至 110 美元。于是，新的一轮竞价大战又开始了。

其实，当两个人的竞价超过 100 美元时，他们的目的已经从谋利变成了减少损失，在这种情况下，他们两个人的竞价往往会变成两个傻瓜间的对决。当然，就算是两个傻瓜在一起竞价，也会不让竞价这样无休止地进行下去。因为竞价者手里的资金是有限的，他们一定会以手头现有的资金来跟价，最后一个人跟到了 295 美元，而另一个人则以 300 美元赢得了这张百元钞票。这个时候，最倒霉的是那个出价 295 美元的人，因为他身上只有这么多钱，否则他绝对不会放弃。

有些时候，情况会复杂得多。比如假设杰克和凯文来参加竞拍，他们每人都揣着 250 美元，而且都知道对方兜里有多少钱。那么，结果会出现什么情况呢？

我们现在反过来进行推理。如果杰克叫了 250 美元，他就会赢得这张 100 美元的钞票，但是他亏损了 150 美元。如果他叫了 245 美元，那么凯文只有叫 250 美元才能获胜。因为多花 100 美元去赢 100 美元并不划算，如果杰克现在所叫的价位是 150 美元或者 150 美元以下，那么凯文只要叫 240 美元就能获胜。如果杰克的叫价变为 230 美元，上述论证照样行得通。凯文不可能指望叫 240 美元就能够取胜，因为他知道，杰克一定会叫 250 美元进行反击。要想击败 230 美元的叫价，凯文必须要一直叫到 250 美元才行。因此，230 美元的叫价能够击败 150 美元或 150 美元以下的叫价。按照这个方法，我们同样可以证明 220 美元、210 美元一直到 160 美元的叫价可以取胜。如果杰克叫了 160 美元，凯文就会想到，要想让杰克选择放弃，只有等到价位升到 250 美元才行。杰克必然会损失 160 美元，所以，再花 90 美元赢得那张 100 美元的钞票还是值得的。

第一个叫价 160 美元的人最后获胜，因为他的这一叫价显示了他一定会坚持到 250 美元的决心。在思考这个问题的时候，应该把 160 美元和 250 美元的叫价等同起来，将它看成是制胜的叫价。要想击败 150 美元的叫价，只要继续叫价，叫到 160 美元就足够了，但比这一数目低的任何数目叫价都无法取胜。这也就意味着，150 美元可以击败 60 美元或 60 美元以下的叫价。其实用不着 150 美元，只要 70 美元就能够达到这个目的。因为一旦有人叫 70 美元，对他而言，为了获得胜利，一路坚持到 160 美元是合算的。在他的决心面前，叫价 60 美元或 60 美元以下的对手就会重新考虑自己的策略，会觉得继续跟进并不是一个明智的选择。

在上述叫价过程中，关键一点是谁都知道别人的预算是多少，这就使得问题简单了很多。如果对别人的预算一无所知，那么毫无疑问，只有到混合策略中寻找均衡了。

在这个游戏里，还有一个更简单也更有好处的解决方案，那就是竞拍者联合起来。如果叫价者事先达成一致，在竞拍时选出一名代表叫价 50 美元，然后谁也不再追加叫价，那么他们就能够分享这 50 美元的利润。但是，这种竞价和合作方式太过肤浅，一般人都能够想到，这样便会出现若干对合作者，在公开的场合，谁与谁合作就会暴露得非常明显，所以这种伎俩一般来说是不会成功的。

从这个游戏可以看出，舒比克教授是一个非常精明的人，他为竞拍者设计了一个陷阱，使他们深陷其中无法自拔，而对他自己来说，这个游戏可以让他稳赚不赔。从竞价者角度来看，整个竞价过程可以分成两个部分，100 美元以下时有利润可图，可以看作是理性投资，到 100 美元以上时，理性的投资就转变了典型的非理性投资。其实，这个故事就是为了彰显人类在博弈过程中的理性与非理性，以及在投资过程中的各种不同的心态。

像这种事情在现实生活中无处不在。比如说，有人参加一家航空公司的里程积分计划，当他想搭乘另一家航空公司的飞机时，就会付出更高的代价。一个人在北京找到一份工作，那么他离开北京去另外一个城市发展就需要付出更高的代价。

问题的关键在于，如果你做出了类似的承诺，你讨价还价的资格在很大程度上会受到削弱。正是利用这一点，航空公司如果找来很多人参与里程积分计划，那么它在价格上就不会再轻易做出让步。公司也可以利用职员搬家成本高，在职工薪水方面占据有利地位。

在很多时候，上述后果并不容易被人察觉。只有那些真正的聪明人才会具有这种预见性。之后，他们会在尚未订立契约之前加以充分利用。一般来说，他们利用的方式是采取预先支付酬劳之后再签约。还有一种情况会导致同样的结果，那就是潜在的利益谋取者之间相互竞争。比如，航空公司的里程积分计划为了吸引更多的参与者，就不得不为他们提供更多的积分奖励。

第 4 节　不做赔本的事

赫胥雷弗教授在他的《价格理论与应用》中，对英国作家威廉·萨克雷的名作《名利场》中女主角贝姬的表白"如果我一年有 5000 英镑的收入，我想我也会是一个好女人"，出过一个思考题。

赫胥雷弗教授指出，如果这个表白本身是真实的，也就是贝姬受到上帝眷顾，每年有 5000 英镑收入的话，在别人看来她就真的变成一个好女人，那么，人们对此至少可以做出两种解释：一是贝姬本身是一个坏女人，而且也不愿意做一个好女人，但是如果有人每年给她 5000 英镑作为补偿，她就会为了这些钱去做一个好女人。二是贝姬本身是个好女人，同时她也想做一个好女人的，但是为生计所迫，她只能做一个坏女人。如果每年有 5000 英镑的收入，她的生计问题就能够得到解决，她也就会恢复她好女人的本来面目。

这两种可能，究竟哪一个符合实际？人们如何才能做出正确的判断呢？怎样才能知道贝姬本性的好坏呢？为了能够获得正确答案，需要先摒弃来自道德方面的干扰，之后再进行判断。比如把"做好女人"看作某种行为举止规范或者必须遵守的限制，就很容易得到答案。

贝姬为"做好女人"开出的价码是 5000 英镑，如果 5000 英镑是一笔小钱，说明她认为"做好女人"的成本不高，也就是说她只要能够得到维持生计的钱就会做"好女人"；如果 5000 英镑不是一笔小钱，而是一笔巨款，就说明她认为"做好女人"的成本很高，非用一大笔钱对她所放弃的某种东西进行补偿不可。

这时，最重要的问题就变为判断 5000 英镑究竟算是巨款还是小钱。从当时其他有名的文学作品中可以看出，一个女人维持生计只需要 100 英镑的年金就足够了。所以说，贝姬开出的 5000 英镑绝对不能算作一笔小钱。

在讨论贝姬到底是不是好女人时，我们运用了成本这一概念。在经济学中，成本指为了得到某种东西而必须放弃的东西。在日常生活领域，成本指我们所做的任何选择必须要为之付出的代价。因为成本的构成非常复杂，种类也异常繁多，所以我们并不能简单地把"成本"与"花了多少钱"画等号。

比如有人周末去香山公园看红叶，看红叶的成本不仅指买门票所花掉的钱，它还包括其他内容，比如去香山的车费和为了看红叶而花掉的时间。此外，因为是利用周末的时间去香山看红叶，这也就意味着，在这段时间无法去做其他的事情，比如去看一场电影，或者去打一场球赛，这都是看红叶所包含的成本。

成本除了具有构成复杂、种类繁多的特点之外，有时还会让人捉摸不透，难以计算。这是因为，它是一项漫长的付出过程，而并非一次性付清。比如说买一本书，根据书的内容与价钱进行对比，人们立刻就能计算出买这本书是否合算。可是结婚就迥然不同。也许新婚宴尔之际，你会认为你的另一半是如此完美，你与他（她）走完今后的人生将是你最大的幸福，他（她）值得你付出所有。可是共同生活了一段时间之后，情况就会有所不同。他（她）的许多缺点暴露无遗，令你无法忍受，这时你就会认为为他（她）付出如此高昂的代价根本就不值得。但是这场婚姻已经令你投入了钱财、感情、时间等太多的成本，这时，你就会有很多顾虑，继续维持这段婚姻会让你的人生苦不堪言，而如果选择离婚，那你所投入的成本就会白白浪费。

中国古代著名的军事著作《孙子兵法》，就曾对成本进行过讨论。在《作战篇》中，开篇讨论的并非战略或战术问题，而是计算一次军事行动的成本，包括人力和物力的投入。

孙子曰：

凡用兵之法，驰车千驷，革车千乘，带甲十万，千里馈粮。则内外之费，宾客之用，胶漆之材，车甲之奉，日费千金，然后十万之师举矣。

其用战也，胜久则钝兵挫锐，攻城则力屈，久暴师则国用不足。夫钝兵挫锐，屈力殚货，则诸侯乘其弊而起，虽有智者不能善其后矣。故兵闻拙速，未睹巧之久也。夫兵久而国利者，未之有也。故不尽知用兵之害者，则不能尽知用兵之利也。

善用兵者，役不再籍，粮不三载，取用于国，因粮于敌，故军食可足也。国之贫于师者远输，远输则百姓贫；近师者贵卖，贵卖则百姓财竭，财竭则急于丘役。力屈中原、内虚于家，百姓之费，十去其七；公家之费，破军罢马，甲胄矢弓，戟盾矛橹，丘牛大车，十去其六。故智将务食于敌，食敌一钟，当吾二十钟；芑秆一石，当吾二十石。故杀敌者，怒也；取敌之利者，货也。车战得车十乘以上，赏其先得者而更其旌旗。车杂而乘之，卒善而养之，是谓胜敌而益强。

故兵贵胜，不贵久。

故知兵之将，民之司命。国家安危之主也。

通过这篇文章可以看出，打一场仗（无论正义与否）要耗费相当庞大的财力、物力以及人力资源，所以从敌人那里获取给养就显得非常重要。而且，这样做还能够提高敌人的战争成本，使敌人陷入被动。所以，战争成本是战争中不得不考虑的一个重要问题。

在第一次中东战争中，阿拉伯国家就是因为没有考虑到战争成本，从而给自己带来了巨大的损失。

位于亚、非、欧三大洲的交界处的中东地区，因其独特的地理位置和丰富的石油资源，具有十分重要的战略地位。在中东的中心地带，有一个名为巴勒斯坦的国家。长期以来，强大的邻国与世界大国都对它虎视眈眈。历史上，巴勒斯坦最早的原始居民是迦南人。他们在公元前约 4000 年从阿拉伯半岛东部沿阿拉伯海一带到这里定居。公元前 13 世纪，克里特岛和爱琴海沿岸的腓力斯人移居迦南，将该地称为"巴勒斯坦"，意为"腓力斯人的土地"，这个名称沿用至今。此外，巴勒斯坦早期还有阿穆尔人和亚兰人等部落居民。犹太人古时称为希伯来人，他们和迦南人、阿拉伯人等都是西亚古代闪族的后裔，他们曾和其他古老民族一起，共同生活在巴勒斯坦土地上。公元前 1000 年，犹太人在巴勒斯坦建立起统一的希伯来王国，可是后来外族的轮番占领使犹太人逐渐疏散。在史称"犹太战争"的反抗罗马人入侵的三次武装起义失败后，犹太人死亡 150 多万人，幸存者几乎全部逃离和被驱逐出巴勒斯坦，从而结束了犹太民族主体在巴勒斯坦生存的历史。犹太人在离开巴勒斯坦之后受到种族歧视、迫害甚至屠杀，数以万计的犹太人惨遭杀戮。战后，在国际社会的同情和支持下，犹太复国主义运动达到高潮。1947 年 11 月 29 日，"联大"通过了巴勒斯坦分治决议。决议规定：英国对巴勒斯坦的委任统治于 1948 年 8 月结束，其后在巴勒斯坦建立阿拉伯国和犹太国；阿拉伯面积为 11000 多平方千米，包括北部的加利、约旦河以西地区和加沙地区；犹太国面积为 14000 多平方千米；耶路撒冷市成为联合国在国际政权下的独立主体，由联合国管理。

分治决议通过后遭到了巴勒斯坦阿拉伯人和阿拉伯国家的纷纷反对。在耶路撒冷和一些阿犹混合的城镇，犹太人和阿拉伯人爆发了激烈武装冲突。阿拉伯国家无论是军队数量，还是武器装备，都要强于以色列部队。所以在战争开始后，以色列军队被打得狼狈不堪，眼看就要无力再继续支撑下去。但是，以色列并没有引颈就戮，而是最大限度地利用停火时间，为后面的战争做准备。

以色列在停火期间的准备工作取得了非常好的效果。后来，以色列军队向阿拉伯军队发动攻击，夺取了阿拉伯的大片土地，扭转了自己的不利局面。在第二次停火期间，以色列又不断扩充军队和武器装备，大力推行其移民计划。与以色列相反，阿拉伯国家在第二次停火期间不但没有积极准备，反而使内部矛盾进一步激化。于是，阿拉伯国家在战争中逐渐陷入被动局面。后来，以色列军队又违背停火协议，主动进攻阿拉伯军队，首先逼迫埃及停战，并同样使其他阿拉伯国家签订停战协定。

这次战争共历时 15 个月，以以色列获胜、阿拉伯国家的失败而告终。在这次战争中，以色列占领了巴勒斯坦 4/5 的土地，与联合国分治决议规定的面积相比，要多出 6700 多平方千米。同时，战争使近百万巴勒斯坦人无家可归。战争还激化了阿拉伯国家和以色列、美、英等国家的矛盾。

这次战争还带来了另外一个严重后果，就是开创了这两个民族武力解决争端的先河。在此后的 30 年里，阿拉伯国家和以色列之间又爆发了四次大规模的战争，大片原来属阿拉伯国家的领土被以色列占领。在这片领土上，以色列建造起一大批定居点，使占有这些领土成为既成事实。

第一次中东战争给阿拉伯国家造成了严重的损失。在如此严重的损失面前，阿拉伯国家一定会想，如果第一次中东战争没有爆发，他们也就不可能遭受如此巨大的损失。

其实，在解决国际争端方面，谈判要比战争有效得多。这是因为，谈判的成本比战争的成本低。阿拉伯国家就是因为没有考虑到战争成本，不明白战争会造成严重的冲突、伤害和仇恨，所以才会酿成这一悲剧。

古代兵法有"坚壁清野"的战术，在现代军事史上也有"焦土政策"一说。"坚壁清野"指采用使敌人攻不下据点，又得不到任何东西的措施。是对付优势敌人入侵，一种困死、饿死敌人的作战方法。"焦土政策"是指，在战争期间，一方由于战势对自己不利而打算撤退时，彻底摧毁本土的建筑设施、有用资源等不动产，不给对手留下任何有价值的东西，同时也断绝自己的后路。

这两种策略具有一个共同点，即尽最大努力使对方无法从战争中获得补偿，也就是提高对方的战争成本。尽管这种战略会给自己造成很大的损失，但在某些特殊时刻，这也算得上是一种有效的策略。而且，这一举措也明确地告诉对方，我要和你血拼到底，为此我宁愿做出任何牺牲，你不要指望从我的屈服中获得什么好处。

"焦土政策"不仅在现代战争中有所运用，在市场竞争中同样被很多企业使用。在市场竞争中，"焦土政策"指的是竞争处于劣势的公司，通过大量出售公司的有形资产，或者破坏公司的无形资产的形式，使实力强大的蓄意收购者的收购意图受到毁灭性的打击。国美和永乐等家电销售连锁企业就曾运用"焦土政策"，彻底粉碎了家电巨头百思买的收购计划。

国美、永乐、五星、苏宁、大中是在中国具有影响力的大型家电销售连锁企业。百思买1966年成立于美国明尼苏达州，是全球最大的家电连锁零售商。在成功收购江苏五星后，百思买以控股五星电器的方式吹响了向中国家电市场进军的号角。面对着全球家电老大百思买发出的进军中国的宣言，刚刚成为一家人的国美与永乐决定"先下手为强"，运用"焦土政策"策略，在百思买尚未采取实质性的行动之前，给它以致命一击。

国美与永乐很快就宣布，要在北京市场发动连续的市场攻势，将北京家电市场的门槛提高，借此迫使百思买知难而退，彻底放弃北京市场。国美与永乐很快就打响了零售终端联合作战的第一战。同时，这也是国内家电零售市场上连锁巨头首次在采购、物流、销售上的联合作战。这一战役不仅是要打消百思买进入北京市场的野心，而且还要实现真正意义上的消费者、厂家、商家三方共赢。这次价格大战一改过去单一压低供应商进价，从而制造低价的做法，致力于整合供应链价值，使供应链效率提升，从而实现真正的利润优势。打价格战并不是国美与永乐这次行动的主要目的，其主要目的是通过价格战，提前将北京、上海等家电市场变成"焦土"，从而将市场门槛抬高，令百思买不战而退。最终，国美与永乐通过"焦土政策"实现了目的，吓退了百思买，保住了其在中国家电销售连锁企业的龙头地位。

一般来说，"焦土政策"的作用有两方面：第一，把可能要属于对手的东西破坏，使对手的行动成本增大；第二，向对手显示自己决不妥协的立场。

大多数人做事的时候，不会把自己逼上绝路，而是给自己留下一条后路。这已经成为一种固定的习惯思维。但是，这种习惯思维在充满着逻辑和悖论的博弈论世界里并不成立。

选择这样的"破釜沉舟"的策略，会给人带来意想不到的好处。这是因为，对手对你以后可能采取行动的预期被你彻底打乱，而你就能够充分利用这一"信息不对称"，使自己在博弈中获得好处。

第 5 节　每一件事情都有成本

我们前面提过一个关于老鹰的故事。老鹰的平均寿命为 70 岁，被认为是世界上寿命最长的鸟类。但是，老鹰要活到 70 岁并非易事。在 40 岁的时候，老鹰必须做出一个既困难又重要的选择。这是因为，当老鹰活到 40 岁时，它的生理机能已经老化。它的喙长得可以触到胸膛，弯得根本无法吃东西。它用来追捕猎物的爪子也不再锋利，再也无法捕获以前可以轻松搞定的猎物。它的翅膀也会因羽毛又浓又厚而变得像绑上了石头一样沉重，这使它基本上丧失了飞翔的本领。这时，摆在老鹰面前的是两种选择：要么等死，要么经过更新过程获得重生。

老鹰想重生就必须要努力地飞到山顶筑巢，并且在那里度过长达 150 天的时间。它首先要用不停地击打岩石的方式使它的喙完全脱落，然后静静地等待长出新的来。之后，它要用新长出来的喙将老化的指甲一根一根地拔出来，将羽毛一根一根地拔掉。等到新的指甲和羽毛长出来时，它才能够重新翱翔在蔚蓝的天空。正是蛰伏的 5 个月，使老鹰获得了 30 年的生命。可以说这是一笔非常划算的买卖，付出痛苦的 5 个月做成本，获得 30 年的生命。

有一道用来测试参与者是乐观还是悲观的问题是这样的：有两箱苹果，其中一箱非常新鲜，而且外观漂亮、又大又圆；而另外一箱因为放置的时间过长，有一些已经变质。面对这两箱苹果，你会选择先吃哪箱？

回答这个问题的人很多，答案也是五花八门。在诸多答案中，有两种吃法最为普遍：第一种是先吃最好的，吃完好的再吃不好的。另一种是先吃不好的，把烂的部分削掉，吃完不好的之后再吃好的。第一种吃法通常无法将苹果全部吃掉，因为吃到最后，烂苹果会越来越多，有一些可能烂得无法再吃了，只能扔掉。这种吃法会造成一定程度的浪费，但也有其益处——吃到了好苹果，享受到了好苹果的滋味。第二种吃法是先从烂苹果吃起，这种吃法会使人经常吃烂苹果，因为等把面前的烂苹果吃完的时候，原本好的苹果又会因为搁置的时间过长而变烂。测试结果表明：选择第一种吃法的是乐观的人，后一种是悲观的人。

参加这个游戏的人都能够对自己的选择做出合理的解释。同时，还会对别人的选择提出质疑，比如选择第一种吃法的人就会觉得最重要的是要享受好苹果的味道，扔掉几个苹果没有关系；而选择第二种吃法的人会觉得前者容易造成浪费。

其实，这两种吃法都有各自的道理。在实际生活中，人们经常会根据自己的标准选择先吃哪种苹果。但是，人们做出的选择能透露出这个人的性格和心理。经济学上的理性人更倾向于第一种吃法。他们认为，吃苹果以品尝味道、吸收营养为主要目的，从这个角度考虑，第一种吃法比较理性。用经济学的语言来说就是，这种吃法的机会成本相对较小。

老鹰为了 30 年的生命，需要付出艰辛的努力。其实它也可以不用经历如此痛苦和漫长的过程，而是像以往一样寻找食物或者休息。但是，那样老鹰就不会再有 30 年的生命了！为了 30 年的生命而经受漫长痛苦的生命更新过程，这也正是为成功所付出的机会成本。

机会成本是经济学中的一个重要术语，是一种非常特别的，既虚又实的一种成本。它是指一笔投资在专注于某一方面后所失去的在另外其他方面的投资获利机会，也指为了得到某种东西所必须放弃的东西，也就是在一个特定用途中使用某种资源，而没有把它用于其他可供选择的最好用途上所放弃的利益。机会成本是因选择行为而产生的成本，所以也被称为选择成本。

为了说明机会成本的概念，萨缪尔森在其《经济学》中曾用热狗公司的事例进行阐述。热狗公司的所有者每周工作 60 小时，但不领取工资。到年末结算时，公司获得了 22000 美元的利润，看起来比较可观。但是，如果公司的所有者能够找到另外其他收入更高的工作，使他们所获年收入有所增长，达到 45000 美元。那么这些人所从事的热狗工作就会产生一种机会成本，它表明因为他们从事热狗工作而不得不失去的其他获利更大的机会。对此，经济学家理解为，如果用他们的实际赢利 22000 美元减去他们失去的 45000 美元的机会收益，那他们实际上是亏损的，亏损额是 45000－22000＝23000 美元。尽管表面上看他们是赢利了。

人们愿意做这件事而不做那件事，就是因为他们认为这件事的收益大于成本。但是当这种事情很多时，这时就需要做出选择。有些选择在生活中比较常见，比如是玩游戏还是读书，在家里吃饭还是去外面吃饭，看电视时是看体育比赛还是看电视剧，等等。这些事情因为不太重要，所以我们不用慎重考虑就能够做出决定。但是有一些事，选对与选错的收益相差非常大，这时人们就不得不慎重考虑。如果没有选择的机会，就不会有选择的自由。然而很多可供选择的道路摆在人们面前时，选择某一条道路的机会成本就会增大，这是因为，在人们选择某一条道路时，也就意味着放弃了其他的机会。机会成本越高，选择就越困难。

机会成本的概念具有很强的实用性，尤其是在对资源的有效使用进行分析时，作用更加重要。资源是一种稀缺产品，任何一种资源都能够在不同的地方得到充分的利用。把资源用在一个地方，这就意味着是对其他选择的放弃。要把稀缺资源放在最合适的位置，使其得到最有效的利用，就要把它投入到最能满足社会需要，同时又能使产量达到最大化的商品的生产之中。

在经济学看来，人的任何选择都有机会成本。机会成本的概念表明，任何选择都需要付出代价，都需要放弃其他的选择。这正如哈佛大学经济学教授曼昆在著名的《经济学原理》中所说："一种东西的机会成本，就是为了得到它所放弃的东西。当做出任何一项决策，例如是否上大学时，决策者就应该对伴随每一种可能行动而来的机会成本做出判断。实际上，决策者通常对此心知肚明。那些到了上大学年龄的运动员如果退学而从事职业活动就能赚几百万美元，他们深深认识到，他们上大学的机会成本极高。他们就会认为，不值得花费这种成本来获得上大学的收益。这一点儿也不值得奇怪……"

"一屋不扫，何以扫天下"是一句广泛流传的名言，通常被用来劝告别人想要做大事，必须从小事做起。其实，这句名言还涉及机会成本的问题。

这句话出自《后汉书》，由东汉时期的一个故事演化而来。东汉时期，有一个叫陈蕃的名士，非常有骨气，史称他具有"不凡之器"，其言行有很多都可以称为处世的典范。《世说新语》一开篇就对他称赞有加："陈仲举言为士则，行为世范，登车揽辔，有澄清天下之志。"意思是说他的言谈是读书人的榜样，行为是世间的规范。他做官做到太傅，为人耿直，为官敢于坚持原则，大胆起用人才，使政事得到很大改观。

陈蕃年少的时候，自己住在一间房子里，可是他很不讲究，经常把住的地方搞得脏乱不堪。有一天，他父亲与朋友薛勤来看他，见到屋里一片乱糟糟的样子就批评他，问他为何不将屋子打扫干净来迎接客人。陈蕃很狂妄，非常不屑地回答说："大丈夫处世，当扫除天下，安事一屋?"薛勤当即反问他："一屋不扫，何以扫天下?"

事实证明，陈蕃在"扫天下"方面做得非常不错，他也因此而彪炳史册。而那位因批评陈蕃而留下"一屋不扫，何以扫天下"千古名言的薛勤，却一事无成，被湮没在历史的长河里。

陈蕃和薛勤，一个一屋不扫却成就了一番事业，而另一个熟知清扫庭院的道理却无所作为，这是什么原因呢? 答案其实非常简单：无论做什么事情，都有一种机会成本，做小事所付出的机会成本是完成大事，而做大事的机会成本是做好每件小事。

比尔·盖茨为了与同伴创办电脑公司，19 岁时就选择了从哈佛大学退学。他的这个决定被当时的很多人看作荒谬可笑，可是，正是这个荒谬可笑的决定曾经让比尔·盖茨成为世界首富。1999 年 3 月 27 日，比尔·盖茨应邀回母校哈佛大学参加募捐会时，记者向他提出一个非常有意思的问题：是否愿意回到哈佛深造，并拿到哈佛大学的毕业证。面对这个问题，首富先生只是默默地笑了一下，并没有给出答案。

虽然比尔·盖茨并没有回答记者的问题，但是我们可以猜测一下，比尔·盖茨如果当年不是辍学去创业，而是坚持把大学读完，那么或许世界首富就要换成别人了。盖茨 36 岁时，财富就达到亿万。在 1999 年《福布斯》评选中，盖茨以850 亿美元的净资产居世界亿万富翁首位。《时代》周刊将他评为在数字技术领域影响重大的 50 人之一。如果用机会成本对这个问题进行分析，比尔·盖茨拿到哈佛大学毕业证的机会成本就是世界首富的地位。

机会成本并不会像比尔·盖茨的财富那样显示在账面上，但人们在选择某一方案、方向、道路时，机会成本是考虑的重点因素之一。这就像经济学家汪丁丁曾经说过的那样，可供选择的机会越多，选择一个特定机会的成本就越高，因为所放弃的机会，其所值随着机会的数量增加而增加。

中国人力资源开发网曾经在全国范围内开展了一次"工作幸福指数调查"，调查结果为：

(1) 超过 60％的人认为自己所在单位的管理制度与流程不合理。

(2) 超过 50％的人对薪酬不满意。

(3) 超过 50％的人对直接上级不满。

(4) 接近 50％的人对自身的发展前途缺乏信心。

(5) 接近 40％的人不喜欢自己的工作。

(6) 40.4％的人对工作环境和工作关系不满意。

(7) 33.6％的人工作量不合理。

(8) 26％的人工作与生活发生冲突。

(9) 19.6％的人工作职责不明确。

(10) 16.4％的人与同事的关系不融洽。

(11) 11.6％的人工作得不到家人和朋友的支持。

(12) 11.5％的人对工作力不从心。

由此可以看出，很多人对自己目前所从事的工作并不满意，或者觉得工作不适合自己。尽管如此，但是他们仍然在自己的工作岗位上坚持着。他们这种坚持毫无价值可言，而且更为重要的是，他们为此付出了完成真正属于自己事业的机会成本。

其实，在我们的日常生活中，经常要做出各种选择。在做出选择的时候，我们就会不自觉地对各种机会成本进行比较。在这个过程中，我们应该如何计算机会成本呢？

有些人不愿意放弃任何东西，对于这类人来说，让他们自己选择相当于让他们承受痛苦。因此，他们宁愿没有选择的权利，因为没有选择也就没有痛苦。正是因为这样，他们做出的选择常常会带有逃避性质。这一点会严重制约他们人生的发展。任何事情，包括那些值得做和不值得做的，都会对人产生作用和影响，使其生命从一项单纯的偶然行为，逐渐演变为有规律的活动。人们在做某件事情一段时间之后，通常会说："既然我们已经做这么久了，那我们不应该让它消失。"这样做的结果最终会导致要为此付出代价，这件事情花费的时间越长，涉及的范围越大，代价也就越大。

第6节　羊毛出在羊身上

在人才市场上，存在着这样一种现象：北大的一般毕业生和其他一般学校的拔尖学生一起去求职，尽管他们学的是同样的专业，水平或许相差也不大，但是，大多数用人单位会选择前者而不选择后者。其实，前者的水平并不一定比后者高，但用人单位为什么会对前者趋之若鹜，而对后者置若罔闻呢？

由于各所学校的评分标准不同，各所学校提供的学习成绩单并不能够成为用人单位对学生进行评估和比较的标准。在这种情况下，用人单位为了获得更为优秀的人才，只能将社会对毕业学校的认识和统计结果作为选择学生的标准。在这一点上，北京大学毕业的学生就占据了巨大的优势。

这种现象在不同的场合、不同的领域都可以看到。比如有一对年轻人为结婚去家电商场选购一款冰箱。他们发现，同为三开门218L的冰箱，有的卖3000多元，有的只卖1000多元。虽然价格方面差异悬殊，但是，更多人不愿意购买价格便宜的，反而更钟情于价格高的名牌产品。他们对这个现象很不理解，于是就向对家电行业比较了解的一位朋友请教。朋友告诉他们，其实国内家电质量都差不多，使用寿命也不存在太大的差异。洗衣机、电视机如此，冰箱也不例外。听了朋友的解释后，这对年轻人更加不解。这到底是怎么回事呢？其实，最主要的原因是大多数人信赖品牌，因为品牌能够让人用着放心，而且在售后服务方面也更有保障。

很多消费者追求名牌也是同样的理由。但是，这个理由并不是放之四海而皆准的。还以冰箱为例，人们对冰箱质量的认识，并不是通过实践得来的。冰箱不同于日常低值易耗品，不需要经常更换，一般来说，购买一台冰箱可以用几年甚至十几年的时间。正是这个原因，使人们无法积累感性经验。居民的购买行为大多受到各种媒体以及亲朋好友的影响。名牌产品一定会在各种媒体上大打广告，人们无法不受其影响，这时，亲朋好友也受到广告的影响，他们对购买者进行口碑相传，于是就会造成消费者信赖名牌、购买名牌的现象。

在经济领域，这种并非由产品质量而是由其他因素引起的排斥现象被称为歧视。当歧视将某些团体的工作努力和人力资本投资激励扭曲的时候，它就会对经济造成极大的伤害。歧视的损害效果体现在很多方面，但对商品和劳务的供给者而言，影响最为严重。他们花费同样的成本，生产出同样质量的产品，卖出去的价格却无法与那些名牌相比，更可悲的是，很多时候他们的产品根本就卖不出去。

歧视同样对购买者不利。商品的歧视迫使那些受到歧视的企业为宣传自己的产品，把大量的精力和费用投入到做广告上面，因此造成企业成本大大增加。如此一来，企业的品牌虽然建立起来了，但它们为建立品牌所付出的成本都转嫁到消费者身上。这也正是名牌产品比普通产品价格更高的原因。

对于企业而言，建立名牌还有一个重要的益处，就是企业与消费者达到一种伙伴关系，赢得顾客的忠诚，使消费者长久地保持购买的欲望。这已经成为在激烈竞争的市场环境中，企业生存与发展的必然选择。

许多企业为留住老顾客和吸引新顾客，所使用的一种重要营销手段就是大力培养顾客对品牌的忠诚度。如果产品的质量能够得到保障，那么品牌忠诚度就会成为一个名牌的基本要素。一个名牌成功的根本，主要来源于消费者对品牌的忠诚、信赖和不动摇。如果一个品牌缺乏忠诚度，那么一旦发生突发事件，消费者就会停止购买这个品牌的产品。可口可乐公司污染事件并未影响到中国消费者对该产品的信心，而雀巢等洋品牌奶粉被消费者冷落就能够很好地说明这个问题。

1999年6月10日，从比利时开始，欧洲爆发了可口可乐污染事件。这起事件最早源于比利时小镇博尔纳的一所小学。6 月 10 日，这所学校的学生们觉得可口可乐喝起来味道非常奇怪，校方对此未加注意，导致这所学校的 50 多名学生接二连三地发生了腹泻和胃痛等不适症状。6 月 15 日，比利时全国有 150 名儿童因为饮用了可口可乐软饮料而出现同样的不适症状。面对此事，比利时政府大惊失色，当即下令全面禁售可口可乐产品，连可口可乐旗下的"雪碧"和"芬达"都未能幸免！当天晚上，比利时卫生部紧急宣布，通过对住院孩子进行抽血化验，以查明事情原委。化验的最终结果表明：有些孩子有溶血现象。不过，比利时卫生部长告诉广大消费者不要太紧张，但同时批评可口可乐公司在事发后缺乏合作诚意。很多激进的消费者甚至呼吁抵制所有的可口可乐饮料。很快，卢森堡、荷兰也发现了受污染的可口可乐产品，于是两国政府随即下令从商店里撤下所有的可口可乐的产品，等待可口可乐公司做出进一步解释。荷兰政府下令，所有产于比利时的可口可乐产品必须立即从荷兰境内的货架上撤下；严禁从比利时进口任何可口可乐产品；买了比利时生产的可口可乐的顾客可以退货。6 月 16 日，韩国也做出反应。韩国食品与药品管理局正式宣布，立即组织对在韩国境内销售的所有可口可乐产品进行抽查，确定其是否受到污染。韩国有关部门将检查"可口可乐韩国公司"生产产品的八项指标，其中包括气压、碳酸铅含量和细菌密度等。

随着各国政府不断发出禁令，污染事件越闹越大。在严峻的形势面前，可口可乐公司积极做出回应。先是在得到比利时政府提供的患者初步化验报告后，立即组织专家进行研究。与此同时，比利时的可口可乐公司将 250 万瓶可口可乐软饮料紧急收回。

在比利时，可口可乐有着很高的品牌信誉度，自 1927 年在比利时开设了分厂之后，这个国家平均每天喝掉的可口可乐达到 100 万瓶。随着事件的影响不断扩展，纽约股市上可口可乐的股值每股下跌了 1 美元。在之前，亚特兰大可口可乐总公司的黑人雇员就指控可口可乐公司搞种族歧视，并且把公司推上了法庭，对可口可乐的形象造成了极坏的影响，公司海外业务的开展也受到了严重的威胁。如今，又发生了污染事件，可口可乐公司真可谓是祸不单行。

尽管可口可乐污染事件在世界范围内闹得沸沸扬扬，但在中国，可口可乐公司的 23 个工厂和销售都没有受到影响，一起产品质量投诉也未发生，更没有发生任何退货现象。

其实，在可口可乐污染事件发生之前，还发生过一件影响极大的污染事件。

1999 年春天，比利时、荷兰、法国、德国相继发生因二噁英污染导致畜禽类产品及乳制品含高浓度二噁英的事件。二噁英是一种有毒的含氯化合物，是目前世界已知的有毒化合物中毒性最强的。它的致癌性极强，还可引起严重的皮肤病，甚至伤及胎儿。这一事件发生后，世界各国纷纷下达禁令，全面禁止进口北欧四国的肉、禽、蛋、乳制品。中国卫生部也于 6 月 9 日紧急下令，禁止国内各大商场销售欧盟四国 1999 年 1 月 15 日以后生产的受二噁英污染的肉、禽、蛋、乳制品和以此为原料的食品。

很快，中国各大商场销售的雀巢、安怡、雅培等洋品牌的奶粉变得无人问津。尽管雀巢公司多次向消费者做出解释，宣称他们的产品与"二噁英"没有任何关系。但是，消费者仍然不买账，坚决拒绝购买雀巢的产品，从而使雀巢产品的销售额一跌再跌。

同样对消费者的健康构成严重的威胁，但是可口可乐在中国的销售丝毫没有受到影响，而雀巢等洋品牌却被消费者彻底冷落，这其中的原因何在？对于这个问题，有些经济学家给予了回答。他们指出，可口可乐事件的影响没有波及中国，最主要是因为它在中国市场上建立起了品牌的忠诚度。

一直以来，可口可乐公司始终致力于顾客的忠诚度的培养。20 年来，可口可乐公司在中国的投资已经达到 11 亿美元。可口可乐公司不遗余力地在产品质量上下功夫，从而得到消费者的认可，并在消费者心目中建立起极高的忠诚度。

研究资料显示，20％的忠诚顾客创造了一个成功品牌 80％的利润，而其他 80％的顾客只创造了 20％的利润。除了可以带来巨额利润，顾客的忠诚度在降低产品的营销成本方面也有所体现。

第 7 节 学会果断放弃

明哲保身原本指的是明智的人为保全自己，不参与可能给自己带来危险的事，想方设法从危险境地抽身而去，现指因怕连累自己而回避原则斗争的处世态度。在历史上，有许多明哲保身的名人，也有很多人因不懂得明哲保身而招致祸端。

李白是我国历史上著名的大诗人，是我国文学史上继屈原之后又一个伟大的浪漫主义诗人。他一生创作了上千首诗歌，留下了诸如《将进酒》《梦游天姥吟留别》《行路难》等一大批脍炙人口的名篇。可以说，李白在作诗方面取得了卓越的成就，但在做人方面，他却有些失败。他总是想要投身仕途，但是他身上诗人的洒脱气质让他无法取得成功，最后还因不懂明哲保身而惨遭流放。

公元754年，李白发现安禄山图谋不轨，便前往长安向皇帝告发此事，想借机进言献策，以求仕途有所发展。但是，他并不知道，朝廷早已获悉安禄山的动向，只是见他并未采取实际行动，所以也就隐忍不发，并极力打压"诬告"安禄山的人。李白此行没有得到朝廷重用，所以只得怏怏而归。

安史之乱爆发后，李白在庐山隐居。永王李璘早就对李白的大名有所耳闻，所以就打算将李白招为自己的幕僚。李白觉得自己总算得到了别人的赏识，所以非常痛快地答应了。其实，李白并不是李璘第一个邀请的名人，但却是第一个答应做李璘幕僚的名人。很多江南名人看出李璘早有谋逆之心，怕日后遭到牵连，所以都婉言拒绝了李璘的请求。后来李璘果然谋反，兵败后被杀。李白也受到牵连，被判长期流放，发配到蛮荒之地夜郎，后来朝廷因关中干旱大赦天下才使李白重新获得了自由。

与李白不懂得明哲保身而惹祸上身相反，曾国藩就因为懂得明哲保身而使自己得到保全。

太平天国起义爆发后，清朝朝廷为镇压太平天国运动，任命曾国藩组织地方团练对抗太平天国。曾国藩成立了湘军，并将其训练成一支战斗力超强的队伍，就连当时清朝政府的八旗兵和绿营也无法与其相提并论。曾国藩成功地镇压了太平天国运动，并因此统领江苏、安徽、江西和浙江四省军务，成为清朝历史上权力最大的汉人官员。一时之间，曾国藩成了风云人物，满朝文武百官纷纷给他道贺。但是，朝廷的封赏和同僚们的称赞并没有让曾国藩丧失理智。他深深地感觉到，虽然为朝廷立下了大功，但是现在太平天国运动已经被镇压下去，而自己手里握有军权，必将成为朝廷的心腹之患。于是，深谙"狡兔死、走狗烹"道理的曾国藩决定急流勇退、明哲保身。曾国藩主动上奏朝廷，要求裁汰兵员，遣散湘军，并且向咸丰皇帝表达了告老还乡的意愿。这一想法正中咸丰皇帝下怀，咸丰皇帝非常高兴，对曾国藩称赞有加，虽然下令解散了湘军，但两江总督依然让曾国藩担任。尽管如此，曾国藩仍然没有放弃离开朝廷的机会。因为他知道，如果自己不这样做，有朝一日被朝廷赶下来，那么结局将会更惨。

李白和曾国藩，两种迥然不同的结局。这两种不同结局的原因，难道真的是"明哲保身"四个字吗？不。"明哲保身"只是表面原因，深层次的原因是对自己得到的东西的态度。也就是说，是不是能够想得开。李白一直执迷于仕途，经受多次碰壁后终于得到了永王李璘的赏识，所以对这次机会倍加珍惜，这个机会可能给他带来的危险也被他彻底忽略了。曾国藩比李白的高明之处就在于，他能够看淡名利，在该放弃的时候能够主动选择放弃。

在现实生活中，人们往往容易陷入"沉没成本"的圈套中而无法自拔。所谓沉没成本，通俗地讲，就是指已经付出了，且无论如何也收不回来的成本。在前面提到的那个去香山看红叶的例子中，某人花 15 元钱买了门票，也花了相应的时间和"机会成本"去香山公园看红叶，可是到了香山公园门口，他发现口袋里的门票不见了，这时他该怎么办呢？

他会想：看红叶花掉 15 元钱还值，要是花掉 30 元钱（因为门票不翼而飞，所以要看到红叶就必须再花 15 元钱买一张票）实在是不划算，还是自认倒霉，不去看了。如果真是这样，那他就陷入了"沉没成本"的圈套中了。

沉没成本能够对决策产生重大的影响，以至于很多人会掉入陷阱之中。比如开始做一件事，做到一半的时候发现，这件并不值得继续做下去，或者需要付出的代价要比预想多很多，或者还有其他更好的选择。但这件事情已经做了一半，而且也付出了很大的成本。于是为避免损失，只能将错就错地做下去。可是，殊不知这样做下去会带来更大的损失。

在任何时候，一件事做到一半，是选择放弃还是继续投入，主要是看它的发展前景。至于以前为它花费的沉没成本应该尽量不再考虑。只有这样做，才能将沉没成本对决策产生的破坏性影响控制在最小的范围之内。

也就是说，一旦意识到一件事做错了，考虑它的发展前景后认为不应该继续下去时，就要尽早结束它。我们不应该再去为这件事悔恨，当然，检讨是有必要的，因为这样可以让人杜绝再犯同样的错误。人生就像一场跨栏比赛，栏杆就是种种障碍，我们不应该碰倒栏杆，但是少碰倒一个栏杆也不会让人获得好处，我们要做的，只是在最短的时间内跳过去。如果因为碰倒栏杆而不停地惋惜和后悔，那么，我们的成绩就会受到严重的影响。

"不要怕与不要悔"的故事就向我们揭示了这个道理。

有一个年轻人为了前途要离开家乡去远方奋斗。在离开之前，他去找本族的族长，请求族长为他的人生做出指点。老族长知道这个年轻人将要去远方寻找未来，就对他说："年轻人，人生的秘诀只有六个字。现在我先告诉你三个字，保你半生受用。剩下的三个字以后再告诉你。"说完，老族长在纸上写下了三个遒劲有力的字：不要怕。

年轻人带着老族长写的三个字离开了家乡。30年之后，无情的岁月已经把当年那个风华正茂的年轻人变成一个成熟稳重的中年人。他取得了一些成就，但也增添了很多烦恼。回到家乡后，他又去拜访老族长，但是老族长已经与世长辞了。老族长的家人将一个密封的信封取出来交给他，并对他说："族长知道你会来找他，所以在辞世前特别嘱托我们，要把这封信亲手交给你。"他拆开信封，三个大字顿时映入眼帘：不要悔。

"前半生不要怕，后半生不要悔。"这是一句鞭辟入理的话语，更是族长对人生真谛的解答。前半生不要怕，年轻没有顾虑，尽自己的最大努力去闯、去拼、去奋斗；后半生不要悔，人生没有回头路，尽管自己走过的道路崎岖难行，尽管错失过很多机会，也犯过很多错误，但只要能接受现实，以平和的心态坦然地面对这一切，便会使一切归于平静，便会领悟到生活的真谛。

人的一生总会犯错，总会遇到挫折和打击，但很多人在犯错、失败后不但不能坦然地面对一切，反而始终无法从错误的失败的阴影中摆脱彻底出来，每天都处于压抑的状态之中，此后做事也无法放开手脚，甚至因此变得颓废不堪。其实，这时候最需要做的只是放弃，将过去那些错误与失败造成的影响从心底抛弃，轻装上阵，迎接前方更加辉煌灿烂的美景。

第8节　笑对失败

老王是城里人，自身条件不太好，但是让他找个城里差一点儿的姑娘他又不甘心。最后，为了找到漂亮媳妇，他就采取"以城市户口换漂亮村姑"的模式。结婚十几年，他的老婆有了很大的改变，以前那个村姑已经完全变成了一个城里人。而且，工作也很不错。更令人不可思议的是，老王的老婆买彩票，竟然中了100万元的大奖。

老王这下可美得不得了了。但是，很快就发生了令他极为难过的事情。他的老婆竟然向他提出离婚。老王气坏了，怎么我辛辛苦苦"改造"了你这么多年，你现在成了富婆，难道要"卸磨杀驴"？于是，老王坚决不同意离婚。他老婆向他提出各种理由，都被他拒绝了。最后，他老婆对他说，如果同意离婚，那买彩票得到的100万元将全部给他。尽管如此，老王还是不同意离婚。因为在他看来，自己为把老婆改造成一个城市女人，花费了太多的精力和时间，如今又怎么舍得让她离自己而去？况且，就算他得到100万元，也不一定能够再找到一个更漂亮的。于是，在老王的一再坚持下，离婚没有成功。但是，他这样做也没有让自己获得任何好处。除了天天见面外，夫妻两个人形同陌路。

其实，仔细想想，老王这么做又有什么用呢？老王坚持不同意离婚，只是因为他对老婆投入的成本太多，因而产生出一种害怕失去的心理。其实，感情是不能勉强的，变心更是无法挽回，执着地坚持对自己毫无益处，而且会让自己损失更多。

这个道理其实非常简单，就像有人以每股 5 元的价格买进一只股票，但是一段时间后，股票的价格变为每股 4 元，这时，他是应该抛售还是继续持有？这个问题看似复杂，其实只要换位思考一下就能够得出合理的答案。如果他是以每股 2 元买入这只股票的，他会做何选择呢？如果选择卖掉的话，那就证明他并不太看好这只股票的前景，所以抛售它是合理的。如果他认为这只股票很有潜力，一定会持续上涨，那他就不应该抛售。这种思维方式在很多时候都能够帮助人们解决问题。

亿万富豪张果喜认为海南发展前景不错，准备投巨资兴建果喜大酒店。但是，在工程进行到一半的时候，国家宏观政策调控使海南深受影响，旅游市场也变得很不景气。这个时候，张果喜果断做出决定，暂时放弃这个工程。后来他为自己的决策做出解释："当时我意识到，海南的旅游市场前景虽好，但是仍然需要几年的调整期。如果不改变投资计划，企业必然会遭受高额的亏损。"

从张果喜的话中可以看出，他已经意识到他的决定会使企业受到损失，但与继续投资的大损失相比，这种小损失是值得的。他的决策的成功之处就在于他没有对已经投入的成本斤斤计较，而是把眼光放在对前景的预期上面。如果他因为不甘心前期投入的成本，继续将工程进行下去，那么他必然会遭受更为严重的损失。能够权衡利弊，使自己的损失最小，这正是张果喜的过人之处。或许这也是他能够成为亿万富豪的原因之一吧！

与张果喜相比，有些职场新人就显得逊色多了。有一个年轻人时运不济，一年中失去了 5 份工作，虽然他拥有计算机二级程序证书和英语六级证书等很多硬件，但总是因为各种原因，要么与工作失之交臂，要么被人扫地出门。

在经历了一次又一次的打击之后，他感到非常苦闷，于是就向最要好的朋友诉苦说："为什么会这样呢？为什么我总会失败？这些失败既浪费了我大好的青春时光，而且还极大地摧残了我的信心。"朋友默默听他讲完，然后微微一笑，说："其实，你大可不必如此悲观。让我给你讲一个有趣的故事吧！曾经有一位探险家非常向往北极，于是就带上指南针出发了。但是，最后他非但没有到达北极，反而到了南极。有人觉得奇怪，就问他：'你为什么带着指南针还走错啊?'探险家回答说：'正因为我带的是指南针，所以才找不到北呀!'"这个人听完后无聊地说："这个探险家真是太蠢了，南的对面不就是北吗，转个身不就行了。"朋友听到他这么说，立即反问道："对啊，难道失败的对面不是成功吗? 但你又是如何面对失败的呢?"

朋友的这句话犹如晴天霹雳，使他猛然醒悟：失败虽然可怕，但也是人生一笔宝贵的财富。抱怨失败，不但于事无补，反而会阻碍前进的脚步。与其这样，不如尽快从失败的阴影中走出来，从另外的角度来看待失败。在一次次失败面前，人就会学会转身，向着失败的另一面——成功努力奋斗!

有一位母亲下厨做醋熘白菜，等到切好白菜、烧热油之后，发现家里没有醋了。这时，她赶紧叫孩子去隔壁的商店买一些醋回来。孩子接到任务后，抄起一个碗就飞也似的跑出去了。来到商店，他告诉卖醋的人买两毛钱的醋，卖醋的人就拿起水杯大小的工具从醋缸里舀出满满一杯，往孩子的碗里倒，直到把碗装满了也没有倒完。卖醋的人问孩子剩下的醋装在哪里，孩子回答说："请您往碗底倒吧!"说着，他就将装满醋的碗倒过来，用碗底装剩下的醋。孩子把碗翻过来，碗里的醋全都洒到了地上，但是孩子一点儿也不知道，捧着碗底的一点醋高高兴兴地回家去了。孩子以为自己善于利用碗的全部空间的做法会得到母亲的称赞，可是结果母亲非但没有称赞他，反而还骂了他一顿。母亲问他为什么只买回来这么一点醋，孩子回答说："这个碗太小了，碗里装不下，我就把剩下的放在碗底了。"说着，他就把碗翻了过来，碗底的那一点醋也都洒在地上了。

其实，故事里的孩子就是现实中很多人的真实写照。他们都希望能够像孩子那样，想充分利用碗的全部空间，把醋全部拿回家。但最后拿回家的只是碗底有限的一点醋。只是，他们丢失的东西远远比醋要珍贵得多。还有，当你知道有些醋已经洒掉，无法挽回了的时候，就千万不要再把碗翻过来了。如果那样做，你可能连碗底的那一点醋也得不到。

在生活中，总会有太多的选择困扰着我们，还有很多发生的事情让我们悔恨。其实，最明智的做法是，深思熟虑后做出选择，选择之后就朝着目标努力，不必为曾经的遗憾和错误而难过。

人们经常讲要"拿得起，放得下"，对很多人来说，拿得起容易，但放得下却很难做到。成功是每个人的理想和目标，人人都渴望成功，渴望享受成功带来的喜悦和欣慰，但是，当失败来临时，就会一筹莫展，不知所措。其实，既要笑着面对成功，更要笑着面对失败。

在第二次世界大战中，有一个日本士兵成了俘虏，被关在美军的地牢之中。地牢里有很多像他一样被美军俘虏的日本士兵，这些人开始时还很乐观，坚信援军会在不久后的某天赶来救他们。但是，在日复一日的等待之中，他们觉得希望越来越渺茫，于是就变得焦虑、暴躁，有些人甚至失去了活下去的勇气。与这些人相比，最后进来的这个人心态要好得多。他并没有因长久地等待而丧失信心，更没有出现他的同胞们出现的种种不良状况。他非常平静地度过每一天，后来还产生了向美国看守人员学英文的想法。这个想法产生后，他就找机会和美军看守人员说话，不知不觉地他就能够与美国人交谈了。

战争结束后，这位日本战俘最先被释放出来，并回到了他的祖国。他能够最先被释放出来，就是因为看守兵在平时和他交流中渐渐和他成了朋友，关键时刻帮他说了好话。回国后，他利用坐牢期间学会的英语，顺利地成为东京某学校的一名英语教师。

这位日本战俘的故事很具传奇色彩。当被问起为什么在美军的牢里能够安心地待下去时，他说："当时看到同胞们逐渐陷入痛苦之中，我很心痛，但是当看到有些人为此丧命后，我就转变了想法。我心想，原本战争的时候我们就有可能丧命，现在虽然成了美军的俘虏，但是总算还活着。虽然可能有一天会被杀死，但至少目前还有一线生机，所以我不应该自暴自弃，而应该继续耐心地等下去。就算等不来奇迹，我也会比别人快乐得多。"

这位日本战俘最令人钦佩的地方是，他在困境之中也能够始终保持乐观的心态，善于把握当下，积极地面对生活。这一点是很多人都无法做到的。

在伊索寓言里，有一个关于狐狸和葡萄的故事。有一只狐狸已经两天没找到食物了，它又饿又渴。忽然，它看见远处院子里的架子上挂满了一串串的葡萄，于是它就急忙跑了过去。葡萄就挂在架子上，但是由于架子太高，狐狸怎么抓也抓不到。狐狸急得围着葡萄架转来转去，一点儿办法也没有，最后只得无可奈何地离开了。它边走边回头望，还不停地安慰自己说："那葡萄没有熟，很酸，就算摘到了也没法吃。"很多时候，我们就像那只狐狸，虽然尽了最大的努力，但却因为种种原因，最终也不能吃到那串葡萄。这时，即使悔恨、懊恼也无济于事，反而不如用一句"那葡萄没有熟，很酸，就算摘到了也没法吃"来安慰自己，以寻求心理上的平衡。

对自己曾经犯下的错误、遇到的失败后悔不已是人生最愚蠢的事情。因为后悔不但于事无补，反而会把事情变得更糟。那些曾经的错误和失败，就让它随风飘散吧，把握当下，以积极乐观的心态去面对新的生活才是最重要的。

第9节　主动咬断"尾巴"

在山间树林里，有一只老虎外出觅食，不小心掉进了猎人设置的陷阱中。老虎的脚掌被索套套住了，挣扎了很久也没有挣脱。猎人听到动静后向陷阱走来，这时，老虎忍着巨大的痛苦，用锋利的牙齿咬断了那条被套住的腿，之后步履蹒跚地逃脱了猎人的陷阱。

这是我国著名的历史典籍《战国策》里记载的"虎怒决蹯"的故事。当身处险境时，老虎为了保全性命，不惜牺牲一条腿，这种做法是十分无奈却也非常聪明的。如果它不这样做，一定会丢掉性命，现在只丢掉一条腿，确实很值得。

在自然界中，像老虎这种为保全性命而做出适当牺牲的例子比比皆是。

在我国古代历史上，也存在着很多这种"弃卒保车"的例子。

一般人都知道李清照是宋代有名的女词人，但却不知道她还有另外一重身份。李清照和丈夫赵明诚都是著名的收藏家。他俩穷尽半生之力，倾尽全部家产，收藏了很多金石、书画、典籍。但是，宋朝动荡不安的社会，使李清照夫妇饱受国破家亡之苦，颠沛流离几千里。他们收藏起来的东西无法带走，所以只好任其失散，尽管心痛不已，却也无可奈何。过江以后，夫妻二人不得不分开。李清照在与赵明诚告别时，询问如果万一碰上兵乱，随身携带的宝贝应该怎么处理。赵明诚对李清照说，如果战乱严重到逃难的地步，那么就将随身携带的东西分批次扔掉。最先扔掉辎重钱财，然后再扔掉衣被；如果这样做还不够，那就将收藏中的书册卷轴扔掉；如果仍然不行，那就扔掉古器物；只有最后一点金石，就算形势再紧张，也必须要随身携带。

可以看出，赵明诚懂得在危难之机，为保全性命而舍弃身外之物的道理。他之所以不让李清照扔掉最后一点金石，是因为他把那些东西看得比生命更加重要。在人的一生之中，难免会遇到比生命更宝贵的事物，那个时候，就算牺牲生命也是值得的。

唐代李肇所著的《国史补》中，也有一个类似的故事。有一辆载满瓦瓮的车行驶在通往渑池的路上，因为道路泥泞不平，又到处都是泥坑，所以这辆车就陷了进去。通往渑池的路本来就很窄，陷入泥坑的车停在半路，后面的车就再也无法通行了。当时天气寒冷，道路被冻住，路面变得光滑无比，后面的车想退也无法退，只能在路上堵着。黄昏时分，这条路上聚积的车辆、人马无数。后来，一位商人从后面赶过来一探究竟。他看到瓮车的主人拼命想把车从泥坑里拉出来，但是瓮车不但没有从泥坑逃出的迹象，反而还越陷越深。这时候，那位商人想出了一个奇妙的计策，很快就解决了"堵车"问题，他是怎么做的呢？商人走到正在卖力拉车的人面前，说道："你算算你车上的瓮能卖多少钱，我全买了！"瓮车的主人说了价钱。那个商人二话不多，连忙命令自己的手下取来自己车上的贵重货物，折算成银两交给车的主人，然后又命人把车上的瓮全部推进路边的悬崖下。如此一来，瓮车变成了空车，很快就从泥坑里出来了。道路上的障碍解决了，道路也很快变得畅通无阻。

后来，唐代大诗人元稹特意为解决道路障碍的商人作了一首诗。在诗中，作者表达了对这个商人的赞美之情："一言感激士，三世义忠臣。破瓮嫌妨路，烧庄耻属人。迥分辽海气，闲踏洛阳尘。傥使权由我，还君白马津。"

这个商人的确值得赞美。他只花了很小的代价就成功地解决了困扰众多车辆行人的问题。这个代价与换来众多车辆行人畅通无阻相比，可谓值得。

在现实生活中，很多人因为缺乏为更大的利益做出小的牺牲的智慧和勇气，使自己落入"鳄鱼法则"的陷阱之中。

《动物世界》曾多次播放过鳄鱼咬人的画面。当鳄鱼的血盆大口咬住一个人的脚时，他的第一反应就是用手把脚从鳄鱼的嘴里挣脱出来，可是，这样做会使这个人的手和脚都被鳄鱼咬住。而且挣扎得越厉害，被咬住的地方越多，直到最后被鳄鱼完全吞噬。其实，这种做法是非常不理智的，理智的做法是果断地牺牲被咬住的那只脚，以换得一条性命。

这就是"鳄鱼法则"的来源。"鳄鱼法则"给人的启示是，当你发觉自己的行为离既定方向越来越远时，果断地做出选择，停止你的行动，心里不要存有一丝侥幸。

买股票的人有一个深刻体会，当股市一路狂跌时，交易所会在未得到客户同意的前提下自动为客户斩仓。交易所这样做是为客户考虑，斩仓保住部分成本，总比股市继续下跌而损失惨重要强得多。

有一种叫作"蔡戈尼效应"的心态，就是人们落入"鳄鱼法则"陷阱的反映。

心理学研究表明，人天生有一种不做完一件事绝不罢休的驱动力。这种驱动力使人们无法接受自己只把事情做到一半的行为，就像看到一个圆圈没有画完，存在着缺口，就非要把它画成一个完完整整的圆圈不可。这就是"趋合心理"。促使人们完成一件事的内驱力的原因有很多，"趋合心理"便是其中之一。

心理学家蔡戈尼曾在 1927 年做过一个实验。她找来一群人参加数学题演算，她先将这群人分成 A、B 两组，然后让他们同时演算相同的数学题（这些数学题并不难，一般人都能够做出来）。在这群人演算的过程中，蔡戈尼突然命令 A 组的人停止演算，而 B 组的人则没有接到她的命令，完成了演算。待 B 组演算全部结束后，蔡戈尼将两组人集中在一起，让他们回想刚才演算的题目。

这个实验的结果显示，A 组的成绩比 B 组的成绩要好得多。这是为什么呢？因为人们在面对问题时，注意力会高度集中，并且总想着要把问题解决掉。把问题解决之后，人的精神状态就会松弛下来，问题很快就会被忘记了。

人们容易忘记已经完成的工作，原因在于工作已经完成，想要完成的冲动已经被满足；如果工作还在进行中，那么这种冲动因没有得到满足而使人牢牢地将工作记住。这种心态就被称为"蔡戈尼效应"。

"蔡戈尼效应"既能给人带来好处，也会让人陷入麻烦之中。对大多数人来说，蔡戈尼效应可以促进他们完成工作，因为如果不将工作完成，他们会觉得不安。但那些容易走极端的人在这种驱动力的影响下，非得把一件事做完才肯罢休。如果他们所做的事情并非好事的话，那么影响就会更加严重。比如在工作方面，很多人为了避免半途而废，就不顾一切地继续做下去。这本是一件好事，但是如果这件工作并没有前途，或者根本不适合去做，就岂不是在白白地浪费时间？

有的媒体曾报道过一名安徽青年因疯狂迷恋文学创作而走上歧路的消息，让人欷歔不已。这位安徽青年从中学时就开始疯狂地迷恋文学创作，并因此而使高考成绩受到影响，最终没有得到上大学的机会。这个青年不但没有因高考落榜而感到遗憾，反而显示出一种满不在乎的姿态。这是因为他终于可以如愿地全心全意进行创作了。的确，他每天都夜以继日地创作着。他把自己的得意之作投给出版社、杂志社，但是投出去的稿件总是音信全无。青年没有气馁，继续一篇篇地投，但无论他怎样努力，都没有办法让他的钢笔字变成铅字。这种现实使他深受打击，于是一气之下，他便学古人"读万卷书，行万里路"的精神，在全国很多城市都留下了"足迹"。最后身上的钱花光了，他投出去的稿子也毫无音信，想到回家会受到父母的责备，于是无奈之时寻了短见。后来幸好被好心人发现，及时送往医院，才保住了性命。

这个青年对文学的热爱是值得表扬的，但是文学是需要天赋、阅历、经验等很多条件的，他只凭着对文学的一腔热情就盲目地创作下去，这样是不会取得成功的。其实，他在给出版社、杂志社投稿没有动静后，就应该及时地对自己走的这条路进行反思，反思这条路到底适不适合自己。不仅是这位文学青年，很多人也会犯同样的错误。这就是蔡戈尼效应造成的影响。

如果想要获得成功，就必须学会抑制住完成驱动力，运用自己的价值观做出判断，勇敢地放弃那些没有意义的事情，把时间、精力投入到有意义的事情上面。

麦肯锡资深咨询顾问奥姆威尔·格林绍，曾经说过这样的话："正确的道路是什么我们不一定知道，但却不要把时间浪费在错误的道路上，更不要在错误的道路上走得太远。"这句话正是对鳄鱼法则的概括，更是人们做事的重要行为准则。

学会放弃，学会做出适当的牺牲，避免在错误的道路上走得太远，这就是成功的重要法则。

第10节　拿得起，放得下

人生就是一段充满了得与失的旅程，人们每天都会面对得与失的博弈。爱情、金钱、荣誉、利益，什么是应该追求的，什么需要适时放弃，这些都是对人们极大的考验。在得到的时候，要以平常心对待，不能太过于兴奋，更不能因此而骄傲；在失去的时候，也没有必要太过于悲伤，因为得与失之间存在一定的因果联系，有时候付出会得到回报，但有时候也会劳而无获。怨天尤人更是没有必要，因为你为实现目标尽全力去拼搏、奋斗过，这就无怨无悔了。或许得不到的东西根本就不属于你，这个时候就需要学会放弃与忘记。虽然希望得到、不想失去是一种普遍的心态，但我们都会有失去美好事物的时候，这个时候就需要学会放弃。因为放弃并不等于失去，有时还能收获更多。

有一个年轻人在生意场上总是失败，他对自己失去了信心。朋友知道他的情况后，就对他说："或许你可以去请教一下那些成功人士。"年轻人听后觉得很有道理，就去找一位驰骋商场多年，取得辉煌成就的富翁。年轻人对富翁说："我做生意总是失败，您能告诉我您成功的经营诀窍吗？"富翁什么都没说，只是从冰箱里拿出一个橙子，并把橙子在年轻人面前切成大小不等的3块。年轻人不知所措，富翁对他说："现在这3块橙子就代表了大小不同的3种利益，如果让你选择的话，你会选哪个？"年轻人毫不犹豫地说："这太简单了，我一定会选择最大的那块！"富翁听完后没有说话，只是拿起最大的一块橙子递给年轻人，示意让他吃。富翁自己拿起最小的一块吃起来。在年轻人的那一大块刚吃到一半的时候，富翁就已经把最小的一块吃完。然后他又拿起剩下的一块吃了起来。富翁一边吃一边对年轻人说："年轻人，你的选择并不对啊！"年轻人还是不太明白，富翁对他说："虽然你选择了最大的那一块，但是你注意到没有，剩下的那两块加起来要比最大的一块大很多。"年轻人这才明白，原来自己虽然吃到了最大的那块橙子，但是总的来说，自己吃得并没有富翁多。富翁接着对年轻人说："其实这道理和做生意是一样的。你做生意的时候只看到最大的利益，总以为最热闹的行业可以赚到最多的钱，但是这样做并不会给你带来最多的利益。"年轻人听完后豁然开朗，深有感触。后来他改变了经营策略，很快就取得了不凡的成绩。

放弃看似很大实则很小的利益，去追求更多的利益，这就是富翁做生意成功的秘诀。不仅可以运用到生意，这个秘诀还可以运用到其他很多方面。

有一位南方农村的老父亲因为非常想念远在首都北京工作的儿子，就坐着火车千里迢迢赶到北京。儿子也很想念家中的父母，只是由于工作太忙，抽不出时间回家探亲。为了表示孝心，在父亲临回家时，他特意花了几百块钱给父亲买了双高档皮鞋。老父亲高兴极了，因为这是儿子第一次给他买东西，而且是价格昂贵的东西，这说明孩子很有孝心，也越来越懂事了。在返乡的火车上，老父亲时不时地把儿子给自己买的皮鞋拿出来看看，一边看还一边笑。他坐在挨着窗户的位置，时不时地把头伸向外面看看沿途的风景。可能是过于高兴了，不知怎么地，他手里拿的一只皮鞋就掉到了车窗外。老人很伤心，但是转念一想，伤心有什么用，既然一只鞋已经掉到外面了，自己留着这一只也没有什么用处，干脆扔下去让捡到鞋的人穿去吧！想到这里，他毫无顾虑地将手里的另外一只鞋顺着窗口扔了下去。旁边的人都被老人的奇怪行为惊呆了，过了一会儿，一位戴着眼镜的小伙子实在忍不住自己的好奇心，就问老人为什么要这么做。老人将自己的想法一五一十地告诉给小伙子，小伙子听后深以为然，旁边坐着的人也都暗暗佩服老人的智慧，并对老人肃然起敬。

老人令人佩服的地方就在于，他没有因为失去宝贵的皮鞋而悲痛，而是及时转变思路，成全那个捡到一只鞋的人。尽管这样做会使他造成损失，但是在无法挽回的损失面前，难道悲痛就能解决问题？很多时候，人们会固执于某件东西、某个人，也会因为赌博赢了钱而不肯收手，殊不知，那有可能会因不肯舍小利而使损失变得更加惨重。

有一位药农进山采药时意外挖到一枚宝石。这一意外的惊喜让他高兴不已，甚至连药都不去采了，每天只坐在家里守护着宝石。他觉得自己辛辛苦苦过了大半辈子，这下可要时来运转了，于是对宝石更加爱不释手。后来，接二连三地有古董商人想出高价买这块宝石，可都被他拒绝了。其实他并不是不想卖，而是想卖出更高的价钱。因为他发现宝石上有一个斑点，并认为如果能够去掉斑点，宝石的价格一定会更高。于是，他便将宝石拿到古董店，请专业人士帮忙解决这个问题。古董店的老师傅小心翼翼地把宝石带有斑点的地方削去一层，但这样做一点儿用都没有，斑点还是清晰可见。药农见斑点没有被除掉，就让老师傅继续切，这样切来切去，一直切了五次才把斑点去掉。可是，这个时候又出现了新的问题。虽然把原来的斑点切掉了，但是在新切过的宝石面上又出现两个新的斑点。这时，古董店的老师傅劝他不要切了，可是他却总想着没有斑点的宝石会更值钱，所以就固执地让老师傅继续切下去。老师傅没办法，只得听他的话，继续切下去。又切了好几次，才总算把宝石上所有的斑点都切掉了，但这时候的宝石和原来相比，虽然没有了斑点，但却不及原来的十分之一大。最后，这枚宝石只以当初古董商开价的五分之一卖了出去。

鲁迅在文章《故乡》中提到过他与闰土在冬天一起捕鸟的事。可能是受鲁迅先生的影响，生长在农村的小明也会在冬天时用这种方法捕鸟。下雪后，他先找一块开阔的地方，用木棍支起一个筛子，然后往筛子里放上一些玉米粒。木棍的底部拴着一条长长的绳子，小明先找个地方躲起来，等到有鸟来吃筛子里的玉米粒时，他就拉绳子。这样，吃食的鸟就被罩在筛子里了。一切工作准备就绪以后，小明躲了起来。不一会儿，一群麻雀飞到了筛子底下。小明很高兴，仔细数了一遍，一共十只麻雀。小明心里已经乐开了花。正当他想拉绳子的时候，又有两只麻雀飞了下来，慢慢地向筛子下面走去。小明想等这两只麻雀也走到筛子下面的时候再拉绳子，等到这两只麻雀走进去后，又飞下来几只麻雀。小明还想将这几只麻雀也收入网中，所以还是没有拉绳子。筛子里的麻雀已经吃完玉米粒飞走了，结果小明一只麻雀也没有抓住。

每个人都希望在工作、生活中的各个方面都有所收获，有所"得"，惧怕"失"。但是，在追求目标的过程中学会适当的放弃，不论是实在的、有形的利益，还是虚无的面子等等。如果只被眼前的蝇头小利蒙住了眼睛，那必然会错失长远的、更大的利益。有时候也要调整好自己的心态，明明知道伤心难过也于事无补，又何不开开心心地去把握下一个机会？

·第十一章·

海盗分金博弈

第1节　海盗分赃

2010年1月27日，一艘柬埔寨货船被索马里海盗劫持。3月23日，一艘英属维京岛的货轮被索马里海盗劫持……索马里海盗劫持船员后，就会向相关国家和公司索要赎金，一旦不能满足，他们多会残忍地杀害人质。海盗问题已经成为各国当下需要面对的一个难题。

在我们的印象中，海盗都是一群桀骜不驯的亡命之徒，他们勒索、抢劫、杀人。但是在一个故事中他们却非常民主，这个故事就是著名的"海盗分金"。

假如在一艘海盗船上有5个海盗，他们抢来了100枚金币，那么该怎么分配这些金币呢？下面是他们分配的规则：

首先，以抽签的方式确定每个海盗的分配顺序，签号分别为1、2、3、4、5。

其次，抽到1号签的海盗，提出一个分配方案。对这种分配方案，5个海盗一起进行表决，如果海盗中有半数以上（含半数）的人赞成，那么它就获得通过，并以这一方案来分配100枚金币；假如他提出的方案被否决了，也就是只有半数以下的人赞成或没有人赞成他的方案，那么他将被扔进大海喂鲨鱼。这时就轮到2号签的海盗提出分配方案，然后剩余的4个海盗一起表决他的方案。和前面一样，只有超过半数（含半数）的海盗赞成，他提出的这一方案才能通过，并按他的这一方案分配100枚金币；反之，他和1号海盗一样会被扔进大海喂鲨鱼。同理，3号、4号海盗也是和上面一样的。当找到一个所有海盗都接受的分配方案时，这种情况才会结束。假如最后只剩下5号海盗，那么他显然是最高兴的，因为他将独吞全部金币。

对这5个海盗，我们先做如下的假设：

（1）假设每个海盗都能非常理智地判断得失，都是经济学上所说的"理性人"，并能够做出有利于自己的策略选择。换句话说，每个海盗都知道，在某个分配方案中，自己和别的海盗所处的位置。另外，假设不存在海盗间的联合串通或私底下的交易。

（2）金币是完整而不可分割的，海盗们在分配金币时，只能以一个金币为单位，而不能出现半枚这样的数字。而且也不能出现两个或两个以上的海盗共有一枚金币的情况。

（3）每个海盗都不愿意自己被丢到海里喂鲨鱼。在这个前提下，他们都希望自己能得到尽可能多的金币。他们都是名副其实的、只为自己利益打算的海盗，为了更多地获得金币或独吞金币，他们会尽可能投票让自己的同伴被丢进海里喂鲨鱼。

（4）假定不存在海盗们不满意分配方案而大打出手的情况。

如果你是1号海盗，你提出什么样的分配方案才能保证该方案既能顺利通过，又避免自己被其他海盗丢进大海里呢？而且这一方案还可以使自己获得更多的金币。

大部分人对这个问题的第一感觉都是抽到1号签的海盗太不幸了。这是因为每个海盗都从自己的利益出发，他们当然希望参与分配金币的人越少越好。所以，第一个提出方案的人能活下去的概率是很小的。就算他把钱全部分给另外4个海盗，自己一分不要，那些人也不一定赞同他的分配方案。看起来，他只有死路一条了。

但事实远不是我们想的那样。要1号海盗不死其实很简单，只要他提出的分配方案，能使其余4个海盗中至少两个海盗同意就能获得通过。所以，1号海盗为了自己可以安全地活下去，就要分析自己所处的境况，他必须笼络两个处于劣势的海盗同意他的分配方案。怎样才能使这两个海盗同意他的方案呢？假若1号海盗被丢进大海，那么这两个海盗得到的金币假定为20枚，那么只要1号海盗分给这两个海盗的金币数额大于20枚，这两个海盗就会赞成他的分配方案。也就是说，如果不同意他的分配方案，这两个海盗只会得到更少的金币。

1号海盗就该想办法了，怎样的分配方案才是可行的呢？

如果第一个海盗从自己利益出发进行分析，而不按照这种推理方法，就很容易陷入思维僵局："如果我这样做，下面一个海盗会如何做呢？"这样的分析坚持不了几步就会使你不知所措。

我们可以用倒推法来解决这个看似复杂的问题，即从结尾出发倒推回去。因为在最后一步中往往最容易看清楚什么是好的策略，什么是坏的策略。知道最后一步，就可以借助最后一步的结果得到倒数第二步应该选择什么策略，然后由倒数第二步的策略推出倒数第三步的策略……

因此，我们应该从4号和5号两个海盗入手，以此作为问题的突破口。我们先看看最后的5号海盗是怎么想的，他应该是最不肯合作的一个，因为他没有被丢到海里喂鲨鱼的风险。对他来说，前面4个海盗全部扔进海里是最好的，自己独吞这100枚金币。但是，5号海盗并不是对每个海盗的分配方案都投反对票，他在投票之前，也要考虑其他海盗的分配方案通过情况。

但是，这种看似最有利的形势，对于5号海盗来说，却未必可行。因为假如前面三位都被扔进大海，只剩下他和4号海盗的时候，4号海盗一定会提出这样的分配方案，那就是100：0，就是4号海盗分100枚金币，5号0枚。如果对这个方案进行表决，对自己的这个方案，4号海盗肯定投赞成票。因为就只剩他们两个了，4号的赞成票就占了总数的一半，这个方案一定能获得通过。表决结果是5号海盗无法改变的。金币的分配方案，在只剩下4号海盗和5号海盗的时候是100：0。

再往前推，我们看看只有3号、4号、5号海盗存在时的情况。根据5号海盗的处境，3号海盗会提出99：0：1的分配方案，即3号分99枚，4号0枚，5号1枚。对这个方案投票时，3号一定会同意，4号海盗肯定不会同意，但5号海盗一定会投赞同票。为什么5号海盗投赞同票？因为如果不这样做，而投不赞成票，那么他和4号两票对一票，不赞成3号的分派方案，3号就会被丢下大海。那么接下来就只剩5号和4号了，就回到了我们在上一段的分析，5号将什么也分不到。因此，当3号、4号、5号海盗共存时，金币的分配方案是99：0：1。

以这种方法再往前推，我们看看当2号、3号、4号、5号共存时的情况。2号海盗这时候根据推理会预测到，假如他被抛下大海，那么分配方案是99：0：1。那么他的最好分配方案是98：0：0：2，即笼络5号海盗，放弃3号海盗和4号海盗。表决时，5号海盗会同意，因为前面已经说过，如果5号海盗不同意这一分配方案，2号海盗就会被丢进大海，那么他只能得到1枚金币，但如果同意2号海盗的分配方案，他却可以得到2枚金币，他肯定选择后者。3号海盗和4号海盗因为分不到金币，肯定投反对票。那么4个海盗的投票情况就一目了然了，2号和5号投赞同票，3号和4号投反对票，2号的方案因为有半数的人同意而通过。也就是说，这种情况下的金币分配方案为98：0：0：2。

再往前推，我们看看1号到5号都在时的分配方案。通过前面的分析，我们知道假如 1 号海盗被扔进大海，由 2 号来提出方案的话，3 号海盗和 4 号海盗什么也分不到。因此 1 号海盗的分配方案就应该从处于劣势的 3 号海盗和 4 号海盗入手，分给 3 号海盗 1 枚金币，分给 4 号海盗一枚金币，具体方案是 98：0：1：1：0。3 号、4 号和 1 号都会同意这一方案，很显然，就算 2 号和 5 号反对，这个方案依然会通过。

最终的结果虽然难以置信，但却合情合理。表面上看来，1 号是最有可能喂鲨鱼的，但他不但消除了死亡威胁，还牢牢地把握住先发优势，并最终获得最大的收益。而 5 号看起来最安全，没有死亡的威胁，甚至还能坐收渔人之利，但结果只能保住自己的性命，连一枚金币都分不到。

但是，"海盗分金"这种模式只是在最理想的状态下的一种隐含假设，而在现实生活背景下，海盗的价值取向并不都一样，有些人宁可同归于尽，也不让你一个人独占 98 枚金币。

我们在这里主要是看重这种分析问题的方法，即倒推法，而在博弈学上，我们称其为"海盗分金"博弈模式。

知道上面这个模式，我们就很容易理解，企业中的一把手为什么总是和会计以及出纳们打得火热，而经常对二号人物不冷不热——因为二号人物总是野心勃勃地想着取而代之，而公司里的小人物好收买。

我们用这个博弈模式可以分析许多问题，涉及各个方面。

第 2 节　蜈蚣博弈悖论

倒推法是分析在完全且完美状态下动态博弈的工具，虽然非常有效，但是也存在着致命的缺点。如果我们了解蜈蚣博弈悖论，就会知道为什么倒推法存在着缺陷。

蜈蚣博弈是罗森塞尔最先提出的，它是这样一个博弈：博弈的双方为甲和乙，两人轮流进行策略选择。可供选择的策略有两种：合作和不合作。假定由甲先选，然后是乙；接着再是甲，然后乙，两人就这样交替选择。假定甲乙之间的博弈次数为 100 次，那么这个博弈各自的支付如下：

```
 合作    合作    合作    合作    合作
甲————乙————甲……甲————乙————  {100，100}

背叛    背叛    背叛    背叛    背叛
 1      2      3      n      n+1
```

这个博弈的图形模式像一只蜈蚣，因而被称为蜈蚣博弈。

　　甲和乙是如何进行策略选择的？我们可以用逆向归纳法来分析这个博弈：在最后一步，甲在"合作"与"不合作"中进行选择时，因为"不合作"将会带来更大的利益，所以"不合作"的策略要优于"合作"，甲应当选择"不合作"。在倒数第二步，乙这样想，下一步甲会选择"不合作"，所以我在这一步就提前背叛对方将获得更多的好处，而且避免下一步被背叛。因此在这倒数第二步乙的理性选择应该是"不合作"……依次倒推，一直倒推到第一步，乙理性的选择就是"不合作"。这同我们前面所讲的有限次数的重复性博弈中双方达不成合作是一个道理。

　　这样的博弈结果是双方在第一步就不能达成一致，倒推法的结果是令人遗憾的。倒推法从逻辑推理来看是严密的，但是，结论是违反常理的。一开始就采取合作性策略有可能获取的收益为100，而采取不合作的策略获取的收益为1，这就违反常理了。从逻辑的角度看，一开始甲应取不合作的策略；而直觉告诉我们，采取合作策略是最优策略。甲一开始采取合作性策略的收益有可能为0，但1或者0与100相比实在是太小了。我们可以看到，这两者是相互矛盾的，这就是蜈蚣博弈的悖论。

　　博弈论专家对蜈蚣悖论做过实验研究，发现双方会自动选择合作性策略，根本不会出现一开始选择"不合作"策略而导致双方收益为1的情况。这种做法与倒推法相悖，但实际上，双方这样做要好于一开始甲就采取不合作的策略。

　　这样看起来倒推法是不正确的。但我们会发现，即使双方均采取合作策略，从一开始就走向合作，这种合作也坚持不到最后一步。只要是理性的人，出于自身利益的考虑，在某一步时，肯定会采取不合作策略，那么倒推法肯定在这一步要起作用。合作在倒推法起作用的时候便不能进行下去。在现实中，这个悖论的对应情形：参与者不会在开始时确定他的策略为"不合作"，但是，他不能确定在哪一处采取"不合作"策略。

　　张某是王某的朋友。王某打算向张某借钱，但又怕张某拒绝。在前往张某家的路上，他不断地想到了张某家可能出现的情况："要是他说没钱怎么办？""他会不会说自己也急用钱？""他会不会直接说不借我？"……这人越想越愤怒，把自己所想的当成张某所想的。以己推人，对朋友产生了不满："他为什么不肯借给我？朋友之间应该和睦相处，假如他向我借钱，我一定会借给他。可是，我向他借，他却不肯借给我。"

就这样一路想着，他到了张某家，进门后便气愤地说："不就有几个臭钱吗？我才不稀罕借呢？"他本是来借钱的，结果竟然说出这样的话。张某张口结舌，不明所以，不知道何时得罪了他。

在生活中，一些喜欢以己度人的人可能会遇到这样的尴尬。虽然是个笑话，但我们发现，这个借东西的朋友所运用的思维方法有着倒推法的影子。

在逻辑和现实性方面，倒推法都是有成立条件的，因此，它的分析预测能力就有局限性。倒推法不可能适用于分析所有的动态博弈，如果在不能用的地方用了倒推法，就会造成矛盾和悖论，就会出现上述"借钱"的笑话。只要分析的问题符合倒推法能够成立的条件和要求，它仍然是一种分析动态博弈的有效方法。不能因为倒推法的预测与实际有一些不符，就否定它在分析和预测行为中的可行性。

毛泽东与张国焘之间的博弈就是如此。

1935年6月，在四川懋功小城，毛泽东领导的中央红军与张国焘领导的红四方面军会师。在经过五次反围剿之后，中央红军损失极大，会师时只有3万余人。而张国焘领导的红四方面军损失不大，有8万余人，两方面力量相差极大。张国焘试图改变中央的权力结构，因为这时他有实力了，而且他也是共产党的重要创立者之一。

红军会合后的第一问题："北上"还是"南下"。张国焘决定南下，相反毛泽东决定北上。在当时的情况下，没有人预先知道何种选择是正确的，所以焦点不是哪种选择更正确，而是听从谁的决策：是红四方面军的领导者张国焘，还是中央红军的领导者毛泽东？

张国焘的军事实力强于毛泽东。因此，在毛泽东与张国焘的博弈中，我们可以做这样的假设：毛泽东的不合作策略是"离开"张国焘、分头行动，"合作"策略是中央红军与张国焘一起共同对付蒋介石的国民党军队；张国焘的"不合作"指的是对毛泽东（中央红军）采取军事行动，夺得中央红军的领导权，"合作"策略是与毛泽东共同对付蒋介石。

以军队人数作为两者的收益，我们可以预测一下两者之间的博弈：博弈开始时，毛泽东的中央红军为3万人，假设其收益为3；张国焘的军队为8万人，收益为8。假如两人取得一致，选择合作的话，双方的力量在发展中都会增加，假设双方每一步收益都会增加1。这样的话，双方的博弈过程可以用下表概括：

	第一步	第二步	第三步	第四步
毛泽东的收益	不合作 3	合作 0	不合作 5	合作 0
张国焘的收益	不合作 8	不合作 13	合作 10	合作 17

第一步双方都采取不合作，毛泽东与张国焘的收益分别为 3 和 8；第二步若张国焘采取不合作，毛泽东合作，毛泽东的收益为 0，张国焘的收益为 13；第三步若毛泽东采取不合作，张国焘采取合作，毛泽东的收益为 5，张国焘的收益为 10；第四步若双方都采取合作，收益分别为 0 和 17。

从上表可以看出，如果毛泽东合作的话，随时面临收益为 0 的局面。因此，毛泽东在第一步采取不合作是最好的选择。所以，毛泽东最终离开国张国焘。

实际上毛泽东领导的中央红军最后确实离开了张国焘。这样的动态博弈是一个"你来我往"的过程，是由多个子博弈或博弈阶段所构成。在动态博弈每一步的决策中，博弈参与人既要向前看，又要向后看。向前看的目的是预测博弈的可能结果，向后看的目的是从既成事实中确定有用信息。

第 3 节　游戏中的倒推法

下面请读者玩一场游戏。

在 1 到 100 之间，我们选出某个数。如果你猜中我们选的这个数，就会有一份丰厚的奖励。从 100 个数中猜一个数，猜中的概率是 1%。我们可以让你猜 5 次，这是为了增加你赢的机会，每轮猜错后，我们都会告诉你猜得太高还是太低。猜中的越早，奖励越丰厚。如果 5 轮都猜错，你将什么都得不到，游戏结束。

如果你准备好了，我们可以开始了。

你第一次猜的数是 50 吧！大多数人都会这么猜，但是，这个数太高了，也就说，这个数小于 50。

你第二次会猜 25 吗？大多数人在猜过 50 之后都会猜 25。但是，这次又小了。

接下来，很多人都会猜 37。但是，37 还是小。

42？还是小了。

请注意，到此你已经用了 4 次机会，还有最后一次。

这是你的第五次机会，也是你最后的机会。现在这个数的范围你已知道了，它在 43～49 之间，即还剩下 43、44、45、46、47、48 和 49 这 7 个数。你会选哪一个？

你前 4 次的猜测方式都是把区间二等分，然后选择其中间数。在数字以随机方式抽取的游戏中，这是一个比较好的办法。从每一轮的猜测中，你都可以获得尽可能多的信息，从而可以尽快接近那个数。

从技术术语上来讲，这种对数字的猜测方法叫最小化平均信息量，但每个人都会有不同的答案。从每一轮猜测中，你会获得尽可能多的信息，这可以使你减少你猜测的次数，更快地获得成功。但是，在我们这个游戏中，数字不是随机挑选的。所以，我们当然会把一些情况考虑进去，挑一个你难以猜中的数字。

我们在与人博弈的时候，将自己置于对方的立场是很关键的。所以，在这场游戏之前，我们已经站在你的立场上预计你的猜测顺序是 50、25、37、42。也就是说，我们已经知道了你玩这场游戏的规则，我们就可以降低你猜中这个数字的概率。

我们已经给了你很大的提示，在游戏结束之前，对你的帮助只能有这么多了。那么，请问你最后一次挑选哪个数？49？

很遗憾，答案是错的。我们挑选的数字是 48，这是我们设计好的一个圈套。实际上，整个关于选取一个难以根据分割区间规则，以及如何找出的数字的长篇大论，都是故意的，目的就是要进一步误导你。这样我们选定的 48 才不会被猜中，我们一步步引导你，让你猜 49。

所以，要想在游戏中击败我们，你就要比我们还要多想一步："应该猜 48，因为他们一定会误导我猜 49。"

在博弈对局中，你需要考虑其他参与人将如何行动，以及那些人的决策将如何影响你的策略。就像上面一样，在猜测一个随机挑出的数字时，他们一定不想让你成功。那么你就要结合当时的情况，来判断他们可能出什么数字，或者判断他们出哪一区域的数字。

有这样一个游戏。这个游戏无论在理论上，还是在实践上，都是向前展望、倒后推理的最好实例。

把全班同学分为 A、B 两队，两队同学相对而立，中间的地面插着 21 支旗，A 队和 B 队轮流移走这些旗。在轮到自己时，每队可以选择取走 1 支、2 支或 3 支旗。不能一支旗都不取，也不能一次取走 4 支或 4 支以上的旗。哪一队取走最后1支旗,哪一队获胜,无论这支旗是最后1支,还是2支或3支旗中的一支。输了的一组,要淘汰掉自己队的一个队员。然后比赛继续。

在游戏开始前,每个队都有几分钟时间让成员们讨论。A队先行动,它第一次取走2支旗,现在还剩下19支旗。现在假如你是B队的成员,你会选择拿走多少支旗?你可以拿起笔把你的选择记录下来。

在B队讨论的过程中,B队一个成员这样分析道:"不管怎么选择,我们最后一轮必须留给他们4支旗。"这个见解是对的,因为如果最后一轮留给对方4支旗,那么对方无论取走1支、2支或3支,取胜的都是自己。最后,B队果然在游戏中取胜,因为他们在还剩6支旗时,拿走了2支。

之前,在还剩下9支旗时,A队从中拿走3支。他们中的某一个成员,突然发现了这个问题:"如果B队接下来取走2支旗,我们就输了。"因此,A队刚才的行动是错的,他们不应该取3支。他们该取走几支呢?

其实刚才的推理已经给了我们答案,只要在最后一轮留给对方4支旗就可以了。那么在下一轮时,怎样才能确保给对方留下4支旗呢?答案是在前一轮中给对方留下8支旗!为什么留给对方8支就可以呢?很简单,在还剩下8支旗的时候,如果对方取走3支,那么你就取走1支,还剩下4支;如果对方取走2支,那么你也取走2支,还剩下4支;如果对方取走1支,那么你就取走3支,也还是剩下4支。因此,如果A队在只剩下9支旗时,取走1支就能扭转战局。A队在最后时刻虽然已经醒悟了,但结局已经无法改变!

我们再把这个问题从头来看,在前一轮中,B队从剩下的11支旗中取走了2支,所以轮到A队时还剩下9支旗。如果此时A队选择取走一支旗,就只剩下8支旗,那么B队就输了。

沿着开始的推理,我们再倒一步。怎么才能一定给对方队留下8支旗呢?在前一轮时,你必须给对方留下12支旗;怎么才能留下12支旗呢?你还必须在前一轮的前一轮给对方留下16支旗……所以,A队如果在游戏开始时,不是取走2支,而是只取走1支旗,那就能确保胜利。

那么,也许有人要问了,是不是先行者一定能取胜呢?也不是,在旗子游戏中,如果开始时的旗子是20支,而不是21支,那么获胜的一定是后行者。(前提是按照上述的推理方法)

21支旗博弈不存在任何不确定性:参与者的行动和能力、某些自然的机会元素以及他们的实际行动都是确定的。它是一种简单的、我们可以很容易理解的博弈。它有以下 3 个特点：

第一，A 队和 B 队行动时，还剩下多少支旗，他们都是知道的。而在许多博弈中，由于自然、概率或者认为的存在，会出现一些偶然的元素。例如，许多人打过扑克牌，打牌就是一种不可知的博弈，当一个玩家选择出什么牌时，他并不知道其他人手中的牌是什么。当然了，我们可以从其他人先前出过的牌中看出一些端倪，并以此推断他们手中剩余的牌。但总的来说，打牌是一种不可知的博弈。

第二，在这个博弈中，博弈的双方都有着清晰的目标，那就是取胜。但是，在商界、政界以及社交活动中的博弈却不一定有清晰的目标。在这样的博弈中，参与者的目的很复杂，它是经过短期考虑和长期考虑、自私与正义或公平的反复衡量下的混合产物，所以他们都有多重目标，而且目标还有可变性。在博弈中，要想知道其他参与者下一步怎么做，就要知道他们的目标是什么，以及如何看待对手的目标。

最后，对于己方来说，对手的决策选择是确定的。在上述的 21 支旗博弈中，是不存在策略不确定性的，因为对方的行动是可以知道的。但是，在其他许多博弈中，参与者必然面临关于其他参与者选择的不确定性。例如，足球守门员在面对对方罚的点球时，就面临着对手决策的不确定性。他不知道对方会把球踢向哪个方向，对方当然也会隐藏自己的意图，是左还是右？但他必须做出选择。在投标拍卖中，在不知道其他投标人选择的情况下，每个竞标者都必须做出自己的选择。换句话说，在很多博弈中，参与者们同时行动，而不是按预先规定的次序行动。

在"强盗分金"博弈模型中，任何"分配者"都想让自己的方案获得通过，这其中的关键是事先考虑清楚"其他海盗"的最高收益，并用最小的代价获取自己最大的收益，拉拢"海盗"中收益最低的人。

倒后推理理论对我们的生活有着很重要的影响，如果能学会这种分析问题的方法，许多看似复杂的事情都会迎刃而解。

第 4 节　胡宗南辞亲

从本质上讲，"倒推法"是一种逆向思维的方法。这种逆向思维的方法在我们日常生活和工作中能派得上大用场。

1942 年，正值抗日战争时期，胡宗南在对日作战中打了几个很漂亮的胜仗。一时间他被国民党内众人追捧为"后起之英"、"军事天才"、"政坛新秀"。陈立夫见胡宗南还是单身，为讨好孔家（四大家族中的孔祥熙），便出面为孔二小姐和胡宗南做媒。孔二小姐长得有模有样，是四大家族中掌握财政大权的孔家的二千金，因此她待人很是傲慢。但胡宗南越来越大的名气还是吸引了孔二小姐的注意，于是她便嚷着要见见胡宗南。不过，胡宗南在战区抽不开身，没有前往孔家相亲。孔二小姐有些不耐烦了，打算自己一个人去相亲。她不愧是"洋派"女性，风风火火地来到了西安，要亲自见见这个"政坛新秀"。

　　在戴笠的帮助下，孔二小姐见到了胡宗南。戴笠这时借机开溜了，只剩下孔二小姐和胡宗南两个人。胡宗南很不高兴，因为他听人说过孔二小姐的"事迹"，所以一直没有去孔家相亲。没想到这婆娘亲自来了，他很不喜欢，但又不好拒绝。就在他颇感无奈的时候，大方的孔二小姐已经上前挽住他的胳膊说："戴局长有事先走了，我陪胡长官一起走走。"

　　胡宗南只好乖乖地和孔二小姐一起去附近的山上游览。孔二小姐穿的是高跟鞋，在崎岖山路行走很不方便。胡宗南灵机一动，计上心来。他挑道路坎坷的地方去，孔二小姐爬高走低，不一会儿便气喘吁吁。孔二小姐的脚被高跟鞋磨起了泡，疼得她只嘘寒气——她哪受过这样的罪？胡宗南佯作不知，滔滔不绝地品评着草木山水、村落庙宇，拉着孔二小姐马不停蹄地走着。这时的孔二小姐，脚疼得如同万箭穿心，胡宗南的高谈阔论怎么还能听得进去。她哼哼唧唧，一步三挪。最后实在受不了了，便对胡宗南嚷道，必须先找个地方休息一下。

　　胡宗南便将孔二小姐带到一家大饼摊前，买了张大饼，要了两碗开水，两人一人半个饼，算是午餐。孔二小姐从小娇生惯养，山珍海味，哪能吃得下这粗面大饼？她勉强啃了一小口，实在难以下咽，便把它丢在一边。

　　胡宗南却故意装出吃得很香的样子，边吃边咂着嘴，含混不清地对孔二小姐说："在我们军队里，吃大饼喝开水算不错的了。"孔二小姐听了之后，甚是不屑。胡宗南看在眼里，心里暗喜，要的就是这个效果。

　　胡宗南吃喝好后，拍拍屁股，起身请孔二小姐继续游览。孔二小姐再也提不起兴致，婉言谢绝。回去后，孔二小姐想到军旅生涯的艰苦，对胡宗南再也没有兴趣了。这事以后也不了了之，再也没有人提起。

　　当直截了当地拒绝会使自己处于不利的局面时，对事情进行逆向思维，以寻求与常理相悖但又切实可行的方案。就像上面的例子：胡宗南不好直接拒绝，他开始考虑要怎么样孔二小姐会拒绝自己呢？如果把自己军旅的苦楚展示给这个娇生惯养的小姐，她不就知难而退了吗？

一位女性在乘公交时，在车上丢了一个钱包。她立刻喊公交司机停车，并且不允许打开车门，然后在司机的帮助下报警。警察来了之后，她对警察说："我的钱包被偷了，小偷就在车上！钱包里除了钱，还有许多证件，请你们帮我查一下谁是小偷。"

对她的遭遇，警察表示了同情。但是警察看着车上这么多人犯了难，这该怎么找呢？况且现在是下班高峰期，车上人那么多。

"我有别的办法抓到小偷。只要让男乘客脱下鞋子，看一下他们的脚背就能够找到扒手。"她肯定地说。

"这样可以吗？"警察疑惑地说。

"我虽然没有看清扒手的长相，但却狠狠地踩了他的脚，所以他的脚背上一定会留下印迹。"

事情的经过是这样的：她在乘坐公交时，觉得后面有一只男人的手伸了过来，那只手迅速地掏走了她的钱包。她并没有大喊大叫，因为车里有很多人，这样做只会更乱，扒手更容易逃走。她装作被前面的人挤了一下，用力踩了一下后面偷她东西的那男人一脚。

警察听从了她的建议。让所有的男乘客集中起来，并要求这些一脸茫然的乘客把鞋子脱下来，对他们进行检查。当然，警察并没有说什么原因，只是说配合工作。果然，有一个男人东张西望，不敢向前。警察喝令其脱下鞋子，在他的脚背上，果然有一处与高跟鞋后跟形状非常吻合的红肿处。警察对他进行搜身之后，最终发现了被偷的钱包。

警察后来问她："当时你背后男人不止他一个，你怎么能够断定他一定就是扒手，而不是其他乘客呢？"

她笑着回答说："我这一脚如果踩了别人，那个人一定会大喊大叫的，说不定还会骂我。但那人却默不作声，这说明他就是扒手，他不敢声张是因为自己偷了东西。"

女失主在这起事件中运用了倒推的方法，在自己的钱包被偷后急中生智，在窃贼的脚上踩了一脚，这一脚留下的印记就相当于制造了一个"结果"。在警察的帮助下，他们只要顺藤摸瓜，从这个"结果"往前推就行了。

不仅在现代，古代也有这种利用倒推法的实例。

战国时的秦宣太后有许多的情夫，最出名的一位叫魏丑夫，也是她最喜欢的一个。她后来生病了，病得很重。她自知无法逃过这一劫，就提前安排了后事。她下令："在我死后，魏丑夫要殉葬。"

魏丑夫得知秦宣太后有这样的遗命，惶惶不安，在家里急得走来走去，却想不出任何办法。

一个叫庸芮的人知道了魏丑夫的境况。他对魏丑夫说，不必忧虑，我可以为你解决这个问题。

庸芮来到太后面前，对她说："太后，您觉得人死之后还能知道人间的事情吗？"

太后说："人死之后，当然是什么都不知道了。"

庸芮接着道："太后圣明。太后您去了阴世，如果继续和魏丑夫寻欢作乐，倘若死人还知道什么的话，那么先王（死去的秦惠文王）岂不是要气死。您一定会和先王重归于好，不然先王岂不是要埋怨您，万一让先王看见了魏丑夫，岂不是更要惹出大麻烦来？您哪还有工夫理会魏丑夫呢？"

太后思索了一会儿，就放弃了让魏丑夫殉葬的办法。

庸芮知道太后已经被爱情烧得发昏，正常的道理是听不进去的。便说了这一段倒推理的话，说明将魏丑夫殉葬是不明智的，所以才具有很强的说服力。在那种情况下，只有用这种对"危险"的提示才能让她清楚自己是错的。

第5节　大甩卖的秘密

现在商品打折已经成为一种风气，走在大街小巷，总会看到商店的门口贴着"大甩卖"、"跳楼价"、"清仓处理"等字样，许多商店里还贴着"恕不讲价"的牌子，这种风气在整个商业系统中迅速蔓延开来，把打折当作招揽顾客的重要手段之一。

商场里"买一送一"、"买二送一"以及"买此物送彼物"等广告也随处可见。每逢商场周年店庆的时候是商家最忙的时候，它们都把周年庆当作"答谢新老客户关爱"的最佳时刻，各种平面媒体上都有巨幅的广告在宣传，打出了类似这样的一些口号："全场商品一律7折"、"满300送100"、"满400立减100"。这还不算，店庆本来只有一天，但商家一开就是二三周，甚至搞一个月店庆的都有。有一些小店更加夸张，它们每次都说"因为搬迁，最后一天大甩卖"，但当下次经过这家小店时，你会发现它依然好好地开在那里，而且和你上次见到时一样，也是"因为搬迁，最后一天大甩卖"。小店的主人似乎把每一天都当作最后一天来过。

商家的这些促销手段让人觉得自己占了便宜，买了这么多平时买不到的便宜物品。但是不要忘了有句话叫"无利不起早"，商家如果不赚钱或者是赚得很少的话，他们还会这么做吗？谁都知道商人做生意就是为了赚钱，让他们真的"大放血"是不可能的。

当然，我们得承认许多商品打折后，价格确实比原来要低；而且由于路面拆迁、生意转行、急需资金、商品换季、清理库存等等诸多原因，确实有一小部分商店被迫降价甩卖。但以上两种情况其实并不多见，大部分商家，尤其是那些"回馈新老顾客"之类的"周年店庆"，使用的是"薄利多销"的促销手段。但是，其中也有许多人是假借打折之名来招揽顾客，以此谋利。

商家打折的秘密是什么呢？

有的商品，不管你是只生产一件，还是要生产一万件，其中有一些投资是必须做的。也就是说，生产一万件商品用到的钱，并不是生产一件商品的一万倍，而要远远小于这个数字。有些东西不管你生产多少件，其一些投入都是不变的，像厂房建筑和机器设备等。而且在短期内，这些投资是固定的。

在短期内，这种在数量上不能改变的投资成本，我们称之为"不变成本"。而相对来说，一些随时可以改变数量的投资，我们称之为"可变成本"。如果你想生产一件产品，只需要几个工人就可以了，但如果你想生产一万件产品，那就需要投入更多的劳动力。生产商品所需要的总成本就等于不变成本和可变成本之和。

我们先做这样一个假设，在一段时间内，把商家生产出来的一些产品看作一个整体。再看看生产这些产品所耗费的成本，它包括不变成本和可变成本，我们把它平均分摊到每一件产品上，那么，每一件产品中包含了多少的可变成本和不变成本就是可以知道的了。我们由此还可以得到"平均可变成本"和"平均不变成本"的两个概念，它们相加就等于每个商品的"平均总成本"。那么商家从每一件商品中获得的收益是多少呢？通过比较价格，以及以上几个方面的平均成本的大小关系，就可以知道商家每件商品的最低价格。

由此，我们可以把商品的价格从下面3种情况来解释：

第一，商品价格比平均总成本高。这就意味着厂商从每件商品中都能获得一定的利润。在这种情况下，商家因为可以赚到钱，就会扩大生产。在短期内，他们根本不能预计商品价格会发生变化。但随着商品供给的不断扩大，商品价格自然会慢慢走低。

第二，商品价格高于平均可变成本，但却低于平均总成本。厂商这时的销售收入已经不能弥补所耗费的所有成本了，但是，总收益还可以弥补不变的机器和厂房折旧成本，剩余的还可以补偿工人工资、自己的劳动投入等这些可变成本。由于这些折旧成本是必然的，即使你不生产，它也会发生折旧。所以，对厂商来说，这时候生产比不生产好。因为生产了，至少还有一部分收入来弥补机器的折旧损失。于是，他会继续扩大生产。随着商品供给的进一步扩大，商品价格也会继续下降。

第三，商品价格不仅远远低于商品生产的平均总成本，还低于可变成本。这时候商品的销售收入连弥补机器的折旧费用都不够，更不要说工人的工资了。这时候厂商卖产品是赔本的，他们会停止生产。

那么，我们就很容易理解商场里商品"打折"销售的原因了。商场里的商品卖的一定比刚出场的价格贵，这是显而易见的，因为商场到工厂进货、交易、运输、商场铺面租金、环境布置、员工工资等等许多方面，这些都需要费用。换句话说，在商场里，商品的最低价格应该比生产该商品需要的可变成本更高一些，商场只有这样才能获得利润。也可以说，商场里的商品都是有一个底价的，低于这个底价卖出就会亏本。

不过，我们在上面也说过，有一小部分商场确实是降价出售的，而且商品价格往往比实际造价还低，这是由一些特殊原因造成的，如搬迁等等。如果这个时候消费者去这家商场买东西，就会获得比较实在的优惠，前提是这家店确实是要搬迁了，或因为其他什么原因确实不再经营此店了。但是，这种情况并不常见。因为，在一般情况下，商品出卖的价格比实际平均价格要高一些，就算出现特殊的情况，他们把价格下调到比可变成本高一点就行，依然是可以赢利的，我们前面所说的"店庆"就是这种情况。这是许多商场吸引消费者最常见的手段，也是它们最重要的打折方式之一，用这种手段可以使众多商家达到"薄利多销"的目的。

第6节　别人降价我涨价

一家报刊于 2001 年 1 月 1 日起开始涨价，造成的后果便是许多读者不再购买此报，而改买其他报刊。于是该报的编辑在报刊内征订启事中写了这样一段话：

"亲爱的读者朋友们，从1月1日起，征订本报的金额将增加，全年订费为460元。这很遗憾，但我们不得不这么做，现在纸张涨价、销售劳务费也提高了，报社也要生存。在这种新形势下，我们增加了订费。对于你们来说，完全有权拒绝订阅本报，因为它涨价了。你们可以把这460元用在比订费更急需的地方，例如：460元就是一张短途机票的价格，可以和朋友一起去酒吧喝一次，它还可以购买到一条烟……但是，这些消费都是一次性的，而如果您订本报，将全年持有，天天都有一份。亲爱的读者，不管您明年是否继续订阅本报，最后我们仍要感谢你们多年来的支持。"

这则启事可谓高明之极，深深地打动了读者。编辑并没有完全说涨价的原因。而是把重点放在读者身上，从读者的角度往后推。首先，考虑到本报纸涨价，读者一定会有所不满。其次，读者不满会怎么办呢？一定有部分读者不再订此报，或转而订别的报纸，或者省下订报纸的钱消费别的东西。

报社从读者的角度考虑，首先说明涨价是迫不得已，再说不订报纸是读者的权利，但随后他们又说明，这些订报纸的钱能买到什么东西呢？与报纸相比，这些消费品都是一次性的消费，还是买报纸比较划算。这样做使报社挽留住不少读者。

使用"倒推"的方法处理问题是该报社成功的关键，先推出读者的想法，然后再为读者分析，这么想并不是最好的选择。人都是有感情的，那么根据这一点，"倒推"法就教给我们善于打动人心的经销策略和手段。商家的精明之处，就在于他们往往用一些方法，使自己能够获得消费者的同情，从而令其心甘情愿地进行消费。

一些商品的广告宣传都是夸大其词，曾有一句笑话是这样的："广告的作用就是可以使商家堂堂正正地吹牛。"商家总是宣称自己的商品如何好，有什么样的特效等等，其中有的宣传明显是在欺骗消费者。这种欺骗性广告只会让人越来越反感，现在几乎没什么人再相信这一套了，但还是有许多商家这样做。如果商家来一个逆向思维，站在消费者的角度想想消费者是怎样想的，然后在营销中根据消费者的想法做出相应的营销方式，应该可以取得不错的效果。

沈阳某家日用百货商店的库房里积压了大量的洗衣粉，而货架上的洗衣粉也无人问津，经理只好宣布降价19%处理。但是降价之后，洗衣粉还是没人买。后来，经理让人在店门上贴出一条广告："本店出售的洗衣粉每人仅限一袋，如购两袋以上，加价15%。"众人看了广告后，都感到很惊异，都在想"为什么每人只可以买一袋?""为什么多买要加价呢?""是不是洗衣粉又要涨价了?"人们在这种惊慌、猜疑心理下开始抢购,最后这家商店门口竟然排起了长队,因为有的还动员家人和朋友来排队,有的不惜排几次队,甚至还有宁肯多付15%的钱也要多买几袋的顾客。没过几天,这家百货店的洗衣粉就销售一空。

企业的管理者或营销人员为了卖出商品,让自己的企业有更好的发展,也要使用"倒推法",站在消费者的角度考虑问题,运用逆向思维让消费者更容易接受和信任你。上面这个例子就是这样,商店经理运用了逆向思维,站在消费者的角度,抓住了一部分人的好奇心理,才吸引了消费者购买产品。

巧妙地利用人的心理能使商家卖出更多的商品,让企业得到迅猛的发展。但是,运用心理营销也要有个度,只有在特定的情况下,当企业面临困境时才可使用某些方法,并且还要使用不同的方法,就像上面一样,洗衣粉提价反而卖出去更多,但如果商家总是隔三岔五地提高某种商品的价格,那很容易让人识破这种伎俩。有时候,我们利用逆向思维并不是完全背离事物的客观规律。对某一方面的常规违反正是以对另一方面的规律的遵循做补充的,但我们不能完全违背事物发展的规律。

一种颜色鲜艳、设计精巧的新产品上市了,消费者之前没有见过,甚至没有听说过这种产品,所以都挤在柜台上一探究竟,详细询问售货员这款产品的功能和使用方法。好奇心是人购物的动力之一,在新产品身上体现得尤为明显。这也可以看作是一种悬念,不是只有小说和电影中才有悬念,在营销中也有这种"悬念"。悬念书籍和电影使读者感到紧张和刺激,而悬念营销则可以帮助商家卖出更多的商品。

有一种新品牌香烟面市之后,迅速在各省取得不俗的业绩。但是,在一个中等城市,该香烟的销售却遇到了不小的麻烦,因为其他众多品牌的香烟已经抢占了这里的香烟市场,市场也已经饱和。无论公司想什么样的办法,都无法提高这座城市的销售业绩,也竞争不过其他品牌的香烟。

有一次,该香烟公司的一名推销员看到海滨浴场有许多禁止吸烟的广告牌,他突然间想到一个促销的好办法:在公众场所到处张贴广告——"吸烟危害自己和他人的健康,此地禁止吸各种香烟,就算是'某某'牌香烟也不能在这里吸。"这里的"某某"就是该香烟的品牌名。这是一则极为简单的广告,它只是把我们无论在哪里都能看到的一则广告词进行了延伸,把自己的品牌名加了进去,却引起了不少人的好奇。难道某某牌香烟与其他品牌的香烟不一样吗?为什么特别指出这种香烟也不能在这里吸呢？难道它有什么特别之处吗？"烟民"们纷纷购买该烟品尝……该品牌香烟就这样在当地走红，没过几个月便打开了市场。

有时候，某些言行可以激发人的好奇心。每个人都有好奇心，企业往往会利用这一点来引起人们的注意，从而打开销路、销售产品。

第7节　理性与非理性

"海盗分金"博弈模型只是一个有益的智力测验，是不能直接应用于现实的，现实世界的情况远比这个模型复杂，现实中肯定不会是人人都"绝对理性"。

我们再来看"海盗分金"的模型。只要3号、4号或5号中有一个人不是绝对理性的（现实中也几乎没人做到绝对理性），1号海盗就会被扔到海里去。因此，1号海盗绝不会拼了性命自取97枚金币，他要顾虑的其他海盗们的聪明和理性究竟是不是靠得住。如果他们撒谎或相互勾结怎么办？这就牵涉到理性与非理性的问题。

"非理性"看起来好像是不可取的，但实际上正是许多所谓的"非理性"行为促进了人类的福利。在"海盗分金"博弈中，1号分到97枚金币，其他4个海盗不是没分到，就是分得一枚。但是，如果其他海盗拒绝呢？那么他们损失的也就是这1枚金币。但1号海盗要损失99枚金币，比其他海盗要严重得多。"海盗分金"的最后结果是收益的极度不平衡，那么是提出这个自作聪明的分配方法的1号海盗不理性，还是其他4个海盗不理性？可想而知，其余的4个海盗一定会选择不理性，建议重新分配金币。这类非理性行为恰恰是理性的。

一个杀人犯，因为杀人被判了刑。如果有人说："既然人已经死了，就算惩罚这个杀人犯，被害者也不能活过来，何必再惩罚罪犯呢？而且管理罪犯还要耗费一定社会资源，不如把他放了吧！"

你一定会这样还击："虽然惩罚罪犯救不回被害者，但是这能防止其他人再次被伤害。"

不可否认，前者的考虑很"理性"，但却是不可取的。

在民主政治中，各种利益集团都不会有"不合理性的争吵"。某某国家政府、议会间僵持不下，这是我们从新闻可以知道的，这种僵持不下的后果导致政府办事效率低下，严重的会解散议会或使政府更迭。你可以说这种僵持是"非理性"的，但只有在各利益集团的交锋中达成的政治才是比较合理的。这就如同夫妻之间经常吵架一样。

许多夫妻经常大吵大闹，其原因只不过是些鸡毛蒜皮的琐事。很多人认为，天天吵来吵去到底有什么意思，一点理性也没有，而当事人吵过之后可能也觉得不值得。可是，有时他们虽然知道不值得，但还是要吵闹。说起来这种反常的现象并不难解释，他们吵闹是为了争夺家庭控制权或维护自身"话语权"，也是因为自己拉不下面子。在一些小事上退让是理智的，不过，假如你总是退让，有时候会助长对方的气势，让别人以为自己软弱，也使自己在和别人的博弈中处于劣势地位。所以，虽然夫妻间的吵闹没什么用处，也是不理性的，但有的夫妻下次还是要吵。

尽管有各种非理性行为存在，但不可否认的是，理性的假设还是很有用的。总的来说，人们还是懂得权衡利弊的，并做出有利于自己的选择。生活中有大量理性选择的例子，所以我们也不必把理性看得太理想化，也不要以为它是如何的高深莫测。中国的一些谚语中都能体现出理性，如我们常说的："人在屋檐下，不能不低头"、"胳膊拧不过大腿"、"莫生气"等等。

很显然，非理性有时候其存在是合理的，但也有不合理的时候。实际上，人类的非理性是体现在对客观事物的错误认识上，而并不集中体现在利益分配上。有时候，知识的缺乏会导致非理性困境的出现。

说起"计划生育"大家都知道，它在中国已经实行了 30 年。但是，在广大农村地区，"一对夫妻只生一个孩子"的观念还是没有完全落实。当然了，该政策在城市得到了比较严格的贯彻。农村的很多家庭在没有生到男孩之前，会选择继续生育，甚至更多，直到有男孩为止。有的人会说，这是农民兄弟重男轻女的落后观念在作祟，这当然是一个原因，但家庭农业生产确实需要男丁也是一方面原因。在农村，我们经常看到一对夫妻已经生育了 5 个女孩，第六胎才生了男孩，有的夫妻还不止这个数。因此，也许有人会说，如果每一对夫妻都要生一个男孩才肯停止生育，会不会导致人口比例失调？

答案是不会。我们可以这样来分析一下：一对夫妻生男还是生女的概率是相同的，也就是说，第一胎生男生女的比例各占一半，第二胎的比例也还是各占一半，第三胎……如果我们把一年出生的全部婴儿做个统计，就会发现女孩的数目总是趋向于与男孩的数目相等，所以男孩与女孩的比例是不会变的。不过，这个情况没有排除流产女婴的人为因素。

这是男孩与女孩的出生率的问题，而就一对夫妻来说，就算已经生了 5 个女孩，那么他们的下一胎生男孩的概率也还是50％，这和第几胎是没有关系的。而农村夫妻中，很多人不知道这一点，这也是导致多生的一个原因。

第8节　运筹帷幄

大家知道倒推法这种博弈方式之后，会发现日常生活或工作中很多问题都可以用倒推法来解决。但是，并不是所有问题都可以依靠倒后推理来解决。

在象棋这个博弈中：下棋的双方轮流下棋，双方前面所下过的棋路是无法撤销的，但是可以看到的。当然，也会有例外出现，相同的局势重复出现就算平局，这也确保比赛能在有限的回合对决中结束。我们可以从最后一步开始推理，理论上是这么认为的，但实际上却根本不可能做到。因为象棋中的棋路变化极为复杂，就算是用一台超级计算机也需要几年时间才能把其中棋路的变化算完，所以我们无法使用倒推法。

象棋大师之所以经常胜利，是因为他们在临近比赛结束之际能够找到最优策略。一旦象棋下到最后阶段，也就是棋子越来越少的时候，大师级选手就能够展望博弈的结局，利用倒推法来判断自己在不利的情况下怎么做才能确保平局，怎么做才能取胜。但是，当棋盘上还有许多棋子，即在博弈中盘阶段，就无法很清楚地预测局势了。

如果在下象棋时能够将展望分析和价值判断相结合，那么其棋艺一定能达到出神入化的境地。这里的"展望分析"就是向前展望，倒后推理。而"价值判断"指的是象棋艺术，能够根据棋子的数目和棋子之间的相互联系，判断出自己棋局的局势。对于象棋选手们来说，把这两者很好地结合就是他们要学的，可以称之为经验、本能等。象棋选手棋艺的优劣就是根据这个来评价的。利用这种知识，优秀的象棋选手可以立即区分出哪步棋该走，哪步棋不该走。

所以，在面对复杂博弈的时候，你应该在你的最大推理范围内，以向前展望、倒后推理的规则和引导你判断中盘局面价值的经验结合起来。能很好地把博弈论科学和具体的博弈艺术相结合，是个人成功的必要条件之一。但是，要做到这一点就必须预测对方的行动，这一点很不容易做到。如果你和你的对手都能分析出相互之间可能的行动和反行动，那么，在整个博弈的结果上，你们俩就会事先就如何解决问题达成一致。但是，假如对方可能获得一些你没有的或者你错过的信息，那么对方的行动就有可能是你想不到的。

你必须预测对方实际会采取什么行动，这样才能真正做到向前展望、倒后推理，因此，仅仅站在对方的立场，设想对方将会采取什么行动是不够的。关键是当你要尝试站在对方的立场上去考虑问题，在考虑的过程中，还要忘掉自己的立场。这虽然能做到，但却极为困难，很少有人能够真正地做到。当你从对方的视角观察这个博弈时，你很难忘记自己的意图，因为你太清楚自己下一步的行动计划了。这也是为什么大家自己不和自己下棋、不和自己博弈的原因。看过《射雕英雄传》的都知道，里面的"老顽童"周伯通可以双手互搏，也就是自己和自己打架，但这只是小说中虚构的，现实中几乎不存在，估计读者朋友也没见过和自己打架的人吧。

当你尝试站在对方的立场上看问题时，他们知道的信息，你必须知道；他们不知道的信息，你也要不知道。你必须放弃自己的想法，以他们的目标为目标。所以，有很多大企业在和对手竞争时，都会请局外人来评估对手会采取什么样的行动，而不是他们公司自己组织人员进行评估。不仅商战如此，每一次战争中战术的制定都是一次倒推法的使用过程。我们看看下面一段选自《三国演义》诸葛亮"安居平五路"的故事。

……曹丕大喜曰："刘备已亡，朕无忧矣。何不乘其国中无主，起兵伐之？"

贾诩谏曰："刘备虽亡，必托孤于诸葛亮。亮感备知遇之恩，必倾心竭力，扶持幼主。陛下不可仓卒伐之。"

正言间，忽一人从班部中奋然而出曰："不乘此时进兵，更待何时？"众视之，乃司马懿也。丕大喜，遂问计于懿。

懿曰："若只起中国之兵，急难取胜。须用五路大兵，四面夹攻，令诸葛亮首尾不能救应，然后可图。"丕问何五路，懿曰："可修书一封，差使往辽东鲜卑国，见国王轲比能，赂以金帛，令起辽西羌兵十万，先从旱路取西平关：此一路也。再修书遣使赍官诰赏赐，直入南蛮，见蛮王孟获，令起兵十万，攻打益州、永昌、牂牁、越嶲四郡，以击西川之南：此二路也。再遣使入吴修好，许以割地，令孙权起兵十万，攻两川峡口，径取涪城：此三路也。又可差使至降将孟达处，起上庸兵十万，西攻汉中：此四路也。然后命大将军曹真为大都督，提兵十万，由京兆径出阳平关取西川；此五路也。共大兵五十万，五路并进，诸葛亮便有吕望之才，安能当此乎？"丕大喜，随即密遣能言官四员为使前去；又命曹真为大都督，领兵十万，径取阳平关。……

建兴元年秋八月，忽有边报说："魏调五路大兵，来取西川……"已先报知丞相，丞相不知为何，数日不出视事。后主听罢大惊，即差近侍赍旨，宣召孔明入朝。……后主问曰："丞相在何处？"门吏曰："不知在何处。只有丞相钧旨，教挡住百官，勿得辄入。"后主乃下车步行，独进第三重门，见孔明独倚竹杖，在小池边观鱼。后主在后立久，乃徐徐而言曰："丞相安乐否？"孔明回顾，见是后主，慌忙弃杖，拜伏于地曰："臣该万死！"后主扶起，问曰："今曹丕分兵五路，犯境甚急，相父缘何不肯出府视事？"孔明大笑，扶后主入内室坐定，奏曰："五路兵至，臣安得不知，臣非观鱼，有所思也。"后主曰："如之奈何？"孔明曰："羌王轲比能，蛮王孟获，反将孟达，魏将曹真；此四路兵，臣已皆退去了也。止有孙权这一路兵，臣已有退之之计，但须一能言之人为使。因未得其人，故熟思之。陛下何必忧乎？"

后主听罢，又惊又喜，曰："相父果有鬼神不测之机也！愿闻退兵之策。"

孔明曰："先帝以陛下付托与臣，臣安敢旦夕怠慢。成都众官，皆不晓兵法之妙，贵在使人不测，岂可泄漏于人？老臣先知西番国王轲比能，引兵犯西平关；臣料马超积祖西川人氏，素得羌人之心，羌人以超为神威天将军，臣已先遣一人，星夜驰檄，令马超紧守西平关，伏四路奇兵，每日交换，以兵拒之：此一路不必忧矣。又南蛮孟获，兵犯四郡，臣亦飞檄遣魏延领一军左出右入，右出左入，为疑兵之计：蛮兵惟凭勇力，其心多疑，若见疑兵，必不敢进：此一路又不足忧矣。又知孟达引兵出汉中；达与李严曾结生死之交；臣回成都时，留李严守永安宫；臣已作一书、只做李严亲笔，令人送与孟达；达必然推病不出，以慢军心：此一路又不足忧矣。又知曹真引兵犯阳平关；此地险峻，可以保守，臣已调赵云引一军守把关隘，并不出战；曹真若见我军不出，不久自退矣。此四路兵俱不足忧。臣尚恐不能全保，又密调关兴、张苞二将，各引兵三万，屯于紧要之处，为各路救应。此数处调遣之事，皆不曾经由成都，故无人知觉。只有东吴这一路兵，未必便动；如见四路兵胜，川中危急，必来相攻；若四路不济，安肯动乎？臣料孙权想曹丕三路侵吴之怨，必不肯从其言。虽然如此，须用一舌辩之士，径往东吴，以利害说之，则先退东吴；其四路之兵，何足忧乎？但未得说吴之人，臣故踌躇。何劳陛下圣驾来临？"

后主曰："太后亦欲来见相父。今朕闻相父之言，如梦初觉。复何忧哉！"

这是"诸葛亮安居平五路"的故事，我们看看诸葛亮的思路：第一路番王轲比能，如他率兵而来，想要退敌该当如何？退敌就要选将，那么选谁呢？轲比能所率皆为羌兵，而羌人以马超为"神威天将军"，对他敬佩之极。如果让马超率兵前去抵挡，则轲比能无所作为，他手下之兵怎敢与马超交战。其余几路的退敌之法与此相类，都是若要退敌该当如何，然后根据这个思路来部署。这是典型的"倒推法"用于战争。

诸葛亮总是能运筹帷幄之间，而决胜于千里之外，就是靠着这种有效的推理方法。

第9节　和小人相处

我们说，不依附君子，也不要得罪小人，否则就可能被"冷箭"射到，小人惯用这种伎俩。生活中免不了与小人打交道，妥善处理好与小人的关系是很重要的，但这可不是那么容易，这也是令许多人头疼的问题。那么怎么才能处理好与小人的关系呢？

有些人平时喜欢溜须拍马，但他们未必都是小人。不过，这类人需要防备着，因为他们最喜欢表现自己，特别是在领导面前，不排除会在背后有打你的小报告的可能。

真正的小人，为了自己不可告人的目的，故意挑拨同事间的感情。落井下石也是小人惯用的伎俩，他们在别人不得意或失败时，会狠狠地踹上一脚。从外表来看，小人们都是一团和气，满脸笑容。但小人实际上却口蜜腹剑，用得到你时巧言令色，媚态十足；用不到你时，就会把你甩在一边。与小人过于亲近必定会受其所害，但要是过于疏远，又会招致小人怀恨在心。所以，敬而远之是对待小人的最好方法之一，要让对方感到，在你的心里有他的位置。小人多是见利忘义的，如果我们一旦与之在利益上有了冲突，最好以忍让为先，一些小的利益甚至可以主动放弃。

但是，即便你对他们敬而远之，即便你对他们忍让，还是有些小人会故意纠缠你，他们视你的"敬"和"忍让"为害怕，这反而助长了他们的嚣张气焰。于是，他们便开始得寸进尺，不断从你身上捞得好处。这时候，你就不能再忍让了，需要反击，你强他就弱，你弱他就强。一旦让小人骑在你头上，必将后患无穷，所以我们不能一味忍让。需要注意的是，反击小人时不可将他们逼上绝路，防止他们狗急跳墙。

北宋开国名臣曹彬就很善于处理和小人的关系。北宋初年，契丹屡屡来犯，曹彬在抵抗契丹的入侵时多次立下战功，深得太祖赵匡胤的赏识。公元974年，宋太祖命曹彬率军攻打南唐，临行前送给他一把尚方宝剑，对他说："副将以下的士兵，凡不听你命令者，皆可用此剑斩之。"然后，又问曹彬还有什么要求。曹彬说："臣想提拔田钦祚做将军，和我一起去前线杀敌，请皇上恩准。"

田钦祚为人贪婪狡诈，喜欢争名夺利。不仅如此，他还经常在背后恶语诽谤他人。因此，所有官员对曹彬的这个要求都感到大跌眼镜，他们暗想，派此人去做将军有何用处？对于这个问题，曹彬的手下众将也很是不解，曹彬私下对他们说："此次南征恐怕在短时间内难以完成，我在外领兵征战，估计不到朝内之事。假如有人趁机进献谗言，对皇上使反间计就会误了大事。田钦祚最容易成为南唐的突破口，他会被南唐贿赂，在皇上面前诋毁我，所以，我要将他带走，不给他这个机会。曹彬这样做是很聪明的，一是解了自己可能出现的后顾之忧，二是随便封了个将军给田钦祚，使他以后不会对自己不利。"听完曹彬的解释后，众人连赞高明。有人也许会说，田钦祚在战场上也可以做"小人"。但那时就是曹彬说了算了，他有皇上赐的尚方宝剑，再加上"将在外，君命有所不受"，处置田钦祚还不是一句话的事吗？同样是在战争中，诸葛亮就是因为没能处理好和小人的关系而错失了一次北伐的良机：

……司马懿提大军来与孔明交锋，隔日先下战书。孔明谓诸将曰："曹真必死矣。"遂批回"来日交锋"，使者去了。孔明当夜教姜维受了密计：如此而行；又唤关兴吩咐：如此如此。

……两军恰才相会，忽然阵后鼓角齐鸣，喊声大震，一彪军从西南上杀来，乃关兴也。懿分后军当之，复催军向前厮杀。忽然魏兵大乱：原来姜维引一彪军悄地杀来，蜀兵三路夹攻。懿大惊，急忙退军。蜀兵周围杀到，懿引三军望南死命冲击。魏兵十伤六七。司马懿退在渭滨南岸下寨，坚守不出。

孔明收得胜之兵，回到祁山时，永安城李严遣都尉苟安解送粮米，至军中交割。苟安好酒，于路怠慢，违限十日。孔明大怒曰："吾军中专以粮为大事，误了三日，便该处斩！汝今误了十日，有何理说？"喝令推出斩之。长史杨仪曰："苟安乃李严用人，又兼钱粮多出于西川，若杀此人，后无人敢送粮也。"孔明乃叱武士去其缚，杖八十放之。苟安被责，心中怀恨，连夜引亲随五六骑，径奔魏寨投降。懿唤入，苟安拜告前事。懿曰："虽然如此，孔明多谋，汝言难信。汝能为我干一件大功，吾那时奏准天子，保汝为上将。"安曰："但有甚事，即当效力。"懿曰："汝可回成都布散流言，说孔明有怨上之意，早晚欲称为帝，使汝主召回孔明，即是汝之功矣。"苟安允诺，径回成都，见了宦官，布散流言，说孔明自倚大功，早晚必将篡国。宦官闻知大惊，即入内奏帝；细言前事。后主惊讶曰："似此如之奈何？"宦官曰："可诏还成都，削其兵权，免生叛逆。"后主下诏，宣孔明班师回朝。蒋琬出班奏曰："丞相自出师以来，累建大功，何故宣回？"后主曰："朕有机密事，必须与丞相面议。"即遣使赍诏星夜宣孔明回。

使命径到祁山大寨，孔明接入，受诏已毕，仰天叹曰："主上年幼，必有佞臣在侧！吾正欲建功，何故取回？我如不回，是欺主矣。若奉命而退，日后再难得此机会也。"姜维问曰："若大军退，司马懿乘势掩杀，当复如何？"孔明曰："吾今退军，可分五路而退。今日先退此营，假如营内一千兵，却掘二千灶，明日掘三千灶，后日掘四千灶：每日退军，添灶而行。"杨仪曰："昔孙膑擒庞涓，用添兵减灶之法而取胜；今丞相退兵，何故增灶？"孔明曰："司马懿善能用兵，知吾兵退，必然追赶；心中疑吾有伏兵，定于旧营内数灶；见每日增灶，兵又不知退与不退，则疑而不敢追。吾徐徐而退，自无损兵之患。"遂传令退军。

却说司马懿料苟安行计停当，只待蜀兵退时，一齐掩杀。正踌躇间，忽报蜀寨空虚，人马皆去。懿因孔明多谋，不敢轻追，自引百余骑前来蜀营内踏看，教军士数灶，仍回本寨；次日，又教军士赶到那个营内，查点灶数。回报说："这营内之灶，比前又增一分。"司马懿谓诸将曰："吾料孔明多谋，今果添兵增灶，吾若追之，必中其计；不如且退，再作良图。"于是回军不追。孔明不折一人，望成都而去。次后，川口土人来报司马懿，说孔明退兵之时，未见添兵，只见增灶。懿仰天长叹曰："孔明效虞诩之法，瞒过吾也！其谋略吾不如之！"遂引大军还洛阳。正是：棋逢敌手难相胜，将遇良才不敢骄。未知孔明退回成都，竟是如何，且看下文分解。（见《三国演义》第一百回：汉兵劫寨破曹真，武侯斗阵辱仲达）

就这样，一次北伐的大好良机就被这么个小人给断送了，在节节胜利之时不得不班师回朝。如果诸葛亮能像曹彬一样，先不要处置苟安，将其留在营中，待取胜之后再处置他，就不会发生这样的事了。也就是说，你完全可以使用倒推法进行处理，先想想"小人"会怎么做，再切断他这么做的可能。

第 10 节　向前看向后看

1987 年英国大选，以尼尔·金诺克为首的工党和以玛格丽特·撒切尔为首的执政保守党将展开生死对决，很显然，双方都想获得最后的胜利。一般来说，竞选会出现两种方式：一是两党互相谩骂和侮辱，进行人身攻击，搞阴谋诡计；二是就事论事，光明正大地进行竞选。此前撒切尔夫人在任时的表现很得民心，假如走正规渠道进行选举，选民当中很大一部分人都会选择撒切尔夫人。

金诺克先生也知道上述情况，所以他苦苦思索：能不能通过风格完全不同的拉票活动，来增加选民们对我们的印象呢？

如果金诺克先生选择光明正大的选举，撒切尔夫人选择"阴谋诡计"，或者两者互相调换，对于金诺克先生，竞选胜利的概率都是一样的。

就传统而言，执政党应该在反对党之前公布自己的竞选纲领，所以撒切尔夫人首先开始选择竞选风格。

对于撒切尔夫人来说，通过向前展望和倒后推理，她知道假如自己选择搞阴谋诡计，金诺克先生一定会选择光明正大的选举；假如自己选择光明正大，金诺克先生一定会选择阴谋诡计。既然两个方案胜率是相同的，她理所当然会选择光明正大的竞选。

最近一段时间，许多企业流行一种富有创意的做法，通常称为防鲨网，它可以用来阻止外界投资者吞并自己的企业。这种方法现在被称为"毒药条款"。

有一家公司虽然已经公开上市了，但管理方式却没有变，还是以前的家族管理模式。董事局有5名成员，但都是创办人的孙子孙女5人。创办人早就意识到，他的子孙可能会为争夺企业而闹矛盾，也可能遇到其他企业的威胁。为了防止家族内祸起萧墙和其他企业的威胁，他在还活着的时候规定：董事局选举必须错开。这一规定限制了股东，也就是说，就算某个股东拥有公司100%的该公司股份也只能取代那些任期即将届满的董事，而不能取代整个董事局。公司的5名董事，每个人都有5年任期，而且他们任期的时间各不相同。如果一个外来者想要拿到该公司的控制权，从表面上看，最少需要3年的时间。因为外来者一年只能夺得一个董事席位。

当然创办人也注意到这一点：一个充满敌意的对手，如果夺取了全部股份，那么他在他的这个任期内，可能会篡改"董事局选举要错开"这一规定。所以，创办人在这个规定上又附加了一个条款：只有董事局本身才能修改董事局的选举过程。在无须得到其他董事局成员的支持下，任何一个董事局成员都可以提交一项建议。有了这个附加条件，虽然解决了上述问题，但也由此产生了一个新的难题，但这一难题同样难不倒这个公司的创始人。他规定一项提议必须获得董事局至少50%的选票才能通过，如果有人缺席，按反对票计算。我们知道，董事局只有 5 名成员，这就意味着：至少得到 3 票或以上才能通过。不用说，提议的人自己会投自己一票。关键的问题是，假如提交一项提议的董事局成员的提议没有获得通过。那么，不管这项提议说的是修改董事局架构，还是选举方式，这个提议的人将失去董事席位和股份。其他董事在他离开后，将会平均分配他的股份。更加让人震惊的是，任何一个对这个提议投赞成票的董事，也会失去他的董事席位和股份。

这个条款在一段时期内效果确实不错，不仅阻止了公司可能发生的"内战"，也成功地将怀有敌意的收购者排除在外。但是，有人却偏偏不信那个规则的威力，他就是某公司的首席执行官胡先生。他通过一个敌意的收购举动买下了该公司 51％的股份，成为该公司最大的股东。在年度选举里，他投了自己一票，顺利成为董事。但是，有那个附加条件限制着，该公司似乎不必担心会出现意外，因为胡先生是一个对四个，怎么可能胜利呢。

在第一次董事局会议上，胡先生提议大幅修改董事资格的规定，提议如果通不过，后果我们在上面已经说了。但令人万万想不到的是，董事局对这项提议进行表决之后，竟然是全票通过！胡先生就这样取代了整个董事局，进而控制了整个公司。其他的 4 位董事，在得到一些极少的补偿后，就被赶出了公司。读者朋友们一定奇怪，他是怎么做到的，竟然使其他的 4 位董事全部投赞成票？

他的做法很诡诈，这也正是商战的残酷性使然，但真正起决定作用的，还是他用到的方法：倒推法。胡先生是这么考虑的，如果提议获得通过，那么就需要全力确保至少有两名投票者赞成这项提议，那么什么样的提议内容才能吸引其他 4 位董事局成员投赞成票呢？

胡先生要想让自己修改提议的提案获得通过，必须有两个董事局成员投赞成票，再加上自己那一票才能通过，否则就会被排挤出董事局。如何拉拢两人投赞成票呢？

胡先生先对其中的两位董事说，如果你们投赞成票，不仅能分到其他两位走后的股份，而且我还会给你们我自己的公司股份，这番话胡先生也对另外两位董事原封不动地说了一遍。因此，最后投票时，胡先生全票通过，他一个人掌握了这家公司。上了台的他并没有兑现诺言，而是给了那 4 位股东一些补偿后，把他们赶出了公司。

第 11 节　五年成名

台湾歌手李恕权是华裔流行歌手中唯一获得格莱美音乐大奖提名的人，他在《挑战你的信仰》一书中记载了这样一个关于自己如何获得成功的故事。

1976 年冬，19 岁的李恕权在休斯敦大学主修计算机，同时还在休斯敦太空总署的太空梭实验室里工作。他每天的时间都很紧迫，大部分时间都被学习、睡眠与工作占据了，即便如此，只要他一有空闲，就会把时间放在音乐创作上。

在他事业起步时，一位名叫凡内芮的朋友对他的影响最大。凡内芮喜欢写诗词，她的诗词在德州获得过很多个奖项。李恕权也非常喜欢她写的诗词，两人合作写了许多很好的作品。

凡内芮家有一个牧场，在周末的时候，她经常邀请李恕权到她家去，一起在牧场烤肉。李恕权对音乐很执着，这一点凡内芮是知道的。但是他们现在要想进入美国音乐界无异于痴人说梦，因为对他们来说，整个美国的唱片市场是陌生的。在牧场的草地上，两个人默默地坐着，不知道下一步该怎么走。

还是她先开口了，她有点奇怪地说了句："你现在想象一下，5 年后的你在做什么。"他还没来得及回答，她又接着说，"你最希望五年后的你在做什么，那时候，你的生活又是一个什么样子呢？你先想一下，想好了再告诉我。"

李恕权思考了一会儿，对她说："我这 5 年的目标有两个，一是我希望住在一个有很多很多音乐的地方，天天与一些世界一流的乐师在一起，和他们一起工作。二是我希望出一张在市场上很受欢迎的唱片，能有许多人认同我。"

凡内芮说："你确信这就是你近期的目标吗？"

他很肯定地说："是的，这就是我的目标！"

凡内芮说："好的，你已经确定了你的目标，那么我们来这样分析一下：假如你第五年有一张唱片在市场上。那么在你第四年的时候，一定要跟一家唱片公司签上合约。那么再推到你的第三年，如果要实现第四年的愿望，你就一定要有一些完整的音乐作品，因为唱片公司只有听了你的作品才会选择是不是和你签约。如果要实现第三年的目标，那么你的第二年就要有一些不错的作品开始录音了。以你第二年的目标来看，那么你的第一年就应该创作出一些作品，然后，把它们和你已经创作完成的作品进行录音和编曲，排练就位准备好。那么，你在第六个月的时候就要把那些没有完成的作品修饰好，并选出比较优秀的一部分。你的第一个月，也就是这个月，要创作几首音乐。那么你的第一个星期，也就是下个星期，就需要将一些需要完成的作品列一个清单。"

凡内芮笑了笑，又补充说："你下个星期一要做什么？我们现在就可以知道了。我差点忘了，你还说你 5 年后要生活在一个有很多音乐的地方，与许多天才的乐师一起工作。我们同样可以从这个目标往前推，假如你的第五年已经在与这些人一起工作，那么按理说，你的第四年应该有你自己的一个工作室或录音室。那么第三年应该是先跟这个圈子里的人在一起工作。那么你的第二年，应该是已经住在纽约或是洛杉矶了，而不是住在德州。"

第二年，李恕权搬到洛杉矶，在此之前，他辞掉了太空总署的工作。

1982 年，在台湾及亚洲地区，他的唱片开始畅销起来。宝丽金和滚石联合发行了他的第一张唱片专辑《回》，这张专辑在台湾连续两年蝉联排行榜第一名。他的另一个目标，与一些音乐高手生活和工作在一起也实现了，他现在几乎一天24 小时都和一些顶尖的音乐高手一起工作。他的成功用了 6 年，虽然不是 5 年，但相差不大。这就是一个 5 年期限的倒后推理过程。

实际上，我们把这个实例应用在自己身上时，还可以把时间跨度延长或缩短，但思路是一样的。

当你在为工作忙得焦头烂额时，当你踏上大学的大门，准备未来 4 年的学习时，在一个人独处时，一定要考虑一下：4 年后，或 5 年后甚至 10 年后，你希望那时候的自己在做什么？而现在你做哪些工作才能够帮助自己达到目标？你现在的生活方式和努力有助于达到那个目标吗？你可以试着用上述的倒推法来为自己的人生目标设置每一站的小目标。假如你是一个大学生，你可以这样思考：我在毕业时要成为优秀毕业生，并在某个协会里有一席之地。那么为此你第三年应该做到什么目标，第二年应该做到什么目标，第一年……如果你是个上班族，也可以用这种方法向着自己的目标努力，当老板也是一样，这种倒推法适合所有的人。

不可否认的是，有些人竟然连清晰的目标都没有，一直在浑浑噩噩地活着。这种人就要注意了，如果一直找不到自己的目标，一辈子就只能为那些有清晰目标的人工作。你在公司努力工作是为了达成别人的目标，而我们每个人都应该有自己的目标。

如果根本就没有自己的人生目标，那么一切都是空话。人生博弈的目的，就是在最短时间内更好地实现想要实现的目标。我们要把自己的目标清晰起来，然后依照自己的目标设定一些详细的计划，我们要做的就是完成每一个计划。而在实现这些计划时，我们的选择也很重要。有个笑话是这样的：

有三个人因为犯了事，要在监狱服刑三年。监狱长在他们坐牢之前，同意满足他们每人一个请求。A最浪漫，要一个美丽的女子相伴；B爱抽雪茄，要了几箱雪茄。而C只要一部与外界沟通的电话。

三年过后，A手里抱着一个小孩子，美丽女子手里牵着一个孩子，肚子里还怀着第三个，一起吵吵闹闹地出了监狱。B满嘴都是雪茄，原来他只要雪茄，忘了要火，他嚷道："火呢？给我火！"C出来后紧紧握住监狱长的手说："幸亏有了这个电话，三年来我每天与外界联系，我外面的生意不但没亏损，还赚了不少钱，比我在外面的时候赚的还要多。"作为感谢，C送给监狱长一套房子！

实现自己的目标，选择是很重要的，不同的选择甚至拥有不同的人生。

如果只能活6个月，你会做哪些事情呢？会和谁共同度过这6个月呢？这些答案将会告诉你真正珍惜的东西，以及自己认为真正重要的东西。

你今天的生活，是由几年前所做出的选择决定的；而你今天的抉择，会影响你以后几年的人生，影响甚至直到你去世时都存在。什么样的选择决定什么样的生活，这就是人生博弈的法则。

一年大概只有52周，每周只有168个小时，睡觉和吃饭大概占了75个小时，剩下的实际上只有93个小时，也就是真正能做事的时间每天只有13个小时。在这13个小时里，做什么事决定了你以后成为什么样的人。其实，人生就是从上帝那里借一段时间，你一年一年地又把时间还给上帝，一直到死去。区别就是，每个人借到的时间有长有短。

那么，我们该怎么利用自己人生中短暂的时光呢？多数人都没有思考过这个问题，当然也就无法回答。大部分人都是在快离开这个世界的时候，才会想这个问题。在你死后，你最希望人们会记住你这一生的什么成就和事迹呢？你最希望你的亲人和朋友对你做出什么样的评价呢？换句话说，这两个问题可以这样概括：在你的墓志铭上，你希望人们写上什么样的话？回答这个问题，可以帮助你把所有生活层面的东西过滤，提炼出最根本的人生目标，发掘心底最根深蒂固的价值观，决定人生目标的最核心部分。

伍迪·艾伦曾经说过，生活中90%的时间只是在混日子。大多数人的生活层次只停留在为工作而工作、为回家而回家、为吃饭而吃饭。他们的事情做完一件又一件，从一个地方到另一个地方，好像做了很多事。但是，他们却很少有时间从事自己真正的工作，甚至一直到老死都是如此。在自己渐渐老去时，才发现虚度了大半生，但这时自己已经无能为力了，只能守着病痛过剩下的日子。所以，我们时刻要警醒自己，自己的目标是什么？时刻想着为自己的目标去奋斗。在激励自己这一方面，有一个非洲的民族做得非常好。

非洲这个民族计算年龄的方法可以说是非常独特的：在这里，婴儿一生下来就是 60 岁，以后每过一年，年龄就减一岁，直到零岁。这种计算年龄的方式有这种好处，它可以一直激励着自己，时刻提醒着自己在世的时间不多了，从而做每件事都会向着自己的目标而努力。

人生就是你与时间进行的一场博弈。倒计时的这种方法是很重要的，它可以让你学会从终点出发，往前推理，从而可以使你知道哪些事情是应该做的，哪些事情是不应该做的，指导你该如何实现目标。

·第十二章·

路径依赖博弈

第 1 节 马屁股与铁轨

四英尺又八点五英寸，这是现代铁路两条铁轨之间的标准距离。这一数字是怎么来的呢？

早期的铁路是由建电车的人负责设计的，电车所用的轮距标准就是四英尺又八点五英寸。那电车的轮距标准数字又是怎么来的呢？因为早期的电车是由以前造马车的人负责设计的，造马车的人显然很懒惰，直接把马车的轮距标准用在了电车的轮距标准上。那么，马车的轮距标准又是怎么来的呢？因为英国马路辙迹的宽度就是四英尺又八点五英寸，所以马车的轮距就只能是这个数字，不然的话，马车的轮子就适应不了英国的路面。这些辙迹间的距离为什么又是这个数字呢？因为它是由古罗马人设计的。为什么古罗马人会设计用这个数字呢？因为整个欧洲的长途老路都是由罗马人为其军队铺设的，而罗马战车的宽度就正是四英尺又八点五英寸，在这些路上行驶，就只能用这种轮宽的战车。罗马人的战车轮距宽度为什么是这个数字呢？因为罗马人的战车是用两匹马拉的，这个距离就是并排跑的两匹马的屁股的宽度。

后来，美国航天飞机燃料箱的两旁，有两个火箭推进器，是用来为航天飞机提供燃料的。这些推进器造好之后，是用火车来运送的。途中要经过一些隧道，很显然，这些隧道的宽度要比火车轨道宽一点。由此看来，铁轨的宽度竟然决定了火箭助推器的宽度。我们在上面已经提过，铁轨的宽度是由两匹马屁股的宽度决定的，这么说，美国航天飞机火箭助推器的宽度竟然与马屁股相关。

其实在我们现实生活中也有传承多年的东西，例如中秋节送月饼。为什么赠送月饼，而不是其他什么东西呢？人们今年相互赠送月饼，是因为他们去年就相互赠送月饼。

其实这只是日常生活中的一种普遍的现象，而在博弈论中，我们称之为"路径依赖"。

1993 年，诺贝尔经济学奖的获得者诺思提出了"路径依赖"这个概念，即：在经济生活中，有一种惯性类似物理学中的惯性，一旦选择进入某一路径（不管是好还是坏）就可能对这种路径产生依赖。在以后的发展中，某一路径的既定方向会得到自我强化。过去的人做出的选择，在一定程度上影响了现在及未来的人的选择。

"路径依赖"被人们广泛应用在各个方面。但值得注意的是，路径依赖本身只是表述了一种现象，它具有两面性，可以好，也可以坏，关键在于你的初始选择。在现实生活中，报酬递增和自我强化的机制使人们一旦选择走上某一路径，要么是进入良性循环的轨道加速优化，要么是顺着原来错误路径一直走下去，直到最后发现一点用处也没有。

一家公司的十几位白领，上班的地方是一间约 100 平方米的办公室，他们很平静地在这里工作着，每天重复着上班下班的生活。

但是，一个人打破了这种平静。其实他自己觉得没做什么，但在同事们看来，他却做了一件不可思议的事：他在整齐划一的办公桌之间的隔板上加了一块纸板，这样看起来，他的座位隔板比左邻右舍高出了一节。他并没有选择在上班的时间加那块纸板，而是选择在下班之后。

同事们第二天上班时发现了那块纸板的存在。

他们一致抗议：这块加高的纸板打破了整个办公室的协调与统一，影响这间办公室的美感。看他们反对时的神态就知道，这块隔板不仅伤害了他们的感情，而且还损害了他们的利益。他们说，这块纸板是与众不同的东西，不适合放在办公室里，它的存在是对周围环境的破坏。

公司的一个领导来到公司时，也发现了这个变化。这事不在他的管辖范围之内，他也并不在这间办公室里工作，但他还是对这个变化做出了"指示"："好好的，为什么要加一块板呢？不要搞特殊。"不过，他也只是说说，并没有要求即刻拆除。同事们都说不该这么做，但谁都没有"暴力"将之拆下来。

在这之后的几天，大家还是这么议论着，但已不像开始那么激烈。一周之后，基本没人再提起这件事。再后来，同事们已经习惯了那块起初被视作眼中钉的纸板，并渐渐地习以为常。那么，既然这块纸板并不影响他们，他们当时为什么还要强烈地反对呢？难道真的是因为纸板破坏了办公室的美感？就算是，它所产生的美学破坏力应该是极小的。但是，这块纸板却反射出社会的群体被个体冒犯后要付出怎样的代价。

在博弈论中，有一个进化上的稳定策略，是指种群的大部分成员采用某种策略，上面的故事就很好地反映了这个策略。对于个体来说，最好的策略取决于种群的大多数成员在做什么。

在稳定策略中，存在着一种可以称为惯例的共同认识：大众是怎么做的，你也会怎么做，有时你也许不想这么做，但最后还是和大家的做法一样。而且，在大家都这样做的前提下，我也这样做可能是最稳妥的。因此，稳定策略几乎就是社会运行的一种纽带、一种保障机制、一种润滑剂，从某种意义上说，它就是社会正常运转的基础。

那么现在你可以想一下：当所有其他人的行动是"可预计的"，那么在这个时候，你的行动也会是这样。那么，这也就是在说明：有时候你是机械地根据一种确立的已知模式来选择，而不是用自己的理性来选择。

在上述的例子中，没有隔板就是大家共同认定的一种"惯例"，而现在你加了一块隔板，那么你就打破了这个"稳定策略"。你的实际行动对过去的惯例产生了偏离，所以，遵守这个惯例的同事们开始反对你。其实，当时加一个隔板并不影响别人，他们之所以反对就是因为稳定策略。

春秋时，齐国相国管仲陪同齐桓公到马棚视察。齐桓公见到马夫，便问他："在这里做工还习惯吧，你觉得马棚里的这些活，哪一样是最不好做的？"

养马人一时不知如何回答。一旁的管仲这时代他回道："其实我以前也做过马夫，依我看，编拦马的栅栏这个活是最难的。"

齐桓公奇怪地问道："何以见得？"

管仲说道："在编栅栏时，所用的木料往往是有曲有直。选料很重要，因为木料如果都是直的，便可以使编排的栅栏整齐美观，结实耐用。如果一开始就选用笔直的木料，接下来必然是直木接直木，曲木也就用不上了。如果是曲的就不行，假如你第一根桩时用了弯曲的木料，或者中间误用了曲的木料，那么随后你就会一直用弯曲的木料，笔直的木料就难以启用，那么编出来的栅栏就是歪歪斜斜的。"

如果从一开始就做出了错误的选择，那么后来就只能是一直错下去，很难纠正过来。管仲说的是编栅栏的事，但是，他的意思却为我们提供了一些信息——管仲所说的话实际上就是稳定策略的形成过程，也就是被后人称为路径依赖的社会规律。

第 2 节　香蕉从哪头吃

社会上有许多这种路径依赖博弈，当然有好的、积极的一面；但也有不好的一面，就像上面所说的全都超速也不会受到惩罚。

所以，当社会上有不良的风气时，政府部门就要起到监管作用，并将这些不良的"路径"引导到正轨上来。

其实，除了我们前面说的路径博弈有好的和坏的之外，还有一种博弈，它不好也不坏，我们暂时称之为"中立"的路径博弈。

在一次采访中，一位美国在华投资人说："一般来说，美中两国的习惯有很多不一样的地方，以吃香蕉为例：中国人总是从尖头上剥，而美国人吃香蕉是从尾巴上剥的。虽然有差别，但这种差别并不妨碍两国关系。而且两种吃法都没有错，不能说从尖头吃就不对，也不能说尾巴那一端开始剥是错的，习惯不一样，不一定就非要谁必须改变对方。"

其实许多事情都是这样，有的人喝咖啡喜欢加糖，有的人就喜欢咖啡的苦涩。你不能说谁是错的，只是每个人的习惯不一样而已。所以，在现实生活中，当别人没按你的方式做某件事情，但他还是顺利地完成了，不要责怪人家方法不对，说不定人家在心里也是这样说你。

有两个人，一个懒惰，一个勤劳，他们各养了一条金鱼。懒惰者虽懒惰，但金鱼还是能养好的，和勤劳者不同的是，他一月才为金鱼换一次水，而勤劳者基本是每天换一次水。有一天，懒惰者注意到勤劳者竟然一天换一次水，他便觉得自己太懒了，怎么能一个月才换一次水呢？于是，他也学勤劳者，改为一天换一次。但是，他的金鱼第三天就死了，因为它适应不了频繁地换水，以前都是一月一换的。这里并不是要让你像懒惰者一样懒，主要是强调当一种无害的路径博弈形成时，就不要尝试改变了，除非它是有害的。

香蕉可以从两头吃，我们为什么要改变自己剥香蕉的方式呢？有时候不妨先试试换个角度去想，要不要改变自己的想法？这些想法还是有意义的吗？

日常生活中存在着种种惯例，也就是我们平时所说的规范。这些规范不像种种法律法规和规章制度那样是一种正式的、由第三者强制实施的硬性规则，只是一种非正式规则，一种非正式的约束，但是，它巨大的影响力时刻影响着我们的生活。

这些稳定的规范支配着我们的生活。早起我们洗脸刷牙，你要是不洗脸和刷牙有没有错？没有错。我们都在 12 点左右吃午饭，你要是不在这个时间段吃行不行？可以……我们可以不这么做，但我们还是这么做了。

稳定策略能提供给博弈参与者一些确定的信息，所以在社会活动中，它就能起到节省人们交易费用的作用，例如格式合同。

格式合同又称标准合同、定型化合同，是指当事人一方，预先拟定合同条款，对方只有两个选择：完全同意和不同意。所以，对另一方当事人而言，必须全部接受合同条件才能订立合同。格式合同在现实生活中很常见，车票、保险单、仓单、出版合同等都是。这种种契约和合约的标准文本就是一种稳定策略。

如果没有这种种标准契约和合约文本，就等于你每次做长途汽车前都要找律师起草一份合约，坐船和飞机也都是如此……如果是这样的话，那么你一辈子就如同活在这些简单的合同里。

不过，有时候一些习惯的改变却可以带来意想不到的效果，当然只限于那些可以改的习惯。

有一份实地调查报告，是关于客户流失的调查。结果显示，客户流失主要由两个原因造成：一是商家不愿经营本小利薄的产品，从而使一些顾客转到别的商家购买；二是商家的服务质量差。

在现实生活中，当你要买彩电、洗衣机、冰箱之类的家用电器时，到任何一家商场都能买到。可要是买几个螺丝钉，或者纽扣、针线之类的小物品，就算跑遍周边的各大商场都没有卖的。最后，自己不得不专门去卖这些东西的批发部一趟才买得到。这样的情况，很多人遇到过。这是因为许多大型商场销售的产品是按能赚取的利润来安排的，赚取的利润高就能上架，而一些本小利微的便民商品就看不到了。

而实际上，如果商家有创新的思维模式，自己多弄几样本小利微的小件物品是有好处的。因为在大家的日常生活中，虽然平时购买本小利微的商品的顾客寥寥无几，但是，只要商家店里有这些东西，便会给消费者留下一种很亲切的感觉。在大商厦里，如果能摆设几个像家庭主妇喜爱的针线纽扣之类的柜台，无论是对消费者，还是对商场来说，都是有利的。因为这些小的商品可以增加你的客流量，那些专门来买这些小物件的顾客来到大商场里，不会只买这么一个小物件就回去吧，他们既然来了，肯定还会看看别的物品。所以，虽然这些小的商品利润不高，但有它们在，别的物品卖得就更好了。如果你能这么做，那么和别的卖场相比，你企业的良好形象就在无形之中树立起来了。

如果因循守旧，那做同一件事的代价只会越来越大。

运用数学研究路径依赖博弈的先驱者之一，斯坦福大学经济学家布赖恩·阿瑟在提到为什么使用汽油驱动汽车时，做了如下的描述：

1890 年，有 3 种方式可以给汽车提供动力：汽油、蒸汽和电力。在当时看来，汽油显然比另外两种都更差。但是，这并不代表汽油就没有丝毫的希望。1895 年，芝加哥《时代先驱报》主办了一场客车比赛，比赛中不准使用马匹，获胜者将得到一辆汽油驱动的杜耶尔牌汽车。"汽油驱动"这种方式是奥兹的灵感所得。在 1896 年，他将"汽油驱动"申请了专利。后来，他又把这项专利用于大规模生产"曲线快车奥兹"。汽油因此后来居上，但当时的能源消耗仍然以蒸汽和电为主。

作为一种汽车动力来源，蒸汽一直用到 1914 年。当时在北美地区，爆发了口蹄疫，据说源头来自马匹饮水槽，而饮水槽恰恰是蒸汽汽车加水的地方。这之后，斯坦利兄弟花了 3 年时间，发明了一种冷凝器和锅炉系统。它可以改变蒸汽汽车每走三四十英里就得加一次水的尴尬境地。可惜的是，这时的蒸汽引擎已经被电力和石油取代了，蒸汽就此退出历史的舞台。

我们现在都知道，汽油技术远远胜过蒸汽，而且一直被沿用，现在已经成了第一大能源消耗品。但假如蒸汽技术没有被废弃，并且在这近百年的时间里，一直得到研究和开发，现在会是什么样子呢？答案我们已经无从知晓，但是，相关科技人员相信，蒸汽获胜的机会还是很大的。因此，可以说是一次偶然的事件让汽油引擎登上了历史的舞台。

美国几乎所有核电力都是由轻水反应堆产生的，但是，当初美国选择重水反应堆或气冷反应堆也许是更好的选择。如果你能对这几种技术的认识和经验做简单的了解的话，那你就会更加肯定重水反应堆或气冷反应堆的选择要更好。

加拿大人用重水反应堆发电，成本比美国人用同样规模的轻水反应堆发电低1/4。因为重水反应堆在不用重新处理燃料的情况下，仍然可继续运行。而且从安全方面来说，重水反应堆发生熔毁（输送热量的水发生泄漏，而镉棒又没有及时插入，反应堆产生的热量输送不出去，就会发生熔毁）的风险低得多，因为重水反应堆是通过许多管道分散高压的，而不是像轻水反应堆那样是一条核心管道。就算是气冷反应堆，发生熔毁的风险也要比轻水反应堆低得多，因为气冷反应堆在发生冷却剂缺失事故的时候，温度升高的幅度不像其他反应堆那么高。美国之所以用轻水反应堆，是因为它从一开始就选择了轻水反应堆。

1949 年，里科夫上校决定研发轻水反应堆。他这么做是出于两方面的考虑，一方面轻水反应堆是发展最快的技术，这预示着该项技术可能被最早投入使用；另一方面轻水反应堆也是当时设计最高端的技术，还可以用于潜水艇。就这样，轻水反应堆慢慢在美国发展起来。后来，虽然经历过几次技术更新，但轻水反应堆作为一种发电方式一直被保留下来。

因此，不管是个人还是企业，都要尽早发现自己的潜力。因为，如果某项技术被先开发出来，而且已经开始投入使用了一段时间，那么就算你的技术比前者更好，恐怕也不如前者卖得好。因此，我们在做一些技术研究时，不仅要研究什么技术能适应今天的需要，而且考虑什么技术最能适应未来。

第 3 节　超速行驶

有一次，一位家在城市的作家去乡下亲戚家做客，在田间看到一位老农。老农正在拴一头大水牛，奇怪的是，水牛只是被他拴在一个小木桩上。

作家就上前问老农："大伯，桩这么小，你不怕它跑掉吗？"

老农笑道："不会的，我一直都是这么拴的，它从来没有跑过。"

这位作家有些迷惑地问："水牛只要稍稍用点力，这么一个小小的木桩就能被它拔出来了。您说水牛没有跑过，是真的吗？"

见作家不解，老农笑着说："我说它不会跑，这是有原因的。这头水牛还是小牛的时候就被拴在这个木桩上了，每天如此。它刚被拴在这里的时候，确实想着挣脱，左转转右转转。但它那时力气小，折腾了一阵子后，还是在原地打转，后来就放弃了挣脱的念头。当它长大的时候，它的力气已经足够挣脱木桩了，但它有了小时候的教训，却再也不跟这个木桩斗了，它一定认为小时候没挣脱，长大了一定也挣不脱。"

作家问道："您怎么知道它长大了也不会想着挣脱小木桩呢？"

老农说："有一次，我拿着草料来喂它。但因为当时我有急事，还没到它附近就把草料放下离开了，我当时没想到它脖子够不到那里。过了一会儿，我去看水牛有没有吃完，结果发现草料还是放在那个地方，一点也没动。而水牛此刻睁着一对大眼望着那些草料，还时不时地叫上两声。我本以为它肯定会挣脱木桩去吃草的，但它没有这么做。"

作家这才明白，原来束缚这头水牛的是它的思维定式，而并不是那个小小的木桩。

如果水牛被老农拿着鞭子用力抽两下，如果水牛试着去挣脱一下木桩，如果……它就会获得自己想要的自由。我们可以有多种假设它会挣脱木桩的束缚。但事实证明，成年后的水牛已经不再去挣脱木桩。

当我们的思维形成路径依赖时，就会变得越来越懒于思考，越来越循规蹈矩。因此，人们若不能经常改变自己的思维方式，就不会有太大的进步。所以我们要打破惯性思维，不做经验的奴隶。

这一做法包含着很深刻的博弈论智慧，那就是"路径依赖"博弈。下面我们结合一个现实生活中的博弈来理解这种智慧。

在这个博弈里，一个司机的选择会与其他所有司机发生互动。

《中华人民共和国道路交通安全法》等法规规定：车辆的行驶速度不能超过一定的限度，而这个速度的数值在高速公路和在城区是不一样的。以北京市为例：在二环、三环和四环路内的车速不能超过 50～80 公里/小时；长安街、两广大街、平安大街、前三门大街限速为 70 公里/小时；五环以外（包括五环）的车速不能超过 50～90 公里/小时；京津塘高速路的限速为 110 公里/小时；机场高速路最高限速为 120 公里/小时。假如车辆超速，视情节轻重相应地给予罚款、记分直至吊销驾驶执照的惩罚。

你在这种规定之下怎么选择自己的行驶速度呢？

假如所有的人都在超速行驶，那么你怎么做？你也要超速。原因如下：一是驾驶的时候，与道路上车流的速度保持一致才能安全。在大多数高速公路上，假如别人的车速是 70，而你的车速是 50，你想想会出现什么后果。二是假如别人都在超速行驶时，你跟着其他超速车辆基本不会被抓住。所谓法不责众，难道交警能让这些超速的车全部停到路边处理吗？只要你紧跟道路上的车流前进，那么总的来说，你就是安全的。

反过来，如果越来越多的司机遵守限速规定，那上述的情况就不会出现。这时，如果超速驾驶的话是很危险的。试想一下，你比别人开得快，那就意味着你需要不断地在车流当中穿来插去，这样不仅很容易出事，而且被逮住的可能性也很大。

在超速行驶的案例中，事情朝着两个极端发展：要遵守规定就都遵守规定；要超速就都超速。因为一个人的选择会影响其他人，当这一选择达到一定的数量时，你这个选择就是对的。假如有一个司机超速驾驶，那么他旁边的司机就会心动：要不要跟上？假如旁边的司机选择跟上，那么后面的司机也会考虑……假如人人超速驾驶，谁也不想成为唯一落后的人；假如没有人超速驾驶，那就谁也不会第一个出头，因为那样做没有任何好处。

交管部门当然希望司机们都能够遵守限速的规定，那么问题的关键是什么呢？那就是要争取到一个临界数目的司机，就是说不管情况如何，每天都有大部分的司机遵守限速。这个很容易就能做到，短期内也能做到。只要搞一段时间的严厉惩罚，强制执行，就能让足够数目的司机按限速的规定驾驶。而这些司机会带动其他司机一起遵守这个限速规定。

因此，我们不要被路径依赖束缚，不能像那只水牛一样——只要轻轻一挣就能自由，但它却想不到这么做。

某家电公司的高层主管们正在会议室为自己新推出的加湿器制定宣传方案。

在现有的家电市场上，加湿器的品牌有许多种，竞争非常激烈。为推销自己的产品，每一个商家都奇招频出，大力宣传自己的品牌。所以，要想在这样的情况下，将自己的加湿器成功地打入市场是很困难的。会议室里的主管们都沉默着，因为他们毫无办法。

一个新任主管打破了沉默，他说："如果非要在家电市场做宣传，我也没有什么好的方案，但我们一定要局限在家电市场吗？"所有的人都愣住了，等待着他继续说下去。

"我曾看过我老婆做美容用喷雾器，当时就想，如果把我们的加湿器定位在美容产品上，效果会不会更好？"

总裁听完眼睛一亮，站起来兴奋地说道："不错，这主意真不错！我们就以这样的方式推销加湿器！"

方案有了，实施起来就不会太难。在他们新推出的加湿器广告中有这样的话：加湿器，给皮肤喝点水。就这样，作为冬季最好的保湿美容用品，加湿器正式出现在市场上。新的加湿器一上市就成功地抢占了市场，并取得不俗的销量。

在竞争日益激烈的家电销售市场中，每一种品牌都想提高自己的知名度，办法也是层出不穷。在这种情况下，如果你依然在家电市场中苦苦支撑，那么就算你能坚持得住，也要付出较大的代价，而且效果也不好。

给自己的产品寻找一个新的角度，重新为自己的产品定位。家电公司的这一全新理念为自己赢来了一个新的市场，新的利润渠道。这样的创新不仅使他们避开了激烈的家电市场竞争，更重要的是使消费者重新认识了加湿器，也成功地推销了自己的产品。

第 4 节　挣脱路径的束缚

春秋时期，楚庄王任用政治家孙叔敖为令尹。在他的治理之下，楚国的实力不断增强。国力增强了，冲突是免不了的。所以楚国必须相应地提高军事实力，而在春秋时期，作战用的战车就是军事实力的表现之一。楚国民间的牛车底座很低，坐矮车已经是楚人的习惯了，但这种矮车不适用于做战车。楚庄王打算下令提高车的底座。孙叔敖说："如果您想把车底座改高，不一定要下令，'令'多会使民众不知所措。君上只要下令让各个地方的城镇把街巷两头的门槛提高就可以了。乘车的人不可能过门槛而频繁下车，因为他们都是有身份的君子，只要我们这样一改，他们很自然就会把车的底座随之加高。"

庄王没有发布政令，听从了他的建议，由官府机构开始，统一改造高车乘用，放弃了底座低矮的车。同时，在大小城镇的街巷两头设一较高的门槛，矮车通行时会被卡在那里，靠人推才能通行，只有高车才能通过。过了一段时间，全国的牛车底座都加高了。

从路径依赖理论可以知道，人们一旦做了某种选择，惯性的力量会使这一选择不断自我强化，并在头脑中形成一个根深蒂固的惯性思维。久而久之，在这种惯性思维的支配下，人终将沦为经验的奴隶。

这也是路径博弈有消极的一面的原因，那么，我们这个时候就不能再和别人一样，一切都按照"规矩"来。我们要改变这种"规矩"，换个角度看问题，就是要转换自己的思维方式。

零售店有两种冰激凌，它们的配料和口味以及其他方面完全相同，不同的是，一块比另外一块更大一点，如果你买大一点的，是不是愿意比买小一点的多付一些钱呢？

毫无疑问，你一定同意多付一些钱，只要是理性的人都会是这种判断。人们在买质量好一点的东西时，他们宁愿多付一些钱。但是，现实生活中的我们并不一定总能分清到底是哪个大，哪个小。

我们把上述的两种冰激凌装入两个杯子中，一杯冰激凌是 400 克，装在可以盛 500 克的杯子里，所以这时的杯子是不满的；另一杯冰激凌有 350 克，但却装在能盛 300 克的杯子里，看上去都快要溢出来了。两个杯子里的冰激凌价格都是一样的。亲爱的读者，如果是你的话，你会选择哪一杯呢？

如果人们喜欢杯子，那么 500 克的杯子也要比 300 克的大，就算冰激凌吃完，还可以用杯子盛别的东西；如果人们喜欢冰激凌，那么 400 克的冰激凌比 350 克多。无论上述哪一种情况，都是选择不满的那一杯划算。

但是，经过反复的实验表明：最终选择 350 克的人占大多数。

有时候，人在做决策时是用某种比较容易评价的线索来判断，而并不是去计算一个物品的真正价值。在冰激凌实验中，我们大部分人的选择就缺乏理性的思考。"冰激凌满不满"就是我们判断优劣的根据，我们以此来决定给不同的冰激凌支付多少钱，这种思考方式使我们花费更多的钱却买到了更少的东西。

而一些商家就是抓住这一点来促销的：麦当劳里的冰激凌整个是螺旋形的，看起来冰激凌高高地堆在蛋筒之外，是感觉很多、很实惠，但几下就吃完了。肯德基的薯条也有大小包之分，大家都说买小包最划算，其实只是因为小包装得满满的。如果真的算起来，买小包还是不如买大包划算。人们总是非常相信自己的眼睛，但我们的眼睛却被生活中的一些"这是满的"外表所迷惑了，实际上仅仅用眼睛来选择东西是不行的。

为了能够对这个问题了解得更清晰，我们再看看一个餐具实验。现在有一家正在清仓大甩卖的家具店。你看到两套餐具，其中一套是这样的：汤碗 8 个、菜碟 8 个、点心碟 8 个，一套共 24 件，每件都是完好无损的；另外一套餐具：包含上一套的 24 件，而且与前面说的完全相同，它们也是完好无损的，除此之外，还有 8 个杯子和 8 个茶托，其中 2 个杯子和 7 个茶托是破损的，加起来一共 40 件。实验的结果是：人们宁愿花 120 元买第一套，也不愿意买标价是 80 元的第二套，但是第二套又确确实实比第一套"超值"。

为什么会这样呢？要知道与第一套餐具相比，第二套多出了 6 个完好无损的杯子和 1 个完好的茶托，但我们为什么在它的价格比第一套还低的情况下，仍不愿意花钱买走它呢？因为这套餐具破了几个，已被消费者归入次品行列，人们要求它廉价是理所当然的。这就是我们生活中的"完美性"概念。在销售商品的过程中，商家往往利用人们的这种心理偏差所做的选择来出售商品，获得更大的利润空间。所以作为消费者的我们就要注意了，不要落入"完美的陷阱"。

商家不仅会利用我们"完美"的观念，还会利用我们认为次品必廉价的心理。有一次，大刘陪朋友一起去买家具，看到一套家具很漂亮，遗憾的是柜子上有一块漆破了。家具行老板说："这个柜子你们要的话，按半价。"朋友很是心动，问大刘有没有意见，大刘说我们先到别处看看，要是没喜欢的，再回来买下它。结果他们在别的店了解到，原来那个柜子的原价只有老板所标的一半，也就是老板把这个柜子的价格升了一倍，然后再以半价卖。

许多喜欢淘二手物品和有破损但又不影响其价值的人就要注意了，有的商家会把这类物品先提价，然后再以折扣很低为诱饵把东西卖给你。所以，我们在"淘宝"时要尽量了解物品的原价。

我们不能就这么活着，我们要改变自己。确实是这样，如果今天只是对昨天的重复，那么生活还有什么意思呢？许多人会这么说，但这似乎很难做到，问题的关键是我们必须变换思维，用不同的方式去考虑问题。

在无法改变生存的外在环境时，我们可以适时改变一下思路，转换自己的思维。只要我们的选择是理智的，就有可能开辟出一条崭新的成功之路。世界上的事物都不是一成不变的，我们不要使自己的思维方式僵化，僵化的思维会对人的生存和发展造成阻碍，是你成功路上的绊脚石。

第5节 创新才能发展

欧美企业的平均寿命大概为40年，但中国的企业却只有短短8年的平均寿命，这是什么原因？在某个地区，2000年的时候一共有6000家企业注册。到了2008年，这些企业只剩下不到180家，也就是还不到3%。其余90%以上的企业都"夭折"了，其根本原因就是其核心竞争力不强。跻身国际品牌、世界500强是每个中国企业的奋斗目标，但是，要想实现这些梦想仅仅有激情、勇气是不够的，更需要核心竞争力。那怎么才能提高企业的核心竞争力呢？只有进行科技创新才能做到。

但在管理中，大部分中国企业过于注重利益的追求和奖惩制度的制定，使员工们失去了主动创新的意识。

因循守旧等于故步自封，不管是个人还是组织都不要只是拘泥于规则或是经验判断，不然就毫无创新可言。企业生存的环境是瞬息万变的，随时有可能从正常状态中出现让你不可预测、不可理解的变化。在管理上，我们的中小企业经常跟在大企业屁股后面搞模仿，缺少变通，这也是中国企业寿命短的主要原因，这样的企业能长久才是很奇怪的。

2005 年 8 月，中国一批国有企业的高层主管来到美国的哈佛商学院，接受为期 3 个月的培训。在上《管理与企业未来》这门课时，讲课的教授讲解了一个案例。他列出了 3 家公司的管理现状，然后，让中国的高层主管判断这 3 家公司以后的发展趋势。

1 号公司：员工没有统一的制服，喜欢穿什么就穿什么；有孩子的甚至可以带着孩子来上班，也可以带自己的宠物来上班；而且每天上班的时间也不固定，想什么时候来就什么时候来，上班时间去度假也不会扣工资。

2 号公司：上午 9 点钟上班，从不考勤。一人一间办公室，每个办公室可以随意布置，只要喜欢就行。上班时间可以去理发，游泳。饮料和水果免费供应。走廊的墙壁上，任何一个公司员工都可以涂涂画画，不会有人制止。

3 号公司：上班实行打卡制，上午 8 点钟准时上班，迟到或早退，哪怕只有 1 分钟都要扣 30 元。员工必须佩戴胸卡，统一着装。每个员工每年要提 4 项合理化建议。每年定期搞旅游、聚会、联欢以及体育比赛等。

这 3 家公司的发展前景到底怎么样？亲爱的读者，你也可以先做个判断再往下看。

根据各自的管理经验，中国高层主管们做出了最后的判断。95％的人认为 3 号公司的发展前景最乐观。测试完毕后，教授道出了这 3 家公司的真实身份：

1 号公司是 GOOGLE 公司。1998 年，由斯坦福大学的两名学生创立。上市一年资产翻了 3 倍。现在已经超越全球媒体巨人时代华纳公司，市值直逼老牌 500 强之一可口可乐公司。能从微软挖走人才的唯一一家公司就是它。

2 号公司是微软公司。1975 年，由没有完成大学学业的比尔·盖茨创立。现在是全球最大的软件公司，美国最有价值企业之一。

3 号公司是广东金正电子有限公司。1997 年成立，是一家集科研、制造与一体的高科技企业。2005 年 7 月，因管理不善申请破产。

教授宣布完结果后开始了自己的课程，但在座的这些中国高层主管并没有听进去，因为他们被公布的答案震惊了，事后他们才知道教授所讲的那堂课的内容主题是——自由是智慧之源。

路径依赖博弈告诉我们，企业生存和发展要创新。但是，创新靠的是什么，是在给予员工一定的自由空间内靠他们个人的领悟实现的；而不是在外界的命令或是逼迫下诞生的，也不是中国多数企业所建立的奖惩制度。就和家庭教育差不多，中国的许多家长，为自己的孩子谋划未来，往往根本不考虑孩子个人的爱好和兴趣，而是根据自己的价值取向和理念。缺乏自由发展空间的孩子们，在家长的逼迫下，失去了创新思维的灵性。

企业管理也是如此，假如管理层对员工的约束过于严格，或者只按制度办事，那么就等于他们固定在了办公室里，将他们钉在了公司制度里。那么你的员工就一点创新都没有，只会在公司里每天埋头苦干。如果员工看不到发展的前景和进步的希望，高额的薪水和优厚的待遇是丝毫不起作用的，这一点管理层一定要警惕。没有工作的激情，没有超越的愉悦，员工就会因得不到有效的激励而懈怠，更不要说创新了。

西方国家的企业管理层人员十分注重对员工的培训，用培训来鼓舞士气，凝聚下属的人心。在培训中，他们激励员工不断保持高涨的工作热情，让他们能有极高的工作效率。培训之所以重要，是因为它可以使员工在劳动之后拥有成就感和快感，而不仅仅是它可以不断让员工增长见识和提高技能水平。只有让员工们感到，自己的工作岗位上有发挥个人才能、实现理想抱负的空间，他们才会创新，才能积极主动地改进生产技术。企业要为员工们提供赖以生长的自由土壤，而不是只关注他们对科技与财富这些东西的认识。有一句管理名言是这样说的："管理的目的是给员工创造自由的氛围，从而让他们为公司提供不同的智慧。"

第 6 节　逆向思维

路径依赖在人们的现实生活中到处都有所体现。比如有人从小就喜欢打乒乓球，坚持这个爱好一段时间之后，就会形成一种习惯，就算他因为工作繁忙没有时间去关注乒乓球，但是对乒乓球的爱不会有所减弱。又比如有的人每天都要上几个小时的网，如此过上几个月，如果哪天不让他上网，他会感到坐立不安。又比如每个人的成长过程都是从年轻时候的无所畏惧，到中年时候的逐渐成熟，再到老年时候的稳重安详，这个人生轨迹一代一代地重复着，也已经成为一种习惯。这些都是路径依赖对于普通人生活的影响。

之所以会出现"路径依赖"，是因为人们对利益和所能付出的成本的考虑。对集体或者组织来说，一种制度形成以后，会形成某个既得利益集团，他们对现在的制度有强烈的依赖感，为了保障他们能够继续获得利益，只好去巩固和强化现有制度。就算出现一种对全局更有利的新制度，他们也会想方设法阻止这种制度发生作用。对个人来说，一旦人们做出选择以后，就会不断地为这个选择投入大量时间、精力、金钱等，就算他们有一天发现自己的选择并非正确的，也不会轻易做出改变，因为那样会使他们的前期投入变成过眼烟云。在经济学上，这种现象被称为"沉没成本"。正是沉没成本造成了路径依赖。

路径依赖会让人陷入惯性思维的模式之中，从而故步自封，失去创造力，不利于个人的发展。对于企业而言，企业会因循守旧，失去开拓能力，从而在激烈的竞争中陷入被动地位。如果能够把握路径依赖的规律性，从而打破惯性思维，那就会更容易取得成功。

爱迪生在试验改进电话时意外地发现，当人们对着电话话筒说话时，传话器里的膜板会随着人们说话声音高低的变化而引起相应的振动，声音越大，振动的频率也就越大，反之亦然。如果是一个不具备逆向思维能力的人，他发现这个现象也许会很兴奋，但绝对想不到，反过来这种颤动能使原先发出的声音不失真地回放。爱迪生就是由这一逆向的设想得到灵感，在经过多次试验之后，终于发明并创造了世界上第一架会说话的机器——留声机。

戴尔电脑已经成为一个国际知名的品牌，现在很多公司或者家庭都在使用戴尔品牌的电脑。可以说，戴尔电脑在国际 IT 行业中已经成为一个财富的神话。其实，戴尔能够取得今天的成功，与逆向思维是分不开的。戴尔的创始人迈克尔·戴尔在 12 岁那年就做了一笔与众不同的生意。他酷爱集邮，但是从拍卖会上买邮票要让他多花费很多钱。为了省钱，戴尔先生放弃了这种方式，转而从同样喜欢集邮的邻居那里购买邮票。后来，他把卖邮票的广告刊登在专业的刊物上，这使他赚了 2000 美元。这是他第一次不用中间人，采取"直接接触"的方式获得利润。上中学的时候，戴尔就已经开始从事电脑生意了。当时大部分经营电脑的人也都是门外汉，根本无法按照顾客的要求为其提供合适的电脑。戴尔在从事电脑生意的过程中，意外地发现一台市场上卖 3000 美元的知名品牌电脑，如果自己购买零部件组装，只需要六七百美元就可以。这一意外的发现让戴尔兴奋不已，于是他就产生了抛弃中间商，自己改装电脑的想法。这样做不仅能够满足各种用户的需求，而且在价格上也有很大的优势。年轻时代的成功经验为戴尔聚积了"直接销售模式"和"市场细分"这两大与众不同的法宝。尽管后来戴尔在正式创立戴尔计算机公司时只有 1000 美元的资本，但因为有了这两大与众不同的法宝，所以戴尔公司以惊人的速度发展起来。2002 年时，戴尔公司已经成为全球最有名的公司之一，戴尔先生在《财富》杂志全球 500 强中排在第 131 位。

"农夫果园，喝前摇一摇"，这是人们经常听到的一句广告语。正是这句广告语使农夫果园的品牌深入人心。农夫果园是农夫山泉公司出品的一种混合型果汁饮料。这种饮料能够满足不同人的口味需求，在果汁行业中占有重要地位。农夫果园在研制的过程中遇到了很多问题，也正是在遇到问题时采取逆向思维的方式才使农夫果园获得了意想不到的成功。农夫果园在研制的过程中，大胆地提出果汁饮料三种水果混合的概念和30％的果汁浓度，这开创了我国果汁饮料的先河。但是作为混合产品，农夫果园像其他果汁产品一样，遇到了一个无法回避的问题——沉淀。为了能够解决这个问题，很多企业想尽了各种办法，花费了大量资金进行研究，但结果都无法令人满意，最后只得在饮料瓶的某个位置标注："若有少量沉淀为天然果肉成分，并不影响饮用"。农夫果园在遇到这个问题时，也想用其他企业的办法予以解决，但是整个行业都使用这种方法，消费者在选择时就会出现盲目的现象。于是，农夫果园研发人员就想到，既然沉淀问题无法顺利规避，那么倒不如大大方方地告诉消费者，这既反映了农夫果园的坦诚态度，更显得自己与众不同。为此，农夫果园特地推出了那句知名的广告语："喝前摇一摇"。谁也没有想到，这种与别人相反的做法反倒得到了消费者的普遍认可，农夫果园也因此占据了果汁行业的重要位置。农夫果园的产品手册上写道："在这个行业里，我们所做的不仅仅是增加一个新品牌，而是一个新的产品，一个不为现有'行规'束缚的产品，它的出现一定会改变这个行业的游戏规则。"从这句话中可以看出，农夫果园的成功很大程度上取决于它能够突破传统模式的束缚，勇于逆向思考问题。

在产品极为丰富，市场细分的今天，如果一个企业只按照惯性思维去思考问题，那么发展必然会受到影响和限制。在正向思维解决不了问题的时候，应用逆向思维无疑会是非常好的选择。这种选择会使企业突破各种束缚和局限，从而提高企业的竞争力。

第7节　键盘上的秘密

假如现在有两个方案，其中一个方案比另一个好，那么我们肯定会采用好的那一个。但是，现实中并非更好的方案就一定会被采纳。如果一个方案已经执行很长时间了，那么就算再出现更好的方案，也不会将原先的替换掉。原因便是人们已经习惯了。

关于电脑键盘的设计方案就是这样的。在电脑配件中，键盘是一个非常不起眼的部件，但是，有时却必须用它来输入。无论你是用电脑学习，还是用电脑玩游戏，都得使用它。

1868年，斯托弗·拉思兰·肖尔斯发明机械打字机，也顺便产生了最早的键盘。当时的键盘由26个英文字母按顺序排列的按钮组成，即一个按钮代表一个字母。键盘的这种设置和打字机有关，因为打字机的工作原理是：人在打字时按下的键会引动字棒打印在纸上。但是，当大家能熟练操作这种方式时，打字速度会越来越快，机动字棒根本追不上人手打字速度。这造成了按钮经常交叠在一起的情况，进而就会出现卡键，甚至互相拍打而损坏。打字机键盘的字母排列一直没有一个标准的模式，这种情况一直延续到19世纪后期。

1873年，克里斯托弗·肖尔斯把键拆分开来，将不常用的键设计在中间，较常用的设计在较外边容易触摸到的地方。这种方法的排列方式就是把Q、W、E、R、T、Y键排列在键盘左上方的方案，这也是现在我们用的键盘排列方式。因其左上方第一行的前6个字母依次为：Q、W、E、R、T、Y，这种排法也就被称为"QWERTY"排法。

这一排法的好处是：最常用的字母之间的距离最大化。这在当时来说，确实是一个解决上述矛盾的方案。它能够降低打字员的速度，从而减少各个字键出现卡位的现象。但是，对这种排列，销售商产生了疑问："非要用这种方法吗，还有没有更好的呢？"

肖尔斯谎称："这可以提高打字速度，是一个新的、改进了的方式，也是经过科学计算后得到的排列结果。"很显然，这是在撒谎，无论什么样的排列方式，用熟练了，打字速度都会很快。但是，当时的人却对他的话深信不疑，都支持这种方式。本来当时还有其他的排列方式，但因为得不到支持和使用，很快就被"QWERTY"排法挤出了市场。

"QWERTY"的设计安排并不完美，因为设计者当时的定位就是错的，他以人们打字太快来定位，这当然设计不出真正最合乎当时需要的排法。不仅设计得不完美，甚至可以用糟糕来形容。但"打字太快"其实不是问题的根源，人们在能熟练地使用打字机时，肯定是愈打愈快，这是很正常的现象。而且我们用打字机就是为了方便，假如能更快当然是好的。所以，字棒速度太慢才是设计者应该注意的关键问题。

但是，在1904年的时候，纽约雷明顿缝纫机公司开始大规模生产这一排法的打字机，而众多的人也开始使用这种排法的打字机，所以这个品牌也成了当时的产业标准。

科技的迅猛发展使电子打字机已经不存在字键卡位的问题，工程师们也相继指出了"QWERTY"排法的不合理之处，并发明了一些新的键盘排法，其中"DSK"排法（德沃夏克简化键盘）就是其中最有名的一种。与"QWERTY"排法相比，它能使打字员的手指移动距离缩短 50% 以上。输入同样长短的材料，用"DSK"要比用"QWERTY"输入节省近一成的时间。但是，作为一种存在已久的排法，"QWERTY"已经成为键盘的标准设计，已经被人类广泛利用到电子词典、电脑等地方。所有的键盘都用这种排法，它已经深深地融进了人们的日常生活中，因此，人们根本不想再去学习一种新的排法，更不想去接受它。所以，QWERTY 标准排法就延续了下来，打字机和键盘生产商继续用这种标准生产。试想一下，如果从一开始我们采用的是"DSK"标准，那么今天我们的工作速度将会更快。

既然现在的科技这么发达，我们是不是可以更换，转用另一种标准呢？答案是否定的，事情不是想象的那么容易。"QWERTY"这种方式已经用了很多年，形成了许多不易改变的惯性，包括机器、键盘以及打字员都是。

这些是不是值得重新改造呢？从整体社会发展的角度看，是应该这么做。第二次世界大战期间，美国海军对打字员进行再培训，使用的就是"DSK"打字机。事实证明，"DSK"打字机就是要比"QWERTY"打字机的效率高。现在，只要改变一个小芯片，或改写某个软件，就可以重新设定各键的排法。

但是，事实证明这不可能，因为习惯一旦形成，我们就无法离开它。不会有一个人愿意站出来说，"QWERTY"排法不好，我们需要换一种排法。它已经紧紧束缚住了我们，我们也离不开它，而且个人之间是难以协调的。所以，这种"错误"的"QWERTY"排法一直沿用到现在，并还会一直延续下去。

也许公众政策可以引导大家协调一致地抵抗"QWERTY"排法，如果一个主要雇主（比如政府）愿意培训其职员学习一种新的键盘，或者多数电脑生产商一致选择一种新的键盘排法。这就能打破这个习惯，使我们从一个标准转向另一个标准。

第 8 节　马太效应

1973 年，美国科学史研究者歌顿用"马太效应"一词来概括一种社会心理现象："一些未出名的科学家，无论他们做出怎样的成绩，都不会有人承认或关注；

而那些已经有相当声誉的科学家，他们很容易被人承认，他们做出的科学贡献会被人给予更多的关注和荣誉。"明星也是如此，已经出名的明星稍微做出一点成绩，就会被"粉丝"吹上天——"华丽的转型"、"巨大的突破"……但是，一些三流演艺人员无论表现得如何好，都不会受到太多人的关注。

"马太效应"表现的就是这样一种不太平衡的社会现象：在做出同样的成绩时，名人与无名者的待遇是不同的，前者往往能得到记者采访，被邀请上电视节目访谈，求教者和访问者接踵而至，还有各种名誉和头衔；而后者则完全相反，不仅无人理睬，甚至还会遭人非议。概括起来说，"马太效应"就是"强者恒强，弱者恒弱"；任何个体、群体或地区，一旦在某一方面（如金钱、名誉、地位等）获得成功和进步，就会产生一种积累优势，就有更多的机会取得更大的成功和进步。

这和现在的社会情况很吻合：富人不仅财富比较多，而且荣誉和地位也相对较高；而穷人则仅能维持生活，毫无地位可言，荣誉更是不可能有。日常生活中，这种例子比比皆是：名声大的人，会有更多抛头露面的机会，因此会越来越出名。交际圈比较广的人，会借助频繁的交往，结交更多的朋友；而缺少朋友的人，往往一直孤独，很难找到朋友。

"马太效应"是在路径依赖的作用机制下形成的一种现象，以成功为起点，当然更容易沿着成功之路走下去，接二连三地获得成功。成功有倍增效应，你在成功的时候也会变得越来越自信，而自信又反过来促进你成功，甚至可以这么说：成功是成功之母。我们常说：失败是成功之母。话虽然没错，但如果一个人总是失败，自己的自信心就会不断受到打击，也许会越来越消沉，所以能从接连的失败中走出来的人都很了不起。

"马太效应"与个人事业的成功和企业的发展有着莫大的关系。它为成功者走向更大的成功提供了方法，但同时它也为失败者走向成功指明了道路。

一个年轻人在外打工，挣了十几万后回到了老家。他想用这笔钱在老家开一家饭店，但是却不知道在什么地方开比较好。

他的朋友帮他选了一个地方：这里的街上几乎每个门面都租了出去，做生意的很多，有做服装的，有卖家具的，有卖零件的……就是没一家饭店。

他的朋友对他说，这里恰好有一家门面要转让，我认为很适合开饭店。这里有充足的客源，而且暂时就你一个人开饭店，也没有竞争的压力。你要是看着可以的话，就租下这个门面。

但是，年轻人在整个市区转了一圈后，反而选了一条中心街。

朋友不解地问："那里的饭店一家挨一家，你怎么还选择在那里开饭店呢？"

年轻人没有正面回答朋友的问题，而是对他说："我在北京中关村打过工。那里地价很贵，可以说是寸土寸金。但是，生产计算机或生产计算机配件产品的厂家以及经销商地区总部几乎都是把公司选在那里。你知道这是为什么吗？"

见朋友摇头，他便说出了原因："因为中关村已经形成区位优势，那里几乎成了计算机的代名词，大部分计算机企业都集中在那里。如果你是一个消费者，你自然会去中关村买计算机，当你买计算机配件时，一定也是选择这里。同理，开饭店也是如此，越是饭店集中的地方客流量也会越多。不要过于担心竞争，只要你做出的东西好吃，回头客自然也多，饭店的生意也就会好起来。"

正如年轻人所料，他在中心街所开的饭店生意蒸蒸日上。当然除了他的选址正确外，他新颖的管理模式和饭店可口的菜肴也是他成功的原因。

而他的朋友选中的那一家门面，被另一个人选用，并在那里开了一家饭店。但饭店只开了一个月，就因为生意极差而不得不贴出转让的告示。

竞争越少的行业或区域越容易取得成功，这是一个错误的认识，也是一些商人不自信的表现。假如你敢在竞争激烈的地方插上一脚的话，你也会成功，前提是你的产品质量过硬。如果你达到这个条件，那么就把公司地址选在和你同类公司最多的地方，什么一条街之类的是最好的。但是，和路径博弈一样，"马太效应"也有消极的一面。

我们看看教育中的"马太效应"：

首先，越是教授、专家得到的科研经费越多，各种名目的评奖似乎就是专门为他们设立的，而且他们还有一些"社会兼职"，名气越高，被请的次数也越多。

现在的科研领域存在这样一种怪现象：从立项、评选到经费分配，科研经费的使用基本被少数专家控制着。从立题到完成，某些项目与一些专家没任何关系。但无论是立项书，还是最终成果，都必须将某些知名专家的大名署上。如此一来，一般学者的劳动果实，最后都成了专家的"成果"。少数专家也因此成了领域里真正的"专家"。

其次，过度投资建名校。国家对于教育的总投入是有预算的，假如对某些学校的投入过多，那么就意味着对另外一些学校的投入不足。前者因资金充足，不管是从硬件还是软件方面来说，它们在学校中都占有绝对优势；而那些资金不足的学校，则因此而陷入了发展的停滞期。因为教育资源分配的严重不均，会造成名校与"低档次"学校间的差距越拉越大，形成"马太效应"。既然是名校，而且资金又充足，那么资金、师资、生源便"滚滚而来"；而"低档次"学校恰恰与此相反，资金和硬件设施发生危机，就算学校有几个人才，也都是想着离开。

与此同时，就读名校也成了一种身份象征。那些社会强势群体的人，当然会想尽办法把孩子送进名校，而弱势群体人家的孩子除非分数特别高，否则只能选择"低档次"学校。这就加剧了名校与"低档次"学校的差距。

最后，学校将学生分为"优等生"和"普通生"，班级也分为"高级班"和"普通班"，其实就是"好学生"和"差学生"的区别。

"马太效应"在学校教育中的作用是消极的。例如，一个品学兼优的学生会受到班主任表扬，各科老师的夸奖，回到家中也会被父母疼爱，邻居称赞。但是，如此优越的成长环境也并不一定能给他带来多少欢乐。同学们私下会有这样的议论："什么三好学生，优秀团员和干部，都是他得的，老师的标准就是不一样。""老师就夸他，就算做错了也还要护着他。""老师就想着他一个，什么好处都是他的。"……这种事例在学校经常有，这种"马太效应"必然造成学生之间严重的两极分化，形成少数和多数的分化与对立。

不仅如此，"马太效应"还会对一些学生带来心理危害，它会在教育中使学生产生两类性格："自傲"和"自卑"。所以"马太效应"影响下的学校，里面的学生会出现这样的问题：一部分人狂妄自大，非常自负；而另一部分人很自卑，自暴自弃，缺乏上进心。为防止这一教育的副作用，我们可以以反"马太效应"的方法，为每个学生的健康成长营造一个良好的环境。那么这就需要各个方面的努力：

第一，在量和质两方面，政府作为义务教育的责任者，要承担起为公民提供平等教育的责任和义务。在基本实现"义务"教育阶段免费之后，应把重点放到让每一个学生都能享受到质量相差不大的教育上。为使义务教育的学校均衡发展，就不能再人为加大两类学校间的差距，就不能再厚此薄彼。

第二，要求学校工作部门，调动和促使所有学生不断积极进取，并设立相应的奖项。更多地为后进生考虑，不能只把希望寄托在优秀学生、优秀班干部身上。学校的一切工作都是用来培养人、教育人、改造人的，所以学校一定要做到公平和公正。

最后，教师要对学生一视同仁，不能以两个标准对好学生和后进生，要给后进生更多的帮助和激励，使每个学生都能得到老师的关怀。在教育管理上，不能只培养"尖子生"，要让两类学生感受到一致的教育。

第 9 节　未来可不可以预测

我们的社会未来是什么样的？在几百万年以后，当我们的地球消失时，我们到哪里生存？50 年后，中国的经济、政治、文化能再上一个台阶吗？50 年后世界政府能够创立吗？UFO 真的存在吗？我们能预测到这些问题的答案吗？

我们知道，在一些传说和野史上，有许多能预测未来的人。据说，明朝开国皇帝朱元璋的军师刘伯温，就是一个能预测未来的奇人。他曾这样预测未来："天上蝴蝶飞，地上海龟爬"。蝴蝶就是飞机，海龟就是汽车，此预测果然非虚。

这些关于预测的传说并不仅仅只在中国有实例，在西方社会，同样流传着所谓预测大师。诺查·丹马斯在《大预言》中曾预测，20 世纪会发生两次世界大战，会出现希特勒，并且预测 1999 年人类将全被毁灭。但是，1999 年早就过去，我们人类还是安然无恙。

人类自身组成的社会有什么秘密？如果我们能知道社会发展的进程，那是不是就意味着我们能完全可以按照我们的意愿来改变未来的生存环境？我们是否会有精确的预言？我们能否改变未来状态？对于社会的未来，有人认为可以预言，有人认为不可以预言。但是，我们不能改变预言的事实或者说将要成为事实的事实，这样才能不发生矛盾。

在古希腊神话中，俄狄浦斯是国王拉伊俄斯之子。在俄狄浦斯出生的时候，先知曾预言：国王拉伊俄斯必被其子俄狄浦斯杀死。国王相信了先知的预言，派奴隶将俄狄浦斯杀死。奴隶将这个婴儿置于山中，却不忍心下手。大难不死的俄狄浦斯被另一个国王波吕玻斯当作自己的孩子来养。

先知在俄狄浦斯长大后告诉他，他将犯杀父娶母之罪。俄狄浦斯很震惊，便离开了养父波吕玻斯外出流浪。但是，他不知道，波吕玻斯只是他的养父。

他正好流浪到父亲拉伊俄斯的国度。一次，他和一个路人狭路相逢，两人不知为什么起了争执。两人都很愤怒，他更是在一怒之下杀死了对方。无巧不成书，被他杀死的正是他的亲生父亲拉伊俄斯。不过，他当然不知道自己杀死了谁。他在这里还遇到人首狮身的怪物斯芬克斯作乱。这个国家的人说，杀死斯芬克斯者为王，并可以娶寡居的王后为妻。

俄狄浦斯便找到了怪物斯芬克斯，怪物出了一个谜题：什么动物早上四条腿，中午两条腿，晚上三条腿？著名的"斯芬克斯之谜"指的就是这个谜题。

俄狄浦斯猜测说是"人"，并解释说："人小的时候，不会走路，只能手脚并用在地上爬；长大的时候，用两条腿走路；老的时候，因体力不支而需撑着拐杖，那不就相当于三条腿吗？"因此，俄狄浦斯猜中了怪物的谜语。怪物前面曾夸下海口，说无人能猜出答案，见真的有人猜出了答案，羞愤得跳崖自杀了。

俄狄浦斯因解了"斯芬克斯之谜"，对全城有功，因而被推举为王。他杀死了亲生父亲，做了国王的位置，并且娶了自己的母亲，验证了俄狄浦斯努力避免而没能避免的先知预言。后来，古希腊著名悲剧作家埃斯库罗斯，据此传说创作了著名的悲剧《俄狄浦斯王》。

悲剧就是明知道不幸，但却不可避免地发生。

在社会发展中，我们遇到两个问题：一是事件或历史发展的进程，我们能否知道？二是在知道的情况下我们能否改变这个进程？

在俄狄浦斯杀父娶母的例子中，先知的预言是：俄狄浦斯会杀父娶母。俄狄浦斯和他的父亲都知道这个结果，因此双方都在努力避免预言成为现实，但是，悲剧最终还是发生了。那么这是不是说，所有这些都是事件发展的必然呢？

但是，回到过去真的可能吗？许多学者指出，在原则上，回到过去是不可能的。因为回到过去，就意味着改变过去；改变过去，就使本来发生的事情不能发生。这违反最基本的逻辑规律：在同样的时空状态下，一个事物不能既存在又不存在。如果不违反矛盾律的话，回到历史可能实现的唯一的可能是无法改变已经发生的事件，也就是说，你回到过去只能看着事情发生而不能有自己的行动。如果回到过去并改变了历史的话，那改变后的历史及其发展，将是一个全新的社会发展状态，这样的状态就不是原来的历史进程了，而是另外一个事件的发展进程。

回到过去是不可行的，那么，对未来的预言是不是也一样不行呢？我们知道，对物质系统的发展做出预测是自然科学能够做到的，在一定程度上，这已经是共识了。但在混沌世界里，预测也是不可行的。在社会行动中，我们能预测自己的行动对社会进程的影响吗？答案是否定的。因为，我们未来的行动会是什么样是我们不能知道的。

卡尔·波普是20世纪伟大的哲学家之一，关于历史预测的不可能性，他曾做过论证。他的论证很简单，概括起来是这样的：古人预测得到我们现在的生存状态吗？答案是不能。你今天能预测到未来吗？那么同理也是不能的。

对社会的预测就是对集体行动结果的预知。

从原则上讲人类历史是不可预测的，也就是作为群体的人类集体行动是不可能预知的。但是，某种集体行动在某些假定的条件下是可以预测的。在博弈论中，是这么描述行动者的：行动者是理性的。在这个假定下，许多结果就能预测出来，因为理性的人不可能做出非理性的事情。

博弈论中有这样的结论：如果在静态的博弈中有一个"纳什均衡"解，那么，这个解就是该博弈的必然结果。如果是这样，那么它就是可预测的。同样，当有几个"纳什均衡"时，它们都是可能的结果，此时的结果也是可预测的。

在我国北方草原上，存在着每况愈下的公共资源问题以及人口问题等，一旦群体处于这种状态下，结局是显而易见的，这样的集体行动的悲剧就是可预测的。当然，这是从人是理性的角度出发得出的结论。然而，当个人的理性与集体的理性发生冲突时，一种调节的力量（道德和国家）产生了。此时，从个体理性出发的预测将被集体的行动所替代，集体走向何方是没有必然的答案的。

因此，所谓的预测只是在一定前提下的结论，而不是必然性的。在原则上，集体行动依然是不可预测的。

所以，我们只能从现有的状况预测未来的发展，这只是一个趋势，而且我们无法对离我们较远的未来做出准确的预测。"先知"是没有的，被称为"先知"只不过比其他人看得更远一些罢了。

对于社会科学，我们依然坚持社会预测的不可能性。从逻辑上，波普也论证了这一点。

学者和科学家一样，他们的研究本身都是一种行动。学者的研究体现在收集社会事实材料时对社会的干预，这是指如社会学那样的社会调查，当然前者也是一种对社会产生影响的行动，而不是指那种坐在图书馆里查阅年鉴、统计数据等。更关键的是，学者在收集资料时的行动改变着社会状态和进程。学者的研究成果作用于社会，从思想上改变人，并按着思想指导行动，变成一种独特的改变世界的力量。与学者相比，科学家的实验主要是对自然科学的研究。

历史科学告诉我们，过去发生了什么，以及如何解释所发生的事情；社会学则告诉我们，某一社区的人群的职业结构、风俗习惯等。揭示已发生以及正在发生的社会事实时，社会科学的意义比较明显。但对于未来，社会科学只能告诉人们未来发生某些事情的可能性，而并不能准确地做出推测。

社会科学的一个最基础的目的就是指出未来发生某些事情的可能性，而且有的社会科学要促成一些事情的发生，但那并不是预测，而是建立在科学研究的基础之上的。社会科学如果涉及未来的世界状态的话，即使它以中立者的角色出现，它的本身也就是在提倡着某些观点。而未来究竟会发展到何种程度，取决于各种力量以及该思想观点对社会的影响程度。思想观点也是一种力量，在一定社会场合下，适合统治者的观念则变成一种强大的力量，而封闭的高压社会以及与高压政策相悖的自由思想则毫无用处，甚至会引起社会发展的局部倒退。

马克思指出社会发展的五大发展阶段理论：原始社会，奴隶社会，封建社会，资本主义社会以及共产主义社会。而当前的资本主义社会却有着巨大的不平等，它将由发达、平等、没有剥削、压迫的共产主义社会来代替。他努力提出与现实不同的一个美好蓝图，因为他思想的缘起是他看到了资本主义的丑恶。马克思主义影响的广泛性，使其成为一种强大的改革力量。所以，在 20 世纪出现了多种多样的社会主义。

社会科学要精确地预测一个社会或群体的未来是不可能的，但是，它可以指出未来某些事情的可能性，并成为促进某些事情发生的强大力量。

第 10 节　群体效应

路径博弈要求我们要"从众"，而在现实生活中，个体在群体压力下，在认知、判断、信念与行为等方面，也确实自愿与群体中的多数人保持一致。这种现象我们称之为"从众"现象，即个体的行为总是以群体的行为为参照。以个体的角度来看，这种现象是有一定原因的：

（1）寻求行为准则。个体在许多情境下由于缺乏知识或不熟悉情况等原因，必须从其他途径获得对自己行为的引导。也就是说，在不清楚情况的时候，以其他人的行为为引导是最好的办法。

（2）避免孤独感。偏离群体会让个体有孤独的感觉，严重的情况就是与整个社会对立，并最终走上绝路。任何群体（国家、企业等）均有维持一致性的倾向和执行机制。偏离了这种已经形成的机制，就会遭到集体的厌恶、拒绝和制裁；与这个机制保持一致的成员，就会被群体接纳和优待。

实际上，现实中的多数人已经养成尽量不偏离群体的习惯。个体对群体的依赖性越强，他也就愈不容易偏离群体，因为他偏离群体时会有激烈的思想斗争。与西方文化相比，我国甚至整个东亚的儒家文化圈更倾向于鼓励人们的从众行为，因而东方人的群体依赖性更强。这也可以解释为什么儒家文化圈内的犯罪率比较低，因为个体的群体依赖性很强，也就意味着道德的约束力比较强。

（3）群体凝聚力。在群体的影响下，个体的认同感较强，在个体的思维中，对群体做出贡献和履行义务才能实现自己的价值。因此，每个个体都与群体成员有密切的情感联系，特别是凝聚力高的群体。

由于恐惧偏离而引发的从众是权宜性从众；由群体参照性引发的从众是一般性的从众；而由群体的高凝聚力，个体期待与群体规范一致等引起的从众行为是层次更高的从众。

因此，从众对于个体来说还是必要的。既然是这样，为什么大家经常能看到媒体痛批民众"跟风"、"随大流"呢？这里说的"跟风"和"随大流"与从众不是一个概念，从众说的是经过积淀被认为是正确的，符合人的价值趋向的东西，而有些"随大流"的方式并不是真的大多数人都认同的方式。比如艺考，最近几年参加艺考的学生越来越多，许多学生开始走"艺术"的道路，一开始只是因为有些学生见某电影学院某班一下出了几个大明星、某人参加超女后马上红遍半个中国，才打算考艺校。后来，不少学生的家长也开始支持自己的子女，同意走这条"通往辉煌的捷径"。艺考与普通高考相比，费用更加昂贵，致使一些家庭情况一般的人家不堪重负。如果你是一位高中生的父母，关于这件事，你该给你的孩子什么样的建议呢？

首先，你的孩子是真的喜欢艺术（画画、音乐、表演等任意一种），还是只有"三分钟的热度"，如果并不是真的喜欢，不建议选择考艺校。

其次，要根据情况而定，假如你的孩子真的很喜欢某种艺术形式，也并不一定非要选择报考艺校。这不是说要你扼杀孩子的天性，主要是根据家庭情况而言的，假如你的经济条件并不宽裕，可以鼓励孩子在课余时间学习，而这两者并不矛盾。到时候就算你的孩子在艺术上没有什么发展前途，还有高考这一条路；而如果你的孩子在艺术上有天赋，那么等到你家庭条件好的时候再学也不迟，而且是金子在哪里都会发光，只要坚持，总有发光的时候。当然了，假如你的家庭条件很好，直接选择考艺校也并非不可。即便如此，文化课还是不能丢的，文化课一塌糊涂的孩子是不会在以后能有多高的艺术造诣的。

不仅仅在艺考方面是这样，在许多方面都是如此。我国社会正在高速发展，正处于社会转型期的阶段，各种新事物层出不穷。不管是对家长还是对孩子，在接受新事物时都要审视而定，不能人云亦云，盲目跟风。

从众的心理是好的，但盲目地从众可能是你的负担，其中大部分人都会因此而有攀比心理，而且这种坏习惯似乎从小就根植于我们的心中。小学时，看到别人的书包都是花花绿绿的，你会对妈妈说"我也要一个花书包"；中学时，看到别人有一双漂亮的运动鞋，你会对爸爸说"给我买双运动鞋吧"；大学时，自己的同学逃课、吸烟、酗酒，你明知道这是不对的，但还是"从众"了。这种心理直到我们走上工作岗位甚至结婚生子都依然存在，"同事小王买了一套100多平米的房子，我还和父母挤在60多平米的老式建筑里"，"同事小张上周买了一辆车"……

这么说并不是不想让你这么做，而是当你实在无法与其相比时，不妨换一个思路考虑：我没有这么大的房子，甚至一直在租房子，但我仍然很快乐，只要不闲着，房子迟早会有的；我还没有车子，每天坐地铁和公交也是一样的。

假如你事事和人攀比，就算你条件很高，也有比你更高的，你永远也无法到达追求的终点，而且长此下去，你很可能因不堪重负而倒下。

第 11 节　用博弈论解决环境问题

由于人们对工业高度发达的负面影响预料不够，预防不足，导致了全球性的三大危机：资源短缺、环境污染、生态破坏。由于大气、水、土壤等的扩散、稀释、氧化还原、生物降解等的作用，人类不断地向外界排放的污染物质的浓度和毒性会自然降低，这种现象叫作环境自净。但是，如果排放的污染物质超过了环境的自净能力，环境质量就会发生不良变化，危害人类健康和生存。这就是环境污染。

人们一直以为地球上的陆地、空气是无穷无尽的，所以总是把数以亿吨计的垃圾倒进江河湖海，把千万吨废气送到天空。是啊！世界这么大，这一点废物又算什么呢！但是，我们错了。我们赖以生存的地球虽大，它的半径也只有6300多千米，而且并不是地球每个地方都可以生存的，只有不到1/3的地方适宜人类生存。但是，越来越严重的污染已经使地球不堪重负，环境问题已成为关系到人类在未来能否安然生存的关键性问题。

空气污染：来自工厂、发电厂等放出的一氧化碳和硫化氢等有毒气体，使生活在城市的人再也呼吸不到新鲜的空气。因为经常接触这些污浊的空气，每天都有人染上呼吸器官或视觉器官的疾病。而且温室气体的排放使全球平均气温不断升高，进而出现各种反常的自然现象，各地平均气温屡屡突破峰值，各种人为原因的自然灾害频出。

陆地污染：城市每天都会制造出千万吨的垃圾，而其中的塑料、橡胶、玻璃等是不能焚化或腐化的，而这些东西严重威胁着人类的生存健康。

水污染：水体因某些化学、物理、生物或者放射性物质的介入，导致水质发生了变化，影响水的有效利用，长期饮用这些水会危害人体健康，而且这些水周围的生态环境也会被其破坏。

放射性污染：由于人类活动造成物料、人体、场所、环境介质表面或者内部出现超过国家标准的放射性物质或者射线。高科技给人类带来方便，我们在享受它带来的好处的同时，也深受其害。例如核污染，电脑、手机辐射等。

此外，海洋污染、大气污染、噪声污染都不同程度地影响着我们的生活。

环境污染会给生态系统造成直接的破坏和影响，例如，温室效应、酸雨和臭氧层破坏等，这些都是由大气污染引起的。这种污染进而会影响到人类的生活质量、身体健康和生产活动。环境污染的后果最易被人所感受到的，是使人类生存环境的质量下降，例如水污染使水环境质量恶化，饮用水源的质量普遍下降，威胁人的身体健康，引起胎儿早产或畸形；城市的空气污染造成空气污浊，人们的发病率上升等问题。

那么，对于我们每个个体来说，对于环境污染问题，我们应该采取什么样的态度呢？有的人也许会认为，人生不过几十年，我只要找个环境没被污染的地方活过我的那几十年就行了，至于其他人和后世的人怎么样，那就不关我的事了。且不说你这种想法的对错，没被污染过的地方不是没有，但那里基本是没有人住的地方，有人住的地方基本都被不同程度地污染了。从博弈论的角度来看，我们还是应该保护环境，并且只有这种选择才是我们的最优策略。

我们有两种选择，一是保护环境，二是不管不问，任这种情况发展下去。我们可以看看这两种方式带来的后果。

保护环境：虽然不能一次性根治环境问题，但却可以使环境问题得到一定程度的改善，降低环境污染对我们当代人的伤害，而且对后代也有一个交代。特别是一些刚刚处于轻度污染的时期，治理起来比较容易，那就更应该这么做。只要你一个人形成了一个保护环境的习惯（生活垃圾分类处理、旧电池不要和普通垃圾放在一起等习惯）就可能影响到一个小集体，一个小集体有可能影响到另一个集体……最后保护环境的越来越多，不保护环境的最终只能被"路径博弈"淘汰。

不保护环境：任其发展下去，那么可想而知，环境污染越来越严重，我们的生存也会受到越来越大的威胁，越来越多的人会因环境污染问题生病甚至死去。

毋庸置疑，两个策略你一定会选择前者。

但是，有人有时候会对这种说法不以为然。他会说，光靠我个人保护环境有什么用，大家一起行动起来才可以。正因如此，我们才要预先行动起来，并在这个行动中影响别人。其实，对于我们个人来说，保护环境要做的非常简单，只要改掉一些坏习惯就可以了，比如尽量不用或少用塑料购物袋，扔垃圾时分类放置……这些小事情不难做到吧！

只要这种风气已形成，那么在"路径博弈"原理下，就会形成人人环保的情况。那么除了一些重度污染问题不能一时解决，其他的环境问题一定会得到很大的改善，相信经过几代人的努力之后，环境问题将不再是困扰我们生存的难题。

仅靠个人是不行的，政府和企业都要有所作为，才能大幅度地改善环境污染问题。下面是一个环境博弈的例子：现在假设有一家工厂，在生产过场中，工厂排出的废气会对大气造成污染，但投资环保设备，不仅能够长远发展，还可以改善这种污染状况。但是，使用环保设备就意味着加大成本，而且这样一来就竞争不过没有投资环保设备的厂家。那么在这种情况下，该如何选择呢？

我们把政府这一方也加入到这个博弈中来，首先考虑政府不管不顾的情况：

政府不对污染环境的企业做任何要求。那么企业在这种情况下，都会从利己的目的出发，绝不会主动增加环保设备投资，宁愿以牺牲环境为代价，也要追求利润的最大化。如果一个企业投资治理污染的设备，而其他企业仍然不顾环境污染，那么这个企业的生产成本就会增加，相应地，产品价格就会提高，它的产品就竞争不过别的企业，甚至还有破产的可能。

我们再看看在政府干预下是什么情况，如果政府对污染企业给以重税和罚款，并通过宏观调控，对环保企业加以扶持，环保企业从长期来讲将会得到真正的实惠。如果有的企业必须存在，因为它生产的产品是必需的，而且是不可替代的，那么政府应该要求或者帮助其购买设备，尽量把污染降到最低程度。

因此，政府的监管对治理污染问题起着至关重要的作用，这是在国家这个集体上治理环境污染的方法。但是，环境污染是全球性的问题，光靠一个国家是治不好的。当问题扩大到世界时，情况又发生了变化，各个国家该怎么做？如何建立一个使每个国家都遵守的公约？国家及民族的自私性决定了这个问题很难达成一致。在这个问题上，国家和国家之间在博弈，比如发展中国家怎样才能既发展、又能不污染环境；发达国家虽然愿意控制环境污染，但又埋怨发展中国家做得不够，因此不肯尽全力控制环境污染问题……国家之间的不合作行为导致了本来有环境利益危险的国家出现观望的情况，使得基于环境利益的联盟难以达成一致的意见，甚至面临解体的危险。各个国家之间的博弈，最终使环境保护进入一个两难的困境。如果一直是这样，那么人类的最终结果只能是毁灭！如何建立一个使各个国家都信赖并能长期执行的环境保护公约是各国必须要做的努力。

·第十三章·

营销中的博弈

第 1 节　降价并非唯一选择

　　商场之间进行价格战近些年来已经成为一种趋势，这种促销方式屡试不爽。常人一般认为价格越低，就越受消费者的欢迎，商品的销量便会越大。其实这是一种误区，产品的价格、销量与利润之间的博弈关系远非我们想的那样简单。

　　一件商品价格的决定因素是什么？大多数人可能会说是产品的成本。这只是其中的一部分，但不是最重要的一部分。一件商品的价格取决于消费者想花多少钱来买它。商品的生产目的是赢利，而赢利的手段便是将它出售出去，所以，产品的价格取决于是否能为消费者带来利益，是否让消费者满意。所以我们说，商品的营销策略中降价只是其中的一个手段，但不是唯一的，也不是最重要的手段。产品和服务的质量才是竞争力中的关键因素。20 世纪 70 年代索尼电器在美国打开销路的方式就是一个很好的例子，证明降价其实并不是唯一的营销策略。

　　20 世纪 70 年代，索尼电器完成了在日本市场的占有之后大举进攻海外市场，但是却不理想，尤其是在电器消费大国美国市场内，其经营业绩更是可以用惨淡二字来形容。为了找出其中的原因，索尼海外销售部部长卯木肇亲自到美国去考察市场。到美国之后卯木肇来到了有索尼电器出售的商场中，当时就惊呆了。在日本广受欢迎的索尼电器，在美国的市场中像是被抛弃的孩子，被堆放在角落里，上面盖满了灰土。卯木肇下定决心一定要找出其中的原因，让索尼电器在美国就像在日本一样大放光彩。

　　经过研究卯木肇发现了其中的原因所在。在此之前，索尼电器在美国制定的营销策略一直是大力降价，薄利多销。索尼花费了巨额的广告费在美国电视上做广告，宣传索尼电器的降价活动。没想到弄巧成拙，这些广告大大降低了索尼在美国人心中的地位，让人们觉得索尼电器价位低肯定因为质量不好。因此导致了索尼电器在商场中无人问津。看来这个降价策略完全是失败的。价格不过是消费者购买电器的标准之一，质量相对更重要一些，图便宜买劣质家电的人也有，但是相当少。因此卯木肇当时最需要做的便是改变索尼的形象，但是这些年给消费者形成的坏印象怎么可能一下子就改变呢？对此他愁闷不已。

一次偶然的机会，他看到一个牧童带领着一群牛走在乡间小路上。他心想，为什么一个小牧童就能指挥一群牛呢？原来这个小牧童骑着的正是一头带头的牛，其他牛都会跟着这头牛走。卯木肇茅塞顿开，想出了自己挽救索尼在美国市场的招数，那就是找一头"带头牛"。

卯木肇找到了芝加哥市最大的电器零售商马歇尔公司，想让索尼电器进入马歇尔公司的家电卖场，让马歇尔公司充当"带头牛"的角色，以此打开美国市场。没想到的是马歇尔公司的经理不想见他，几次都借故躲着他。等到他第三次拜访的时候，马歇尔公司的经理终于见了他，并开门见山地拒绝了他的请求，原因是索尼电器的品牌形象太差，总是在降价出售，给人心理上的感觉像是要倒闭了。卯木肇虚心听取了经理的意见，并表示回去一定着手改变公司形象。

说到做到，卯木肇立刻要求公司撤销在电视上的降价广告，取消降价策略，同时在媒体上投放新的广告，重新塑造自己的形象。做完这一切之后，卯木肇又找到了马歇尔公司的经理，要求将索尼电器在马歇尔公司的家电卖场中销售。但是这一次经理又拒绝了他，原因是索尼电器在美国的售后服务做得不好，如果电器坏了将无法维修。卯木肇依然没有说什么，只是表示自己回去后会着手改进。卯木肇立刻增加了索尼电器在美国的售后服务点，并且配备了经过专业培训的售后服务人员。等卯木肇第三次来到马歇尔公司的时候，这位经理又提出了一些问题。卯木肇发现对方已经开始妥协，于是用自己的口才和诚意说服了对方。对方允许他将两台索尼彩电摆在商场中，如果一周内卖不掉的话，公司将不会考虑出售索尼电器的任何产品。

这个机会的争取实在是不容易，卯木肇下定决心一定要抓住。他专门雇了两名推销员来推销这两台彩电。最终，两台彩电在一周之内全部卖了出去，开了一个好头。由此，索尼电器打开了马歇尔公司的大门，马歇尔公司成为了索尼电器的"带头牛"。有了这样一个强有力的"领路人"，其他家电卖家纷纷向索尼敞开了大门，开始出售他们的产品。结果在短短几年之内，索尼电器的彩电销量占到了芝加哥市的30％。以后这种模式又迅速在美国其他城市复制。

这个故事的关键在于告诉人们，解决企业营销方面的难题要先诊断，然后对症下药。降价策略并不是每次都会管用，有时使用不当甚至还会弄巧成拙，不但解决不了问题，还会被人说成便宜无好货。

古时候有位商人非常有经济头脑，他发现驿站旁边的一条街上有几家饭馆生意特别好，于是他也在这里开了一家。但是饭馆开业之后，他发现了其中隐藏的问题。原来这些饭馆表面上生意红火，其实去吃饭的顾客都是回头客，如果饭菜价格同其他饭馆相同的话，自己根本没有任何优势。若是自己降价的话，势必会引起一场价格战，这样几家饭馆都赚不着钱，还得罪了同行，得不偿失。那该怎么办呢？他研究了一下市场，发现其中吃饭的人多为做苦力的。这些人饭吃得多，菜吃得少。于是他对症下药，将店里菜的分量减少了一点，而米饭的分量却增加了不少。原先盛饭用的小碗一律换成了大碗，其实饭和菜的总成本并没有增加。

这样，这家店的顾客逐渐增多，几个月下来每天来这里固定吃饭的人有几十个。但是这个商人并不满意，他又想出了一招。他发现这些来吃饭的人由于工作原因吃饭时间不稳定，有的人上午就已经歇工了，但是必须饿着肚子等到中午才吃饭；有些人中午工作不能停下，但是等到下午下班的时候要么就得等到晚上一起吃，要么就让别人中午帮他们买好，但是到了下午饭菜一般都凉了。于是这位商人推出了全天服务，将一天开饭时间由三次增加到六次，除了原先的早中晚各一次，在上午、下午和晚上再增加一次。这种经营模式立刻受到了顾客的欢迎，原先别家的老主顾也被吸引了过来。就这样，这家店的生意日益红火，没过几年就将隔壁几家饭馆全部兼并了过来。

从博弈论的角度来看，这位老板非常聪明，他没有选择降价，避免了陷入"囚徒困境"之中。而是发现其他优势，尤其是注意对信息的收集和分析。正是抓住了顾客的消费心理，从而为自己争取了顾客，生意也变得越来越红火。

由此可见，降价并不是营销策略中唯一的选择，还有可能是最坏的选择。作为消费者我们是接受甚至欢迎"价格战"的，因为消费者是受益者，相当于"鹬蚌相争，渔翁得利"中的那个渔翁。但是，从长期来看这并不一定是一件好事。现实生活中，恶性的价格大战让一部分企业倒闭，让一些品牌消失。或许我们购买一台降价冰箱的同时，正在加速这家冰箱厂的倒闭脚步，而这里面的工人说不定就有你我的亲戚或者朋友。由此来看，降价并不是一个好的营销策略。而在产品质量和开发上面多下功夫，努力打造高新产品才是企业生存的根本。

第 2 节 松下电器的价格策略

对手之间的价格大战会使双方陷入"囚徒困境"，这样说来是不是降价策略真的就不可行呢？策略的制定要依照当时的环境，灵活运用。同样的策略，有的人用会带来收益，而有的人用则会觉得不好使。价格策略也是如此，松下电器在价格策略方面非常灵活，甚至已经成为商业中的典范。

松下电器是松下幸之助于 1918 年创立的一家日本电器品牌，公司从制作简单的电器插座起家。后来开始生产简单的电器，比如电熨斗、电壶、电热水器等。依靠质量的保证和成功的营销策略，公司已经发展成为世界上电器行业中的知名品牌。

松下幸之助在公司最初发展的时候提出了"自来水哲学"的价格理论，意思是说水可以拿来卖钱，但是如果到处都是水的话，水就不值钱了。同样，家电也是如此，如果能像生产自来水一样去生产家电，虽然价格会很低，但是他们会像水一样充满任何一个空间。这个道理可以理解为薄利多销和用低价占领市场。

生产价格最低的电器是松下公司起初发展时制定的策略，他们也确实是这样做的。20 世纪 30 年代，松下电器开始生产电熨斗。当时市场上的电熨斗价格昂贵，只有少数人能买得起。拥有一只电熨斗是很多家庭主妇的梦想。这个时候，松下电器决定生产价格低廉的电熨斗，以满足市场需要。很多企业在降价的同时为了保住利润会选择生产过程中使用质量低的配件。这样虽然价格降低了，但同时质量也降低了。松下电器则不然，松下幸之助为了企业的长远发展，决定质量第一，同时降价 30％。这个价位本身利润非常薄，除非大规模生产才能赢利。而这个价位非常具有竞争力和吸引力，消费者非常欢迎，购买的人多了，生产规模也随之增大。价格和产量相互支持，保证了企业的赢利。最终的结果证明，松下的"自来水哲学"价格策略是有效的。

据说松下幸之助是受到一个故事的启发得出了"自来水哲学"的价格策略，这个故事是这样的：有一对好朋友杰克和约翰，他们住在一个比较偏僻的山村里。村里人面对的最大的问题是缺水，每户人家必须要到十几里外的一个地方挑水喝，非常辛苦。最终村里决定修建一个水池，让专人负责挑水，这样就不用每户人家都派人去挑水了。不过，村民们用池子里的水就必须支付挑水人运费。杰克和约翰都认为这是一个发财的好机会，便承包下了运水的任务。

起初两个人运水非常卖力，收入也非常可观。但是到了后来两人逐渐产生了分歧，原因是杰克想修建一条水渠，把水引到村里。这样就不用再去挑水了，同时村民们有了水就可以发展养殖和种植业，这样全村人都能过上好日子。而约翰则不同意这个做法，首先修建水渠需要大量的人力和财力，这个他们不具备；再者，若是修建好了水渠那他们岂不是就失业了吗？两个人在这个问题上的争议越来越大，最后分道扬镳。约翰留下来继续每天挑水，而杰克则到处筹钱修水渠。

最终杰克没有筹到钱，于是便一个人开始修水渠。他在工地上搭了一个帐篷，白天干，晚上也干，累了就休息，饿了就胡乱吃一点东西。最初村民听说杰克一个人在修水渠都以为他疯了，时间一长人们便把他忘记了。只有杰克自己知道，用不了两年自己就能修成这条水渠，到时候大家都会感激他的。随着时间的流逝，杰克的帐篷也在慢慢向村子靠近。

一年多过去了，一天早上大家到池子中去打水的时候听到了哗哗的流水声，原来是杰克的水渠打通了，水从十几里之外被引到了村子里。村民们做梦也不会想到会有水从自家门前流过，都激动不已。这些水能满足人们更多的需求，相反，约翰每天提来的水则显得少得可怜。人们便都来水渠提水，甚至有的人家开始饲养牲畜，种植果树，这条水渠给整个村子和村民的生活带来了巨大的影响。

此时的杰克由于劳累过度，已经不成人样，村民们觉得过意不去便要求付水钱给杰克。杰克原本不打算收钱，但是无奈村民非常坚决，最后他将水价定得非常低。虽然水价很低，但是水渠带来的水量实在是太大了，一年四季都在不停地流淌。最终，靠这种薄利多销的方式，杰克成了当地最有钱的人，同时赢得了村民的尊敬。而此时的约翰呢？自从杰克的水渠修成的那一天开始，他便失去了工作，最终潦倒一生，在后悔中度过了后半生。

松下幸之助从这个故事中受到启发，认为低价策略照样可以获利，同时还可以增加市场份额，并由此总结出了"自来水哲学"的价格策略。

我们分析一下低价策略之后，可以看出这一策略成功的两个关键点：第一是保证赢利，第二是保证销量。降价的底线是保证赢利，赢利是创办公司的目的，不以赢利为目的的报复性降价是不可取的。另外，为了挽回降价带来的利润损失，必须要求产品的销量能够有大幅增长，也就是所谓的薄利多销。这也是为什么降价的大多是一些日常生活用品，因为这些东西可以"走量"。而一些奢侈品，或者限量版的商品几乎不会选择降价，因为他们的销量极低，必须保证单位产品的利润。松下公司生产的电器是人们日常生活用品，所以他采取的"自来水哲学"

价格策略会获得成功。由此可见，价格战并不是不可以打，但是降价策略的使用要注意前提和背景。

策略的使用是灵活的，价格策略也是如此。松下公司在价格策略上面并不是一味采用低价策略，而是具体情况具体分析，甚至有时候会在同行都降价的时候选择涨价。

我们讲到松下采取低价策略的时候是 20 世纪 30 年代，等到了 50 年代，松下已经发展成了一个著名的家电品牌。当时一家家电品牌突然宣布降价 30％，试图用低价策略来抢占松下的市场份额。松下公司认为，本身自己一直在走低价路线，同时售后服务质量也很高，已经有了一定的客户群，此时品牌也变得非常强硬，所以对于对手的降价策略并没有做出回应，只是要求再进一步提高自己公司的服务质量。这样过了一段时间，松下公司几乎没有受对方的影响，而对方则巨额亏损。日本的家电行业竞争非常激烈，等到了 60 年代，又一轮的价格大战打响了。这一次是电池之间的价格大战。松下电池当时的市场占有率非常高，并且对自己的品牌也非常有信心，于是逆势而上，做出了一个令所有人都震惊的举动，那就是在同行都选择降价的时候，自己的价格不降反升。最终结果证明了松下的判断，松下电池的销量并没有下滑。

这一次松下之所以在价格策略上选择逆流而上，最主要的是源于自己品牌的保障。人们之所以信任一个品牌，是因为这个品牌有质量的保障。松下从最初用低价打开市场，到后来价格上涨，从来没有放弃过对质量的严格要求。如果你认为自己的产品和提供的服务就值这个钱，那就不必跟风去选择降价。相反，此时选择降价会给人一种印象，那就是你降价也肯定能赚钱，这样说来平时不降价时肯定是暴利。这种降价策略弄巧成拙，得不偿失。

什么样的价格策略才是合理的，这一点不仅仅从商家的角度去考虑，更应该从消费者的角度去考虑。对于顾客来说，最好的价格策略是能为自己带来价值的策略。低价格不一定会为消费者带来利益，这还要考虑商品的质量；而高价格也不一定损害了消费者的利益，因为你要考虑到产品的高质量和其中是否蕴涵了创新的元素。近几年网上和电视上出现了大量的购物广告，从几十元的手机到几百元的笔记本，再到黄金首饰、钻石手表等等，五花八门，层出不穷。这些产品的主要客户群是那些贪小便宜的人，等他们使用一段时间之后便会后悔自己当初财迷心窍。

总之，一分钱一分货。让消费者感到物有所值的定价策略才是最好的策略。

无论是低价策略还是涨价策略，松下电器公司抓住的正是这一点：让消费者觉得物有所值。

第3节　定价要懂心理学

人们往往会认为当一件商品价格上升的时候，销量就会减少。这既符合实情，也符合经济规律。但是市场是复杂的，一件商品的价格传递出的信息包含着商品的质量、企业品牌的力量、企业的实力等等。因此，现实中也会出现这种情况，当一件商品价格上升时，销量不降反升。这其中更多的原因是商家采取了心理战的策略，或者消费者的消费心理在起作用。由此看来，产品定价不能忽略消费者的消费心理。

吉诺·鲍洛奇是美国著名的食品零售商，同时是一个心理策略高手，常常利用心理战定价策略为自己带来收益。鲍洛奇年轻的时候在一家水果店工作，他被安排在水果店临街的摊位上卖水果。由于勤奋和服务周到，尽管竞争激烈，但鲍洛奇还是将工作完成得非常出色，一直是附近水果摊每天营业额最多的人，老板对他也格外赏识。

一次水果店的仓库发生火灾，尽管消防员在火势不大的时候就将火扑灭了，但是还是造成了一些损失。其中有几十箱香蕉的皮上出现了黑色的斑点，尽管香蕉里面没有受到影响，但是老板认为想卖出去几乎是不可能了。鲍洛奇说让他试一试，说不定能卖出去。于是，就将这一批水果搬到了水果摊上。结果两天过去了，尽管价格一降再降，还是无人问津。到了第三天，香蕉眼看要变质了，再卖不出去就只能当垃圾扔掉了。

正在鲍洛奇一筹莫展的时候，一个小姑娘走过来问他说，他的香蕉怎么长得这么丑，是新的品种吗？这一句话让鲍洛奇茅塞顿开，他立即将降价销售的牌子扔到一边，高声向路过的人们喊道：最新品种的香蕉，快来买啊，全市独此一家，就剩最后10箱了。这一喊不要紧，路过的人为了看一下这种最新品种的香蕉都聚了过来。人们都觉得香蕉的样子奇怪，却不知道味道怎么样，但是又不敢试吃。最后鲍洛奇打开了一个香蕉，让一个小女孩尝了一下。小女孩说道："好像与以前吃过的香蕉不太一样，有一点烧烤的味道。"这下子人们知道这是一种有烧烤味的新品种香蕉，于是纷纷购买，结果不到一会儿那几十箱香蕉便被抢购一空。

这次成功让鲍洛奇信心大增，后来他自己开了一家零售商店，多次抓住消费者的购物心理给产品定价，屡屡见效。某厂家生产出了一种新型的水果罐头，让鲍洛奇的店给他们代销，这种类型的罐头如果是大品牌的话定价一般在 5 美元以上，如果是一般品牌的话，一般定价在 4 美元以下。这家企业品牌一般，他们的销售代表建议将价格定为 3.5 美元。但是鲍洛奇却坚持定价为 4.9 美元。他认为若是将这种罐头的价格定为 4 美元，或者 4 美元以下，肯定不会引起人们的注意，这种罐头也就将注定被人们忽视。但是如果定价为 4.9 美元，必定会引起消费者的注意，这种罐头也将从众多一般品牌中脱颖而出。

事实果然不出所料，每个人都想尝一下这种新型罐头，再加上罐头本身的高质量，结果这种罐头大卖特卖。鲍洛奇的定价策略又一次收到了奇效，关键就在于对顾客心理的准确定位。这也使鲍洛奇后来发展成为美国著名的"零售大王"。

价格和心理之间之所以会相互影响，是因为人们有一种思维定式，那就是"好货不便宜，便宜没好货"。人们一般认为价格高的产品质量也会高，而价格低的产品则质量低。这其实是一种误解，现在有很多产品，尤其是保健品，完全是依靠广告和宣传将价格提升上去的。除了这种心理以外，人往往有好奇心，对于越是得不到的东西越舍得投入。

一家珠宝店效益一直不好，于是老板准备将库存的珠宝全部清仓，然后就关门。没想到的是，越是降价消费者就越是不来买，都等着看会不会降得更低一点。老板对此苦闷不已。一天，老板在出门前给店员留了一张纸条，上面写着：今天全部商品全部降价 5%。结果店员稀里糊涂地看错了，打出广告：今天起全部珠宝涨价 5%。人们有点懵了，没见过这样的商店，要倒闭了居然还涨价。不过也有一部分人在想，前面降价已经降得够厉害了，现在这个价位也还算便宜，如果后面再涨的话，这个便宜也赚不到了。考虑到这一点，人们纷纷进店购物。

晚上老板来店里得知了这一情况之后，当即安排店员，明天店内珠宝全部涨价 20%。果然，第二天消息传开了。原本打算买的人怕价格还会涨，而原本没打算买的人看到这样好的行情也有些心动。因为店内的珠宝数量是有限的，现在不买就没有了。就这样，第二天一开门买珠宝的人就挤爆了这家珠宝商店。最终老板成功地将这一批珠宝卖了出去，不但没有赔钱，反而赚了一笔。

有人做生意每次都亏本，最后找到一位智者求教。智者让他从路边捡一块石头明天拿到市场上去卖，于是这个人便按照智者的要求去做了。结果可想而知，市场上没人对这块普通的石头感兴趣。到了晚上，这个人沮丧地拿着这块石头去见智者，告诉了他今天的情况。智者听完之后哈哈大笑，让他明天把它拿到玉器市场上去卖。不过要记住一点，无论别人出多少钱都不要卖。第二天这个人拿着这块石头来到了玉器市场，在街边铺上一块布，把石头放在上面。不一会儿，就有人来问价。但是无论对方出多少钱，他都不卖。消息一下就传开了，说街边有个人有一块石头给多少钱都不卖，看样子里面肯定有不小的玉。到了第二天，他又将这块石头摆在了路边，有人上来就出高价想收购，不过他谨记智者的叮嘱，无论别人出多少钱都不卖。到了下午，别人给出的这块石头的报价已经是早上的10倍。原本一块普通的石头，就是因为生意人坚决不卖，人们便认为这肯定是宝贝。这便是典型的越是得不到的东西越想得到的心理，这种定价方式在营销中也存在。

"物以稀为贵"是一种正常人的心理，很多商家也会抓住这一点对商品进行定价。一家美国汽车制造厂商决定生产已经停产几十年的老车型，不过限量生产一万辆，并且是这种车型在历史上最后一次生产。这一万辆复古车将在同一时间开始接受全球的预订，人们可以通过电话、手机短信、电子邮件等多种方式进行申请，最终的一万名获奖者将从报名预定的人当中随机选取。

这条消息立即引起了轰动，成为人们谈论的焦点，很多原本没有打算要买车的人都抱着买彩票的心思去预订。截止日到期之后，据统计共有几百万人申请预订这一款车。最终，汽车公司按照之前公布的方式，从几百万人中抽取了一万人作为最后的买主。很多没有买到的人甚至高价去买被抽中的人手中的指标。汽车还没下生产线，价格就已经被炒翻了好几倍。

这便是典型的利用人们"物以稀为贵"的心理来刺激消费的策略，商家使出的招数往往有"限量"、"限时"、"限地"等等，以此来激发消费者的购物欲望。

随着商业竞争激烈程度的加剧，商界的花招也越来越多，越来越复杂。但是时间一长，我们也会发现其中的规律。其中很多汽车专卖店中便经常会采用"先降价，后限量，再加价"的策略。具体来说，商家一般会先对某个品牌进行降价和大幅度宣传，这样便会吸引很多消费者前来试车和购买。当宣传目的达到之后，卖家便会采取限量出售，或者直接声称暂时没货。人们一般的理解便是这款车实在是太好了，都断货了，我也应该赶紧买一辆，不然就买不到了。这样会更加刺激消费者的购买欲望。等过了一段时间，消费者的胃口被吊得差不多的时候，这款车便会进行涨价。如果仔细观察的话，你就会发现身边很多卖家都在采用这一招。归根结底，还是其能够抓住消费者的消费心理选择价格策略。

上面几种定价策略中的重点在于抓住消费者的消费心理，但是归根结底来说，过硬的产品质量，完善的售后服务，强硬的公司品牌这些才是企业经营的根本。我们可以发现，百年老店的品牌几乎不会搞活动，也不会随便上调和下调产品价格，但是他们的生意照样红红火火。

上面介绍的这几种考虑消费者心理的产品定价策略，其中的共同点是重点不在产品的质量上面下功夫，而是在揣摩消费者的心理上下功夫。这对于我们消费者的启示便是购物要理智，切忌冲动。

第 4 节　合作与双赢

古时候一位书生夜间赶路，远远看着有灯光向自己走来，等走到近处他才发现，原来打着灯笼的是一位盲人。盲人打灯笼，这在书生看来有点可笑。他便上前去询问这位盲人："你的眼睛看不见东西，为什么晚上还要打灯笼呢？"书生心想，你是不是不愿意别人说你是个瞎子，才打着灯笼装模作样呢？没想到这位盲人说："你从前面走来的时候是不是不小心撞到过别人？"书生说："是呀，这黑灯瞎火的，路窄人多，难免撞到几个人。"盲人说："从来没有人撞过我，因为我提着灯笼。"书生这下子明白了，盲人的这盏灯既照亮了脚下的路，方便了路人行走，同时还避免了路人撞到自己，一举两得。

这个故事正印证了人与人之间的关系，照亮别人，温暖自己。人际交往之间的这种关系同样适用于公司经营方面。以前商家之间，尤其是同行之间多是"同行是冤家"的关系。随着经济的发展和全球一体化的增加，合作已经成为了重要的主题之一。合作对公司来讲意味着很多方面，包括同行之间的合作，再就是同企员工之间的合作。

同行之间的合作我们前面讲过很多。合作是破解"囚徒困境"最有效的手段，而"囚徒困境"会使企业双方两败俱伤。合作双方往往需要其中一方走出第一步，或者需要一个组织者和监督者。为了保证相互之间不会背叛对方，合作往往要签订合作协议，而为了保证合作协议对双方的约束力，协议中有惩罚机制。这是我们在前面讲过的关于对手之间合作的一些要点总结。

现实中的合作不仅仅指签订合约的这种正面合作，还包括一些巧妙利用市场规则的隐性合作。其中"搭便车"便是其中一种。某家企业最新研制出了一种新型的洗发水，其中包含着一种重要的中草药，对于防止脱发有着明显的作用。同时，一家大企业也研制出了一种新型洗发水，并且也采用了这种中草药。这个时候，对于小型企业来说，如果与大企业抗衡，将不占任何优势。此时最好的策略便是选择与对方合作，当然这种合作不是签订合约那种，而是利用对方提供的一切优势，并且避开一切不利于自己的劣势，从而达成一种"合作"的关系。此时小型企业的劣势是无法负担巨额的广告费，这样消费者便很难认识到这种新型洗发水的特点和优势。而大型企业正好可以提供这一点，所以小型企业便省掉了一笔广告费。小企业的优势是自己无须承担巨额的广告费和明星代言费，因此可以将产品价格降得低一点。现在需要小企业做的仅仅是将自己的产品同大企业的产品在超市和卖场中摆放到一起，给顾客多一个选择。这个时候自己价格低的优势便体现出来了。双方之间没有冲突，并且将对方的优势转化为自己的优势，这种关系我们也可以称之为合作。

这种"搭便车"的合作行为中国古时候也有，被称为"借势"。可以理解为抓住一切对自己有利的信息、事件等等，为自己造势，或者宣传自己，或者增强自己的实力。蒙牛乳业成立的时候国内的乳制品市场已经被瓜分完毕，其中的伊利、圣元、光明等品牌都有自己成熟的市场，乍一看，要想从他们手中争夺市场是一件非常困难的事情。但是蒙牛并没有急着向别人开炮，而是利用各种手段为自己造势，让大家接受自己的品牌。面对原本应该是冤家的伊利乳业，蒙牛提出了"向伊利老大哥学习"的口号，并提出了携手伊利，共同将呼和浩特打造成"中国乳都"。就这样，蒙牛赢得了人们的信赖和为自己塑造了良好的形象。

说完了商家之间的合作关系，再来看一下企业和员工之间的合作关系。简单来说，为自己争取利益，不顾别人利益的博弈是非合作博弈；而合作博弈涉及的主要问题不是争取利益，而是分配利益。由此可见，企业同员工之间的关系属于合作型博弈，企业和员工之间是一种合作关系。

每一个员工都拿出自己最好的状态，贡献出自己最大的智慧和力量，则会为公司带来最大的收益。企业收益增加，则意味着员工的报酬和福利会有更大的上升空间。可见，合作对双方来说是最好的选择。可是现实情况远没有这么简单。对于员工来说，最好的事情便是不用劳动，同时拿着报酬。如果有一个员工这样做，周边的人便会嫉妒，直至每一个员工都这样做，可想而知，企业也就无法运营下去。由此可见，员工同企业之间合作需要注意的几个方面：首先是企业有明确的奖罚机制，尤其是在惩罚方面。这一点非常重要，比如，公司规定不准迟到，但是没有规定迟到后将会怎样处罚，那么这条规定便等于白纸一张。其次，员工在工资和奖金方面按照"多劳多得，少劳少得，不劳不得"的方式计算。严禁"吃大锅饭"和"搭便车"，否则不利于调动员工的工作积极性。

营销方面最重要的便是设立一种公平合理的奖励机制，因为营销人员的销售业绩将占报酬中很大的比例。这种按照销售业绩发放奖金的奖励模式应用最为普遍，这种方式有自己的优势，同时也有劣势。优势在于这种奖励方式简单有效，简单是指计算简单，管理者无须考虑每个月应该给员工多少奖励，一切由业绩说话。一般业绩与提成的百分比相乘便可以得出这个月能拿到的奖金；有效是指对于提高员工积极性，这是最有效的一种方式。这种方式提倡的是多劳多得，员工往往会为了拿到更多的奖金而将更多的时间和精力投入到工作之中。

这种奖励模式的缺点是，过于强调竞争会给员工以相当大的压力，造成员工之间由单纯工作上的良性竞争转化为包括生活方面的恶性竞争。员工之间相互敌视，没有凝聚力。类似于员工之间相互挖墙脚这种事情我们经常会遇到，或者听别人提起。甚至员工之间为了争夺客户还会恶性降价，从而陷入"囚徒困境"，损失的不仅有自己的利益，也有公司的利益。

那这种弊端应该怎样解决呢？增强员工之间的团队精神，培养员工对企业的主人翁精神。在日本丰田汽车公司，销售人员并不是单兵作战，而是组成一个个小组，这样大家之间的利益是相关的，所以会促成协作，使员工个人之间不会发生冲突。但是这样做也有一个弊端，那就是虽然消除了个人之间发生冲突的可能性，但仅限于同一小组之间。小组与小组之间的竞争依然存在，不排除他们之间恶性竞争的可能。在这一点上面，就体现出了员工对企业主人公精神的重要性。

如果员工能将企业看作是自己的家，损害企业的利益便是损害自己的利益，这样便会减少甚至消除个人之间或者小组之间的恶性竞争。那么如何培养员工的主人翁精神呢？一方面是加强教育，提高个人素质，培养集体意识。这是我们最常见的一种方式，但是收效甚微。

我们最擅长做的便是宣传，但宣传的作用却微乎其微。过去很多企业里或者厂房上都有这样的标语：培养主人翁精神。结果还是有便宜就占，公家的便宜不占白不占。由此看来，宣传只能当作一种工具，但不是最重要和最有效的，最有效的是建立奖惩机制。在企业之中，对于培养员工的主人翁精神，惩罚不如奖励有效。主人翁精神必须是发自内心的才能起作用，惩罚机制是对人的一种约束，很难让人发自内心地去遵守，但是奖励机制则可以做到。这一方面，微软可以说是一个典型。

微软员工以高素质和高效率著称，员工对于工作不是简单地完成而已，简直就是一种热爱。有这样的员工，微软的工作效率和成绩可想而知。很多人认为他们如此热爱工作是因为手中拿着高薪，还有人认为微软员工之所以如此热爱工作是因为微软公司良好的氛围。其实这些都是原因的一方面，最重要的是微软员工持有自己公司的股份，每个人都可以说是微软的主人。所以，他们去微软上班就相当于去后花园照顾自己的花草，当然是既用心又热爱了。

无论是企业与企业之间，还是企业与员工之间，只有舍得付出才会带来回报，带来双赢。而双方共同的付出便是达成合作的前提。只有一方付出，而另一方占便宜是不会达成合作的。合作不仅是商业上共赢的手段，同时是人类的未来所在，用一句温馨的话概括合作便是：靠近你，温暖我。

第5节　时刻监视你的对手

《孙子·谋攻篇》中说："知己知彼，百战不殆；不知彼，而知己，一胜一负；不知彼，不知己，每战必殆。"意思是战争中了解自己，了解敌人，则一定会取得胜利；只了解自己的情况，不了解敌人的情况，胜负各有一半的希望；若是既不了解敌人的情况，也不了解自己的情况，结局注定失败。这其中的道理不仅适用于战争，商战中也同样适用。

激烈的竞争市场中，各商家你来我往，与战争中的形势是一样的。精明的商人总是能做到在该出手的时候出手，不该出手的时候不出手。并且将敌人的劣势以及自己的劣势转化为优势。这一切的根本就在于知彼知己。我们随时都要考虑，我们的对手正在干什么，你要知道，你的对手也在想这个问题。

有这样一个游戏：参与者每人拿一张相同的纸，然后闭上眼睛，听从指令人的指挥，按照他的要求去做。指令人会发出"将这张纸对折，然后再对折，撕去左上角……"之类的要求。等到大家睁开眼睛之后会发现，大家用同样的道具，听从同样的指挥，但是最后手中的纸会变成不同的形状。

这个游戏中，大家听从同样的指挥，却得到了不同的结果。放大了说就是人与人之间交流和沟通看似简单，实则很难。身边的人和朋友了解都如此之难，更何况是对手之间？了解对方的过程便是收集、整理、分析对方信息的过程。信息是企业做出决策的依据，决策对错决定着公司在博弈中的胜败，由此可见信息是多么重要。

　　日本企业非常重视收集、整理和分析市场以及对手的信息，并多次将信息上的优势转化为决策上的优势，从而在一些行业和领域内取得了领先的地位。晶体的压电效应的发现对于钟表行业来说无疑意味着一场革命，从而诞生了石英表。日本同瑞士几乎是在同一时间研制出了石英表，瑞士考虑要不要将这种新型产品大规模生产，以及会不会对传统钟表制作产生冲击。当瑞士在举棋不定的时候，日本已经将产品批量生产，并且抢占了市场。

　　有人认为日本的这一举动是一种冒险策略，是一种赌徒心理。其实不是这样，日本人在石英钟诞生的第一时间就开始组织调查石英钟的市场，收集信息，通过分析信息得出一个结论，那就是石英钟将"大有作为"。于是果断决定大规模生产石英钟，投放到世界各地的市场中。事实后来证明这一决策是正确的，它使日本在这一行业掌握了主动权，最大的原因便是及时全面地掌握了市场信息，并迅速做出决定。

　　日本钟表企业精工舍钟表公司在市场和对手的情报收集方面做得非常不错，公司内有专门的部门负责收集和研究市场以及同行的各种信息，并且将研究成果写成市场参考，供公司高层决策使用。这些经过专门收集、分类和整理的信息是科学的，所以依照此做出的决策也大都是可行有效的。企业也因此将自己在行业中的地位一步步提升。

　　知己知彼，不但要"知彼"，还要"知己"。只有正确了解了自己的情况，才能做出最符合自己的策略。古人打仗的时候，会计算好兵分几路，每一路多少人。这种计算往往是非常精确的，假设一位将军决定兵分三路，每路五千人。结果等到进攻的时候才知道，自己军中只有一万四千人，可能就因为缺了这一千人导致其中一路战败，并导致整场战争失败。这也是为什么我们看到古时候一场战争结束之后，要做的第一件事便是统计伤亡人数。首先这是对刚刚结束战争的总结，再就是掌握自己的最新情况，作为决策依据。

　　鬣狗非常清楚自己的自身条件，它们知道自己没有狮子一样强壮的体魄，没有豹子风一样的速度，没有鳄鱼那样的锋利牙齿，没有狐狸那样的耐心。所以它们选择了最适合自己的生存之道，那就是群攻和捡拾别的动物吃剩的动物腐肉。它们选择好目标之后，会进行分工。比如它们打算进攻一匹斑马，就会有的去咬住斑马的脖子，有的咬住斑马的肚子，还有的咬住斑马的后背，无论斑马怎么连蹦带跳，它们死也不松口，直至斑马倒下。如果没有机会进攻对方，它们便会利用敏感的嗅觉去寻找狮子和豹子吃剩的动物残肢。总之，它们非常了解自己的能力，并依次做出生存的选择。虽然这种生活看上去有点狼狈，但对于它们来说却是最好的选择。

做到了解对手和了解自己之后，我们还要了解市场。当年海湾战争爆发之前，国内一家家电企业从中嗅到了商机。中东地区是全球石油的主要产区，这里如果发生战争，则石油价格肯定会大幅攀升，而生产家电需要的聚苯乙烯来自于石油，石油价格增长聚苯乙烯的价格必定会增长。于是，这家企业大量购进聚苯乙烯。不久之后，海湾战争爆发，国际油价大幅攀升，石油的各种副产品，包括聚苯乙烯也大幅涨价。这时很多家电企业才反应过来，大肆购进聚苯乙烯，但是这时的价格已经非常高了。战前购进聚苯乙烯的这家企业，光是凭借原材料涨价这一点，就赚了几百万。对市场的了解以及信息的价值和重要性可见一斑。

一位农夫用自己多年的积蓄买下了一片土地，并打算在上面种上果树。可是他发现这片土地除了野草什么都不长，更不用说果树了。更令人生气的是，这片土地上非但不长植物，野草丛中还有大量的蛇洞，到处可见蛇的踪影。农夫的妻子非常伤心，打算将这片地低价卖掉，另谋生路。而这位农夫则整日喜笑颜开，仿佛中了大奖一样。原来农夫知道养蛇是一项非常有前景的产业，但是投资大，养殖难。这下可好了，自己失去了果园，但是得到了一个天然的养蛇基地，甚至不用自己去管理。

就这样，农夫将蛇皮卖给了制作乐器和皮鞋的厂家，将蛇肉卖给饭店。经过当地媒体的宣传之后，很多人专门跑到他这里来参观，他又趁机在这里开了一家饭店。没过几年便过上了富裕的生活。

假设农夫不知道市场上有蛇的需求，只把它看作是一种可怕的动物，结局可能就会是将这块地贱卖掉。而了解了市场信息之后，这块地一下子由荒地变成了聚宝盆。这是一个抓住市场信息，变劣势为优势的典型案例。

在经济高速发展，竞争日益激烈的今天，企业之间的较量扩展到了各个方面。除了资金、产品质量、人才之外，商业情报的竞争也显得非常重要。当今各行业中的佼佼者的情报工作都做得非常好，这已经成为一个企业发展的基本能力。如何去收集对自己有用的情报，并且加以分析，从中提炼出对自己有用的信息，已经成为摆在很多企业面前的一份很重要的课题。能否解决好这个问题，关系着企业日后的发展，甚至存亡。

信息最重要的是要真实，因此收集对方和市场的信息时要做到客观，不能凭自己的主观思想去猜测和判断。正确的信息带来正确的决策，找到敌人的弱点或者自己的优势，这样市场的形势就能做到了然于胸了。

第 6 节　尊重你的上帝

顾客是所有生产和销售环节的最后一环，也是最重要的一环，是商品和服务转化为价值的所在。所以我们经常会听商家说"顾客是上帝"。满足顾客的需要，让顾客得到实惠，这不仅是对顾客的尊重，也会为自己带来更多的收益。经营者要有长远的眼光，将顾客的利益同自己的利益紧密联系在一起，这样就会时刻提醒自己，为顾客提供更好的服务。而顾客体会到了你的付出，便会回报于你。这是一个相互获利的过程，也是一个相互尊重的过程。

我们在前面提到过这样一个故事：一个人打算将路边的灌木丛砍掉，结果这些灌木丛中住着的几群蜜蜂，便纷纷来阻拦。第一群蜜蜂哀求说不要砍掉灌木，那样的话它们就无家可归了，看在它们为农场里的蔬菜传播花粉的份上，饶了它们吧。这个人心想，没有你们照样有别的蜜蜂传播花粉，所以还是将这群蜜蜂所在的灌木砍掉了。等砍第二丛灌木的时候，里面的蜜蜂对农夫说若是敢来砍它们的灌木，它们就会实施报复。这个人不以为然，照样去砍这丛灌木，结果便是蜜蜂出来蜇人，这个人被蜇疼了之后恼羞成怒放火烧了这丛灌木。当这个人来砍第三丛灌木的时候，里面的蜜蜂对农夫说："你肯定不会砍这丛灌木，也不会烧这丛灌木，这种傻事你肯定不会做。"这个人感到纳闷和好奇，便问为什么。蜜蜂说："我们这里有这么多的蜂蜜，我们自己喝都喝不完。你可以拿去喝，也可以拿去卖，给你带来的好处远远大于几捆柴火。"听完蜜蜂的话，这个人放弃了砍掉灌木丛的计划。

这个故事体现了交往中可采用的 3 种策略：示弱求饶、积极抵抗、合作共赢。毫无疑问，第三种选择是最好的，这种关系同样适用于营销者和消费者之间。恳请顾客可怜你来买你的东西，强制顾客接受你的服务都是不可行的，只有与顾客合作，才能实现共赢。你为顾客提供质优价廉的商品和服务，顾客便会经常照顾你，归根结底是相互尊重。

如何提供让顾客满意的服务，这是每一个公司都在思考和实践的一个问题。总结成功公司的经验，为顾客提供的服务应该具备一个特点，那就是全面性。最新的产品在没有上市之前便要进行售前服务，让顾客免费试用，这既能做到很好地宣传，又能激发顾客的购物欲望。当产品上市之后，可以帮助客户对商品进行参考，提供免费包装、送货上门等服务。最后售后服务也非常重要，尤其是家电以及高档商品，让顾客感到选择你的产品是一件非常有保障的事情。为自己建立起一种责任感，为客户建立起一种信任感。

提供完善的优质服务，尊重客户，这便是戴尔公司成功的秘诀。戴尔公司的创办人是迈克尔·戴尔，他从小便极具商业头脑。在念大学的时候，戴尔对电脑产生了兴趣，靠改装和升级电脑为自己挣够了学费。

1984年，还在上大学的戴尔便注册了一家公司，自己做老板，专营装配电脑。两年之后，戴尔公司发展成为了一家拥有400名员工和7000万美元收入的大型公司。发展至今，戴尔公司已经成为世界上著名的电脑公司之一，产品畅销全球各地。在总结戴尔成功的原因时，很多人认为最主要的是戴尔的直销模式，这不过是外在的原因，真正的原因是戴尔"一切为客户"的经营理念。

之所以选择直销的营销方式，戴尔公司的出发点也是为了更好地为客户服务。直销就意味着针对每一个客户提供服务，这样的服务更体贴和周到，同时做到了零库存。零库存能为企业带来更大的利润空间，戴尔公司则把这些空间转化为更好的服务和给客户的让利空间。戴尔公司花费在顾客身上的时间远远大于花费在研究对手身上的时间。

要想让客户感受到尊重，最有效的方式便是提供有针对性的服务。到浪漫的西餐厅去吃一顿烛光晚餐与去食堂吃一次大锅菜，享受到的尊重是不一样的，前者有专人服务，后者则没有。在售后服务方面，戴尔立志做到让客户最满意。针对大型用户，戴尔公司甚至派出专门的技术人员长期驻扎，提供最及时的服务，在第一时间解决问题。在一对一的服务过程中，客户和公司充分交流，既将公司的信息准确传达给了客户，又收集了用户和市场上的信息，做到了真正的双赢。

在竞争激烈的电脑行业，戴尔的生存法则不算是秘密，但是很少有企业能做到。国内知名家电生产厂家的营销培训课上，主讲人员至少会拿出一半时间来讲对手的缺点。如果寄希望于顾客对别人都失望之后来选择你，那你肯定是被动的。就像赛跑中一样，你若想胜出，要么是自己跑得很快，要么是想办法让别人跑得很慢，前者当然是最好的方法。

人在很多方面是非常感性的，尤其是在消费方面。我们身边经常会发生这种事情，那就是一个人原本没打算买东西，只是想去商场随便逛一下，结果等出来的时候，手里大包小包的东西都拿不过来了，这种人以女性为主。对消费者来讲这是一种不理性的购物方式，但是对于商家来说其中包含着很多商机，那就是顾客在消费的时候是很感性的，完全可以用优质的服务和高明的营销手段争取到这个客户。下面便是一个非常具有代表性的例子。

乔伊斯是雪弗兰的汽车代理商，雪弗兰专卖店隔壁就是通用专卖店。一天中午，乔伊斯发现一位中年女士走进了店里，在一辆辆车前仔细查看。乔伊斯走上前去同她打招呼，说道："女士您好！"这位女士报以微笑。乔伊斯发现对方手中提着一个生日蛋糕，便问道："看来今天有人过生日啊！"女士笑着说："是呀，今天是我的生日。"乔伊斯连声祝贺："生日快乐！"并给旁边的秘书使了个眼色。

乔伊斯对这位女士说："不知道夫人想要买一辆什么样的车？我可以帮您推荐一下。"没想到这位妇女连忙说不，原来她是在隔壁通用汽车店里挑选汽车的，不过那边的销售人员正忙着，说是一小时之后才能接待。她觉得闲来无事，便到雪弗兰这边随便看一下。乔伊斯了解到情况之后，只是哈哈一笑，说："既然你有一小时时间，那就让我陪您看一下吧，买不买取决于您自己。"就这样，乔伊斯把每一款车的价位和性能，以及适合什么样的人开都认真地告诉了这位女士。期间乔伊斯知道，原来对方看中了通用的一款车。他便带她到了雪弗兰的一款车前告诉对方："这一款车与您看中的通用那款车非常相似，无论是在性能上，还是价位上，就连颜色都是一样的。"

这个时候，女秘书捧着一束鲜花走上前来，送给了这位女士，并对她说："生日快乐！欢迎光临我店。"对方显然被感动了。最终的结果是，这位女士放弃了原先购买通用汽车的打算，选购了一辆款式相同的雪弗兰，并且当场结清了全部费用。

生活中很多人消费是到了商场之后做临时选择，可能想好了要买某一样东西，但是没有想好要买哪个品牌。这个时候，哪一家能提供更好的服务，便能争取到更多客户。服务与商品的质量同样重要，甚至比商品的质量还要重要。品牌不同的同一种商品如果价位相同，质量也不会差得太远。再一个就是质量是在使用过程中才会发现的问题，最重要的是先让消费者选择你的产品，否则质量再好也无人知晓。

最后总结，要想增加赢利和企业有一个更好的发展就一定要尊重客户。而尊重客户最重要的体现便是提供优质的产品和服务。服务要全面和周到，要有诚意，这样便会将更多的消费者发展成为自己的客户，从而实现共赢。

第7节　你是基辛格也不行

作用力与反作用力之间大小相等，方向相反。这是牛顿发现的定律，是物理学中力学研究的前提。同样，这一定律也适用于营销中，商家和消费之间就是这样一种关系。商家为消费者付出多少，消费者便会回报多少。这也是亚马逊书店成功的秘诀。

亚马逊是全球最大的网上书店，同时也是浏览量最大的网上书店。在网上商业竞争如此激烈的今天，为何没有人能撼动亚马逊的地位呢？原因便是消费者一如既往的支持。消费者的支持只不过是一种反作用力，真正的作用力是亚马逊书店不断为消费者提供的贴心服务。

亚马逊书店的顾客回头率高达 60%，原因从亚马逊提供的服务中便会看出来。亚马逊书店会为每一位顾客保存购物记录，并且根据顾客浏览的图书种类和口味挑选出更多的书籍推荐给顾客。你在亚马逊书店购物次数越多，对方便越了解你，推荐的书便越符合你的口味。让你有一种宾至如归的感觉，像是在自己的书房中翻书一样。这种个性化的服务模式现在已经被各大购物网站模仿借鉴，但是亚马逊已经为自己打下了良好的基础。我们在前面提到过，提供具有针对性的个性化服务最能让顾客感觉受到尊重。个性化的服务会让顾客产生信任和依赖，这便是商家的作用力产生的反作用力。

日本有一家生产婴儿纸尿片的公司，他们根据消费者的来信发现，一些欧美国家家长反映纸尿片太薄，而香港的家长则反映纸尿片太厚。为什么同样的东西在不同地区的反应截然不同呢？公司派出大量调查员在当地市场展开走访和调查，最终发现了其中的原因。原来造成这种现象的原因是不同地区的不同习惯，欧美国家的家长喜欢定时给婴儿更换纸尿片，一般每天换两片；而亚洲地区的家长看到孩子尿了之后立刻就换新的，所以会觉得纸尿片太厚，用一次就扔了太浪费。调查清楚原因之后，公司立即根据不同地区客户需求生产出了不同厚度的纸尿片。并且凭借着更人性化的服务，为自己吸引了更多的客户。

很多企业会无视消费者的需求，不是自己主动去适应消费者，而是希望消费者来适应自己。商家对消费者用力越小，消费者的反作用力也就越小，直至最终消失。以消费者的需求作为自己的目标，这样的商家才会受到消费者欢迎。

松下是大家熟悉的家电品牌，其实除了家电以外，松下公司在很多其他领域都有发展，自行车便是其中之一。松下自行车的装配线非常先进，不光有人工，还有机器人和电脑一起进行组装。不过有一点，松下自行车是根据具体顾客的身高、体重以及个人习惯量身制作的，每一辆自行车都是绝版。超常的服务收到的是超常的回报，松下自行车的售价比市场价格要高20％。尽管如此，公司收到的自行车订单仍然络绎不绝。

随着市场竞争的激烈化，商家越来越意识到顾客的重要性。顾客已经成了商家之间争夺最激烈的资源。为了争取到更多的顾客，每一个商家都会声称自己尊重顾客，将顾客视为上帝。但是，现实中的情况并非如此，将顾客分为三六九等便是其中的体现之一。没有人知道谁将会成为自己未来潜在的顾客，那个人可能就是当年被你拒之门外的人，不同顾客的消费水平不一样，但是不能因为这一点便对他们怠慢，最好的服务应该提供给每一名顾客。对不同的消费者，都应予以同样的尊重，也就是用力要均匀。

小王是一家公司的职员，平时中午都在写字楼旁边的街上吃午饭。这条街上有几家饭店，小王会在这几家店之间轮流吃。但是一段时间下来之后，小王发现，大部分饭店会优先服务那些在单间或者雅座里面的客人，而冷落在外面大厅里的客人。原因很明显，单间里都是摆的酒席，顾客消费额高；而在外面吃的都是一两个人，随便吃点东西，大多是附近写字楼里面的员工。这种现象令人很反感，明明是自己先到的，结果看到一个个的菜被端进单间里面，自己却还要等很长时间。小王也是如此，如果在一家店内碰到这种情况，小王心里便会下意识地产生抵触情绪，以后不再来这家店吃饭。

经过大约一年的时间，小王中午吃饭备选的饭店只剩下了两家。等到以后小王做了部门经理，经常安排公司的饭局，也只会在这两家之中挑选。小王的做法代表了大多数人，每一个人都希望受到尊重，并且是一视同仁的尊重。

美国《新闻周刊》曾经做过一个酒吧主题的评选，由读者从全世界个性酒吧中选出最佳的前100名。芬克斯酒吧榜上有名，排名第15位。

很多没有去过芬克斯酒吧的人都不知道，其实这家位于耶路撒冷的酒吧面积只有30平方米，除了吧台以外，只有5张桌子。这样简单的一家酒吧怎么会获得如此高的评价呢？这里面有一个故事，与美国国务卿基辛格有关。

这家犹太人开的酒吧原本只在当地小有名气，基辛格访问耶路撒冷的时候听说之后，便想来这里喝上一杯。基辛格亲自打电话到这家酒吧，说明了自己的身份，并要求今晚将整家酒吧全部包下，不允许外人进入。酒吧老板在电话一端立刻拒绝了基辛格的要求。这令基辛格感到意外，对于美国国务卿的到来，一般店里都会感到是莫大的荣幸，为什么这样一家简陋的酒吧却如此痛快地拒绝了自己？接着酒吧老板说出了原因：你是我们的客人，其他想来的人也是我们的客人，只要是我们的客人我们便不会拒绝，因为那是没有道理的。

无奈，基辛格只好取消了当晚去这家酒吧的计划。这件事情传出去之后，酒吧老板的做法赢得了人们一致好评。更多人慕名而来，酒吧的名声也就此传了出去，并最终成为世界上最出名的酒吧之一。

第 8 节　了解顾客的内心世界

人类做出的判断和决策都会受到心理活动的支配，消费活动也是如此。因此，搞清楚顾客的心理，对于营销来说至关重要。现代营销学中就有一门课叫作《营销心理学》，这门课以心理学、经济学、社会学和人类学为基础，专门研究人在市场活动中的心理和行为，并从中总结出规律。营销心理学已经成为营销学中非常重要的一部分。营销心理学通俗一点说就是研究顾客的消费心理，只有把握了顾客的消费心理，才能提供更贴心的服务，这已经成为营销行业的一个共识。

营销不仅仅要在销售方法上用功，对顾客消费心理的准确把握也非常重要。消费心理就像顾客的脉搏，号脉做得好，才能对症下药，解决问题。曾经有记者采访一位世界顶级公司的创始人，问他成功的秘诀。他说成功的秘诀便是不要将消费者看作是观众，他们才是主角。要想让消费者满意，就要了解消费者的想法，这样便能知道他们思考问题的方式，也就是知道他们的心理。然后站在对方的角度上去思考问题，才能做出让对方满意的决策。

日本角荣建设银行是由田式美一手建立起来的，当年田式美还是一个穷小子，身无分文。他每天都在想有什么生意是不需要本钱即可赢利的呢？最终他想到了，当时日本社会上有一些人手中有钱，并且想让这些钱进行升值，但是他们承担不起投资的风险，同时又觉得银行利息太低。这些人想使自己手中的钱为自己带来收益，只要比银行多，并且没有风险既可。田式美正是抓住这些人的心理，想出了一个赚钱的招数。这一招说来简单，比如，有人想买房子，他便会上门推荐楼盘。他推荐的房子比市场价要低一些，并且保证这套房子买下来之后 3 个月内会升值至少 10%，如果达不到 10%，剩余的部分由他补齐。对于顾客来说，一套房子价格的 10% 不是一个小数目，远比存在银行里要划算，并且没有风险。于是客户便会与他签订合约，将钱交到他手里。手中有了钱之后，他便可以拿去做投资，3个月内的收益远远大于10%。买房子的人获得了约定中10%的钱，田式美则得到了更多的收益。就这样，短短几年时间，田式美从一个一无所有的穷小子变成了著名的银行家。而其中成功的关键便是抓住了别人的心理。

每个人都知道产品最终要通过消费者转化为价值，只有得到消费者认可企业才能取得更大的发展。这个道理看似众所周知，然而在生活中却经常有人在这上面犯错误。月饼的功用便是吃，好吃、精致、美观是普通消费者决定是否购买的标准。然而近些年有的厂家并不以此为标准，而是单纯追求包装华丽，甚至有的厂家推出了黄金包装、钻石包装的月饼盒。这些月饼大多被人买去送礼，甚至行贿。不以消费者为主，投机取巧必定没有好下场。国家有关部门已经明文规定，禁止奢华包装月饼上市。

其实顺应消费者心理是一件比较简单的事情，我们看到超市收银台旁边总会放一个购物架，上面摆的大多是口香糖、巧克力、剃须刀片之类的东西。这类商品往往是顾客原本打算要买，但是比较容易忘记的。还有的顾客在等待结账的时候没有事干，这些商品会让他们临走前再挑一下有没有自己想要的东西。有的顾客嫌零钱带在身上不方便，会主动要求换成口香糖或者巧克力。因此，这种在收银台旁边设立购物架的营销方式普遍被超市采用。归根结底还是抓住了消费者的心理。

福特汽车公司创始人福特先生曾经说过："成功的秘诀就是每做出一个决定，都要想一下顾客会怎么想。"只有知道了消费者有什么样的需求，才能更好地完善自己的服务，才能在市场激烈竞争的今天立于不败之地。

第9节 抓住顾客的好奇心

一位小伙子找了一份书店工作，一段时间之后发现书店仓库里面有很多压库书。老板告诉他，这些书因为销路不好，一个月只能卖出几本，所以只能堆放在仓库中。小伙子随便翻了一下，发现书的质量不错，就是作者不是很出名，没有做好宣传工作。小伙子向老板承诺自己能将这一批书卖掉，老板非常高兴，说只要小伙子能卖掉，自己将只收回成本，利润全给小伙子。

第二天小伙子专门拿着这本书去见州长，请求州长对这本书做一下评价。州长公事繁忙，没时间接待他。为了摆脱小伙子对自己的死缠烂打，州长随便应付道："这是一本好书，值得一读。"有了这句话，小伙子如获至宝，第二天便在书店里立下了一块大大的广告牌，上面写着：州长认为此书值得一读。并将那些压库的书放到了显眼的位置。人们都很好奇，州长从来没有推荐过什么书，为什么会推荐这一本书呢？于是都想买一本回去看，没两天这批书就卖完了。

老板觉得这个小伙子了不起，便将另外两种销路不好的书也交给他去处理。小伙子拿着书继续去找州长，州长此时已经非常生气，因为他没想到小伙子会利用自己。这一次，他对小伙子说："你不要让我看你拿来的书，不用看我就知道那是一本烂书，是我见过的最烂的书"。小伙子听完之后扭身就走了。

州长以为自己将这个小伙子甩掉了，暗中高兴。谁知道第二天小伙子在书店里又打出了一个大广告牌，上面的宣传语是："州长说这是他见过的最烂的一本书。"结果又引起了人们的好奇心，都想买回去看一下是什么书让州长都忍不住说烂。没几天，这批书又脱销了。

小伙子第三次来到州长办公室的时候，州长不想再见他，便让秘书传话。州长说他不会再见你了，因为你的书让他感到头疼。小伙子回去后做了这样一块宣传广告牌，上面写道："让州长感到头疼的一本书。"结果可想而知，同前两批书的命运一样，这批书很快就销售一空。因为人们太想知道到底是什么书让聪明干练的州长都感到头疼。

故事中的小伙子非常聪明，他成功的关键不在于与州长之间斗智斗勇，而在于抓住了消费者好奇的心理。调动顾客的好奇心是心理战的一种，并且应用范围广，对各个消费人群都适用。每个人都是有好奇心的，这来源于人们对未知事物的渴望。很多人对越是不了解的东西越想了解，越是没见过的东西越是想买回去一看究竟。总的来说，年轻人好奇心比老年人要强烈；女性好奇心要比男性强烈，这也从另一个角度反映出为什么消费的主力是年轻人和女性。了解和掌握不同消费者的好奇心情况，有利于针对不同消费者制定出更有针对性的销售策略，从而为自己创造更高的效益。

烤汁猪排堡是麦当劳的一款老牌产品，诞生于 1982 年。将近 20 年来，它一直出现在麦当劳的菜谱上，成为快餐历史上最悠久的产品之一。2005 年 10 月，麦当劳公司宣布烤汁猪排堡将退出历史，从麦当劳的餐桌上消失。为了纪念这一品牌这么多年来为人们带来的快乐，麦当劳决定于 10 月 31 日为其举办盛大的告别仪式。届时，加利福尼亚、堪萨斯州、密苏里州、北卡罗来纳州等地将同步举行告别仪式。在此之前，人们可以到麦当劳的营业店中最后一次品尝这款产品，将记忆留在心里。

烤汁猪排堡在美国的文化中不仅仅是一款汉堡那么简单，无论从名字还是到配料，它都是"奇特"的代表，人们用它来比喻"奇特"、"神奇"的事情。历史上甚至有许多各行各业的名人都表示过对这款产品的喜爱。正是抓住了这一点，麦当劳策划出了这样的营销策略。当人们知道自己将再也吃不到这一款汉堡之后，都会涌进麦当劳，最后一次品尝它；很多人将会把孩子领进麦当劳，让他努力记住这个味道；即使是那些没有吃过的人们，也会忍不住好奇心来尝试一次。事实也确实如此，其中的驱动力便是消费者那种"越是得不到越想得到"的心理和好奇心。

按理说，一种产品将要下架或者停产的时候，会悄无声息，或者简单纪念一下。但是，麦当劳却将其策划成了一场完美的营销活动。既为自己带来了巨大的利润，同时为自己做了宣传。体现了大公司强大的营销策划能力。

好奇心有时候是一种很微妙的感觉，吸引别人好奇心的方式也多种多样。上面提到的例子中，卖书的青年用"搭便车"的方式，靠着州长的声威吸引到了来买书的读者；麦当劳则是用"最后一次"的方式来吸引消费者。其实类似的方式还有很多，比如说"故弄玄虚"。

有一家造酒厂生产出了一种新型白酒，口味醇香，但是因为没有钱做广告，所以一直打不开市场。眼看着酒厂日益窘迫的经营状况，酒厂老板一筹莫展，甚至亲自开车去酒店和商场推销自己的产品，但是效果一般。

一次，酒厂老板发现自己的一位朋友的烟盒是白色的，上面没有印任何图案和商标，他感到非常好奇。便去问这位朋友这是什么烟，为什么这么神秘。朋友说自己也不知道是什么烟，别人送的，说是内部招待专用，还不好买，找熟人才买得到。酒厂老板听后茅塞顿开，一下子想到了推销的策略。

之后，他让人将酒瓶外面的包装全部去掉，直接"赤裸裸"地摆放在酒店的酒柜上。很多客人来吃饭的时候，看到这种酒都会感到非常好奇，等他们尝过之后感到非常香醇，但就是叫不上名字。他们问服务员这酒叫什么名字？服务员会说这酒没名字，您要是觉得好喝以后再来就行了。当然，这种回答方式是酒厂老板特意嘱咐酒店老板的。目的是继续保持神秘感，吸引人们的好奇心。

等过了一段时间，当地各大酒店里面都流行开了喝这种没有商标的酒。客人只要一说喝"那个酒"，服务员便明白顾客要的是没有包装的酒。看到市场培养起来了，酒厂老板将所有出厂的酒又全部换上了包装，毕竟总是"赤裸裸"的没有名分也不是回事。这个时候人们再去酒店点"那个酒"的时候，服务员就会将新包装的酒端上，并解释到这就是原先没有包装的那种酒。人们一下子便记住了这个品牌，酒厂的销路也一下子打开了。

其实酒厂老板采取的策略并不复杂，就是"故弄玄虚"，吊起人们的胃口，让顾客对它产生好奇心，然后在满足对方好奇心的同时将自己的品牌推广出去，从而打开了市场。

某超市老板最近比较烦恼，由于超市装修花费的时间比原计划多用了一个月，导致之前进的一批罐头眼看要过期了。过期之后就不可能再转化为价值，眼看着时间一天天过去，这让他不知如何是好。老板的一位朋友了解到情况之后，主动帮他出主意："你明天在商店门口贴一张广告，就写某某罐头，每人限购一瓶。保准管用。"听完朋友的主意，超市老板抱着试一试的想法第二天照他说的做了。结果来买东西的人和路过的人都想，这罐头怎么了？为什么每人限购一瓶？是要涨价了，还是要停产了？最后很多人都去买了一瓶，结果没出两天，积压的罐头全部被买走了。只有创新，才能让人眼前一亮，为之吸引，产生好奇。要想吸引消费者的好奇心，就得创新。

第 10 节　培养消费者的信任

爱德华是美国通信器材行业中举足轻重的人物，关于他成功的秘诀，他自己认为是诚实。是诚实帮助他学会了做人，学会了如何对待别人，并最终帮他取得了成功。让他感到诚实如此重要的原因，很少有人知道。这背后隐含着爱德华年轻时候的一个故事。

年轻时候的爱德华家境贫穷，整日食不果腹。一天他看报纸时发现了一条新闻，某一家房地产商在破土动工一个项目的时候，发掘出了一个坟墓。房地产商对此表示遗憾，希望家属能赶快去认领，并会得到 5 万美元的补偿。在当时 5 万美元对于爱德华来说，简直就是个天文数字。当年爱德华的父亲死去的时候，就是埋葬在那块土地旁边，如果当时往里边埋那么一点点，说不定自己今天就有 5 万美元了。想到这里，爱德华感到非常遗憾。不过转而一想，如果我做一份假证明，证明那里面埋的就是我的父亲，我不就能拿到 5 万美元了吗？

说干就干，爱德华去古董店里面买了一些几十年前使用的发票，伪造了一张 20 年前殡仪馆的收据。一切准备妥当之后，爱德华忐忑不安地来到了房地产开发商的办公楼前。秘书亲切地接待了他，询问了一些情况。最后让他回家等消息，因为里面是不是他的父亲还需要检验。不过在走的时候，秘书告诉爱德华："你已经是这两天第168个来认爹的了，祝你好运。"原来想得到这5万美元的人不止他一个，168个儿子来认爹，成了当地的一个奇闻。每个人都期待着最后的结果，看一下"爹"落谁家。

最终的检验结果出来了，168个人中没有一个人是死者的儿子，因为经检验，死者已经死了200年了。这件事情渐渐被人们忘记，不过爱德华从没有忘记。他将当年刊登这则消息的报纸珍藏了起来，时刻警告自己要做一个诚实可靠的人。并最终凭借这一点取得了成功，他用自己的行动证实了一点：诚实的人可能会被人欺骗，但是最终会获得成功，因为他能赢得人们的信赖和爱戴。

诚实是人立足于社会的基本品质，无论是在哪一方面，尤其是在商业活动中。诚信是双方合作的基础，用商业中的一句话说就是"无信不立"。消费者的信赖是企业取之不尽，用之不竭的宝贵资源。而取得消费者信赖最基本的便是要做到诚信经营。不仅是消费者，诚信经营还是吸引投资人投资的基本保证。现代社会越来越意识到诚信的作用，无论是公司还是个人纷纷建立诚信档案。如果一个企业因为没有诚信失去了消费者，那将是非常危险的一件事情。"冠生园事件"便是一个很好的例子。

南京冠生园是一家经营食品糕点的百年老店，2001年中秋前夕被爆出产品质量问题，原来冠生园将去年的陈馅翻炒之后，制作成月饼投放到市场之中。新闻一出，冠生园的月饼产品立即下架，许多卖家甚至表示将无条件退货。人们通过各种途径表达自己的不满和对黑心商家的谴责。面对媒体的曝光和消费者的谴责，冠生园公司没有表现出应有的诚信，而是一味推脱，并辩称这在行业内是非常普遍的事情。甚至还称国家对月饼保质期有规定，但是对月饼馅的保质期没有规定，因此自己的做法并不违法。这些言论一出，消费者一片哗然，没想到老字号企业没有一点诚信。而冠生园方面则继续用公开信的方式为自己辩解，毫无歉意。商业信誉的丧失让消费者彻底感到心寒，当年冠生园在月饼市场上可以用"惨败"二字来形容。之后的食品卫生部门和质监部门介入，并最终下令冠生园停产整顿。

诚信的建立需要长时间的积累，而毁掉它一次就足够了。等南京冠生园公司停产整顿完毕，产品达到市场质量标准以后，消费者已经是避而远之了，自己也是一蹶不振。最终，南京冠生园公司于2003年2月向南京中级人民法院申请破产。南京冠生园的结局是可悲的，但同时也是咎由自取。名牌和老字号代表着产品质量和商家的诚信，质量和诚信不在了，品牌信任度甚至存亡都将改变。

没有什么时候人们像现在这样重视诚信，同时没有什么时候诚信受到今天这般践踏。不仅是衣食住行，甚至连疫苗都有造假，其造成的后果令人触目惊心。前几年揭露的奶粉中添加三聚氰胺事件，一时间使国内奶粉企业不被信任，国外奶粉品牌趁机占据中国奶粉市场。无论对于消费者还是商家来说，这都是惨痛的教训。

晋商是我国历史上非常有代表性的一个群体，他们讲仁义，讲诚信，将生意从山西做到了全国。《乔家大院》便是以此为题材的一部电视连续剧，一经上演立即红遍全国，深受人们喜欢，更是创下了当时的收视率纪录。人们被里面的掌柜乔致庸的有情有义深深感动，尤其是在经商方面的仁义和诚信。这更像是对当下现实的一个讽刺。

电视剧中有这样一个情节：当乔致庸得知一个分号底下的店卖出去的胡麻油掺过假之后，勃然大怒，当即将店里的掌柜和伙计全部辞退。接下来他连夜写出告示，令手下伙计将告示贴遍全城大街小巷。告示上他坦白自己店中胡麻油做假的事情，并承诺剩下的掺过假的胡麻油将以灯油的低价出卖。同时，凡是以前买过掺假胡麻油的顾客可以到店里全额退款，并且可以享受优惠购买新胡麻油。乔致庸用这些措施挽回自己的信誉，得到了人们的理解和认可。这与上面例子中南京冠生园的做法大相径庭。正是凭借着诚信为本，乔致庸的事业逐渐发展壮大，成为晋商中的佼佼者。

以仁义赢得手下人拥护，以诚信赢得消费者信赖。这是中国古代商人行商所奉行的准则。而在今天，这些品德却正在丧失。从各种新闻中我们便可以得知当下的诚信丧失到何种地步，甚至不断爆出有明星代言的产品出现质量问题。这都是不负责的行为，但是消费者也不是傻瓜，最终作恶的人将搬起石头砸自己的脚。

有时候诚信不仅是一种美德，还是一种营销手段。我们常说"王婆卖瓜，自卖自夸"。每个生意人都会夸自己的产品好，但是夸着夸着就容易没有了尺度，漫天胡说。比如，很多保健品都声称自己包治百病，很多营养品的宣传更是能补充人类所需要的所有矿物质。时间长了，这些自夸令人生厌。而法国雪铁龙汽车公司在这一方面则正好相反。20世纪30年代，雪铁龙推出了一款新车。这款车是专为社会上最底层的人设计的，价格非常便宜，几乎每个家庭都能买得起。但

是，相对的配置也比较简单。没有空调，没有天窗，甚至连收音机也没有。有人
开玩笑说，这辆车与自行车的区别就是跑得快一点而已。雪铁龙在这款车的宣传
海报上面印了这样一句话："这款车没有一个多余的零件可以被损坏。"有人开玩
笑说，很明显，这款车的零件已经少得不能再少了，当然没有多余的零件被损
坏。这句话有点自嘲，同时又非常俏皮，其中还透露出了一股坦诚。这款车的实
用性加上雪铁龙公司坦诚的品质很快便征服了消费者的心，成为当时最畅销的车
型，并且持续畅销几十年。据统计，1974 年这款车共卖出去了 37 万辆。

雪铁龙公司的成功在于坦诚地将自己公布给大家，不仅是优点还有缺点。这
种诚实的营销方式值得学习，但是要谨慎使用。雪铁龙公司之所以获得成功，是
因为他在坦白自己缺点的同时，将这些缺点迅速转化为自己的优点。这款汽车没
有一个多余的零件，是说这款汽车太简陋，这是这一款车的缺点。但是雪铁龙公
司迅速将这种劣势转化为优势，那就是你不用担心为这款车付出维修费。这正是
高明之处所在，没有人主动宣传自己的缺点，除非缺点能迅速转化为优点。比
如，菜贩会对买菜的人说："您别看菜叶上这几个小窟窿，这是被虫子咬的，说
明这菜没喷农药。"这正抓住了消费者的心，因为很多人对蔬菜喷农药都很介意。

顾客的信任是指对某种品牌或者某个公司的产品或者服务表示认同，并以此
产生某种程度上的依赖。信任是建立在一次次满意的基础之上的，可以说是质变
引起量变，满意的次数多了便产生了信任。是一种由感性到理性的转变。同时，
顾客对企业的信任度与企业的利润是成正比例关系的。顾客信任某一品牌便会长
期重复性购买，并会影响周围人的选择。这同时为公司省去了一部分广告费。企
业的发展离不开顾客的信任，要想长久的发展，就不能辜负顾客的信任。

第 11 节 把梳子卖给和尚

一位家财万贯的商人有 4 个儿子，他不知道该把自己的家业传给哪个儿子
好，为了测试一下这 4 个儿子的商业头脑，他决定出一道难题来考考他们。他将
4 个儿子喊到跟前，让他们去附近的寺院推销梳子，看在一天时间内谁能卖出去
最多。4 个儿子每人背着一大包梳子就出发了。

中午刚过老大就回来了，一边将梳子扔在地上一边埋怨道："和尚连根头发
都没有，买梳子干什么？这不是难为人吗？"父亲呵呵一笑，问他卖出去多少。
老大说自己一把也没卖出去，他压根就没走进寺院，一想这是一件不可能完成的

任务，就打退堂鼓回来了。

没多久老二一瘸一拐地回来了，并且头上还缠着纱布。老二一边走一边抱怨道："谁出的这么个鬼主意啊，我去寺庙里面把梳子卖给和尚，刚说完他们就上来打了我一顿，说我是在嘲笑他们没有头发。"父亲问他卖出去多少梳子，他悻悻地说："人家打完我之后觉得我可怜，便买了我10把梳子。"

快傍晚的时候老三回来了，他高兴地宣布自己卖出去了100把梳子。原来他到了寺庙之后发现想把梳子卖给和尚是不可能的，便去找到方丈，跟他说："那么多人风尘仆仆赶来烧香拜佛，有的人蓬头垢面，这是对佛祖的不敬，因此我建议寺院里购买一些梳子放到一进门的地方，这样香客们一进门便可以整理仪表，能体面端庄地烧香拜佛了。"听完这些话之后，方丈觉得很有道理，便买了他100把梳子。父亲听后，微微点头表示赞许。

等太阳下山了，老四才喘着粗气回来，大家问他梳子卖得怎么样，他说不但全部卖完了，而且还同寺院达成了协议，以后长期供货。兄弟们不解，便问他详情，他道出了自己是如何推销的。事情是这样的，老四来到寺庙中，看到很多来拜佛的人购买被佛祖开光过的东西。于是他便去找方丈，问方丈："你们寺庙愿不愿意多募集一点善款啊？"方丈回答道："当然愿意了，我们正缺钱修缮寺庙呢！"老四继续说："我这里有一个增加善款的好方法，既简便，又省时省力，不用出去募捐。"方丈听了之后很感兴趣，求他赐教。这个时候老四便说道："这么多人来烧香拜佛，都想带一点开过光的东西回去保平安。这种东西最好是身边的小物件，每个人都能用，并且每天都有机会接触。我看梳子就是一种很好的选择，平常每个人每天都得梳头，而且价格不贵，谁都买得起。"经过这样一说，方丈表示赞同，立即买下了他带去的所有梳子，同时还达成了一个协议，那就是长期向寺院提供梳子。

看到4个儿子的表现之后，父亲心中有了主意，将来的生意将传给四儿子去经营。营销需要有灵活的头脑，能迅速转换思维，多角度地看待问题，寻找出更多的问题突破口。就拿上面这个例子来讲，将梳子卖给和尚并不一定就是让和尚去梳头。老大在困难面前不敢去尝试，不可能有成功的机会；老二没有转变思维方式，认为将梳子卖给和尚就是让他们梳头用的；老三改变了思维方式，将梳子的作用转化为给香客们梳头，这是一个不错的想法；老四头脑最灵活，不仅将梳子的用途定性为开过光的小礼品，还同寺院实现了合作共赢，达成了长期的合作关系。所以说，我们只要转换思维，将梳子卖给和尚是完全有可能的事情。真正的营销高手会随机应变，不放过任何一种赢利的可能性，开发出新的市场。

在美国保险行业有这样一个关于推销保险的故事。百万富翁是保险推销员最喜欢接触的一类人，他们不像千万富翁和亿万富翁那样难以接触，同时又有足够的能力支付保险费。当得知一个百万富翁还没有入过保险的时候，推销员都想将他发展成自己的客户。但是最终他们都悻悻而归，一笔保险单也没有签订。从百万富翁家里出来的保险推销员个个垂头丧气，都说这位富翁太能说了，根本不给他们推销自己产品的机会。一个叫约翰的推销员听说后，主动来到了这位富翁家里。果真如别人所说，这位富翁太能说了，根本不给别人说话的机会。但是约翰有备而来，他从头至尾除了打招呼以外，没多说一句话，一直在倾听对方说话，并且装作很感兴趣的样子。就这样，约翰一直陪着这位富翁从早上8点坐到下午6点。到最后，富翁问约翰："你听我说了这么多，我还不知道你是干什么的？你来我家干什么？"约翰说："我听别人说你的口才特别好，特意来拜访的，果然名不虚传。我的职业是保险推销员。"富翁听完之后非常感激："非常感谢你的夸奖，前些天也来了一些保险推销员，他们根本不听我说什么，一直在向我夸他们的产品多么好，我烦了，便将他们全部赶走了。其实我确实有购买保险的计划，既然这样，那就买你这里的保险吧。"最终两人签订了几十万美元的保险合同。

保险推销员习惯了向别人推销自己的产品，却忘记了倾听也很重要。约翰正是打破这种常规，转换思维，投其所好，成功地拿到了保险单。上面这两个例子中，将梳子卖给和尚是转换客户的思维，推销保险是转换自己的思维。真正的营销高手懂得如何去转换思维，启发顾客，让他们产生购物的欲望。

有两个年轻的美国人一个叫杰克，一个叫海德。他们共同看好了非洲的电脑市场，认为那里电脑普及率低，市场潜力很大，前景乐观。他们分别带着电脑来到了不同的镇上，各自展开了自己的营销活动。

杰克开了一家电脑商店，里面摆满了各种型号和品牌的电脑。当地人知道电脑是高科技产品，无所不能，便纷纷涌进店里参观。虽然客流量大，但是成交量却低得可怜，开店3个月只卖出两台电脑，还都是被买回去当装饰品用。因为当地人没用过电脑，不知道它有什么用处，所以好奇过后便没人再对其感兴趣。杰克的事业也就陷入了困境。

我们再来看一下海德，他并没有急着开店，他知道当地人都不懂电脑，肯定不会有人买。因为没有人会去花大价钱买没用的东西回家。他先是到了当地的学校，无偿捐赠了50台电脑，开办了一个电脑培训班，自己亲自授课为同学和老师讲授电脑的用处。最终这些老师和学生都对这一高科技产物产生了浓厚的兴趣，并且通过他们的宣传，镇上的人都知道有种机器叫电脑，能写能画，还能看电影和玩游戏。人们平时谈论最多的就是电脑。这个时候，海德才开起了自己的电脑店，结果生意非常好。

同样是卖电脑，两个人的方式和思维不同，结果也会不同。杰克的方式是传统的，而海德则考虑到了当地人的实际情况，先唤起消费者的购物欲望，让他们对自己的产品感兴趣和产生依赖，这个时候再投放市场。很多时候顾客的消费欲望需要激发，消费需求需要引导，这种时候就需要转化经营者的思维，从而转化消费者的思维。真正的营销高手会给客户充足的体验，让他们从心底产生购物的冲动。

·第十四章·

概率、风险与边缘策略

第 1 节　生活中的概率

假如你和朋友玩抛硬币游戏，你选择正面，而你的朋友选择反面。如果硬币落地时是正面，你将从朋友那赢 1 元钱；如果是反面，你就输给朋友 1 元钱。严格说来，这样的小游戏也是博弈。但是，在这个博弈中，你究竟会赢还是会输呢?

很显然，没人能在硬币落地前知道答案。在这个游戏中，似乎是谁的运气更好谁就能赢，决定胜负并不依赖谁的策略技巧更高。看起来并不是你和朋友在博弈，而像是在赌运气。

但是，取胜仅仅是依靠运气吗? 我们知道在上面的游戏中，硬币会出现正、反面是不确定的。那么，在这种不确定的情况下，有没有什么更好的策略? 有没有能使取胜的可能性增加的策略? 如果你懂得概率的策略，就可以提高你的决策能力。

在科学、技术、经济以及生活的各个方面，概率都有着广泛的应用。但是，和其他学科相比，概率让我们觉得自己的直觉是不可靠的。概率论所揭示的答案往往和我们的经验甚至常识是相悖的。

比如抛硬币，假如你第一次抛的是正面，那么你一定认为第二次是反面的概率比较大。但其实抛第二次时，正面和反面的概率还是各占 50%，而且不管你抛多少次都是这样。

在打仗的时候，士兵们一般认为躲在新弹坑里比较安全。之所以这么做，是因为他们认为炮弹两次打中同一地点的可能性很小。但这也只是士兵们的感觉而已。实际情况是：炮弹仍然有可能落在原先的弹坑。人们因为前面已经有了大量的未中奖人群而去买彩票，心想这么多人没中，我中奖的概率一定提高了，但每个人的中奖概率都是一样的，不管你什么时候买都是一样的，并不因为前人没有中奖，你就多了中奖的机会。

有一个笑话也和概率这个问题有关：杰克是个很小心的人，这种小心甚至到了无以复加的地步。有一次，他准备坐飞机到某地出差，但又担心在飞机上遇到带炸弹的恐怖分子。于是他就自己带了一个炸弹，不过事先已经把炸药倒掉了。他是这么想的：一架飞机上，出现一个带炸弹的恐怖分子的概率很小，而出现两个带炸弹的恐怖分子的概率就更小了，这样的话，我不就更加安全了嘛。他认为，这样做遇到危险事件的可能性就降低了。但实际上，其他旅客带不带炸弹是不受他带或不带炸弹影响的。

因此，我们对概率做一些了解还是有必要的。当然只是一些很浅的了解，深入了解会牵扯到许多复杂的数学问题。之所以不做深入地了解，是因为一般决策用到的概率并不需要那么高深的学问，而生活中有许多事情，不需要深入地了解就可以顺利进行。比如电脑，许多人会用电脑，但他们并不知道电脑是怎么制造出来的，也不知道中央处理器、电脑内部零件等如何运作，更不知道一个个程序是怎么写出来的。不过，这并不妨碍他们有效地操作电脑。驾驶员也是如此，他们并不知道汽车是怎么制造出来的，也不全知道汽车零件的用途，但他们仍可以很好地驾驶。也就是说，在现代社会，就算不知道这样东西是怎么来的，以及它是由什么构成的，我们还是可以很好地利用它。

这是不是说我们可以不用过多地了解事物呢？绝不是如此。事实上，在当今社会，了解得越多，生活就越丰富，对你所从事的工作也就越有帮助。因此，对概率多一些了解对我们是有帮助的，特别是利用概率来进行决策。

概率是什么？它是用来测量事物发生可能性的工具，在通常情况下，我们用百分率（％）来表示。当概率值为 0 时，表示这件事绝对不会发生；当概率值为 100％时，表示这件事肯定会发生；当概率介于 0 到 100 之间，表示介于两个极端之间的情形。

概率就是事件随机出现的可能性。17 世纪，概率思想成为一门系统的理论，20 世纪初正式发展成一门学科。说起概率学的起源，还有一段趣话。17 世纪时的法国贵族都喜欢赌博，他们赌博用的工具主要是骰子。所以，赌徒们开始计算掷骰子所出点数的概率，以此应用于赌博上，聪明的赌徒们常常依据那些概率来做出他们的赌博决策。后来，概率开始引起数学家们的重视，并慢慢成为一门科学。一个人懂得概率，做出的决策就会更准确，会增加自己取胜的把握。

概率是表示随机事件出现可能性大小的一个量度。那概率是不是完全随机的呢？如不是随机的，我们该如何计算概率呢？

要计算两个独立事件都发生的概率，就是将个别概率相乘，而掷硬币就是一个独立事件。抛一枚硬币，落地时出现正面的概率为 1/2；如果同时抛掷两枚硬币，并且两枚硬币都是正面的概率是多少？按照这一规则，我们很容易得出答案：1/2×1/2＝1/4，即两枚硬币均出现正面的概率就是 1/4，那么两枚硬币同时出现反面的概率值也是 1/4。

上述的这一规则就是概率中的"中立原则"，它只是概率的三项基本原则之一。剩下的两项基本的概率原则是：

彼此排斥的两个事件，至少一件事发生的概率是个别概率的总和。

若某种情况注定要发生，则这些个别的独立的事件发生的概率总和等于 1。

只需要将个别事件发生的概率相乘或相加就可以了，这些原则看起来似乎很容易，但概率问题在实际运用时还是会造成一些困难，很多人会因为概率的复杂性而做出错误的决策。

一枚硬币落地时，正面和反面的概率都是 1/2。那么，在平滑桌面上，旋转一枚硬币之后，正面朝上和反面朝上的概率也都是 1/2 吗？根据前面的分析，我们的回答是肯定的。但事实却并不是这样，在旋转多次之后，我们会发现出现正、反面的概率并不是对等的，或接近对等的。这是因为我们滥用了"中立原理"。

对这样的结果，很多人都感到极为吃惊。但经过全面综合的研究，发现出现这种情况也是有一定根据的。因为一枚硬币正反面的图案是有差别的，这会对硬币旋转出现的结果造成一定的影响。所以严格来说，在平面上旋转硬币，然后猜正反面，并不是一个完全对等的游戏。

经济学家凯恩斯在《概率论》一书中最先提出了"中立原理"这一概念："如果我们没有证据说明某事的真假，或者说明某事是否存在，就选对等的概率来表明它的真实程度。"但要在事件发生的客观情况是对称的情况下，才适用这一原理。

"中立原理"曾被广泛应用于哲学、科学、经济学和心理学等领域。但人们经常在应用时忽略它的运用前提，以至于滥用，甚至导致适得其反的结局。例如，以这个原理为基础，有人竟然计算出太阳明天升起的概率是将近 1/2000000。很显然，这个答案是不靠谱的。人们经常会犯滥用"中立原理"的错误，特别是在一些无法确定是非的问题上。

"中立原理"只能应用于客观情况是对称的这一前提。如果某一问题的答案是二选一，我们不能想当然地以为，出现其中一种答案的概率就是 1/2。比如，买彩票就有两种情况：中奖或者不中奖。但如果你买了彩票，你能说自己的中奖概率是1/2吗？

生活中的许多概率事件都是客观的。仍以抛硬币为例，当我们抛过无数次的时候，会发现正面或反面的概率一定都是0.5。但是，实际上我们难以对一个随机事件进行大量的重复试验。而且，有些不确定的事件，我们一生也只不过能遇到几次。那这个时候我们怎么计算事件的概率呢？一般情况下，我们会对它可能发生的情况进行一个主观概率界定。这就是主观概率。一个人的主观概率判断是否正确，或者说主观概率是否合理，这个我们很难评断。

在决策时，我们会在不经意间用到主观概率。而且，在生活中确实存在这样的情况：与没有经验的人相比，有经验的人更能准确地判断形势。换句话说，经验可以提高主观概率的准确性。经验丰富的人与缺乏经验的人相比，前者所做出的决定，在事后被验证为恰当的频率要比后者高。这也是大家经常说"老狐狸"、"家有一老，如有一宝"。因为老人家经历的事多，经验就相对丰富。

所以，博弈论虽是理论的科学，但当我们在与他人博弈时，还需要现实的经验。理论可以帮我们看清博弈的局势，但是它永远都不能取代经验，所以我们应该把策略行为与经验结合起来，这样才能成为博弈高手。

第2节　成功的助推器

在对某一件事进行概率分析时，我们可以列出最好的结果和最坏的结果，以帮助自己做出正确的决策。有些事相对来说发生的概率很小，那么在做这些事之前，一定要有失败的心理准备；但也并不是说，非要等到事情成功的概率达到100％才去做。因为绝对有把握的事，基本上是没有的。

在概率上多下点功夫，对决策的成功是有帮助的。因为，概率在形成一项决策的5个步骤中必不可少。几乎每个步骤中都包含着概率的运用，下面是概率决策的几个步骤：

（1）决策的本质就是从这些众多的备选方案中选出一个最好的方案，假如你要对一件事进行决策，先列出可以解决此事的所有可能行动的方案。

（2）预测上述各种可能的行动方案的结果，并一一列出。

（3）对这些结果进行对比研究。

（4）研究之后，确定哪一种方案的结果是你最希望看到的，而哪一种又是你最不希望看到的。

（5）我们要综合以上几点做出合理的决策。

在生活中，概率论的应用有一个标准。在通常情况下，一件事有 70％ 以上的成功率就可以尝试去做，并不一定要等到 100％。而且我们大部分人也都是这么决策的。

空谈如何运用概率，似乎有些"纸上谈兵"的意味，通过故事讲概率可以说是最好的掌握概率的途径。

一个学院有 8000 个学生。学校食堂每天消耗粮食在 3000 公斤以上的天数占 90％ 以上，每天消耗粮食在 3000 公斤以下的天数不到 10％。那么作为学校餐厅的管理人员，在考虑每天应该准备多少饭菜的时候，是考虑整体的变化，而不会考虑某个人的变化。所以，食堂管理员每天都会安排 3000 公斤的粮食，而不会在 100 天里挑出 10 天，把粮食的消耗量控制在 3000 公斤以内。

这是概率在生活中广泛应用一个实例。食堂对个人去不去吃饭，吃多或吃少都是未知的；但对于整体而言，粮食需要多少的概率是明显的。

我们说有 70％ 的成功概率就可以去做，但这并是固定的。许多事情当你自估的成功概率达到 40％～70％ 时就可以去做，也许你不一定成功，但有时候拖延或等待的代价往往更大。需要注意的是，你在做之前一定要谨慎地评估风险因素，并要不断鼓励自己。

在许多决策的问题里，许多信息是单一的。决策者要做的，就是在几乎没有任何信息的情况下，从好几个选择方案中挑选一个。这个时候，一般来说就只能听命于概率了。那么我们有没有办法降低决策的风险呢？

国王发现自己的女儿和一个乡下青年私订终身，感到非常愤怒，准备处决掉那个青年。但是，在女儿的苦苦哀求下，皇帝答应给青年一次活命的机会。不仅如此，皇帝还答应，如果青年经受得住这次考验，还可以正式与公主结婚。

考验是这样的：在 5 个门里，有一个门里有一只老虎。青年要做的就是选择一个门打开，开始的时候，他有一次机会选择老虎在哪个门里，一旦选定，其余的门全部打开。如果选错了，因为其他的门已经开了，那么他就会成为老虎的食物。此外，国王还强调，老虎会出现在青年想不到的那个门里。

青年当然不知道老虎在哪个门里，所以他猜对的概率只有 20％。读者朋友们，如果你是那个青年，你会怎么选择呢？故事中的青年是这样考虑的：

如果前 4 个门里都没有老虎，那么老虎就在第 5 个门里。但国王有言在先，老虎在我"想不到"的那个门里，而 5 号门是我能想到的，因此国王一定不会将老虎放在 5 号门里，5 号门一定没有老虎。

现在，排除了 5 号门，老虎就在 1 号、2 号、3 号、4 号门里，他选择的成功概率上升到 25%。但是风险依然很大，他继续思考：按照上面的逻辑，国王也不会把老虎放在 4 号门里，因为 5 号肯定没有，如果前 3 个都没有老虎，那么一定在 4 号门里。这是我能想到的，国王说过老虎放在我"想不到"的门里，因此他不会把老虎放进 4 号。

按照同样的思路，也可以应用在 3 号、2 号和 1 号门上。但最终的推论却是：所有的门都在我的意料之中，国王不会把老虎放进任何一个门。由此青年做出了这样的判定：其实并没有什么老虎，国王只是想考验一下他的智慧。

带着这样的结论，青年打开 1 号门，没有老虎。他更加相信自己的推论，又高兴地打开 2 号，一只老虎向他扑来……

这个青年是如何犯错的？他又错在哪里呢？

我们大部分人都会同意青年的第一次推断：老虎不在 5 号门里。那么按照这个思路，下面的推理也是正确的。也就是说，如果国王说话算话——保证老虎会在意料之外的门里出现，但每个门都在意料之中，那就证明他没有把老虎放进任何一个门里。但是，老虎却出现在 2 号门里，如果你从头思考，就会发现：老虎出现在任何一个门里都是"出乎意料"的。

这个故事看起来像是文字游戏，但我们却能得到这样的认识：在坏事有可能发生，并且一定会发生的时候，可能引起最大可能的损失。那么在情况不明的时候，解决问题的手段就不能太复杂，这时候越简单越有效，否则的话，我们将要面临的麻烦就越重。上述的青年如果不考虑这么多，随便选一个门，那么生存的概率都要比他现在选择的概率要高。

在供我们选择的信息很少的情况下，碰运气是最好的选择。但是，这种"碰运气"是有概率做后盾的。

第 3 节　概率不等于成功率

一个人成功的概率能有多大？同样的付出，为何有人成功，有人失败？

每个人都想做出一番事业，没有人想失败，都想着成功。但是，世上碌碌无为者仍占大多数。为什么总是平庸者多，成功者少呢？

我们都是在小的时候立志，成年后"屈服"于现实，渐渐变得"无志"。按照自己的意志走下去的人，现实中能有几个呢？而且，真正成功之人未必就是在小的时候立志，所谓"有志之人立长志，无志之人常立志"就是这个道理。有许多人小的时候很平庸，但长大后却很成功；而有许多人"小时了了，大未必佳"。机遇和挑战随时可能降临在我们身上，你准备好了吗？

第一代互联网刚刚兴起的时候，只要有个商业策划书就可以找到投资人。因此，互联网精英纷纷涌现。但是，一段时间以后，无数经营者铩羽而归，多少投资商血本无回，而真正坚持并成功的只有那么几家。经过太过激烈的竞争环境，那几家为什么会成功？是偶然还是必然？

公司的成功与人生的成功有相似之处。爱迪生发明灯泡，经历了无数次的失败，才最终成功。我们先看看一个人的生活经历：

8 岁	被赶出居住的地方，必须独立谋生	幼年必须养活自己
21 岁	第一次经商	失败
22 岁	竞选州议员	失败
27 岁	精神崩溃，卧床 6 个月	差点死去
35 岁	参加国会大选	失败
36 岁	竞选联邦众议员	失败
40 岁	再次竞选众议员	失败
41 岁	竞选州土地局长	失败
46 岁	竞选国会参议员	失败

这就是 46 岁以前的亚伯拉罕·林肯的生活经历。林肯生下来就一贫如洗，而且一生中不断面对挫折和打击，8 次竞选均落选，两次经商均告失败，中间还曾精神崩溃过。但一次次的失败并没有把他打倒，就算在成功的概率极小的情况下，他也不放弃，勇敢地接受命运的挑战。在他 52 岁时，被选为美国第十六任总统，随后更是做出了永载美国史册的功绩。

没有谁可以一步登天，没有谁的成功是一蹴而就的。都是在经历了一连串的失败之后，才获得最终的成功。他们一直坚持，认为自己一定会成功，即使成功的概率很小也不放弃。以概率来计算，林肯和爱迪生成功的概率极小，但他们成功了。所以，环境、运气等因素并不是决定一个人成功与否的真正原因，真正起决定作用的是一个人的心志。只要你坚持下去，一定会成功！泰戈尔说："那些迟疑不决、懒惰、相信命运的懦夫永远得不到幸运女神的青睐。"

在苹果电脑公司任职时，李开复博士被美国当时最红的早间电视节目"早安美国"邀请，与公司 CEO 史考利一起在节目中演示苹果公司新发明的语音识别系统。

李开复那时负责开发的语音识别系统刚刚搭建，碰到故障的可能性很大。因此，史考利上节目前问李开复："你对演示成功的把握有多大？"

李开复回答说："90％吧。"

史考利问："有没有什么办法可以提高这个概率？"

李开复马上回答说："有！"

史考利问："成功率可以提高到多少？"

李开复："99％。"

第二天的节目很成功，公司的股票也因此涨了两美元。

节目结束后，史考利称赞李开复："你昨天一定改程序改到很晚吧？辛苦你了。"

哪知道这时李开复却说："你高估了我的编程和测试效率，其实今天的系统和昨天的没有任何差别。"

史考利惊讶地说："你该不是冒着这么大的风险上节目吧？你不是答应我，说成功率可以提高到 99％吗？"

李开复说："是的，我说过成功率保证在 99％以上的话，这是因为我带了两台电脑，并将它们联机了。如果一台出了状况，我们马上用另一台演示。我们由概率可以这样推断：本来成功的概率是 90％，也就是说一台电脑失败的可能性是 10％，那么两台机器都失败的概率就是 10％×10％，也就是 1％，那么很显然，成功的概率就是 99％！"

我们在平时的生活中，要做多种准备，尽量降低失败的风险。多给自己一些机会，多尝试一些不同的方法，增大自己成功的概率。

第 4 节　用概率选择伴侣

黄金周就要到了，你打算去某风景区游玩。每天开往风景区的只有 3 种类型的车，票价相同，但舒适程度不同，3 种类型的车舒适程度分别为舒适、一般、不舒适。每隔 5 分钟发一次车，但是我们在外面候车是无法判定它是属于哪一类，而且发车也不一定按照次序，即按照舒适程度来发车。而对于你来说，因为时间充足，多等 5 分钟或 10 分钟时间是无所谓的，重要的是能不能做得上舒适的车。

那么要搭上最舒服的那辆车，你应该采取什么样的候车策略才能使可能性最大呢？

这是一个当人在不确定环境下的决策问题，不确定性是因为你对不同舒适程度的 3 辆车开过来的顺序并不清楚。但是，我们可以先把行车顺序列举出来，无非有这样 6 种情况：上中下、上下中、中上下、中下上、下中上、下上中。

我们一般情况下都是随便选择，也就是刚好哪辆车来就坐哪一辆，那么这时候坐上最舒适的车的概率就是 1/3。

但是，你的目的是希望尽可能搭乘最舒适的车。因此，我们再来看看这种策略：当车来的时候，第一辆车不上；等第二辆，当第二辆比第一辆好时就上第二辆；如果第二辆比第一辆差，那就上第三辆。这样的策略与随便选择相比有什么区别呢？我们看看下表中的统计就知道：

	上中下	上下中	中上下	中下上	下中上	下上中
随机策略	是	是	否	否	否	否
你的策略	否	否	是	是	否	是

由表中的统计可以清楚地知道：这个策略与采用"随便"的策略相比，选择成功的概率提高了，由 1/3 提高到 1/2。

所以，当你由多个候选对象的时候，要比较一番再做决定，没有必要仓促做决定，因为比较可以提高获得最佳对象的概率。这种方法不仅仅可以用来选搭什么车，还可以用来购物，筛选商业计划方案，甚至可以用来选择你的对象。

那么概率是如何在择偶问题中发挥作用的呢？下面就让我们来看一下。

能够有一个自己最喜欢的人作为自己的伴侣是每个人的希望，但是，事情往往并非如此，大多数人的伴侣并不是自己最中意的那一个。那么，究竟应采取什么样的策略，才能使自己以最大可能选到最适合的异性呢？

假设你是一个男孩，在你 20～30 岁之间，一共有 20 位适合你的女孩与你相识。假设这些女孩都愿意作为你的伴侣，但很显然，最终只有一位成为你的伴侣。这 20 位女孩，你可以按照"质量"的高低进行排序，对你来说，排在首位的就是最好的，而排在第二十位的就是最差的。

但是，这20位女孩不是同时出现在你的生命里，而是无序地和你相识。每出现一个，你都要做出决定：是拒绝还是留下。如果拒绝，你还可以继续选择后面的女孩，但是，对前面已经拒绝的女孩，你将没有机会再选一次；如果留下，她就会成为你的伴侣，但你将无法再选后面的女孩，就算后面的女孩个个都比你选的强，你也无法更改结果。

虽然我们在事后可以确定20位女孩的排名，但在观察完20位女孩之前，你只知道已经观察过的女孩中谁比谁更好，而并不知道全部女孩的排名。而且，女孩出现的时间段是完全随机的，也就是说，女孩出现时间的先后与女孩的"质量"完全没有关系。你该做出怎么样的决策，才能使她属于最好女孩的概率最大呢？

你可以跟着感觉走，随便选一位女孩作为你的终身伴侣。这样做你有5％的可能获得最好的女孩，概率比较小。

把20位女孩分成前后两部分，前面出现的10位不管"质量"如何，一概不接受。但是，你要对这10位女孩的"质量"做到心中有数。接下来，在后来出现的10位女孩中，假如碰到比以前都喜欢的女孩就立刻接受。

我们可以算一下，如果采用这样的策略，最好的女孩成为你的终身伴侣的概率是（10/20）×（10/19），结果就是26.3％，这个概率远远高于5％。

在一般情况下，人们的决策习惯都是等一等，看看下一个是不是更好。前几名往往被人下意识地放弃了，然后再以放弃的那几个人为标准，去考量后面的人。

这里的概率算法是这样的：确保得到最好的女孩，必然要求最好的女孩在后10名女孩中出现，否则你怎么也得不到最好的；但是，最好的女孩在后面10个中出现的概率是10/20；除此之外，还要求第二好的女孩出现在前10名，这个概率为10/19，之所以是10/19，是因为除了最好的还剩下19个。这样的话，第二好的女孩出现在前10名的概率就是10/19。

这只是第二好的女孩刚好出现在前10位的情况。第二好的女孩也可能没有出现在先前的10位中，但是，只要在最好的女孩出现之前的所有女孩中，"质量"最高的出现在前10位就能确保该策略得到最好的女孩。也就是说，该策略获得最好女孩的概率实际上是35.94％，远远超过26.3％。

假如一个人在20～30岁之间选择结婚对象，那么你应当在24岁开始认真考虑终身大事。假如有20位"候选"女孩，你应该从第11位女孩开始考虑。

但是，以上只是可以提高"相亲"时选到好女孩的概率大一些，并不能保证你一定获得"最好的女孩"。也许第一位就是好女孩，那就很"悲剧"了。

所以，生活中"第一个出场的人"一般都很"悲剧"。比如一些选秀节目，第一个出场的很难获得第一；在求职时，第一个面试的失败概率大于后面的。因为，那些主考官只是把第一个出场的当作一个"标准"来衡量后面的人。

由此可见，概率是有规律可循的，而并不是瞎猜。

概率可以帮助我们解决生活中的一些谜题，但也有人利用概率来骗人。

假如你知道 320 个人喜欢玩体育彩票，而且还知道他们的地址，你可以分别写信给他们，说你可以预知三场西甲联赛的结果。接着以 1000 元的价格，把你对哪一队会赢得胜利的预测卖给他们。你在事先声明，如果你对比赛结果的预测错了，你就会把钱退还给他们。在第一场比赛时，你把预测其中一队会赢的信寄给其中 160 个人，把预测另一队会获胜的信寄给另外 160 个人。比赛结果出来了，其中有 160 个人知道你的预测结果是错的，你把钱退给他们；对于收到正确预测结果的那 160 个人，在第二场比赛开始前，你再寄信给他们，并把他们分成两组。在其中一半的信中，你预测某队会赢得下一场比赛；在另一半的信中，你预测另一队会赢。第二场比赛结束后，会有 80 个人收到两场比赛的正确预测结果，把收到你的错误预测结果的 80 人的钱退还。然后你把剩下的 80 人再次分为两组，再次寄出两个完全相反的预测结果。等到第三场比赛结束时，就会有 40 个人收到三场比赛的正确预测结果。

那么我们看看，你现在赚了多少钱，一个人 1000 元，40 个就是 40000 元。而且这样一来，你下次再找 40 个人的时候，你就可以说，我可以预测欧冠决赛的冠军，价格是 5000 元，仍然采用上述的做法，最后你将获得 20 个人的 5000元，也就是 100000 元。

只不过写了几封信就赚了这么多的钱，你也许觉得奇怪，这就是概率的神奇之处。

第 5 节　模仿后来者

有些游戏的参加者不止一个人，博弈方存在好几家。但是，博弈的结果在很大程度上不是由互动策略决定的，而是依赖于"运气"。实际上，此时的博弈仍可看作是在不确定性环境下的单人概率决策问题。俄罗斯轮盘这种非常残酷的赌博游戏就是这样的。

在电影《猎鹿者》中，有描述虐待战俘的场景，这种方法就和经典的俄罗斯轮盘赌游戏如出一辙：在一支左轮手枪里，装满 6 颗子弹，然后打掉 5 颗子弹，此时只剩一颗子弹，然后转一下弹夹。就用这把手枪，两名战俘各自向自己的头部发射，没中枪的逃过一劫，中枪的死去。

这种很残酷的游戏流行于第一次世界大战期间，当时的沙俄军官和士兵，白天打了败仗，晚上便喝酒排解紧张的心情，但是喝酒还不够，便想到了"俄罗斯轮盘赌"。虽然每一次游戏都有一个人惨死在枪下，但在俄罗斯，这种惊险刺激的游戏慢慢流行起来，并获得了我们现在称之为"俄罗斯轮盘赌"的名字。

现在我们先把这种游戏的残酷性和起源抛在一边，我们要研究的是：对于这样的游戏，是先发者有利，还是后发者有利呢？有人认为先发有利，有人却认为后发有利。

这个游戏实际上就是一个纯粹凭运气的博弈。子弹装上，再转一下，位置已经固定下来。因此，是先发者死亡，还是后发者死亡，在那"一转"之后就注定了。先发者会中弹的情况，是子弹正好在 1、3、5 的位置上；后发者会中弹的情况，是子弹在 2、4、6 的位置上。所以，先发者和后发者的死亡概率均为 1/2，因为子弹在 1、3、5 位置上与在 2、4、6 位置上的概率各为 1/2。因此，无论是先发还是后发，都不占优势。

不可否认的事，有些人的运气一直很好，比如英国作家格雷厄姆·格林。他认为"俄罗斯轮盘赌"是一剂解乏的"良药"，并曾极喜欢玩这种要命的游戏，他认为以这样的方式自杀实在是太刺激了。他在念大学的时候，在夜深人静时，常和同学在宿舍里玩这种游戏。令人惊奇的是，他每次玩这种游戏都是赢家，而他的同伴们却在游戏中死去。所以，"俄罗斯轮盘赌"中的胜负纯粹依靠运气。

后来轮盘赌这种"转圈"的方式走进了各大赌场，当然不再是"生死相搏"了，"手枪"也变成了一个大圆桌，上面有不同的选择，只要下注就可以了。但是一个博弈论专家却在这样的一场轮盘赌中，在稳操胜券的情况下输掉了赌局。

像这种领先者模仿落后者的例子在现实中还有很多。比如先进企业常常会采取大多数企业所采取的比较保守的常规战略，而落后的企业中，有不少会提出"新的战略"。"新的战略"虽然面临更大的风险，而不少企业正因如此，才得以迅速发展；而遵循常规的后进企业没有机会超越先进企业，慢慢就会被淘汰。

股市分析员和经济预测员也是如此。业绩领先的预测员尽量做出与其他人差不多的预测，总是想方设法随大流。这样做的目的是使大家不容易改变对这些预测员能力的看法。而刚刚入行的预测员则不同，他们中有一部分常常会采取冒险策略：他们会大胆预测"牛市"和"熊市"。预测错的代价就是以后再没人相信他们，但也有人做出了正确的预测，从而一跃成名。

在帆船比赛中，领先者总是想法与落后者保持同一航道，而落后者却恰恰相反，总是想法走与领先者不同的航道。因为帆船会受到风速、风向的随机影响，这种随机影响对于不同航道的船可能有差异，但是，同一航道则影响往往是一致的。所以，领先者保持与落后者同一航道，就能确保胜利，避免因随机因素影响而失利；而落后者选择与领先者不同的航道，可以通过随机因素，获得反败为胜的机会。当然了，这种方法不能保证一定胜利。

第6节　彩票、投资和赌博

与赌博相比，彩票更易为人接受。尽管赢的概率更小，但输的损失也不大；它不像赌博那样，笼罩着欺诈和非法的色彩，而且极有可能输到倾家荡产。如果你每次只买一两张，那只是一个很小的数目，但我们照样能得到同样的激动。这也是人们买彩票的原因。

彩票的收入比付出要多得多，但概率也低得可怜，也就是说买彩票的人基本是输钱的。也正因如此，数学家们都不建议买彩票，但一般人置若罔闻，照买不误。

一位著名的学者在一场演讲中承认：在回家的路上，他去超市购买日用品，一般来说，找零他都用来买彩票。他说："输几块钱对我来说是毫无影响的，但中500万元却可以完全改变我的生活。"他忘了微乎其微的中奖概率，只强调赢的效益远大于输的效益，大多数人都是因为这个才买彩票。

现在很多报刊和机构都有关于彩票的栏目，主要是研究各种"猜号"技术。这些"技术"有用吗？以概率的观点来看是没用的，但是，还是有很多人信这个，相信一定有什么规律在不同期的中奖号码里。

彩票的每一期中奖号码都不受上一次的影响，每一个数字、每一轮开奖都是一次新的、不同的事件。如果历史的开奖结果能够按照可预期的方式影响下一期、下一轮发展的话，那么彩票部门就要破产了。

一个人曾经两次赢得百万分之一的彩票大奖。这种事情确实发生过，我们在报纸上也看到过，一些人认为有作弊的嫌疑，另一些人认为是"超自然感觉"。

其实，这个想象仍逃脱不了概率，因为它确实可能发生。假设某人曾经中过一次 500 万元大奖，中奖之后，他又继续买彩票，而只要买就有可能中。所以，这其实并不是奇迹。

人们在巧合发生时总是容易受到迷惑。他们倾向于用神奇的、超自然的力量来解释事件，而不能接受随机事件的任意性。

购买彩票完全靠运气，运气通常是不好的，偶尔走运就会中奖。其实，中彩票的概率是远远低于赌博赢钱的概率的，但相对来说，买彩票的人却远远高于赌博的人，这是因为买彩票可以以"极小"赢"极大"，而赌博则可能使人深陷其中，不能自拔。

从某种意义上来说，投资就是一种赌博，买彩票也是一种投资。赌博和投资的收益都是不确定的，同样的投资工具，可以按照投资的方式来做，比如期货；但是，期货也可以不做任何分析，孤注一掷地按照赌博的方式来做。我们知道赌马可以像通常人们所做的那样，去碰运气；也可以经过细致的分析，按恰当的比例下注，就像投资高科技产业那样去投资赛马。

但是，赌博和投资也有不同之处：赌博的期望收益小于 0，比如买彩票、赌马、赌大小……而投资要求期望收益一定大于 0；支撑赌博的是侥幸获胜心理，而支撑投资的是关于未来收益的分析和预测；赌博是找风险，而投资要求回避风险；一种赌博工具不可能使每个赌客获益，而一种投资工具却可以使投资者都获益。

你该把资金投资在风险低的债券上，还是存在银行等利息，还是干脆赌一赌，这就需要决策了。首先，你必须对概率略知一二，再评估各种后果，并确定个人目标，然后在立即满足或未来展望之间做出选择。

假如你现在手头有 1 万元闲钱，在你家对面有一家银行，在你家的旁边有一家赌场。你想去赌场碰碰运气，又想把钱存在银行。银行利率是 5%，而赌博的概率我们在前面已经分析过了，每一次下注赢的概率不到一半。

那么你如何选择呢？首先，你必须要有目标来指导你的行动。你不能这样想：进去赌，输光就算。如果你有这样的想法，那么你肯定会输光。

如果你选银行，就把钱交给银行，你会获得比较少的利息，换到一本小册子或一张存单，钱由银行保管。在银行的钱对你毫无用处，当然也可以随时取回。但是，在通货膨胀的影响下，那些利息看起来毫无用处。

即使如此，长久看来，选银行还是好一些。因为去赌场的话，全部输完的可能性极大。就算你真的去赌，也要遵循一些必要的策略。

长久赌下去的结果一定是分文全无，但并不排除某一时段的运气不错，可以赢到钱。在赌博过程中，也许你会有领先的机会，因此如果策略对头，可以在领先时收手。如果每个进赌场的人都赢不到钱，那么就没有人进赌场了。因此，我们在事前必须定出明确目标：在赢到一定数量的钱时，立即停止赌下去。趁走运的时候停手，你还有机会赢；如果坚持赌到分文不剩，那结果就一定是真的分文不剩。

假设你现在带着 1000 元来到赌场，打算赢到 2000 元就走。那么，又该如何在输光前赢到 1000 元再赶紧停手呢？我们都知道，去赌场赢的机会并不大，但我们是不是可以把概率提高一些呢？

如果你只是为了玩玩，那么一次只押一点点，比如 20 元或 50 元。但这样赢的概率极小，虽然可以赌很长时间，但最后的结局一般是最终输光。在愿意承担损失的情况下，如果你只是为了赢钱，那么孤注一掷的赌法，对你来说是获胜概率最大的方法。也就是说，最好的策略就是一次全部下注，这样的话有将近一半的机会可以赢。

如果你的"梦想"更大，想用 1000 元赢到 1 万元，那么最佳的策略又是什么？会有多少获胜的机会呢？

其实原则还是这样：每次下的注要大，并注意赌局形式的变化，一直赌下去就行，这样至少有赢的机会，当然，你会输光的可能性也很大。如果你从第一轮赌局开始，每次下注都是全部的资金，即第一次下 1000 元，赢的话是 2000 元；再下注 2000 元，赢的话是 4000 元；然后再下注 4000 元，赢的话是 8000 元。这样的概率不是没有，为 12.5%，稍低一些。那么这个时候你该如何下注呢？是不是一次把 8000 元全部下注呢？不是这样，这时最好的策略应该是下注 2000 元，就算输了，也还有 6000 元可以翻本，在下面的赌局里，你可以把每注改为 4000 元；假如赢了，正好到了目标 1 万元，你立即停手离开赌场。而如果你一次下完，很可能输光而无翻本的机会。

因此，只要赢得的钱不超过目标，这类赌局的最佳策略是把注全部押上（要能面对失败的情况，毕竟概率只有一半不到），要不然就只下足够达到目标的赌注就好（一定要有明确的目标，不然不及时收手，最后输的还是你）。这个策略基本是最好的策略。

这个原则值得我们牢记。但是，我们还是要强调，如果幻想在赌场里致富，即使采用上述策略，机会也不大。

在以扑克牌为赌具的复杂赌局里，是不容易计算概率的，不过，细心的玩家还是算得出来，强手在扑克这种复杂的竞赛性游戏里占有一定优势。而掷骰子相对来说是最简单的赌法。

如果你想利用概率，就必须先了解概率。在以概率发财的时候，要确定自己的目标，清楚自己到底在做什么，并能承受失败带来的后果。如果赢的概率小于1/2，长时间下来是没人会赢的。

在这方面，所谓理性的决策是希望能帮助你"平均而言"尽可能做出最佳决策，但最佳策略也不可能保证你逢赌必赢，但我们却有不输的方案介绍给你：只要你不赌，就不会输。

第7节　三局棋输掉华山

宋太祖赵匡胤幼年丧母，家里很穷。他的父亲挑着箩筐，走南闯北，靠卖艺糊口。那时赵匡胤还小，在他父亲挑着箩筐的时候，他只能坐在箩筐里。因此，他从小就经历了世间的人情冷暖。在这种漂泊生活中他养成了赌博的习惯，而且在赌博时，他还有一个坏习惯：赌输耍赖不给，赌赢必须向别人要。

长大后的赵匡胤身高力强，且又会一些武艺。因此，如果赌博时与人发生口角（他的坏习惯使他经常与人发生争执），他大多是赢家。因为如果吵架升级就是打架，而他生得人高马大，使别人在气势上就先败下阵来，哪还敢与他争执，只能在离他远点的地方骂骂解气。因为有些武艺，流落江湖的他倒是很少吃亏。

有一年，他在河南犯了事，被官府通缉。他只好往人少的地方去，来到了陕西华阴。此时的他经过多方打探，知道自己犯的那件案子已经冷了下来，官府不再像开始那样四处捉拿他了。此时，他已进入华阴地界，长时间的亡命奔逃使他四肢无力，又困又乏。但是，他不知道此时有个人正在华山脚下等着他呢，这个人就是华山的陈抟老祖。

陈抟老祖在华山隐居，据传言称，此人能掐会算，可"前算五百年，后算五百年"，上知天文地理，下晓阴阳五行。有一次，他正骑着驴悠然而行，碰见一位卖艺人肩挑箩筐，两只箩筐中各坐着一个男孩。他看到那两个孩子时，不禁叫道："天下由此定矣！"因为极为兴奋，差点从驴背上掉了下来。路人不解，问他何出此言，他说那卖艺人一肩挑了两个皇帝。那卖艺人就是赵匡胤的父亲，而另一个箩筐里的男孩是赵匡胤的弟弟赵光义（宋太祖赵匡胤死后，赵光义继位，是为宋太宗）。

陈抟老祖装扮成一个卖桃老汉，挑着一筐桃子，站在华山路口，因为他算好了赵匡胤这天要来华山避难。赵匡胤又饥又渴，看见路口有一老者挑着两筐又红又大的鲜桃，不禁馋涎欲滴。一口气跑到老者面前，二话不说，拿起桃子就啃。不一会儿，两筐鲜桃竟被他吃了大半。

赵匡胤吃罢桃，摸摸自己的肚子，满意地打了个饱嗝。他也不理会陈抟老祖，往地上一躺，自顾睡了起来。

陈抟老祖没有叫醒他，在一旁一直等到天快黑。赵匡胤醒来了，但他又是二话不说，扭头就走。陈抟老祖拦住他道："好汉，你吃了我的桃，还让我等了这么久，睡醒后连个谢字都没有，而且桃钱也还没给，难道想赖账不成？"

"要什么钱？"赵匡胤经常吃白食，不禁这样问道。

陈抟仍然心平气和地道："我看你也付不起这桃子钱，这样吧，我只收你一文。"

赵匡胤心想两筐桃子才要一文钱，这老头好生奇怪，就故作大方地道："不就是一文钱吗！我这就给你。"但他在身上摸了半天也没有摸出一文钱来，他的钱在逃亡时早已花光了，不禁羞得面红耳赤，讷讷地说不出话来。一文钱难倒了英雄汉！

陈抟老祖忙找了个台阶给他下："没有钱算了，桃子钱我不要了，不过你得陪我下一盘棋，赢了可以抵你欠我的桃子钱。"

赵匡胤心想，下棋赌博我最拿手了，心里不禁得意扬扬。

陈抟老祖第一盘故意输给他，就是要引他上钩。果然，他见自己赢了，越发相信自己棋艺的高明，还要下第二盘。陈抟老祖欲擒故纵，故意说："不下了，天色不早了，我得回家了。"

赵匡胤赶紧扯住陈抟老祖的衣服道："老头，再下一盘棋，我要是赢了，你明天再送两筐桃来。"

陈抟老祖笑道："你要是输了呢？"

赵匡胤说："输了就把这根盘龙棍给你。"盘龙棍是赵匡胤的武器，也可以说是他吃饭的家伙。

但是，赵匡胤第二盘还没走几步就败下阵来。陈抟老祖二话不说，扛起盘龙棍就走。赵匡胤岂肯认输，而且输的还是盘龙棍。他跟在后面连追带喊："再来一盘！"当他追上陈抟老祖时，已经到了华山东峰下棋亭。

陈抟老祖说："你想再赌一局，那你打算用什么做赌注？"赵匡胤的盘龙棍已输给对方，此时身上空无一物，哪里还有什么做赌注，随口说道："我输了的话，把华山给你！"

陈抟老祖要的就是这句话，欢喜得抓耳挠腮，忙不迭地说："空口无凭，要立个字据。"赵匡胤心想，立字据又有何妨，华山又不是我的，输了就输了。陈抟老祖早已预备好笔墨，让赵匡胤写好字据，并让其按了手印。然后，两人开始下棋，赵匡胤下了三盘输了三盘。陈抟老祖轻抚长须，高兴地说："自此华山是我道家的了！"赵匡胤想要赖，不禁说道："山是道家的，树却是皇家的。"陈抟忙向前跪倒，对他道："谢万岁！"赵匡胤不知他何以口呼自己为"万岁"，便想问个明白。陈抟老祖却抢先解释道："好汉实乃九五之尊，不久必登基为帝，日后必能应验。"

赵匡胤大惊，若果真如此，华山还真是我皇家的。若后人知道我输了华山，岂不被人耻笑，不禁极为懊恼，便想去抢夺文约。但陈抟老祖知他脾性，料他必会再耍无赖，轻轻对着那文书吹了一口气，文书便飘飞到棋亭对面三凤山的石壁上了，而且深印其上，想赖也赖不掉。

赵匡胤此时知道他不是常人，便不再与他争执，转而问他自己怎样才能登上帝位。陈抟老祖道："周世宗柴荣正在潼关招兵买马，你可以到那里投军。"

赵匡胤直奔潼关，参加了柴荣军。后来柴荣建立了后周，但他不久就死去了，留下的太子又年幼。后周将领便通过"黄袍加身"，转立威望较高的赵匡胤为帝。

赵匡胤卖华山是民间传说，但这里的赵匡胤却是一个不折不扣的赌徒，因为他和其他赌徒一样有赌徒心理。赌徒心理就是输了还想赢回来，赢了还想继续赢下去，正因如此，他才中了陈抟老祖的欲擒故纵之计，把华山输给了人家。

赵匡胤还是在起初不知情的情况下，才输掉了华山，有人却能把身家性命和万贯家财都赌上了。与这个人相比，赵匡胤算是很"小气"的赌徒了，他就是前面提到的吕不韦。

战国时期的吕不韦深谙商道，他知道买卖的最终目的就是挣钱，因此他挣得了万贯家财。但是，这个名噪一时的大商人却不甘寂寞，不禁玩起了政治，他还把在商场上的那种孤注一掷的赌徒精神加入到这场政治游戏当中。

吕不韦奔走于各国做生意，因低价买、高价卖发了财。这一天，吕不韦为了扩大自己的生意，来到了赵国都城邯郸。他无意中打听到一个消息：秦昭襄王把孙子嬴异人送入赵国作为人质。

原来，秦、赵渑池之会上，赵国大夫蔺相如以惊人的胆略挫败了秦王的阴谋。秦国被逼之下，只能出此下策。来赵国做人质的嬴异人郁郁寡欢，因为这里根本不能和秦国相比——在秦国自己是王孙，而在这里和阶下囚差不多。

嬴异人是秦国太子安国君的儿子。安国君有二十多个儿子，但却没有嫡生的，都是嫔妃所生。安国君有很多嫔妃，最宠爱的一个是称为华阳夫人的妃子，但他一点也不喜欢嬴异人的母亲。华阳夫人虽极受宠爱，却没有儿子。在这种情况下，异人被派到赵国为人质几乎被秦国上上下下遗忘，毕竟安国君有二十多个儿子，少了一个也没什么大不了的。不仅如此，秦国还多次攻打赵国，幸好赵国还算不错，没有在大怒之下杀了嬴异人，只是将他软禁了起来。

作为商人，吕不韦非常成功。但是，古代商人社会地位很低下，这是他心里永远的阴影，因为他在士大夫面前永远抬不起头来。因此，一股当官的欲望油然而生，但一直没找到机会。得知嬴异人入赵为人质的消息后，一个去秦国为官的念头清晰地出现在脑海里。自秦孝公起用商鞅变法以来，国力逐渐强盛，成为战国七雄中的头等强国，那里必是自己施展才华的地方。因此，他决定去见嬴异人。

吕不韦见了嬴异人之后，非常高兴，并将异人比做"奇货"，自己一定能借此"奇货"而"升值"。因此，他时常去看望嬴异人，并在精神上对其百般安慰。有一次，他很感慨地对异人说："诸侯争霸，王定天下者非秦莫属。令尊安国君即将继位，若你能在他继位后被立为太子，那么你以后就是天下共主。此事倒也不难办，令尊安国君在所有姬妾中最宠爱的是华阳夫人，但华阳夫人却没有子嗣。所以，只要打通华阳夫人这条路，并认她为母，你就可能被立为太子，秦国以后也必是你的。"

嬴异人听后很是激动，但想了想却长叹一声道："话虽如此，但现在我是人质，怎么能联系到远在秦国的华阳夫人呢，而且还不知道我自己是死是活呢？"

吕不韦对嬴异人道："此事我早已有所谋划。我家有不少钱，愿意拿出千金，为殿下到秦游说，一定能让安国君和华阳夫人救殿下回去。"

异人叩头拜谢道："若先生计划成功，我和你共享秦国土地。"

吕不韦马不停蹄，回到家中立刻说服其父拿出千金，并说了自己的计划。其父也是商人，虽觉此举太过冒险，稍有不慎就会倾家荡产，甚至人头落地。但其父也是商人，考虑许久终于同意了。

吕不韦高兴万分，带着全家的财物来到了秦国，开始了他的赌徒之旅。

吕不韦到了秦国，立刻送重金给华阳夫人，并劝道："夫人现在很受宠爱，但总会慢慢老去，万一哪天被安国君抛弃……而且夫人还没有子嗣，假如夫人能有个儿子就不用担心这个问题了，如果将来这个儿子能被立为太子，夫人岂不是一辈子都不用担心吗？"

华阳夫人心中一动，示意吕不韦继续说。

吕不韦察言观色，知道她已被说动。就继续说道："我在赵国遇到秦国公子嬴异人，他为人聪明贤达，又极为孝顺，现在他诚心要依附于夫人。夫人若真能立嬴异人为嫡子，夫人和嬴异人以后将主宰秦国，再也不必担心什么了！"

华阳夫人为其说辞所动，答应在安国君面前说成此事。一日，华阳夫人在安国君面前突然哭道："我有幸服侍您，但因为没能为您生下儿子，一直很苦恼。您的儿子嬴异人贤孝无比，很有才能，不如立他为我们的嫡子，也好让我安心，更好地服侍您。"在她的哭诉下，安国君只好答应了。

吕不韦向安国君保证，回到赵国一定贿赂赵国之人，不惜千金家产也要救王孙嬴异人回国。

此后不久，秦派兵围攻邯郸，赵国准备杀死异人。吕不韦大惊，重金贿赂守城的将吏，秘密地使人把嬴异人送回秦国。

嬴异人回国之后，马上拜见太子安国君和华阳夫人。安国君正式宣布立他为嫡子。不久，昭襄王病逝；太子安国君继位，是为秦孝文王。孝文王立嬴异人为太子，立华阳夫人为王后。一年之后，秦孝文王去世，太子异人继位，是为秦庄襄王。嬴异人登基之后，任命吕不韦为丞相，并封其为文信侯，还把洛阳赏赐给他做封地。此时的吕不韦有食客三千，奴仆上万，威名显赫一时，再也不像当商人的时候处处遭人白眼了。

生意人固有的冒险天性和豪赌心理，使吕不韦这个古代毫无社会地位的生意人苦心经营，耗尽万贯家财把"赚钱生意"变成了"权力生意"。他成功了，富可敌国，权倾朝野。

赌博活动中潜藏着两种快感：一种是赢得暴利，一种是输得精光。对于赌局的可能结果，赌博参与者都有着非常理性的预期。但是，在"想赢"因素的驱动下，在追求某种心理上的刺激下，他们便会不自觉地变为一个赌徒。赌徒心理并不只有真正的赌徒才有，我们不赌的人也有这种心理。无论是在生意场上，还是在别的什么场合，当你打算"豪赌"一次，最好先分析一下形势，赢了怎么样，输了又怎么样，你能不能接受输的预期，等等。

第8节　聪明反被聪明误

博弈的双方都会想方设法地去猜测对手的策略，以图取得有利于自己的优势。一般情况下，双方会采取这样的策略：先维持一个平局的局面，然后再从对方的行动中寻找规律，并利用发现的规律来对付对方。

但是，如果双方都采取这种保守策略，博弈将会停滞，永远也分不出胜负。因此，必须有一方率先打破这种平衡，双方互相采取措施，防守或进攻。一个善用策略的人要能利用对手对自己习惯及固有特点的了解，出其不意地让对手上钩。

有人示弱，也有人在博弈时装"迷糊"。

苏联和美国在"冷战"期间谈判，内容是双方一步步地同时裁军。但是，苏联和美国的军事实力到底如何，相互之间并不是很清楚，双方都不太清楚各自所面临的是什么样的局面：他们不知道自己会从中获得什么好处，也不知道对手打算如何，也就是说，双方都处于"迷糊状态"。例如，美国并不知道苏联有多少枚导弹，但是双方的谈判协议中却有这样一条：苏联拆除自己的100枚导弹。这一项协议是否有意义？我们如何判定呢？如果苏联很快就同意削减100枚导弹，这很可能意味着它的导弹规模要比美国猜测得大；而如果苏联不同意，就可能意味着它的导弹规模小于或接近美国的猜测。

有一个道士算命很准，附近的人有事都去他那里算上一卦。有三个书生进京赶考时路过此地，听说道士算卦很灵，就打算去找道士算上一卦，预测一下自己的前程。

那道士摇动卦筒，莫名其妙地推演一番。过了一会儿，向他们伸出一个手指，但什么也没说。三个考生疑惑不解，其中一个便问："不知先生所言何意？我们三人谁能高中？盼先生直言相告。"那道士依旧一语不发。三个书生心怀疑虑，见道士不肯开口，只道是天机不可外泄，便匆匆走了。

三个书生走后，道士身边的小童问："师父，他们中间到底有没有今年能高中的？"道士诡秘地一笑："他们谁能考中我怎么知道？但是我把情况都考虑到了，一只手指，可以是三人一齐中，也可以是一个也不中，也可以是只有一个不中，也可以是只有一个中。"

道士用一个手势就把四种可能的结局都概括了，"糊涂"装得可谓高明，这种两头堵的策略是很多"未卜先知"的人惯用的伎俩。

有人装糊涂，还有些人却自以为聪明，把别人当傻瓜。

明朝正德年间，福州城内有个叫郑堂的秀才。在繁华的路口，他开了一间字画店，生意很是红火。

有个叫龚智远的人，拿来一幅名画《韩熙载夜宴图》典当，说要当八千两银子。郑堂见是名画，立刻付了银子，收起了画。龚智远答应，典当到期时，自己会拿一万五千两银子来赎回。但是，日期早已到了，却一直不见龚智远来赎画。郑堂心下不安，又仔细检查了一番，发现这幅画竟然是假的。

好事不出门，坏事传千里。郑堂被骗去八千两银子的消息在第二天传遍了全城。

但是，吃了哑巴亏的郑堂却在家里办起了酒席，邀请全城名流和字画行家聚宴。来参加宴会的都欷歔不已，少不得都对郑堂安慰一番，当然，有的人则无所谓，幸灾乐祸地来看个热闹。

酒过三巡，郑堂从内室取出那幅假画，对大家道："今天宴请诸位，是想告诉诸位两件事，一是本人虽然被骗，但本人素来喜欢字画，本店照开不误，也请诸位多多照顾；二是让诸位共看假画，看看骗子的手段，以防再次上当。"同行看完假画后，郑堂接着说道："此骗术几乎以假乱真，大家以后验画之时一定要严加防范。"随即便把假画点燃，边烧边道："此画乃罪魁祸首，留着也是害人！留它何用，不如烧之。"

郑堂烧画的举动又轰动了整个福州城。第二天，郑堂正在店里忙活，却见龚智远竟然来了。

龚智远说："郑兄，前几日有事耽搁了，没能来赎回我的画，我今天是来赎画的，不知道方不方便？"此举可谓包藏祸心，他明知郑堂已将画焚毁，而且画还是假的，现在竟然拿着当票要求赎回。

郑堂却微笑道："可以，不过你误了三天时间，按本店规矩需加利息。现在赎回的话，本息加在一起时一万五千二百四十两银子。"

那龚智远已知他把画烧了，料定他拿不出来！便胸有成竹地道："巧得很，我今天正好带了这么多银子，请郑先生兑画！"

郑堂微微一笑，并不答话，竟从柜台下取出了一幅画交给龚智远。龚智远接过画一看，不禁冷汗直流，这竟然真的还是那幅画。

原来，郑堂知道上当受骗后，便照着这幅画仿了一幅。为了让龚智远就范，他设宴毁画，就是做给他看的。在宴席上烧掉的那一幅画，只是仿造的。贪心的龚智远还想赚第二笔，不料想竟连本带利一起还了回来。

骗人者的把戏其实很简单，只是当局者迷，旁观者清。而上当者之所以上当主要就是"贪"，许多骗局都是因为我们的"贪"，才有这么多的人上当。

在金融市场中，人的非理性心理因素导致的投机性泡沫不断扩大，并最终破灭。对这一过程，"庞氏骗局"（或称"金融金字塔骗局"）就是最好的概括。

骗局制造者向投资者保证，只要投资就能获得成倍的收益率，在这种高利的诱惑下，许多人投资了。但是，骗局制造者并没有把这些投资用到实处，而是装进了自己的腰包。接着，骗局制造者又继续游说第二轮投资者，把他们的部分资金支付给第一轮投资者；接着又继续游说第三轮投资者，把他们的部分资金支付给第二轮的投资者……在第一轮的投资者赢利之后，更多的投资者会在他们的激励下参与到这个骗局中来。当参与者越来越多时，这个金字塔将不堪重负，骗局将被揭开它真正的面目。整个骗局的最终承担者将是最后一轮的参与者，他们是受害最大的一群人。

第 9 节　边缘策略：不按套路出牌

唐朝时，曾是宰相的陆元方之子陆象先气度很大。在青年时，就以喜怒不形于色而闻名。

陆象先在通州做刺史时，家里的仆人在街上遇见他的下属参军没有下马。这个仆人虽然没有礼貌，但参军却对此小题大做，命人鞭打仆人。原本参军仅仅是陆象先负责军事的下属官员，而且陆象先的仆人也未必认识他。事后，参军见到陆象先时说："我不该打您的仆人，下官有错，请大人免去小人的职位吧。"

陆象先早已知道这件事，便对他道："仆人见到你不下马，打也可以，不打也可以；你打了仆人，罢官也可以，不罢官也可以。"说完就不再理睬这位参军，径直离开了。参军离开之后，不知如何是好，既没有说罢免自己，也没有说不罢免自己。但参军从此收敛了很多，因为他记住了那句"罢官也可以，不罢官也可以"。

在双方已经有了矛盾的时候，人们为了避免因这种矛盾而导致同归于尽的结果，都希望找到一个方法，使对手不敢再做对自己不利的事，同时也不至于使对手狗急跳墙，使出两败俱伤的策略来。这种方法就是创造一种风险，告诉对方，再这么做会有他不希望看到的事情发生，这就是边缘策略。

边缘策略是故意创造一种人们可以辨认却又不能完全控制的风险。实际上，"边缘"这个词本身就有这样的意思。作为一种策略，它可以迫使对手撤退，将对手带到灾难的边缘。

边缘策略的本质在于故意创造风险，因而它是一个充满危险的微妙策略。这个风险很大，甚至大到让你的对手难以承受的地步，迫使对手按照你的意愿行事，进而化解这个风险。那么，是不是存在一条一边安全而另一边危险的边界线呢？实际上，人们只是看见风险以无法控制的速度逐渐增长，而并不存在这么一个精确的边界线。边缘策略的关键在于要意识到这里所说的边缘是一道光滑的斜坡，而不是一座陡峭的悬崖，它是慢慢变得越来越陡峭的。

在市场竞争中，一些公司就是运用小步慢行的边缘策略来获得利益的。

在H市，移动和联通号码比例是3∶1。在价格上，移动采用紧跟策略，只比联通贵一点点。联通如果降价，移动就跟着降价。

在该市移动公司的楼下，有一个批发市场是整个城市卡号销售的中心。移动公司以地利之便，再加上自己又是卡号销售的大头，便强令所有的窗口只卖移动的卡。这样一来，联通在当地市场的占有率便开始下降，时间不长已经降到1∶5了。

有人给联通出了个主意：降价！把价格低一角。如果移动跟着降，那联通就再降一角，降到移动不敢降为止，降到消费者疯狂抢购联通卡为止。这样的话，不仅移动是亏损的，先降价的联通也要亏损。但移动的底子大，如果联通一年亏1亿元，它将亏4亿元。

如果联通采取这样的策略，一场价格战将会爆发！对于联通来说，这就是可以采取的一个边缘策略。如果联通破釜沉舟，那么价格降到一定程度的时候，移动一定会屈服，从而求着联通来谈判！谈判的结果必然是双方产生隐性的合作，由开始的对立慢慢开始合作，最后达到双赢。

边缘政策和其他任何策略行动一样，目的都是通过改变对方的期望，来影响其行动。我们普通人也可以加以运用，故意创造和操纵着一个在双方看来同样糟糕的结局的风险，逼迫对手妥协。

1988年3月25日，霍华德·E.贝尔法官开始负责审理"胡椒谋杀案"的凶手罗伯特·钱伯斯。但是，他却遇到了一个非常棘手的问题。

当时的情况是这样的：陪审团一共 12 个人，但却面临着解体的危险。陪审员们灰心丧气，请求调离这个案件。在法官面前，其中的一位陪审团成员竟然流泪。他哭诉道，在这个案子中，他承受着巨大的压力，精神几乎崩溃。与此同时，陪审团的女领导人也说，陪审团已经面临解散，无法再对这个案子负责；但也有一部分陪审员表示，陪审团虽然出现了一些状况，但仍可以继续工作。

谁都不希望陪审团的工作结束，这样对谁都没有好处。因此，第一次审判就这样作废了，第二次审判势在必行。而犯罪嫌疑人罗伯特·钱伯斯也要多等上一段时间，才能知道自己是去监狱服刑还是被宣布无罪。从控方到辩方，从陪审员到法官，甚至犯罪嫌疑人都希望尽快结束这个案子。

9 天之后，情况还是和以前一样：在对钱伯斯的二级谋杀罪的严重指控问题上，陪审员们依然举棋不定，不知道是做有罪裁决，还是应该裁定其无罪开释。

贝尔法官这时候应该怎么做呢？

公诉人费尔斯坦女士和受害者莱文一家，都希望钱伯斯被判有罪，接受某种惩罚。他们不希望陪审团主导这个案子的结局，如果陪审团举棋不定，那么此案将不得不重新审理。

而被告钱伯斯和他的律师利特曼先生也认为，陪审团们没有起到相应的作用，还不如进行庭外和解。

利用陪审团既有可能做出判决，也有可能陷入僵局的不确定性，贝尔法官可以威胁原告和被告，使原告和被告双方尽快达成调解协议。如果陪审团真的陷入僵局，原告和被告会因此失去相互让步的激励，他们会通过谈判来找到一个折中的方案。另一方面，如果陪审团真的做出了判决，贝尔法官也未必愿意告诉双方的律师，他会拖住陪审团，为谈判的双方多争取一些时间。

陪审团如何判决，我们是无法控制的。但陪审团可能做出怎样的判决，我们却是可以对其进行判断的，虽然这判断的结果不一定正确。在陪审团做出判决前，对立的原告和被告双方，可以通过谈判，提出自己的解决方式。

第 10 节 化解危机

边缘策略的每一步都蕴藏着巨大的希望和危险，如果你深处其中，它会让你感到惊心动魄。

1962 年 10 月，在古巴导弹危机时，整个世界都处在边缘状态。在赫鲁晓夫的领导下，苏联开始在距离美国本土只有 90 英里的古巴装备核导弹。美国随即做出反应，肯尼迪总统宣布对古巴实施海上封锁。

在这种情况下，苏联当时没有把冲突升级，否则此次危机很有可能升级为危及世界的核战争。肯尼迪估计发生这种最糟糕的情况可能性不大，但谁也说不准赫鲁晓夫会怎么做，他面临着巨大的压力，据说紧张到近乎崩溃。经过几天的公开表态和秘密谈判，赫鲁晓夫做出了让步，决定避免正面冲突，下令拆除苏联在古巴装备的导弹，并且装运回国。为了照顾苏联的面子，美国也做了一些"补偿"，撤走了土耳其的导弹。赫鲁晓夫退让这一个选择是明智的，明知自己必须退让还这么做，只能说明他最初的冒险是不可取的，但他随后采取的妥协策略却是非常明智的。

我们生活中或多或少会运用边缘政策，当然，个人用的这种策略不会像古巴导弹危机那样产生深远的国际影响。比如意见不一的双方如果不能相互协作，合作关系就会破裂；买卖双方经过讨价还价之后，如果不能成交，那么最终肯定有一方先实行边缘策略；固执己见而不能达成妥协的夫妻，很可能在最后实施边缘策略而离婚。而我们经常会说这样的话："大不了如何如何"，每当我们这样说时，就意味着我们打算实行边缘策略。

肯尼迪在古巴导弹危机中采取的行动，被视为成功运用边缘政策的典范。边缘政策就是将你的对手带到灾难的边缘，迫使对方做出让步。

在古巴导弹危机中，肯尼迪政府发现苏联在古巴偷偷地装备导弹，便进行了周密而细致的考虑，考虑了自己应该怎样做，以及这样做会产生什么样的后果：什么也不做，这是不可能的，美国的智囊团不至于这么无能；向古巴的导弹基地发动空中打击，这样做无疑会彻底激怒苏联，说不定立即就会向美国发射导弹；向联合国投诉，这一行动几乎没有什么实际效果，等于什么都没做；走极端，抢先向苏联发动一场全面的核打击，这样做也不行，因为接下来就会遭到苏联的核报复；实施封锁或隔离，这个策略比较缓和，而且也具有威慑效果，这也是美国最终选择的方案。

在美国实施海上封锁后，苏联有多种回应方式可以选择：挑战美国的封锁线，进而可能引发双方核大战；走极端，抢先向美国发动一场全面的核打击；退一步并拆除导弹，并停止通过大西洋运输导弹，这是苏联实际选择的方案。

在这一系列的行动与反行动里，一些行动带有明显的危险性，比如向古巴发动一场空中打击，向美国实施核打击；而另一些可能的行动很显然是安全的，比如美国什么也不做或者苏联撤走导弹。假如苏联企图挑战美国的封锁，那么美国会怎么做呢？可以肯定的是，美国不可能立即发射战略导弹，因为这样做，苏联将骑虎难下，一场核战争一触即发。但是，这样做会使整个事件的紧张程度上升到一个新的水平，而世界局势也会越来越紧张。而我们在前面已经提到，边缘政策是一道光滑的斜坡，它是慢慢变得陡峭的，而不是一座陡峭的悬崖，毫无退路。实际上，边缘政策就是威胁策略，但它是比较特殊的威胁策略。

那么为什么不直接用一种表示可怕结果一定会出现的确定性来威胁对手，而只是借助一个单纯的风险来暗示可怕的结果可能出现呢？这个风险的恰当程度应该如何把握？如何确定风险是否已经过去？我们将在下面的分析中来回答这些问题。

美国希望苏联从古巴撤出导弹，肯尼迪为什么不直接威胁赫鲁晓夫：假如你不拆除那些导弹，我将用导弹炸平莫斯科？而且生活中矛盾双方经常采取这样的策略：你不怎么做我就怎么样，这是一个令人信服的威胁。但问题是，这么一个威胁如果拿来威胁导弹危机时的苏联就不行了，赫鲁晓夫不相信，其他人也不会相信。因为这个策略中提到的行动，将会引发一场全球性的核战争，它带来的结果就是地球毁灭，所以人们不会相信美国人会连自己的家园都不要而采取这样的措施，事实上美国确实不敢这么做。假如在美国要求苏联把导弹撤出古巴的期限里，苏联没有撤出导弹，肯尼迪愿意考虑延长留给苏联的最后期限，能推后一天就推后一天，而绝对不会采取我们上面所说的措施。

这个威胁不必付诸实施，因为赫鲁晓夫退让了，世界也免遭一场灭顶之灾。不管威胁是大还是小，如果你能确定它一定会奏效，那么它永远不必付诸实施。但在实施中，你对这个威胁是不是会奏效却没有一定的把握。而在理论上，可能会出现完全不同的情况：肯尼迪完全判断错了赫鲁晓夫的想法。赫鲁晓夫坚决不妥协，就算毁灭全世界也要和美国对抗到底，那么肯尼迪将会后悔当初的选择。

美国最终实施了海上封锁策略，但要想牢牢控制这一行动并不容易。因为封锁从常规上来说是一种战争行为，肯尼迪的目的绝不是刺激苏联采取报复行动，而是用某种方式劝说赫鲁晓夫撤走。这并不是一两个人的博弈，而是两个集体之间的博弈，也不能把苏联或美国看作是其中的一个个体参与者。美国的决策必须由有一套程序的各方负责实施，不可否认的是，确实有一些事情超出美国的控制，但官僚机构的行事方式，以及组织内部存在相互冲突的目标对美国是很有利的。

赫鲁晓夫在他的回忆录中说："在'古巴导弹危机'期间，肯尼迪曾派密使联系过我。密使表示肯尼迪并没有为难苏联的意思，但是，肯尼迪总统很可能控制不了局面。因此，我对密使说，我给美国一个面子。"赫鲁晓夫有可能在吹嘘自己，但是从这些话里也可以看出美国人的策略：他们不想看到"世界毁灭"这种结局，但却毫无办法阻止，主动权掌握在赫鲁晓夫手中。冲突的升级使爆发核战争的可能性不断增加。最后的结局是，有一方承受不住压力决定妥协。而如果一旦出现双方死扛到底的情况，那么也许真的会爆发核战争，战争受多方面因素的影响，而不仅仅取决于两国的领导人。

因此，边缘政策不仅在于创造风险，还在于小心控制这个风险的程度。

在实施边缘策略时，要做到以下几点：第一，要设法让惩罚措施的控制权超出你自己的控制，从而断绝自己的后路，以免自己在实施策略时犹犹豫豫，老想着重新确定忍耐底线。第二，你要将悬崖转化为一道光滑的斜坡。每向下滑一步，都会面临失去控制、跌入深渊的风险。

要使自己的策略变得可信的关键在于：无论是你还是你的对手，都不知道转折点究竟在哪里。美国通过创造一个风险——导弹可能发射出去的风险，成功地运用了边缘策略。

不仅仅在古巴导弹问题上，在"冷战"时，美国海军在大西洋的政策也很容易使局势激化。因为美国不能分辨出核潜艇与常规潜艇，所以一旦与苏联方面发生任何常规冲突，美国海军就想击沉苏联在大西洋的全部潜艇。因此存在一个风险：在毫不知情的情况下，美国可能击沉苏联一艘载有核武器的潜艇。而这时苏联向美国发动核武器攻击就有了理由，两个大国之间的核战一触即发。转眼间，地球就会被夷为平地。

因此，这个策略虽然有不少人反对，但海军部长约翰·莱曼却支持这个策略。他认为，虽然这样可能会使一场常规战争升级为一场核战争，但苏联也同样知道这一点。而且这种策略虽然使局势激化的可能性不断增加，但是我们在考虑到局势激化的情况时，就会首先有意降低爆发一场常规战争的可能性，因为核战争首先是由常规战争引发的，如果降低了常规战争的可能性，那就意味着降低了核战争的可能性。

要想阻止苏联人发动一场常规进攻，美国必须使苏联认识到，它的这一进攻将有可能升级为核战争。如果苏联意识到这种可能性越来越大，那在这个方向上，苏联的脚步就会慢下来，就会考虑这种策略的可靠性。在这种情况下，美国和苏联就更有可能提出和解，因为它们都清楚，双方正面临的风险越来越大，这样下去对谁都没有好处。

美国和苏联不得不重新审视各自的策略，不是以策略的行动为依据，而必须以策略的结果为依据。也就是说，不管是什么策略，经过评估之后，它有使两国爆发核战争的危险，那么这个策略就是不可行的。

无论是国与国的博弈，还是人与人的博弈，不是仅仅发出威胁使对方退却，而是必须制造危机才能使对方退却。因为危机可以让对方知道，我这么做不是我愿意的，而很多事情超越了自己的控制。就算是大家兵戎相见，甚至同归于尽，那也是没办法的事情。对方在这种情况下才可能感到害怕，才会考虑更换策略。

边缘策略中的危机可能超越控制，这一点可能导致双方都跌入两败俱伤的深渊。因为对方不退让，就意味着你毫无退路。因此，对于危机我们要有清醒的认识：第一，危机要超越自己的范围才能让对方因害怕而撤退！第二，危机要让对方可以做出事情来弥补，也就是有后路可退。

在边缘策略中，行动都是为结果服务，结果最重要。

第 11 节　生活中的边缘策略

我们在电影中经常可以看到这样的场景：博弈的双方中有一方被另一方抓住。假设甲、乙为对立的双方，甲被乙抓获。那么乙就会严刑逼供甲，让其说出对乙方有利的情报。在乙的威逼利诱下，是说还是不说呢？

这个问题很明显就是"边缘"问题。我们知道，很多人不怕死，但却怕被折磨死：被折磨还不如马上被枪毙好。很显然，博弈的双方都知道这一点，所以，当甲落入乙的手中时，乙并不是以"不说我枪毙你"来威胁甲，而是选择严刑拷打来威胁他。因为，一旦真的枪毙了他，他的秘密就会跟着他一起"死去"，你将失去获得情报的机会。

有一群强盗抓住了一个知道藏宝地点的人，强盗头子用枪指着这个俘虏说："宝藏在哪里？说！"强盗头子以为这样就可以使他招供，但他想错了。果然，俘虏还是默不作声，拒绝回答。

强盗们不禁笑了起来，对强盗头子进言道："头儿，假如你真的毙了他，他还怎么说话呢？如果不能说话，你又怎么能知道宝藏在哪里呢？他知道你不会杀他，他还知道你也知道你不会杀他。"

这个强盗头子可以使用边缘策略，但用那把枪来威胁就不对了。至于应该采取什么样的边缘策略，在侦探小说《马耳他之鹰》能看到这样的策略。在这本书里，有这样一节：侦探把一只极为珍贵的鸟藏了起来。歹徒要找出鸟藏在哪里，便威胁侦探，让其说出鸟的下落。侦探说："那只鸟就在我的手里，我知道你想要，但假如你现在杀了我，你就别想找到那只鸟。也就是你在得到那只鸟之前，不会把我怎么样，那么你用什么办法让我说呢？"

歹徒说："你很聪明，但我知道你在想什么。你断定我在没有得到鸟之前，不会做出什么出格的事来，而我也确实不敢对你怎么样。但我们都是男人，你应该知道，如果男人急了，什么事都做得出来，也就是说，如果你把我逼急了，我还真的会做出一些出格的事来，就算不知道那鸟在哪里也要这么做。"歹徒让侦探面临着一种风险，他没有以杀死侦探来威胁，但却说在僵持到极点的时候，自己可能无法控制自己，也无法预测结果会是什么？歹徒的意思是：我不会杀你，但要看你怎么做了，如果你做得和我想的完全相反，我急了也可能杀了你。歹徒通过这种方法让侦探处于一种境地：自己有可能在对方无法忍耐的情况下被杀害。但是，歹徒并没有威胁侦探：假如你不肯招供，我就杀了你。

这样的话，侦探越怕死，这个威胁就越管用。不过，歹徒也面临着巨大的压力，假如他不怕死，真的不说，难道真的杀了他吗？只有在这样一个条件下：这个策略的风险小到让歹徒觉得可以接受，而又足以迫使侦探说出那只鸟的藏身之处，也就是当侦探重视自己的生命胜过歹徒重视的那只鸟时，这个策略才能奏效。

其实生活中涉及边缘策略的还有很多，下面是一些关于边缘策略的实例。

美国独立战争期间，曾涌现出一批著名的将领，普特南就是其中之一。在独立战争之前，他还曾参加过法国和印度之间的战争。有一位英国少将在这次战争期间向普特南提出决斗，他的实力普特南是知道的，如果动真格，英国少将取胜的可能性很大。

于是普特南便决定采用另一种决斗方式。他邀请这位功力不凡的英国少将到他的帐篷里，普特南提议采用新的决斗方式——比谁的胆量大：两人坐在炸药桶上，炸药桶连着导火线，点燃外面的导火线，谁先害怕并移动身体者输。

导火线烧到一半的时候，普特南竟然还能悠然地抽着烟斗，而英国少将显得焦躁不安。当导火线快燃烧到炸药桶附近时，少将再也承受不住，从桶上跳起来，一脚踩灭了导火线，并大声说自己输了。

普特南获胜的秘密就在于边缘策略的运用：将双方一起置于一个灾难的边缘，迫使对方认输。不过，普特南后来承认，桶里装的根本不是炸药，所以他才那么气定神闲。当然，这看起来有作弊的嫌疑，但即使不作弊，普特南赢的概率也要比与英国少将真刀真枪的决斗赢的概率大得多。

在谈判中，敢于说出"游戏结束了"的一方容易占到上风。因为他不怕"边缘"，表现得更加不怕两败俱伤。而在国际政治上，也是这个道理，往往不怕走到战争边缘的一方能够提高自己的谈判优势。

"冷战"时期，苏联领导人赫鲁晓夫在西柏林制造了紧张局势。随后，他在访问美国的时候，通过谈判缓和了局势。赫鲁晓夫似乎表现出了不惜一战的强烈意愿，因为他制造了危机，但这实际上只是苏联方面所采取的边缘策略，是力量相对弱势的一方采取的谈判策略。

在我国古代，也有边缘策略应用的典范实例。

战国时，楚怀王被秦国扣留在咸阳，而楚太子横又在齐国做人质。楚国没有了国君，顿时乱成了一锅粥。大臣们思来想去，觉得还是请太子横来继承楚国王位比较合适，便派人到齐国索要太子。齐王虽答应太子可以离开这里回去做国君，但却强迫太子在做了国君之后，要割让楚国东边五百里土地给齐国。太子横的谋士慎子说："太子殿下，姑且先答应齐国的要求，再随机应变。"就这样太子横回到了楚国继承王位，即楚襄王。

齐国的使者很快就来到了楚国，来索要那五百里土地。楚襄王在殿上请群臣商议，到底如何处理此事。

大臣子良说："楚国乃信义之国，既然说过要割让五百里土地给齐国，那就要说到做到。但是，我们要牢记这个教训，好好发展国力，再伺机把失去的土地夺回来。要让齐国知道，楚国武力强大，不是那么好欺负的。"

大臣昭常不同意这种做法，他说："保卫国土是我们将领的职责，我决不能眼睁睁地看着土地割让给别的国家，臣愿去守卫这些土地。"

而景鲤则说："还可以向秦国求助，以楚秦之间的交往关系来看，秦国绝不会坐视不理。因为秦国这么做只有好处，没有坏处。秦国一向以大国自诩，绝不会允许齐国强大起来。"

这时慎子不慌不忙地说："上述列位大臣所言，均有可取之处，我王不妨一起采纳。让昭常负责守卫国土，让景鲤去秦国搬救兵，让子良到齐国去献地。"

楚襄王依慎子所奏，让各人依旨而行。

子良到齐国之后，对齐王说："楚国割让给贵国的土地已经安排好了，陛下可派官员去交割。"

但齐国派去的人却被昭常赶了回去。齐王恼怒地对子良说："卿言土地交割诸事项已备妥，为何寡人派去之人竟被赶了回来。"子良回答道："楚王确实同意割让土地，昭常竟然拒绝这么做，那就是不尊旨意，请齐王派兵攻打他吧！"

齐王怒气未消，便要派兵伐楚，但就在这时，却传来了景鲤请来 50 万秦军兵临齐国边境的消息。齐王无奈，只得派使者到秦国求和，并答应不再为难楚国。

其实楚国对付齐国所用的就是边缘策略，这是通过下放对军队和武器的控制权来实施的。这种方式在使用核武器的时代则更为直接。

20 世纪 90 年代初，印巴之间相互以核武器相威胁，让世界惊出了"一身冷汗"。

1990 年，因克什米尔问题，印巴双方再次闹僵。在印巴边境，印度调集重兵，摆出一副立马就要杀进巴基斯坦的架势；而巴基斯坦也集结重兵，严阵以待。眼看第四次印巴战争就要爆发，就在这个时候，美国的间谍卫星却在巴基斯坦的境内检测到一列神秘的车队，车队从巴基斯坦一处核设施附近出发，前往一个空军基地！

美国外交官在第一时间将这个消息通报给印度。印度赶紧下令将印军撤回，因为印度非常明白这个消息的严重程度——巴基斯坦正在秘密准备核武器！就算印度认定巴基斯坦不会故意使用核武器，巴基斯坦还是靠此消息有效地避免了第四次印巴战争。因此，如果两个国家都有核武器的话，那么两国发生战争的可能性微乎其微，因为一旦把一方逼入绝境，就有可能动用核武器。而如果有核国家与无核国家之间出现了军事摩擦，有核国家相对来说要占有一定的优势，这也是我国奉行"不首先使用核武器"的原因，就是为了不挑起局部地区军事冲突。同时许多没有核武器的中小国家，甚至是个别大的国家都在偷偷地研制核武器，也就是这个原因。